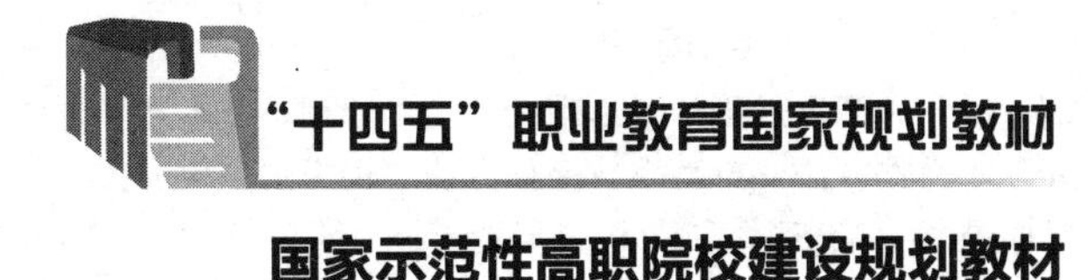

化工原理（下）
传质分离技术

第三版

张　甲　张立新　王　宏　主编

化学工业出版社
·北　京·

内容简介

本教材重点介绍了蒸馏、吸收和萃取过程的基本理论、基本原理、基本计算方法，典型设备的构造、工作原理、开停车操作方法、典型事故调控方法、设备选型等有关工程实践知识。全书分为蒸馏技术、吸收技术、液-液萃取技术三大部分，每部分以生产实际开篇，将仿真操作、设备操作与理论内容相互联系重构为若干个任务，针对重点知识点利用“思考题”和“自测题”进行强化训练。

全书以“产教融合、科教融汇”为指引，将专业课程与大思政工作融合设计，落实了党的二十大报告中“培养造就大批德才兼备的高素质人才”等要求。教材（第三版）内容增加了与石油、化工类各专业密切相关的扩展知识，并联合智慧职教线上教学平台、东方仿真名校资源库，增加了数字化、信息化教学资源。

本书可作为化工及相关专业的高等职业教育、成教教材，也可供相关技术人员参考。

图书在版编目（CIP）数据

化工原理．下，传质分离技术/张甲，张立新，王宏主编．—3版．—北京：化学工业出版社，2021.7（2025.2重印）

国家示范性高职院校建设规划教材

ISBN 978-7-122-39129-2

Ⅰ.①化…　Ⅱ.①张…②张…③王…　Ⅲ.①化工原理-高等职业教育-教材②传质-分离-化工过程-高等职业教育-教材　Ⅳ.①TQ02

中国版本图书馆CIP数据核字（2021）第088762号

责任编辑：窦　臻　林　媛　　　文字编辑：李　瑾
责任校对：宋　玮　　　装帧设计：张　辉

出版发行：化学工业出版社（北京市东城区青年湖南街13号　邮政编码100011）
印　　装：河北延风印务有限公司
787mm×1092mm　1/16　印张17¼　字数417千字　　2025年2月北京第3版第5次印刷

购书咨询：010-64518888　　　售后服务：010-64518899
网　　址：http://www.cip.com.cn
凡购买本书，如有缺损质量问题，本社销售中心负责调换。

定　　价：46.00元

前言

兰州石化职业技术学院的石油化工技术专业群2019年入选教育部中国特色高水平高职学校和专业建设计划专业群（A档）。2019年在主编学校校企合作理事会的指导下，由企业工程技术人员、现场专家和专业骨干教师组成专业群建设指导委员会，深入企业进行调研，了解石油化工产业链岗位群岗位工作流程，通过分析、整合和提炼，确定典型工作任务；分析工作流程各岗位所需的知识、技能、核心能力等，并融入国家职业标准，紧跟产业升级及产业链的岗位需求，构建基于生产过程的“平台共享，基础互选，核心分立，拓展互融，岗证融通”的专业群课程体系。实践教学项目岗位设置与企业现场内操、外操、设备维修工、化学检验工、仪表工等一致，校企联合开发新课程、新项目，充实岗位知识技能，提高学生的岗位工作能力、就业竞争力和可持续发展能力。

“化工原理——传质分离技术”课程是根据石油化工技术专业群高技能人才培养需要而设置的一门专业知识类课程。它将原“化工原理”“化工单元操作”“化工单元仿真”“化工设备使用与维修”“化工仪表及自动化”等课程中相关知识点按照化工生产岗位职业技能要求进行整合，构建成一门基于生产过程理实一体化、模块化的课程。本教材是该课程的配套教材，教材第三版进一步将知识体系颗粒化，同时整合数字化教学资源，以信息化教学资源平台为辅助，以更加丰富、直观、便捷的方式呈现给读者，达到易学辅教、突出教材的实用性。操作部分以“化工单元操作”“化工单元仿真”为主，重新设计实训内容，充分利用实训设备，强化操作训练，将“教、学、做”融为一体。主要编写思路：感性认识—理论提升—现场操作—仿真操作。能在现场结合设备讲解的内容尽量放在实践内容中，在“做”中“学”，在“学”中“做”。本书在讲授专业知识的同时，有机融入了“思政筑魂”“文化育人”，将育人与专业课程学习有机结合，落实党的二十大报告“培养造就大批德才兼备的高素质人才”的要求。“文化窗”加入新中国石油化学工业的发展历史、中国石油的铁人精神等，坚定文化自信；新增了中国科学名人、技术延伸等知识片段，丰富学生的专业文化知识，培养学生的职业精神和职业素养。

本教材的项目一由辽宁石化职业技术学院张立新编写；项目二任务1至任务6由兰州石化职业技术学院张甲编写，任务7由兰州石化职业技术学院韩雅妮编写；项目三任务1至任务3由兰州石化职业技术学院王宏编写，任务4由兰州石化职业技术学院李亚玲编写；全书由张甲统稿。教材在编写过程中得到了化学工业出版社、北京东方仿真软件技术有限公司、

前言

兰州石化职业技术学院、辽宁石化职业技术学院、抚顺职业技术学院、广西工业职业技术学院等单位的大力支持与协助，在此表示衷心的感谢。

高等职业教育的课程体系改革、课程改革和与之配套的教材建设是一个不断探索的课题，由于编者水平有限，加之时间仓促，书中疏漏之处在所难免，敬请使用此书的教师和同学们斧正，共同为高职“工学结合”教材建设做贡献。

编者

第一版前言

本书的编写主要是为了适应高职“工学结合”的教学改革趋势，将“教、学、做”融为一体，将原有的分散在认识实习、单元仿真、单元操作和课程设计等实践环节的相关内容，按照真实职业环境训练与虚拟职业环境训练相融合的原则，整合成为一门课程，教材的模式以教学任务的形式编写，每一个任务是一个独立的模块，实际教学中可以灵活安排。

本书在编写时，完全打破了原来的课程体系，将精馏、吸收及萃取操作所涉及的理论知识分散到各个教学任务中，并且以国家职业资格标准为基础，本着以应用为目的、够用为度、理论够用的原则，浅化了理论知识，注重了学生实际操作能力的训练，具有较强的针对性、实践性和实用性。

本书编写充分体现了“工学结合”的教学改革思路。全书分三大部分，每个部分由各个任务构成。任务1让学生现场认识单元设备，增加学生的感性认识；任务2让学生接受理论知识的培训，使学生能够理解并掌握其操作原理；任务3通过小型的实验装置使学生进行塔的实际动手操作，使学生学会实际的操作方法；任务4利用DCS仿真系统进行模拟操作，通过仿真操作练习，使学生掌握调节操作系统中某些参数的变化对操作过程的影响；任务5融入职业资格标准，使学生了解并掌握塔的现场操作知识；任务6通过设计练习使学生更加系统掌握操作的全过程。

本书可以作为高职高专化工技术类专业的专业基础课教材。在编写中编入了学习小结，增加了大量的自测题，便于学生自检学习效果。为方便教学，本书配有教学资料（电子课件，课后习题答案），使用本教材的学校可以发邮件（cipedu@163.com）与化学工业出版社联系免费索取。

本书的项目一中任务1、2、5、6、7由辽宁石化职业技术学院张立新编写，项目一中任务3、4由广西工业职业技术学院卢俊编写；项目二中任务1、2、5、6由兰州石化职业技术学院王宏编写，项目二中任务3、4由抚顺职业技术学院陈娆编写；项目三由辽宁石化职业技术学院史航编写；全书由张立新统稿。

由于编者的水平有限，难免存在各种问题，敬请使用此书的教师和同学们斧正，共同为高职高专“工学结合”教材建设做出贡献。

编　者

2009年3月

第二版前言

根据国家示范性院校建设任务的要求，2009年2月化学工业出版社出版了《传质分离技术》(第一版) 教材。该书由辽宁石化职业技术学院张立新和兰州石化职业技术学院王宏主编。该教材在编写时，紧紧围绕高技能人才培养特色，完全打破了原来的课程体系，将精馏、吸收操作所涉及的理论知识分散到各个教学任务中，本着以应用为目的，够用为度，理论够用的原则，浅化了理论知识，注重了学生实际操作能力的训练，具有较强的针对性、实践性和实用性。5年的教学使用，该教材受到普遍关注，对石油化工类专业的课程改革与建设发挥了积极的作用，得到广大读者的好评，2010年该教材被评为中国石油和化学工业优秀出版物奖（教材奖）二等奖。

5年来，高等职业教育的专业和课程建设在不断发展，新的办学理念和思想不断融入，为了适应工业生产技术发展和高等职业教育新要求，同时考虑到毕业生就业拓展需求，我们在第一版基础上组织编写了《化工原理（下）：传质分离技术》(第二版) 教材。本教材共分为蒸馏技术、吸收技术和液-液萃取技术三部分，主要介绍了蒸馏、吸收和萃取过程的基本理论、基本原理、基本计算方法，典型设备的构造，工作原理、操作调控方法、设备选型等有关工程实践知识，侧重工程应用能力的培养。完成本教材一般需要60学时理论教学和60学时实训操作，各学校可根据具体专业要求选择教学内容进行。教学过程为理论学习与仿真操作、现场设备操作练习穿插进行，“学”和“做”一体化，能结合现场设备教学的内容尽量放在现场教学。针对高职教育的特色，课后思考题、自测题删除了难、繁的计算，以基本知识点的填空、选择、问答为主，侧重联系生产实际的操作型讨论、分析与练习，重在化工职业岗位基本素质与技能的训练。

为了适应教育信息化发展趋势，已经制作了与本教材配套的课堂教学PPT课件及课后自测练习题答案，使用本教材的学校可以与化学工业出版社联系（cipedu@163. com)，免费索取。以本教材为基础建设的课程“传质分离技术”2014年被评为兰州石化职业技术学院院级精品课程，网址：http：//jpkc. lzpcc. edu. cn/14/zhang j/，欢迎广大读者登录使用。

本教材由兰州石化职业技术学院王宏和辽宁石化职业技术学院张立新主编。项目1由张立新编写，项目2、3由王宏编写，全书由王宏统稿。教材在编写过程中得到了北京东方仿真软件技术有限公司、兰州石化职业技术学院、辽宁石化职业技术学院、抚顺职业技术学院、广西工业职业技术学院等单位的教师及专家的大力支持、参与编写和协助，在此表示衷心的感谢。

第二版前言

高等职业教育的课程体系改革和课程改革是一个不断探索的课题，由于编者水平有限，时间仓促，不妥之处在所难免，敬请使用此书的教师和同学们斧正，共同为高职“工学结合”教材建设做贡献。

编者

2014年3月

目录

项目三　液-液萃取技术 208

附录 254

参考文献 262

项目一 蒸馏技术

蒸馏是分离液体混合物最早实现工业化的典型单元操作，广泛应用于化工、炼油、食品、轻工及环保等领域，在国民经济中占有重要地位。它是利用互溶液体混合物中各个组分沸点不同而分离成较纯组分的一种操作。目前，随着化学工业的迅猛发展，蒸馏技术的理论及设备也得到了很大的变化。

任务1　学习精馏操作入门知识

任务目标

- 掌握蒸馏的基本概念，了解蒸馏操作的基础知识；
- 了解简单蒸馏及平衡蒸馏的特点；
- 了解精馏塔的作用及主要结构；
- 掌握板式精馏塔常见的类型及特点；
- 了解精馏装置工艺流程及主要附属设备。

技能要求

- 了解蒸馏技术的分类；
- 能认识常见的塔板类型，并能指出精馏塔内部的主要构造；
- 能绘制并说明连续精馏的工艺流程简图。

化工生产中所处理的原料、中间产物、粗产品等几乎都是由若干组分组成的混合物，并且大部分都是均相物系，为了满足使用或进一步加工的需要，常常要将这些组分进行分离，以得到比较纯净或纯度很高的物质。例如，原油是由多种烃类化合物组成的液体混合物，常把它分离为汽油、煤油、柴油、重油等多个品种；焦炉气吸收以后的溶液要分离成比较纯净的苯和甲苯；液态的空气要分离成较纯的氧和氮等等。蒸馏是分离液体混合物最早实现工业化的典型单元操作，广泛应用于石油炼制、石油化工、有机化工、高分子化工、精细化工、医药、食品及环保等领域中。

动画扫一扫

常减压工艺流程

一、概述

1. 蒸馏技术

蒸馏是分离均相液体混合物的典型单元操作。这种操作是利用液体混合物中各组分挥发能力的差异或沸点的不同而使各组分得到分离的。

众所周知，液体均具有挥发而成为蒸气的能力，但不同液体在一定温度下的挥发能力却各不相同。例如，将一瓶酒精（乙醇）和一瓶水同时置于一定温度之下，瓶中的酒精就比水挥发得要快。如果在容器中将低浓度乙醇和水的混合液进行加热使之部分汽化，由于乙醇的挥发能力高于水（乙醇的沸点比水低），乙醇比水易于从液相中汽化出来，若将汽化后产生的蒸气全部冷凝，便可获得乙醇浓度较原来高的冷凝液，从而使乙醇和水得到初步的分离。

通常，将混合物中挥发能力高的组分（即沸点低的组分）称为易挥发组分或轻组分；挥发能力低的组分（即沸点高的组分）称为难挥发组分或重组分。

2. 蒸馏操作的分类

蒸馏操作在工业上有多种分类方法。

① 按蒸馏方法可分为平衡蒸馏（闪蒸）、简单蒸馏、精馏和特殊精馏。对于较易分离物系或分离要求不高时，可采用平衡蒸馏和简单蒸馏；原料较难分离，对分离要求高，希望得到高纯度的产品时，可采用精馏；原料很难分离或用普通精馏方法不能分离的应采用特殊精馏方法，如萃取精馏、恒沸精馏等。工业上以精馏的应用最为广泛。

② 按操作流程可分为间歇蒸馏和连续蒸馏。间歇蒸馏操作设备简单、处理量小、生产不连续，主要应用于小规模、多品种或某些有特殊要求的场合；连续蒸馏生产过程连续进行，处理量大，质量稳定，便于自动化控制，工业生产中多以连续蒸馏为主。

③ 按操作压力可分为加压、常压和真空蒸馏。在大气压（常压）下操作的蒸馏过程称为常压蒸馏。被分离的混合液在常压下各组分挥发能力差异较大，可用冷却水进行气相的冷凝或冷却，用水蒸气加热进行液相汽化，比较适合采用常压操作。

在塔顶压强高于大气压下操作的蒸馏过程称为加压蒸馏。混合物在常压下为气体，则可通过加压与冷冻将其液化后再进行蒸馏；常压下虽是混合液体，但其沸点较低（一般低于30℃），用一般冷却水无法将其蒸气冷凝下来，需用冷冻盐水或其他较昂贵的制冷剂，费用将大大提高，这种情况下也可采用加压蒸馏。

在低于一个大气压下操作的蒸馏过程称为减压蒸馏（真空蒸馏）。常压下蒸馏热敏性物料，组分在操作温度下容易发生氧化分解和聚合等现象时，须采用减压蒸馏以降低其沸点；常压下沸点较高（一般高于150℃），加热温度超出一般水蒸气加热的范围，真空蒸馏则可使沸点降低，且可避免使用高温载热体。

④ 按原料中组分的数目可分为两组分精馏和多组分精馏。工业生产中以多组分精馏为常见，但多组分和两组分精馏的基本原理、计算原则均无本质区别。因两组分精馏的计算比较简单，故常以两组分溶液的精馏原理为基础，然后引申用于多组分精馏过程中。

以上从不同角度将蒸馏操作加以分类，这里我们将着重讨论两组分连续精馏的基本原理、操作过程及其计算。

3. 简单蒸馏与平衡蒸馏

在工业上最简单的蒸馏过程是简单蒸馏和平衡蒸馏，通常在混合液各组分挥发度相差较大、分离要求不太高的场合采用。

(1) 简单蒸馏　简单蒸馏是使混合液在蒸馏釜中逐渐受热汽化，并不断将生成的蒸气引入冷凝器内冷凝，以达到混合液中各组分得以部分分离的方法，也称微分蒸馏。

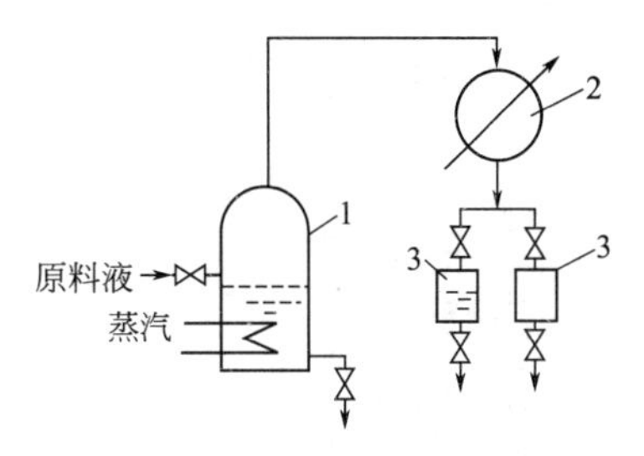

图 1-1　简单蒸馏装置
1—蒸馏釜；2—冷凝器；3—接收器

简单蒸馏属于间歇、单级蒸馏操作，是历史上使用比较早的蒸馏方法之一，常用的简单蒸馏装置如图 1-1 所示。操作时将原料液加入蒸馏釜 1 中，在一定压力下通过加热使之部分汽化，产生的蒸气引入冷凝器 2 中冷凝，冷凝后的馏出液按不同组成范围作为产品收入接收器 3 中，随着过程的进行，釜液中易挥发组分含量不断降低，当釜液组成达到规定要求时，操作即停止，釜液一次排出后，可再加新的混合液于釜中进行蒸馏。

(2) 平衡蒸馏　平衡蒸馏也称闪蒸，属于连续、单级蒸馏操作，常用的平衡蒸馏装置如图 1-2 所示。操作时将原料液连续加入加热器 1 中，加热至指定温度后经节流阀 2 急剧减压至规定压力进入分离器 3（也称闪蒸器）中，由于压力的突然降低，在分离器内，过热液体发生自蒸发，液体部分汽化，部分料液汽化并引入冷凝器 4 中冷凝为液体，未汽化的液体由分离器底部抽出，使原料得到了初步的分离。

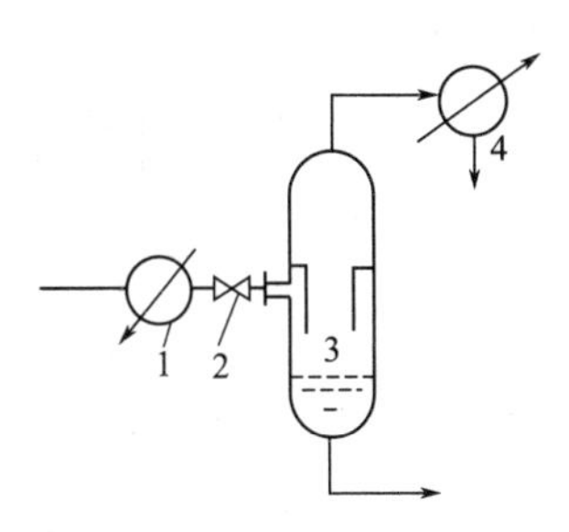

图 1-2　平衡蒸馏装置
1—加热器；2—节流阀；
3—分离器；4—冷凝器

4. 精馏

由于混合液中轻、重组分都具有一定的挥发性，采用简单蒸馏和平衡蒸馏这两种单级分离过程，只能使液体混合物得到有限的分离，很难得到纯度较高的产品。并且，如果当混合物中各组分的挥发能力相差不大时，更是无法达到满意的分离效果。

精馏是利用均相液体混合物中各组分挥发能力的差异，借助回流技术实现混合液高纯度分离的多级分离操作，是工业上广泛采用的一种液体混合物的分离方法。

二、精馏塔的感性认识

走进石油化工厂中，远远地我们就会看到很多高高耸立的圆柱形设备——塔设备，如图 1-3 所示。塔设备主要用于蒸馏、吸收、解吸、萃取等典型的传质单元操作过程中，也称气液传质设备，广泛应用于炼油、石油化工、医药、食品及环境保护等工业领域。据相关资料报道，在炼油厂、石油化工厂及化工厂中，塔设备的投资费用约占整个工艺设备总费用的 30%，它所耗用的钢材重量在各类工艺设备中也属较多的，其性能对于整个生产装置的产品质量、产量、生产能力、消耗定额、三废处理及环境保护等各个方面，都有着重大的影响。

图 1-3　精馏塔总体概貌

三、板式精馏塔的主要结构

塔设备是炼油和化工生产的重要设备，其作用在于提供气液两相充分接触的场所，有效地实现气、液两相间的传热、传质，以达到理想的分离效果，因此它在石油化工生产中得到广泛应用。随着科技的进步和石油化工生产的发展，为了满足生产中各方面的特殊需要，塔设备形成了型式繁多的结构。为了便于比较和研究，人们从不同的角度对塔设备进行分类。如按操作压力分为常压塔、加压塔和减压塔；按单元操作分为精馏塔、吸收塔、解吸塔、萃取塔、反应塔和干燥塔等。但当今工程上最常用的分类方法是按塔内气液接触部件的结构型式分为板式塔和填料塔两大类。本章重点介绍板式塔，填料塔的基本情况将在吸收技术中介绍。

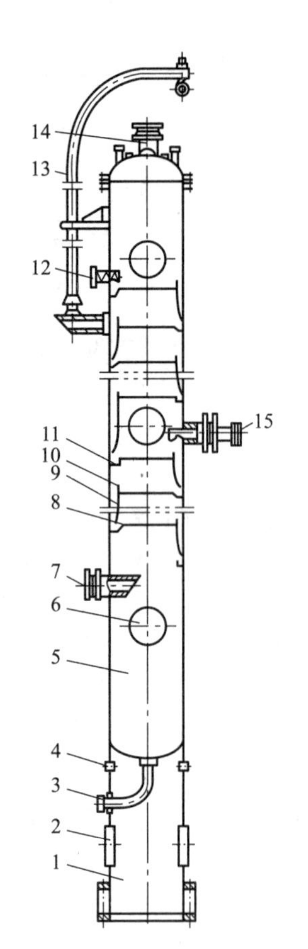

图 1-4 板式塔总体结构图

1—裙座；2—裙座人孔；3—塔底液体出口；4—裙座排气孔；5—塔体；6—人孔；7—蒸气入口；8—塔板；9—降液管；10—溢流堰；11—受液盘；12—回流入口；13—吊柱；14—塔顶蒸气出口；15—进料口

一个完整的板式塔主要由圆柱形塔体、塔板、降液管、溢流堰、受液盘及气体和液体进、出口管等部件组成，同时考虑到安装和检修的需要，塔体上还要设置人孔或手孔、平台、扶梯和吊柱等部件，整个塔体由塔裙座支撑，其结构如图 1-4 所示。在塔内，根据生产工艺要求，装有多层塔板，为气液两相提供接触的场所。塔板性能的好坏直接影响传质效果，是板式塔的核心部件。

板式塔早在 1813 年已应用于工业生产中，目前是应用范围最广、使用量最大的气液传质设备。板式塔内沿塔高装有一定数量的塔板，操作时，塔内液体依靠重力作用，自塔顶沿上层塔板的降液管流到下层塔板的受液盘，然后横向流过塔板，从另一侧的降液管流至下一层塔板，并在每层塔板上保持一定高度的液层，最后由塔底排出。气体则在压力差的推动下，自下而上穿过各层塔板的升气道（泡罩、筛孔或浮阀等），分散成小股气流，鼓泡通过各层塔板的液层，在液层中气、液两相充分接触，进行传质和传热，最后由塔顶排出。在整个板式塔中，气、液两相总体上呈逆流流动，以提供最大的传质推动力。由于气液两相在塔内逐级接触，两相的组成沿塔高呈阶梯式变化，故也称板式塔为逐级接触式气液传质设备。

1. 塔体

塔体是塔设备的外壳。常见的塔体是等直径、等壁厚的钢制圆筒和上、下椭圆形封头所组成的。但有时为了满足大型化生产，也可以采用不等直径、不等壁厚的塔体。塔体除必须满足工艺条件（如温度、压力、塔径和塔高等）下的强度和刚度外，还要考虑风力、地震、吊装、运输、检验以及开停工等方面的影响。

2. 塔体支座

塔体支座是塔体安放到基础上的连接部件，它必须保证塔体在确定的位置上能进行正常的工作。因此，它必须具有足够的强度和刚度，能承受各种操作情况下的全塔重量以及风力、地震等引起的载荷。生产中最常用的塔体支座是裙式支座，简称为裙座，通常有圆柱形和圆锥形两种。裙座上必须开设检查孔，以方便检修，检查孔有圆形和长圆形两种。

3. 塔内部件

板式塔内件主要由塔板、降液管、溢流堰、受液盘、紧固件、支撑件及除沫装置等组成。

（1）塔板　塔板是气液两相接触的场所，有整块式与分块式两种。整块式即塔板为一整块，多用于塔径小于 0.8m 的塔。当塔径大于 0.8m 时，多采用由几块板合并而成的分块式塔板，以便于通过人孔装、拆塔板。塔径为 800～1200mm 的塔，可根据制造与安装的具体情况，任意选取一种结构。塔板厚度的选取，除经济性外，主要考虑塔板的刚性和耐腐性。

在分块式塔板中，靠近塔壁的两块塔板做成弓形，称弓形板。两弓形板之间的塔板做成矩形，称矩形板。为了安装、检修需要，在矩形板中，必须有一块用作通道板。各层塔板上的通道板，最好开在同一垂直位置上，以利于采光和拆卸。通道板与其他塔板的连接，一般采用上、下均可拆的结构形式。

分块式塔板的板块数与塔径有关，见表 1-1。

表 1-1　分块式塔板的板块数与塔径关系

塔径/mm	800～1200	1400～1600	1800～2000	2200～2400
塔板分块数	3	4	5	6

（2）降液管　降液管是塔板间液体流动的通道，也是使溢流液中所夹带气体得以分离的场所。板式塔在正常工作时，液体从上一层塔板的降液管流出，横向流过开有孔的塔板，翻越溢流堰，进入该层塔板的降液管，然后再流向下一层塔板。

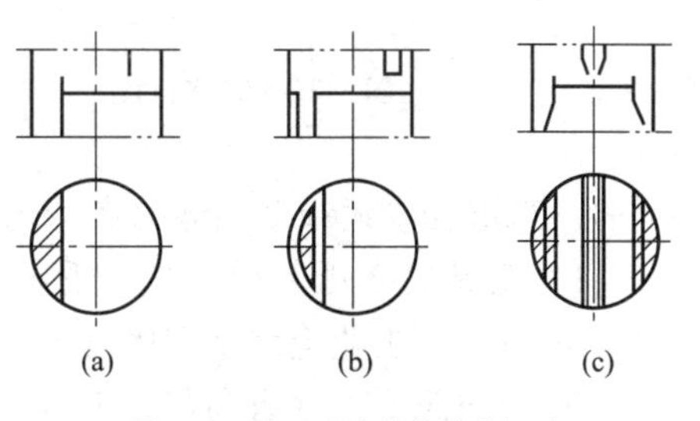

图 1-5　弓形降液管的结构形式

降液管有圆形和弓形之分。圆形降液管制造比较方便，但流通截面积较小，只有在液体流量很小或塔径较小时采用。常用的是弓形降液管，结构如图 1-5 所示。图 1-5(a) 是将溢流堰与塔壁之间全部截面均作为降液管，降液管的截面积相对较大，多用于塔径较大的塔中。当塔径小时，上述结构制作不便，可采用图 1-5(b) 的形式，即将弓形降液管固定在塔板上。图 1-5(c) 为双流型时的弓形降液管。降液管下部倾斜是为了增加塔板上气、液两相接触区的面积。弓形降液管由平板和弓形板焊制而成，并焊接固定在塔板上。降液管的布置，规定了板上液体流动的途径。

（3）溢流堰　为保证气液两相在塔板上有足够的接触表面，塔板上必须贮有一定量的液体。为此，在塔板的出口端设置溢流堰，也称出口堰。溢流堰的作用是维持塔板上有一定高度的流动液层，并使液体在板上均匀流动。降液管的上端高出塔板板面，即为溢流堰。溢流堰板的形状有平直形与齿形两种，常用的为平直堰，如果液体流量较小时，可采用齿形堰。

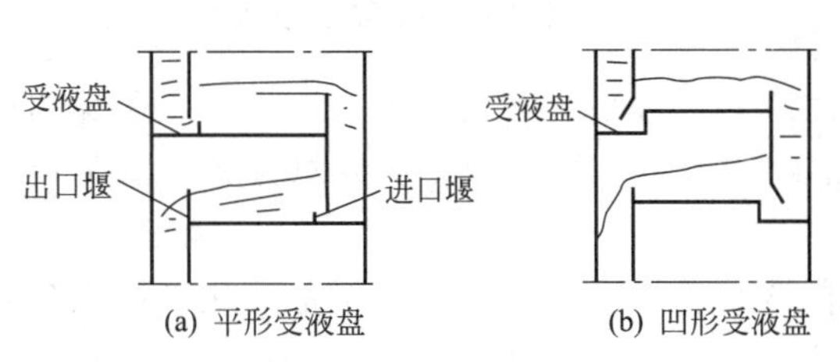

图 1-6　受液盘示意图

（4）受液盘　塔板上接受上一层塔板下流液体的部位称为受液盘，受液盘有平形受液盘和凹形受液盘两种形式，如图 1-6(a) 和 (b) 所示。平形受液盘结构简单，但需在塔板上设置进口堰，以保证降液管的液封，并使液体在板上分布均匀。但设置进口堰很容易使沉淀物淤积此处而造成塔板阻塞，并且还会过多占用塔板板面。

凹形受液盘可在低液量时形成良好的液封，且有改变液体流向的缓冲作用，并便于液体从侧线的抽出。凹形受液盘结构稍复杂，但不须设置进口堰，工业上对于塔径在 600mm 以上的塔，多采用凹形受液盘。凹形受液盘的深度一般在 50mm 以上，有侧线采出时可取深些。但凹形受液盘因易造成死角而堵塞，不适于易聚合及有悬浮固体的情况。

板式塔（普通浮阀塔）结构展示

动画扫一扫

4. 接管

塔设备的接管是用以连接工艺管线，把塔设备与相关设备连成系统。塔体上设置了各种接管，通常按接管的用途，可分为进料管、回流管、进气管、出气管等。

（1）液体进料管与回流管　液体进料管与回流管的设计应满足以下要求：①液体不直接加到塔盘的鼓泡区；②尽量使液体均匀分布；③接管安装高度应不妨碍塔盘上液体流动；④液体内含有气体时，应设法排出；⑤管内的允许流速一般不超过 1.5～1.8m/s。

液体进料管可直接引入加料板。为使液体均匀通过塔板，减少进料波动带来的影响，通常在加料板上设进口堰，结构如图 1-7 所示。

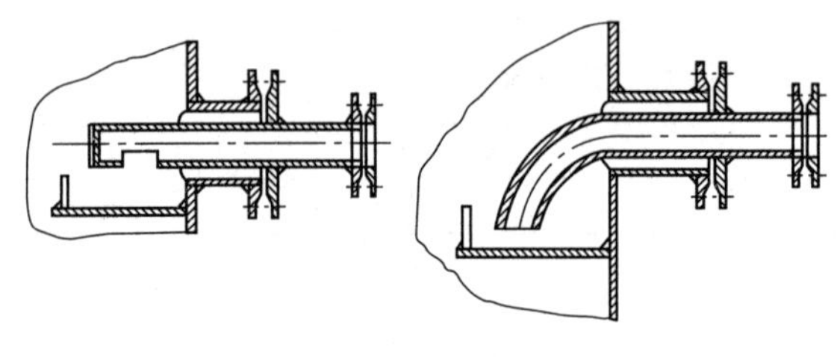

图 1-7　液体进料管

（2）气体进料管　为保证气体均匀分布，气体进料管一般做成 45°的切口，见图 1-8(a)。当塔径较大或对气体分布均匀要求高时，可采用较复杂的图 1-8(b) 所示结构。

（3）气液混合进料管　气液混合进料管不仅要求进料均匀，且要求液体通过塔板时蒸气能分离出来，工业上多采用螺旋形导向板的切线进料口结构，见图 1-9 所示，这种结构可使加料板盘间距增大，有利气、液分离，同时可保护塔壁不受冲击。

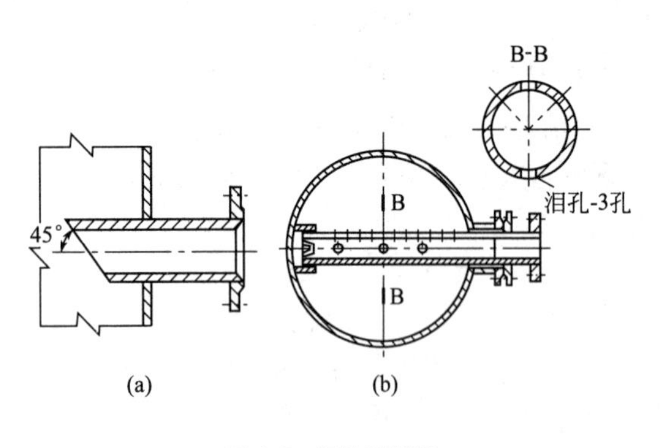

图 1-8　气体进料管

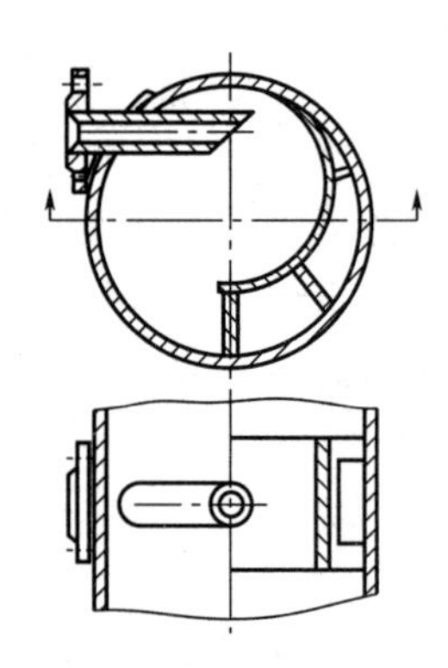

图 1-9　气液混合进料管

（4）塔顶气体出料管　塔顶气体出料管直径不宜过小，以减小出口压力降，避免出塔气体夹带液滴。通常在出口处装设挡板，见图 1-10 所示。当液滴较多或对夹带液滴量有严格要求时，应安装除沫装置。

（5）塔底出料管　塔底出料管直径一般取与工艺管线直径相同。当釜液从塔底出口管流出时，在一定条件下，釜液会在出口管中心形成一个向下的旋涡流，使塔釜液面不稳定，且能带出少量的气体。如果出口管路有泵，气体进入泵内，将会影响泵的正常运转。所以一般釜液出口处都应装设防涡流挡板。

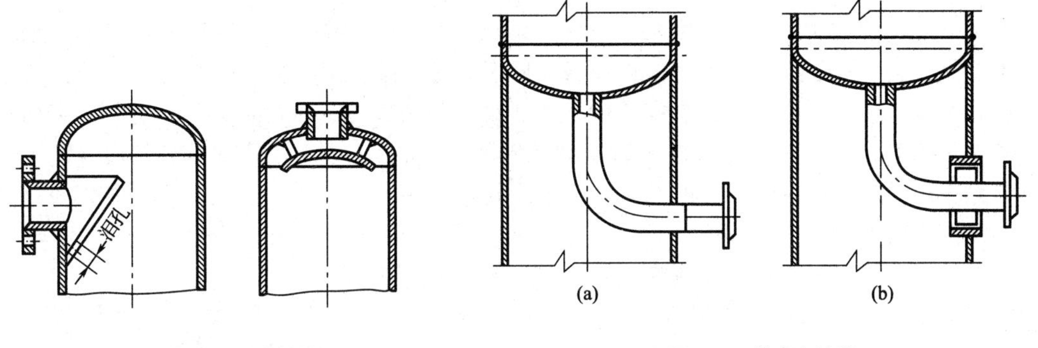

图 1-10 塔顶气体出料管

图 1-11 塔底出料管

塔底部的液体出料管结构如图 1-11 所示。当塔径小于 800mm 时，采用图 1-11(a) 的形式，为了便于安装，先将弯管段焊在塔底封头上，再将支座与封头相焊，最后焊接法兰短节。当塔径大于 800mm 时，采用图 1-11(b) 的形式，支座上焊有引出管，以使安装、检修方便。

5. 塔附件

塔附件主要包括人孔或手孔、吊柱、平台、扶梯等。以下介绍人孔或手孔、吊柱。

(1) 人孔或手孔　人孔是安装和检修人员进出塔的唯一通道，开设人孔可以使检修人员进入每一层塔板。手孔是指手和手提灯能伸入的设备孔口，用于不便进入或不必进入设备即可检查和检修的场合。当塔径比较大时，设置人孔，塔径比较小（小于 800mm）可以设置手孔。人孔数目是根据塔板安装方便和物料清洁程度而定的。当物料比较清洁，操作中不需要经常清理时，一般每隔 8～10 块塔板处设置一个人孔，甚至可利用一个人孔安装上下各 10 层塔板。但对于不清洁易结焦的物料，为便于清洗，需要每隔 3～4 块塔板处设置一个人孔。凡是有人孔处的塔板间距应等于或大于 600mm，人孔的中心距操作平台一般应为 800～1200mm。人孔直径一般为 450～550mm，特殊的也有长形人孔。

(2) 吊柱　吊柱一般设置在塔顶，目的是为了在安装和检修时，方便塔内件的运送。一般在 15m 以上的塔，都要设置吊柱。

6. 塔顶、塔底空间

(1) 塔顶空间　塔顶空间是指塔顶第一块塔板到塔顶切线的距离。为了减少塔顶出口气体中携带液体量，塔顶空间一般取 1.2～1.5m，以利于气体中的液滴自由沉降。必要时在塔顶还要设置破沫网，主要用于捕集夹带在气流中的液滴。使用高效的除沫器，对于回收贵重物料、提高分离效率、改善板式塔的操作状况以及减少对环境的污染等，都是非常必要的。

(2) 塔底空间　塔底空间是指塔底最后一块塔板到塔底切线的距离。塔底空间具有中间贮槽作用，一般釜液最好能在塔底有 10～15min 的贮量，以保证塔底料液不至于排完。当进料设有 15min 缓冲时间的容量时，塔底产品停留时间可取 3～5min，否则需 15min 左右。但对塔底产品量较大的塔，停留时间一般也取 3～5min。对易结焦的介质，塔底停留时间应缩短，一般取 1～1.5min。为满足上述条件，通常塔底空间一般取 1.3～1.5m。

四、常见板式精馏塔的类型及特点

板式塔性能的好坏主要取决于塔板的结构，从 1813 年首先出现泡罩塔以来，板式塔逐渐成为工业生产中主要的气液传质设备，随着石油工业的发展，20 世纪 50 年代出现了一些新的板式塔，其中浮阀塔由于塔板效率高、操作弹性大等优点而得到广泛应用。随着生产的需要和技术的进步，有越来越多的新型板式塔不断涌现，但它们的基本结构并没有多大差别，所不同的主要在于塔板的结构。人们根据塔板结构，尤其是气液接触元件的不同而命名了各种精馏塔。

一个好的塔板结构，应当在较大程度上满足如下要求：

① 生产能力大，即单位塔截面积上所能通过的气、液相流量大，不会产生不正常流动，可以在较小的塔中完成较大的生产任务。

② 塔板效率高，即气、液两相在塔内流动时能保持充分的密切接触，完成一定的分离任务所需的板层数少。这对于难以分离、要求塔板数较多的系统尤其重要。

③ 操作稳定、弹性大，即塔内气、液相流量有一定波动时，两相均能维持正常的流动，仍能在较高的传质效率下进行稳定的操作。

④ 流体流动的阻力小，即气体通过塔板的压力降小。这将大大节省生产中的动力消耗，以降低操作费用。对于减压蒸馏操作尤为重要，较大的压力降将使系统无法维持必要的真空度。

⑤ 结构、选材合理，即内部结构要满足生产的工艺要求，制造、安装及检修方便，设备材料要根据介质特性和操作条件进行选择，减少基建过程中的投资费用。

⑥ 能满足物系某些特殊工艺特性，如腐蚀性、热敏性及起泡性等。

实际上，对于现有的任何一种塔板，都不可能完全满足上述的所有要求。不同类型的板式塔，均具有自身的特点，各自有适用的场合，生产中应根据具体的工艺条件来选择适当的型式。

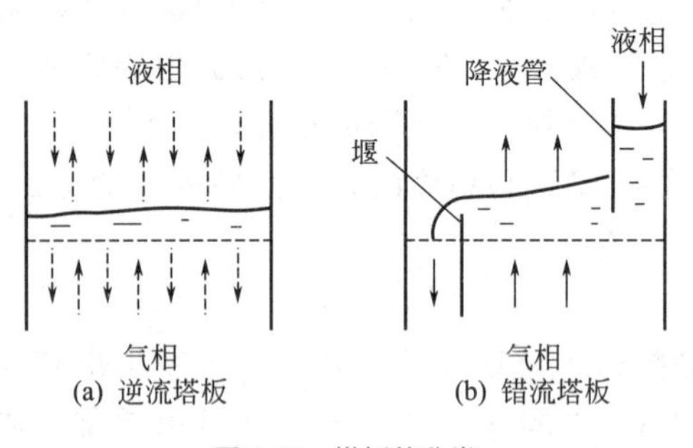

图 1-12 塔板的分类

按照塔内气、液相流动方式，可将塔板分为错流塔板和逆流塔板两大类。

逆流塔板也称穿流塔板，如图 1-12(a) 所示，塔板间不设降液管，气液两相同时由板上孔道逆向穿流而过。塔板结构简单，无液面落差，气体分布均匀，板面利用率高，但要维持板上液层厚度需较高的气速，塔板效率低，操作弹性小，工业应用较少。

错流塔板也称溢流塔板，如图 1-12(b) 所示，板间设有专供液体流通的降液管，液体横向流过塔板，气体经过塔板上的孔道上升，在塔板上气、液两相呈错流接触。合理安排降液管位置以及进、出口堰的高度，可以使板上液层厚度均匀，从而获得较高的传质效率。但是降液管约占塔板面积的 20%，影响了塔的生产能力，而且，液体横向流过塔板时要克服各种阻力，会使塔板上出现液面落差，液面落差过大时，将引起板上气体分布不均匀，从而降低了分离效率。但总体上，错流塔板的操作比较稳定，操作弹性大。目前，工业上多采用此类塔板。

生产中所采用的错流塔板类型很多，例如泡罩塔板、筛孔塔板、浮阀塔板、喷射型塔板、穿流塔板等，其中以浮阀塔板的应用最为广泛。

1. 泡罩塔板

泡罩塔是最早应用于工业生产中的一种气液传质设备。泡罩塔板主要由泡罩、升气管、降液管、溢流堰等组成。基本结构如图1-13(a)所示，每层塔板上开有若干个圆形孔，孔上焊有一段短管作为上升气体通道，称为升气管。由于升气管高出塔板板面，故板上液体不会从中漏下。每个升气管上覆盖泡罩，泡罩下部周边开有许多长条形或长圆形齿缝。操作状况下，齿缝浸没于板上液层之中，形成液封。上升气体通过齿缝被分散成细小的气泡或流股进入液层。板上的鼓泡液层或充气的泡沫体为气、液两相提供了大量的传质面积。液体通过降液管流下，并依靠溢流堰以保证塔板上存有一定厚度的液层。

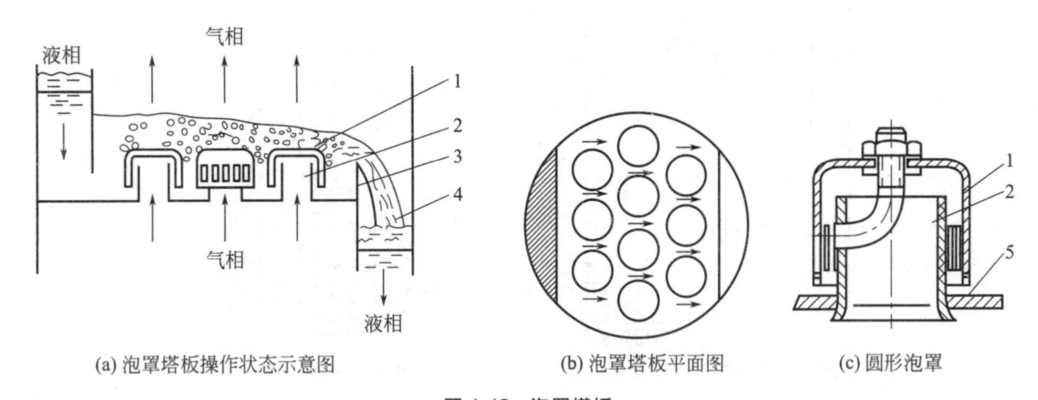

(a) 泡罩塔板操作状态示意图　(b) 泡罩塔板平面图　(c) 圆形泡罩

图1-13　泡罩塔板

1—泡罩；2—升气管；3—出口堰；4—溢流管；5—塔板

泡罩的形式有很多种，化工生产中最常用的是圆形泡罩，结构如图1-13(c)所示，圆形泡罩的标准尺寸有ϕ80mm、ϕ100mm、ϕ150mm三种，其中前两种是矩形齿缝，后一种为敞开式齿缝。安装时泡罩在塔板上按等边三角形排列，中心距比较小，通常是泡罩直径的1.2～1.5倍，相邻泡罩外缘之间的距离一般在0.025～0.075m，以便于相邻泡罩涌出的蒸气能彼此互相撞击，增加接触的剧烈程度。

进行精馏操作时，气体自下而上由泡罩下部流经升气管与泡罩之间的环形通道而进入液层，然后从泡罩边缘的齿缝流出，搅动液体，形成液体层上部的泡沫区，再进入上一层升气管。液体则由上层降液管出口流入塔板，横向流经布满泡罩的区域，漫过溢流堰进入降液管，再流入下一层塔板。

泡罩塔操作的要点是使气、液量维持稳定。若气量过小而液量过大，气体不能以连续的方式通过液层，只有当气体积蓄、压力升高后，才能冲破液层通过齿缝溢出。气体冲出后，压力下降，只有等待气体压力再次升高，才能重新冲破液层溢出，形成脉冲方式，并可能产生漏液现象；若气量过大而液量过小，则难以形成液封，液体可能从泡罩的升气管流入下层塔板，使塔板效率下降。气量过大还可能形成雾沫夹带和液泛现象。

泡罩塔的优点是不易发生漏液现象，操作稳定性及操作弹性均较好，易于控制，当气、液负荷有较大的波动时仍能维持几乎恒定的板效率，对于各种物料的适应性强。缺点是塔板结构复杂，安装检修不方便，且金属耗量大，造价高，由于蒸气上升过程中路线比较曲折，板上液层较深，塔板压力降较大，故生产能力不大。由于泡罩塔的这些缺点，使之在与当今多种优良塔板型式的比较中处于劣势，因此，近年来泡罩塔已很少建造。

2. 筛孔塔板

筛孔塔板几乎与泡罩塔板同时出现，是最简单的一种错流塔板。筛孔塔板在塔板上开有大量均匀分布的小孔，称为筛孔。筛孔是板上的气体通道，降液管是板上的液体通道。筛孔直径一般为3～8mm，通常孔间距按正三角形排列布置，孔间距与孔径的比值为3～4。在正常操作范围内，通过筛孔上升的气流，应能阻止液体经筛孔向下泄漏。板面可分为筛孔区、无孔区、溢流堰、降液管区等几个部分。

操作时，气体从下而上通过塔板上的筛孔进入液层鼓泡而出，与液体在塔板上充分接触进行传质与传热。液体则从降液管流下，横经筛孔区，再由降液管进入下层塔板。筛板的结构及气液接触状况见图1-14所示。

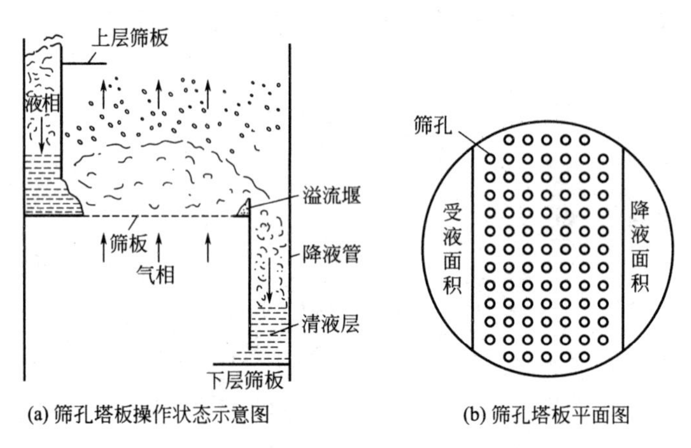

(a) 筛孔塔板操作状态示意图　　(b) 筛孔塔板平面图

图1-14　筛孔塔板图

筛板塔的分离效率与蒸气的速度、筛板上液层的高度、筛孔的直径与数目等有关。筛板上的液层高度影响着气液两相的接触时间；筛孔的大小与数量决定了蒸气被分成细小均匀气流的程度，对气液两相之间接触是否充分和效率的高低影响极大。但是，对结构已经确定的筛板塔来说，其分离效果主要决定于蒸气的速度，若蒸气速度过大，会导致板层液面压力很大，液体不能顺利地沿降液管流下，液体聚集于塔板上，还会造成大量的雾沫夹带，使分离效率降低；蒸气速度较小，不足以阻止液体从筛孔中漏下，分离效率也会下降；若蒸气速度过小或突然停止，筛板上的液体将全部漏光，操作根本无法进行，这时应重新送入蒸气，重新建立板上的液层，直至操作趋于正常。至于蒸气速度具体多大才算合适，通常要经过试验确定。

筛板塔与泡罩塔相比，生产能力提高20%～40%，塔板效率高10%～15%，压力降小于30%～50%，且结构简单、造价较低，制造、加工、维修方便，故在许多场合都取代了泡罩塔。筛板塔的缺点是筛板容易漏液且操作弹性范围较窄，小孔筛板容易堵塞。因而曾经一度未被使用，但是它的独特优点——结构简单、造价低廉——吸引了不少的研究者。随着科技的进步和生产的需求，近年来对大孔（ϕ20～25mm）筛板的研究和应用有所进展，大孔径筛板塔采用气、液错流方式，可以提高气速以及生产能力，而且不易堵塞。只要设计合理，同样可以获得比较满意的塔板效率。目前也已成为应用较广泛的一种塔板。

3. 浮阀塔板

浮阀塔是20世纪50年代初期在泡罩塔和筛板塔的基础上发展起来的一种新的结构型式。其特点是在筛板塔基础上，在每个筛孔处安置一个可上下移动的被称为浮阀的阀片。所谓浮阀，就是它开启的程度可以随着气体负荷的大小而自行调整。当蒸气气速较大时，阀片将被顶起上升，蒸气气速变小时，阀片因自重而下降。这样，当蒸气负荷在一个较大的范围内变动时，阀片升降位置会随气流大小做自动调节，缝隙中的气流速度几乎保持不变，从而使进入液层的气速基本稳定。又因气体在阀片下侧水平方向进入液层，既可减少液沫夹带量，又能延长气液接触时间，故收到很好的传质效果。

浮阀的型式有多种，国内常用的浮阀有 F1 型、V-4 型与 T 型三种，一般都用不锈钢制成，其中，F1 型浮阀最简单，也是曾经使用较为广泛的一种。

F1 型浮阀如图 1-15(a) 所示，阀片为圆形，下有三条带钩的“阀腿”插入阀孔中（直径 39mm），其作用是用来限制阀片的最大开度（8.5mm），并起到保持阀件垂直上下的导向作用；阀件上还有三个被称为定距片的凸缘，它一方面使阀不至于将阀孔全部盖死，可以保持一个最小开度（2.5mm），保证在低气速下也能维持操作；另一方面也有助于防止阀与塔板锈住或黏结。F1 型阀直径为 48mm，有重阀与轻阀两种，分别采用不同厚度的薄钢板冲压而成，重阀厚 2mm，约重 33g；轻阀厚 1.5mm，约重 25g。轻阀操作时惯性小，振动频率高，关阀时有滞后，常用于要求压力降小的减压塔中。重阀操作稳定性比轻阀好，泄漏少，效率比较高，一般场合都比较适用，但压力降稍大一些。

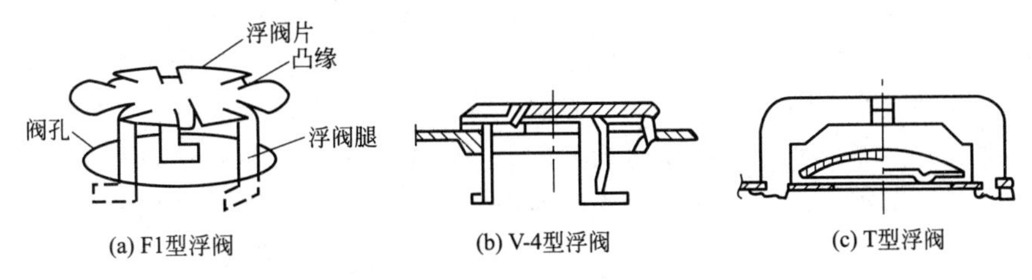

(a) F1型浮阀　(b) V-4型浮阀　(c) T型浮阀

图 1-15　几种浮阀类型

V-4 型浮阀如图 1-15(b) 所示，其特点是阀孔被冲压成向下弯的喷嘴形，可减小气体通过阀孔时因流道形状改变而产生的阻力。V-4 型浮阀除腿部相应增长外，其余结构尺寸与 F1 型轻阀相同，主要用于减压蒸馏操作中。

T 型浮阀如图 1-15(c) 所示，其制造和安装都比较复杂，是借助于固定塔板上的支架限制阀片移动范围，多用于易腐蚀、含颗粒或易聚合的介质。

浮阀塔操作时，如果气体流速较低，浮阀在塔板上处于静止状态，气体通过浮阀上的最小开度处鼓泡通过液层，当气体流速增大到最大流速的 20%左右时，浮阀开始被吹起。因为塔板上有液面落差，各浮阀被吹开的时间并不一致，靠近溢流堰处的因液层浅而先吹起。此外，随气速的变化，浮阀吹起的程度也不同。被吹起的浮阀在液层中上下浮动，当气速达到最大流速的 70%左右时，所有浮阀全部被吹起，开度为 8.5mm。浮阀稳定的位置只有全开和全闭，但在这范围内，浮阀可以随气速变化而在液层中上下浮动，自动调节气体流通面积，保持气体吹入液层时，形成良好的泡沫状态，因此浮阀塔能在相当宽的气速范围内稳定操作。

实践证明，浮阀塔具有下列优点：

① 生产能力大。由于浮阀安排比较紧凑，塔板的开孔率大于泡罩塔板，故其生产能力比圆形泡罩塔板大 20%～40%，接近于筛板塔。

② 操作弹性大。由于阀片可以自由升降以适应气速的变化，故其维持正常操作所允许的负荷波动范围比泡罩塔及筛板塔都宽。

③ 塔板效率高。由于上升气体以水平方向吹入液层，故气、液接触时间较长而雾沫夹带量较小，因此塔板效率较高，比泡罩塔板效率高出 15%左右。

④ 气体压力降及液面落差较小。因气、液流过浮阀塔板时所遇到的阻力较小，故气体的压力降及板上液面落差都比泡罩塔板小。

⑤ 结构简单，安装方便。浮阀塔造价约为泡罩塔的 60%～80%，为筛板塔的 120%～130%。

目前，浮阀塔是工业上主要使用的精馏设备，但由于浮阀要求具有较好的耐腐蚀性能，否则易锈死在塔板上，故一般要用不锈钢制造，所以浮阀塔总体上看造价较高。

几种浮阀的基本参数见表 1-2。

表 1-2 F1 型、V-4 型及 T 型浮阀的基本参数

主要尺寸	阀型			主要尺寸	阀型		
	F1 型(重阀)	V-4 型	T 型		F1 型(重阀)	V-4 型	T 型
筛孔直径/mm	39	39	39	最大开度/mm	8.5	8.5	8
阀片直径/mm	48	48	50	静止开度/mm	2.5	2.5	1.0～2.0
阀片厚度/mm	2	1.5	2	阀片质量/g	32～34	25～26	30～32

4. 喷射型塔板

前面介绍的三种塔板，气体在塔板上均是以鼓泡或泡沫状态和液体接触，蒸气分散于板上的液层中，故属于气体分散型塔板。操作时，气速不可能很高，否则会造成较为严重的液沫夹带现象，塔板效率下降，使生产能力受到一定限制。为克服这一缺点，研究开发出了喷射型塔板。在喷射型塔板上，气体喷射的方向与液流方向一致，塔板压降显著降低，液沫夹带量减少，故可采用较大的操作气速。属于此类塔板的型式也很多，常见的有以下几种。

(1) *舌形塔板* 舌形塔板是一种气液并流、定向喷射型塔板，结构如图 1-16 所示。与在塔板上开有圆形孔的筛板不同，它在塔板上开出许多舌形孔作为气体流动的通道，舌孔有三面切口和拱形切口两种。舌片向塔板液流出口处张开，与板面间形成一定的角度，有 18°、20°、25°三种，常用的为 20°，舌片尺寸有 50mm×50mm 和 25mm×25mm 两种，舌片尺寸和张角影响塔板效率。舌孔按正三角形排列，塔板出口不设溢流堰，只保留降液管，降液管截面积要比一般塔板设计得大些。

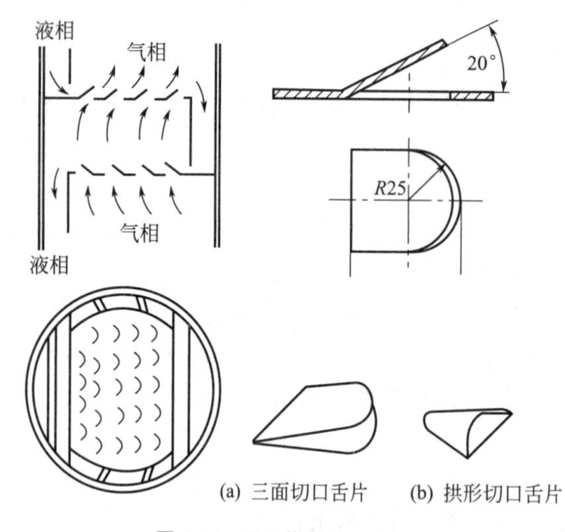

图 1-16 舌形塔板及舌孔形状

操作时，上升的气流以较大的速度沿舌孔喷出，其喷出速度可达 20～30m/s。从上层塔板降液管流出的液体，流过每排舌孔时，即被喷出的气流强烈扰动而形成液沫，被斜向喷射到液层上方，喷射的液流冲至降液管上方的塔壁后流入降液管中，再流到下一层塔板。

舌形塔板由于舌孔方向与液流方向一致，故气体从舌孔喷出时，气液两相并流，可减薄板上液层，使液面落差减少。同时，舌形塔板开孔率较大，故可采用较大空速，塔板压降小，生产能力大。但操作弹性较小，板上液流易将气泡带到下层塔板，使板效率下降。

(2) *浮舌塔板* 浮舌塔板是在 20 世纪 60 年代初开始使用的，它综合了浮阀和固定舌形塔板的优点，将固定舌片改成可以上下浮动的舌片，浮舌的开启程度可以随着气相负荷的变化而自行调节，结构如图 1-17 所示。操作时，当舌片在全开的状态下时，它和舌形塔板一样，当气速较小时，它又可以随着阀的浮动而自动调整气流通道的大小，仍保持适宜的缝隙气速，强化了气液两相间的传质过程，并减少或消除了漏液，具有生产能力大、操作弹性大、压降小、稳定性好及塔板效率高等优点，特别适宜于热敏性物系的减压分离过程。缺点是在操作过程中浮舌比较容易磨损。

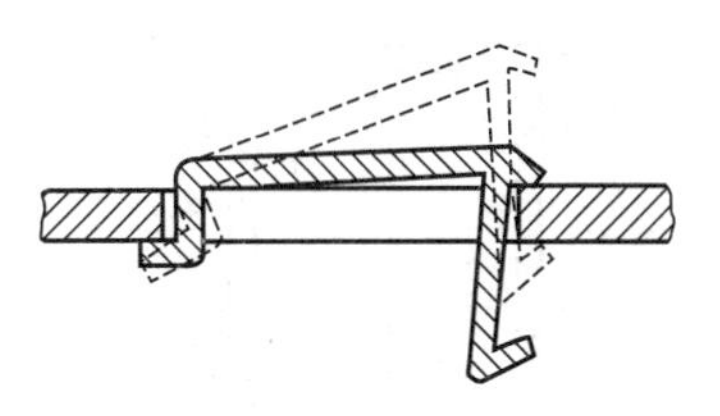

图 1-17 浮舌塔板

（3）斜孔塔板 斜孔塔板是在分析了筛孔塔板、浮阀塔板和舌型塔板上气液流动和液沫夹带产生机理之后提出的一种新型塔板，其结构如图 1-18 所示。斜孔塔板在塔板上冲有一定形状的斜孔，斜孔开口方向与液流方向垂直，同一排孔的孔口方向一致，相邻两排斜孔的开口方向相反，使相邻两排孔的气体反方向喷出，避免了气液并流所造成的液流不断加速和气流对吹现象，既可得到水平方向较大的气速，又阻止了液沫夹带，使板面上液层低而均匀，气体和液体不断分散和聚集，其表面不断更新，气液接触良好，传质效率提高。目前工业上采用的是 K 型斜孔，如图 1-18(a) 所示，除前端开口外，两侧也开口，孔的周边向里弯曲。

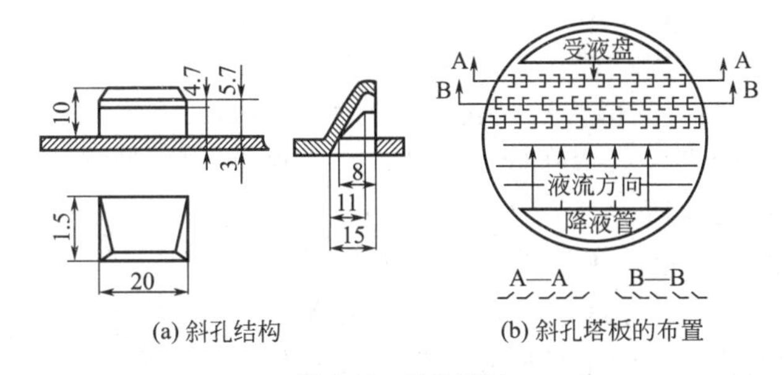

(a) 斜孔结构 (b) 斜孔塔板的布置

图 1-18 斜孔塔板

斜孔塔板的生产能力比浮阀塔板大 30%左右，效率与之相当，且结构简单，加工制造方便，是一种性能优良的塔板。

（4）网孔塔板 网孔塔板是在塔板上冲压出许多网状定向切口，宽度为 2～5mm，网孔的开口方向与塔板水平夹角约为 60°，如图 1-19 所示。塔板上方还装有带孔缝的碎流板，用来拦截气流所携带的微小液滴，同时，在碎流板上气液之间也进行传质，充分利用了塔板上方的空间。塔板上按碎流板的安放位置将塔板分成一定的区域，不同区域内气孔的开口方向不同，使液体在板上做多程折流，以增加液体流程长度，提高塔板效率。网孔塔板也不需设出口堰。

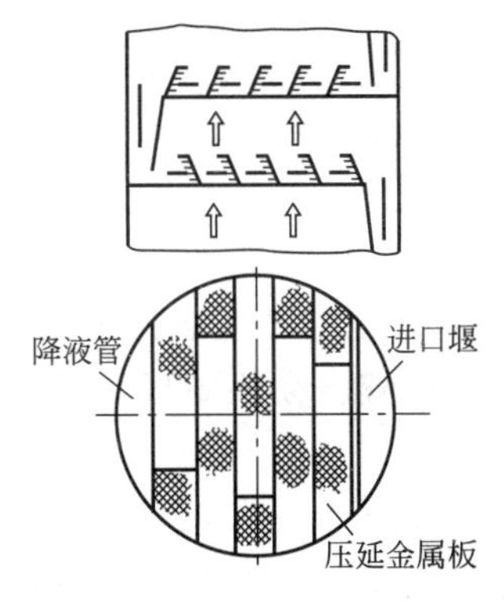

图 1-19 网孔塔板

操作时，气流通过网孔与板上液体充分接触，由于气速高，会将液体分散成细小的液滴，形成喷射状态。当气液两相在塔板上从某一区域流入另一区域时，方向发生 90°变化，增加了气液两相间的接触时间，并且可以通过合理安置网孔的开口方位，消除塔板上的死区。网孔塔板具有处理能力大、压降低及塔板效率高等优点，特别适用于直径大于 1.2m 的大塔，在小塔径塔中，塔板和碎流板的布置都很困难，分离效果也不好。

（5）垂直筛板 垂直筛板是近年来开发出的一种新型喷射型塔板，在塔板上开有若干直径为 100～200mm 的大筛孔，大筛孔上安装侧壁开有许多小筛孔的圆形泡罩，泡罩下缘与塔板有一定的间隙使液体能进入罩内，其结构如图 1-20 所示。

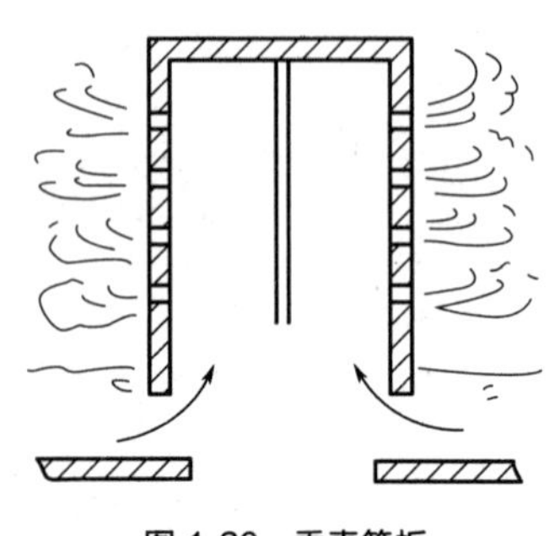

图 1-20 垂直筛板

操作时，板上液体被大筛孔上升的气体拉成膜状沿泡罩内壁向上流动，并与气流一起经泡罩侧壁筛孔水平喷出，之后，气体上升，液体落回塔板。落回塔板的液体将重新进入泡罩，再次被吹成液滴由筛孔喷出。液体自塔板入口流至降液管，多次经过上述过程，从而为气液两相传质提供了很大的不断更新的相际接触表面，提高了塔板效率。垂直筛板要求一定的液层高度，以维持泡罩底部的液封并保证一定的进入泡罩的液体量，故必须设置溢流堰。

垂直筛板集中了泡罩塔板、筛孔塔板及喷射型塔板的特点，具有液沫夹带量小、生产能力大及传质效率高等优点，其综合性能优于斜孔塔板。

5. 导向浮阀型塔板

浮阀塔板的类型有多种，前面讲过，工业上常用的 F1 型浮阀塔板具有不少优点。但随着科技的不断进步，人们加深了对塔设备的研究，逐渐发现了 F1 型浮阀塔板的一些不足之处。比如塔板上液面梯度较大，使气体在液体流动方向上分布不均匀，在塔板的进口端易产生过量的泄漏。F1 型浮阀为圆形，从阀孔出来的气体向四面八方吹出，使塔板上的液体返混程度较大，这些都会使塔板效率降低。另外，在操作中，F1 型浮阀不停地转动，浮阀和阀孔容易被磨损，浮阀易脱落。

为了克服 F1 型浮阀塔板的上述缺点，开发和研制了导向浮阀塔板，如图 1-21 所示。导向浮阀塔板上配有导向浮阀，浮阀上有一个或两个导向孔，导向孔的开口方向与塔板上的液流方向一致。在操作中，从导向孔喷出的少量气体推动塔板上的液体流动，从而可明显减少甚至完全消除塔板上的液面梯度。导向浮阀为矩形，两端设有阀腿。在操作中，气体从浮阀的两侧流出，气体流出的方向垂直于塔板上的液体流动方向。并且由于导向浮阀在操作中不转动，浮阀无磨损，不脱落。

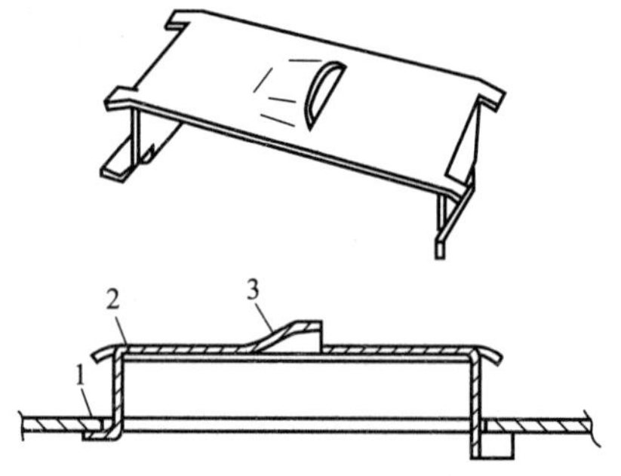

图 1-21 导向浮阀的结构

1—阀孔板；2—导向浮阀；3—导向孔

实验表明，在同样条件下，导向浮阀塔板的压降较小，雾沫夹带较小，泄漏较小，塔板效率较高。与 F1 型浮阀塔板相比，生产能力可提高 30%，塔板效率提高 10%～20%，塔板压降减小 20%以上。对于加压或常压操作条件下的蒸馏、吸收、汽提等传质过程，用导向浮阀塔板代替 F1 型浮阀塔板，可获得显著的经济效益。

6. 穿流塔板

穿流塔板与一般溢流型塔板不同之处在于没有降液管，是一种结构比较简单的板型，塔板上开有栅缝或筛孔，气液两相同时逆流而过，因此分为穿流栅板（图 1-22）及穿流筛孔两种型式。穿流筛板的孔径为 4～12mm，常用为 5～10mm，开孔率为 10%～30%，压力高时取小些，真空系统取大些。穿流栅板可以用钢板冲压出长条形缝隙，也可以用金属条或其他条形材料（木材、玻璃），缝宽为 3～12mm，一般以 4～8mm 较适宜。穿流栅板还可以用管排代替，对于热效应大的场合特别适宜，因为在管内可以通冷却介质。

操作时，气体由孔或缝中上升，对液体产生阻滞作用，在塔板上造成一定的液层。气体穿过部分筛孔或缝进入液层，形成泡沫层和雾滴层进行气液接触。在塔板上与气体接触的液体又不断通过部分筛孔或缝下落，在筛孔或缝中形成了气、液的上下穿流。但气、液并非同时在所有的同一筛孔中穿流，而是气流通过部分筛孔或缝，在塔板上与液体形成鼓泡层，液体则经另一部分筛孔或缝落下，而且气、液交叉通过的孔或缝的位置是不断变化着的。

穿流塔板结构简单，加工制造及维修简便，塔截面积利用率高，生产能力大，塔板压力降小，塔板效率低。当气体流量小时漏液严重，板上液层薄；气体流量大时则板上液层厚，液沫夹带严重，故操作弹性较小。

板式塔的结构形式有多种多样，各种塔板结构也都具有各自的特点，有各自的适宜生产条件和适用范围，在工业生产中应根据生产工艺的要求来选择合适的塔板类型。一般可根据生产能力、操作弹性、塔板效率、塔板压力降、制造费用、安装维修是否方便等经济、技术指标来选用。目前，在工业上有时根据生产工艺的需求，也有采用两种或两种以上塔板的复合型式。工业上常用的几种塔板的性能比较见表 1-3，可作为选择时的参考。

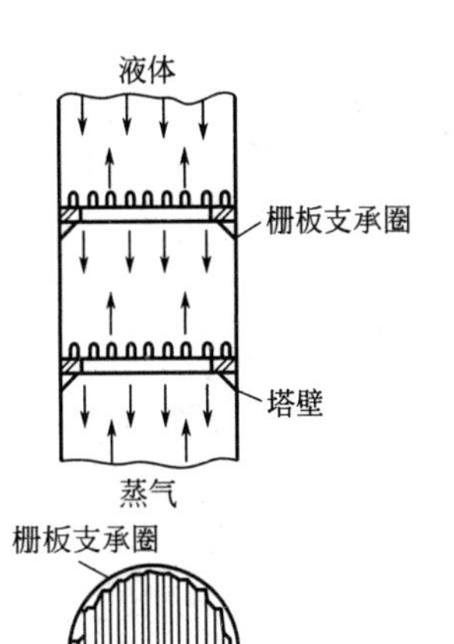

图 1-22 穿流式栅板

表 1-3 工业上常用的几种塔板的性能比较

塔板类型	相对生产能力	相对塔板效率	操作弹性	压力降	结构	相对成本
泡罩塔板	1.0	1.0	中	高	复杂	1.0
筛孔塔板	1.2～1.4	1.1	低	低	简单	0.4～0.5
浮阀塔板	1.2～1.3	1.1～1.2	大	中	一般	0.7～0.8
舌形塔板	1.3～1.5	1.1	小	低	简单	0.5～0.6
斜孔塔板	1.5～1.8	1.1	中	低	简单	0.5～0.6

五、精馏操作工艺流程

如前所述，板式精馏塔是完成精馏操作的主要设备，其结构型式很多，但在实际生产中要想完成精馏操作，除了精馏塔本身之外，还必须有塔顶冷凝器、塔底再沸器等相关设备，有时还要配原料预热器、产品冷却器、回流用泵等辅助设备，共同构成一个完整的精馏系统，否则，要想实现精馏操作是不可能的。而每一个操作中所需附属设备的数量和它们之间的配置——精馏操作的流程，则随着不同的操作性质而不同。

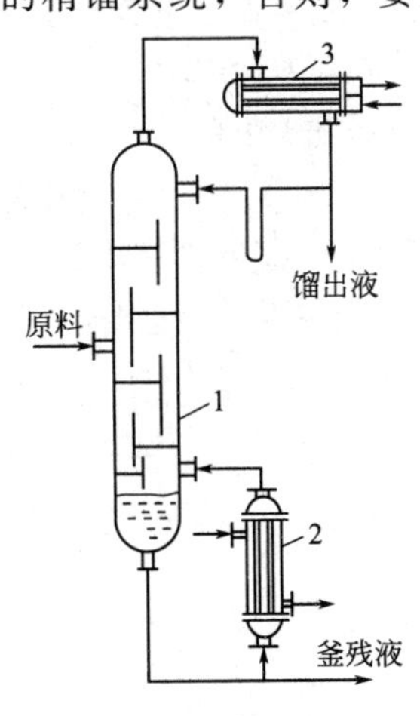

图 1-23 连续精馏操作流程
1—精馏塔；2—再沸器；3—冷凝器

在工业生产中，依据分离任务要求不同，精馏分离过程可采用连续操作，也可采用间歇操作。

1. 连续精馏操作的工艺流程

连续精馏操作流程如图 1-23 所示。以板式塔为例，原料液预热至指定的温度后从塔的中段适当位置加入精馏塔，与自塔上部下流的回流液体汇合，顺着层层塔板向下流动，最后流入塔底再沸器中，在再沸器内液体被加热至一定温度，使之部分汽化，将液体排出作为塔底产品；汽化后的蒸气引回塔内作为塔底气相回流，蒸气逐板上升，在塔板上与液体接触进行充分传质与传热，上升到塔顶的蒸气进入塔顶冷凝器中，经冷凝器全部冷凝为液体，将部分冷凝液作为塔顶回流液体，其余部分经冷却后作为塔顶产品。

通常，将原料加入的那层塔板称为加料板，加料口将塔分为上下两段。加料板以上，上升蒸气中难挥发组分向液相传递，而回流液中易挥发组分向气相传递，两相间传质的结果，使上升蒸气中易挥发组分含量逐渐增加，到达塔顶时，蒸气将成为高纯度的易挥发组分。因此，塔的上半段完成了上升蒸气中易挥发组分的精制，因而称为精馏段。加料板以下（包括进料板），同样进行着下降液体中易挥发组分向气相传递，上升蒸气中难挥发组分向液相传递的过程。两相间传质的结果是在塔底获得高纯度的难挥发组分，因此，塔的下半段完成了下降液体中难挥发组分的提浓，因而称为提馏段，从塔釜排出的液体称为塔底产品或釜残液。一个完整的精馏塔应包括精馏段和提馏段，才能达到较高程度的分离。

板式塔（普通浮阀塔）原理展示

连续精馏在整个操作过程中的各个参数都是稳定不变的，适用于大规模生产。

2. 间歇精馏操作的工艺流程

间歇精馏又称分批精馏，其流程图 1-24 所示。与连续精馏不同之处是原料液在操作前一次性地加入塔釜中，再逐渐加热汽化，自塔顶引出的蒸气经冷凝后，一部分作为馏出液产品，另一部分作为回流返回塔内。因而间歇精馏塔只有精馏段而没有提馏段，只能获得较纯的易挥发组分。同时，间歇精馏釜液组成不断变化，在塔底上升气量和塔顶回流液量恒定的条件下，馏出液的组成也逐渐降低。当釜液达到规定组成后，精馏操作即被停止，并排出釜残液。可见，在间歇精馏操作过程中，馏出液、残液的浓度以及各层塔板上气液相的状态都在不断变化，属于不稳定的操作。为了保持操作的稳定，或者说为了得到浓度恒定的馏出液，理论上可不断地改变回流液的流量，但在实际操作中是很难实现的。

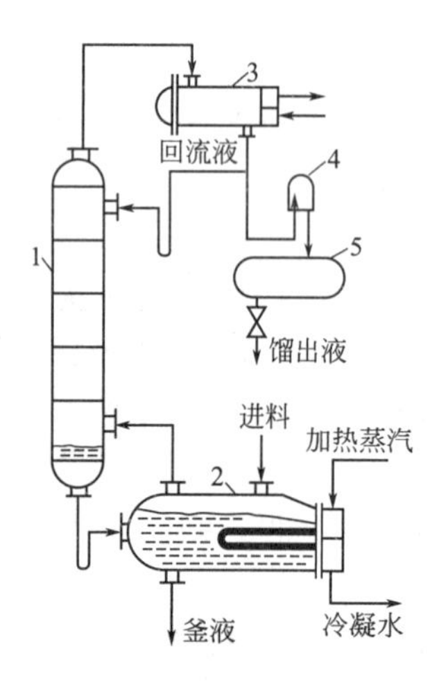

图 1-24　间歇精馏操作流程

1—精馏塔；2—再沸器；3—全凝器；4—观察罩；5—贮罐

间歇精馏通常通过采用不断加大回流比来保持馏出液组成恒定或回流比保持恒定、馏出液组成逐渐减小两种操作方式。在实际生产中，往往采用联合操作方式，即一阶段采用恒馏出液组成的操作，另一阶段采用恒回流比下的操作。

在工业上多采用连续操作，但是在某些场合却宜采用间歇精馏操作。比如某些化学反应是分批进行的，其反应产物的分离可采用间歇精馏；若待分离的混合液量不多，或浓度经常变动，也可采用间歇精馏；在实验室或科研室中，采用间歇精馏更为灵活方便。但由于间歇精馏设备利用率不高，开、停车频繁，操作不方便，难于得到高纯度产品，因此一般只有在不适合采用连续精馏的情况下，才考虑采用间歇精馏。

六、精馏装置的附属设备

精馏装置的附属设备包括塔顶冷凝器、塔底再沸器、进料预热器、产品冷却器、原料罐、回流罐及产品罐。此外，还有连接各单元设备输送物料的管线及泵等。

1. 塔顶冷凝器

塔顶回流冷凝器的作用是将塔顶上升的蒸气全部冷凝成液体，以提供精馏塔内的下降液体。工业上通常采用的是管壳式换热器，有卧式、立式两种。也可按冷凝器与塔的相对位置分为以下几类。

（1）自流式　将冷凝器水平安装于塔顶附近的台架上，靠改变台架高度利用位能使部分冷凝液自动流入塔内以获得回流，称为自流式冷凝器，如图 1-25(a) 所示。冷凝器距塔顶回流液入口所需的高度可根据回流量和管路阻力值计算，并应有一定的裕度。

（2）强制回流式　当塔的处理量很大或塔板数很多时，所需要的回流冷凝器很大，为便于安装检修和调节，常将冷凝器安装于塔下部地面附近的适当位置，回流液用泵向塔顶输送，在冷凝器和泵之间需设回流罐作为缓冲，称为强制回流式。图 1-25(d) 所示为冷凝器置于回流罐之上。回流罐的位置应保证其中液面与泵入口间位差大于泵的气蚀余量，若罐内液温接近沸点时，应使罐内液面比泵入口高出 3m 以上。图 1-25(e) 所示为将冷凝器置于回流罐之下，冷凝器置于地面，冷凝液借压差流入回流罐中，这样可减少台架，且便于维修，主要用于常压或加压蒸馏。

（3）整体式　对于处理量较小的塔，冷凝器也很小，可考虑将冷凝器直接安装于塔顶和塔成为一体，冷凝液借重力回流至塔内，为整体式冷凝器，也称内回流式，如图 1-25(b)、(c) 所示。它的主要优点是占地面积小，不需要冷凝器的支座，蒸气压降低，可借改变升气管或塔板位置调节位差以保证回流与采出所需的压头。缺点是塔顶结构复杂，安装检修不便，且回流比难以精确控制。常用于传热面较小及冷凝液难以用泵输送或泵送有危险的场合。

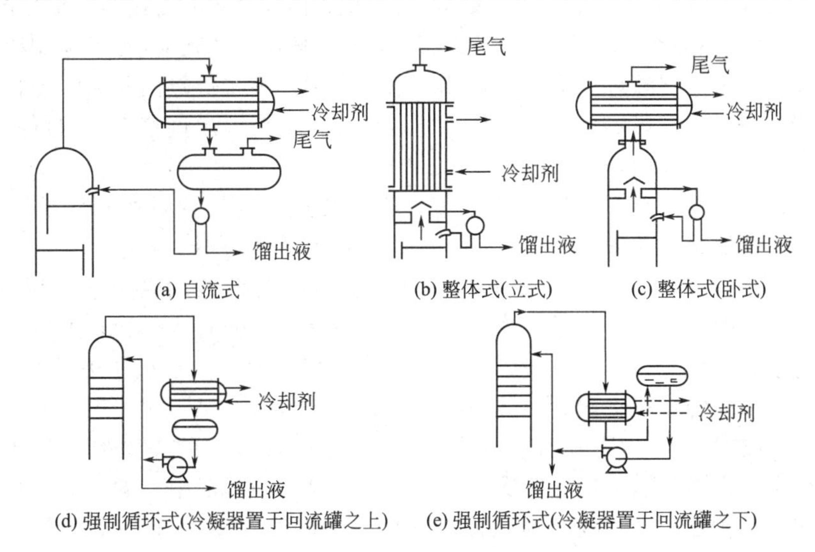

图 1-25　塔顶冷凝器

2. 塔底再沸器

塔底再沸器的作用是加热塔底料液使之部分汽化，以提供精馏塔内的上升气流。再沸器的型式很多，工业上常用的塔底再沸器有以下几种。

（1）热虹吸式再沸器　热虹吸式再沸器是利用热虹吸原理，即再沸器内液体被加热部分汽化后，气液混合物密度小于塔内液体密度，使再沸器与塔间产生静压差而形成推动力，促使塔底液体被“虹吸”进入再沸器内，在再沸器内汽化后返回塔中，因而不必用泵便可使塔底液体循环。热虹吸式再沸器有立式、卧式两种形式，如图 1-26(a)、(b) 所示。

立式热虹吸式再沸器的优点是结构紧凑，传热效果较好，占地面积小，安装检修方便，釜液

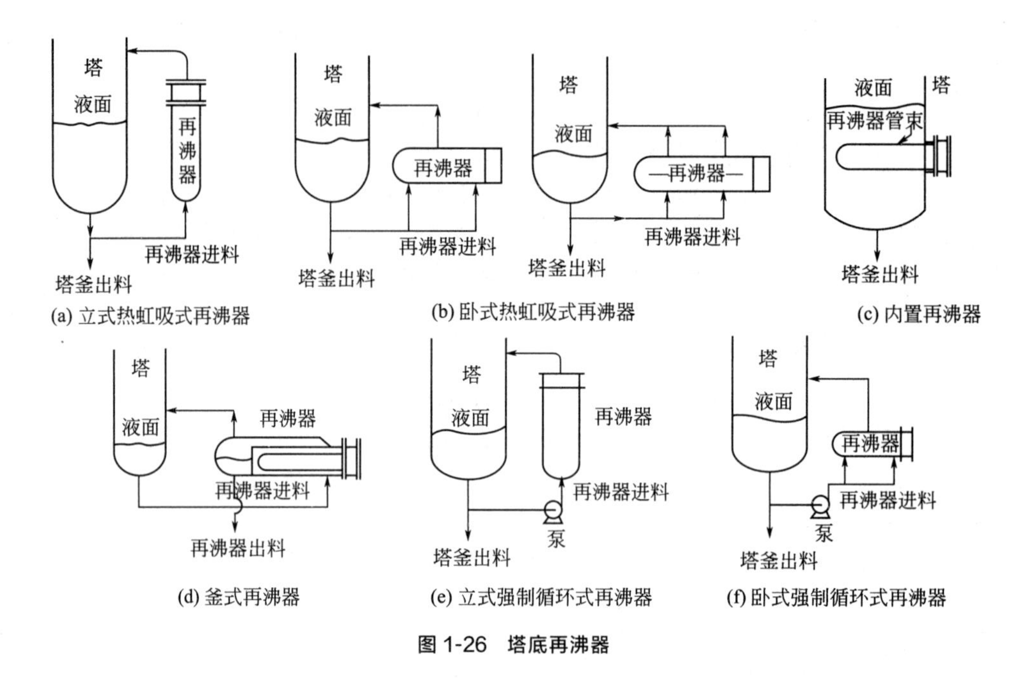

图 1-26 塔底再沸器

在加热段的停留时间短，不易结垢，设备及运行费用低。但立式热虹吸式再沸器安装时要求精馏塔底部液面与再沸器顶部管板持平，要有固定标高，其循环速率受流体力学因素制约。

卧式热虹吸式再沸器处理能力大，维修和清理方便，适于传热面积大的场合时选用。并且循环量受流体力学因素影响较小，操作稳定，可在一定范围内调整塔底与再沸器之间的高度差以适应要求。但占地面积较大。

热虹吸式再沸器的汽化率不能大于 40%，否则传热不良，且因加热管不能充分润湿而易结垢，故对要求较高汽化率的工艺过程和处理易结垢的物料不宜采用。

（2）内置式再沸器（蒸馏釜） 内置式再沸器是将再沸器的管束直接设置于塔釜内，也称为蒸馏釜，如图 1-26(c) 所示。加热装置可采用夹套、蛇管或列管式加热器等形式。其优点是结构简单，造价低，安装方便，可减少占地面积，通常用于直径小于 600mm 的蒸馏塔中。但由于塔釜空间容积有限，传热面积不能太大，传热效果不太理想。

（3）釜式再沸器 釜式再沸器是由一个带有气液分离空间的壳体和一个可以抽出的管束组成，管束末端设溢流堰，以保证管束能有效地浸没于沸腾液中，溢流堰外侧空间为出料液体的缓冲区。结构如图 1-26(d) 所示。液面以上空间为气液分离空间，设计中，一般要求气液分离空间为再沸器总体积的 30%以上。釜式再沸器的优点是汽化率高，可达 80%以上，可在高真空下操作，维修和清理方便；缺点是传热系数小，壳体容积大，占地面积大，造价高，塔釜液在加热段停留时常易结垢。但对于某些塔底物料需分批移除的塔或间歇精馏塔，因操作范围变化较大，比较适宜采用釜式再沸器。

（4）强制循环式再沸器 强制循环式再沸器是依靠泵使塔底液体在再沸器与塔间进行循环，可采用立式、卧式两种形式，如图 1-26(e)、(f) 所示。强制循环式再沸器的优点是液体流速大，停留时间短，便于控制和调节液体循环量，特别适用于高黏度液体和热敏性物料固体悬浮液等的精馏过程。

3. 泵

泵是化工企业中应用最广的一种流体输送设备。随着科技的进步和生产的不断发展，各种新型的高效泵不断涌出。目前，除个别有特殊要求的泵需自行设计、制造外，基本上都可在泵的生产厂家选用。精馏装置中常用的泵有原料泵、回流液泵、残液泵、冷却水泵等。

4. 贮罐

精馏装置中常用的贮罐有原料、产品贮罐、中间缓冲罐、回流罐及气液分离罐等。这些设备的主要工艺一般是由其容积或者工艺要求物流在容器内的停留时间而定，同时应考虑一适宜的填充系数决定容积的大小。此外，应根据其操作条件，例如温度和压力，选择容器结构形式等。

小结

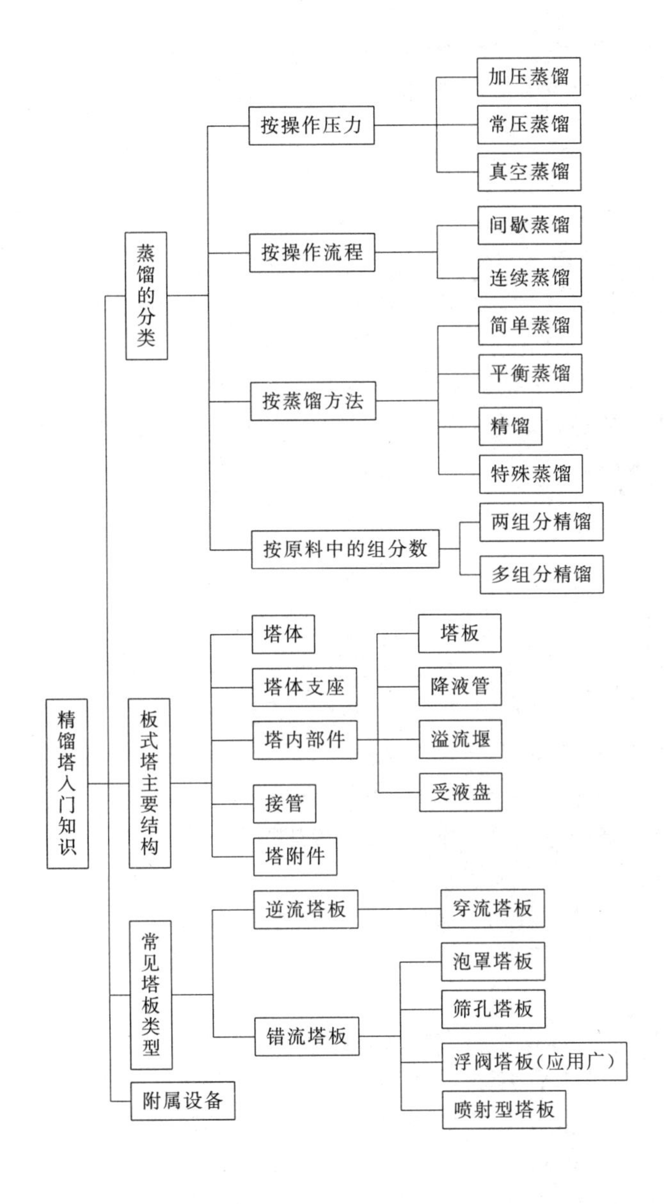

思考题

1. 什么是蒸馏?蒸馏操作的依据是什么?

2. 说明简单蒸馏和平衡蒸馏的特点及适用场合。
3. 简述板式精馏塔的主要构造以及各部分的作用。
4. 塔板的作用是什么?按照塔内气、液相流动方式，塔板可分成哪几类?
5. 塔板有哪些主要类型，各自有什么特点?
6. 评价塔板性能的指标主要有哪些?
7. 为什么降液管的顶部要高出塔板板面?
8. 为什么浮阀塔会成为目前工业上广泛使用的精馏装置?
9. 简述连续精馏操作的工艺流程。
10. 间歇精馏有哪些特点?适用于什么场合?
11. 精馏塔的精馏段和提馏段在精馏操作中各起到了什么作用?
12. 精馏装置有哪些附属设备?塔顶冷凝器与塔底再沸器在精馏操作中有什么作用?

自测题

一、填空题

1. 蒸馏是利用均相（　　）混合物中各组分（　　）的不同而将其分离的单元操作。
2. 降液管有（　　）形和（　　）形两种型式。常用的是（　　）形降液管。
3. 板式塔性能的好坏主要取决于（　　）结构。最早应用于工业生产中的是（　　）塔。
4. 浮阀的型式有多种，国内常用的有（　　）、（　　）与（　　）三种。
5. 降液管是塔板间（　　）流动的通道。
6. 单溢流板式塔的设计意图是总体上气、液两相呈（　　）流动；而每块塔板上呈均匀（　　）流动。
7. 一个完整的精馏塔应当由（　　）段和（　　）段构成。

二、选择题

1. 蒸馏是一个（　　）过程。

A. 传质　B. 传热　C. 传质、传热同时进行　D. 无传质传热

2. 在精馏塔中每一块塔板上（　　）。

A. 只进行传质过程　B. 只进行传热过程

C. 同时进行传质传热过程　D. 无传质传热过程

3. 简单蒸馏属于（　　）蒸馏操作。

A. 间歇、单级　B. 连续、单级　C. 间歇、多级　D. 连续、多级

4. 蒸馏是分离（　　）混合物的单元操作。

A. 均相液体　B. 非均相液体　C. 气体　D. 固体

5. 按操作流程可将蒸馏操作分为间歇蒸馏和（　　）。

A. 简单蒸馏　B. 平衡蒸馏　C. 连续蒸馏　D. 特殊蒸馏

6. 组分较重、沸点较高的物料采用（　　）方法分离。

A. 常压蒸馏　B. 减压蒸馏　C. 加压蒸馏　D. 间歇蒸馏

7. （　　）是保证精馏过程连续稳定操作的必不可少的条件之一。

A. 液相回流　B. 进料　C. 侧线抽出　D. 产品提纯

8. （　　）的作用是提供一定量的上升蒸气流。

A. 冷凝器　　B. 蒸发器　　C. 再沸器　　D. 换热器

9. 在精馏塔中，原料液进入的那层塔板称为（　　）。

A. 浮阀板　　B. 喷射板　　C. 加料板　　D. 分离板

10. 舌形塔板属于（　　）。

A. 泡罩型塔板　　B. 浮阀型塔板　　C. 筛板型塔板　　D. 喷射型塔板

11. 下列塔设备中，操作弹性最小的是（　　）。

A. 筛板塔　　B. 浮阀塔　　C. 泡罩塔　　D. 浮舌塔

12. 在精馏塔中，加料板以下的塔段（包括加料板）称为（　　）。

A. 精馏段　　B. 提馏段　　C. 进料段　　D. 都不是

13. 有关精馏操作的叙述错误的是（　　）。

A. 精馏的实质是多级蒸馏

B. 精馏装置的主要设备有精馏塔、再沸器、冷凝器、回流罐和输送设备等

C. 精馏塔以进料板为界，上部为精馏段，下部为提馏段

D. 精馏是利用各组分密度不同，分离互溶液体混合物的单元操作

14. 精馏塔通常设置两个或两个以上进料口的目的是（　　）。

A. 为了便于检修，一个进料口坏了可以先用另外的加料口

B. 为了便于处理不同浓度的原料，低浓度的原料用高处的进料口

C. 为了便于处理不同浓度的原料，高浓度的原料用高处的进料口

D. 在两个进料口之间设置视镜，便于观察进料状况

三、判断题

1. 液相回流是保证精馏过程连续稳定操作的必不可少的条件之一。（　　）
2. 板式精馏中塔板的作用主要是为了支承液体。（　　）
3. 一个完整的精馏塔应当由精馏段和提馏段构成。（　　）
4. 间歇精馏塔只有提馏段没有精馏段。（　　）
5. 浮阀塔缺点是浮阀易被粘、锈和卡住。（　　）
6. 板式塔的主要部件包括塔体、封头、塔裙、接管、人孔、塔盘等。（　　）
7. 塔内提供气液两相充分接触的场所是塔板。（　　）
8. 塔体人孔处，应留有足够的工作空间，板间距不应大于600mm。（　　）
9. 错流塔板有单溢流和双溢流两种溢流形式。（　　）
10. 板式精馏塔是逐级接触式的气液传质设备。（　　）

任务2　学习精馏操作的理论知识

任务目标

- 掌握双组分理想溶液的气、液相平衡关系；
- 掌握精馏原理及精馏过程分析。

技能要求

- 能绘制和正确分析双组分理想溶液的气、液相平衡图；
- 能正确分析精馏操作的过程。

一、相组成的表示方法

在精馏操作中，物质在气、液两相之间进行传递，因而各组分在两相中的组成会发生变化。对于混合物中相的组成可以用多种方法表示，常用的有以下几种。

1. 质量分数和摩尔分数

（1）*质量分数* 混合物中某组分的质量与混合物总质量之比，称为该组分的质量分数，以 w 表示。若该混合物的总质量为 m，所含组分 A 和组分 B 的质量分别为 m_A 和 m_B，则各组分的质量分数分别为：

$$w_A=\frac{m_A}{m}; \qquad w_B=\frac{m_B}{m} \tag{1-1}$$

显然，对于双组分物系而言，各组分的质量分数之和等于 1，即

$$w_A+w_B=1$$

（2）*摩尔分数* 混合物中某组分的摩尔数与混合物总摩尔数之比，称为该组分的摩尔分数，以 x 表示。若该混合物的总摩尔数为 n，所含组分 A 和组分 B 的物质的量分别为 n_A 和 n_B，则各组分的摩尔分数分别为：

$$x_A=\frac{n_A}{n}; \qquad x_B=\frac{n_B}{n} \tag{1-2}$$

显然，对于双组分物系而言，各组分的摩尔分数之和等于 1，即

$$x_A+x_B=1$$

（3）*质量分数与摩尔分数的换算关系* 若以 M_A 和 M_B 分别表示两组分的摩尔质量，则可得到质量分数与摩尔分数之间的换算关系如下：

$$w_A=\frac{M_Ax_A}{M_Ax_A+M_Bx_B}; \quad w_B=\frac{M_Bx_B}{M_Ax_A+M_Bx_B} \tag{1-3}$$

$$x_A=\frac{\dfrac{w_A}{M_A}}{\dfrac{w_A}{M_A}+\dfrac{w_B}{M_B}}; \quad x_B=\frac{\dfrac{w_B}{M_B}}{\dfrac{w_A}{M_A}+\dfrac{w_B}{M_B}} \tag{1-4}$$

2. 混合物的平均摩尔质量

单位物质的量的混合物的质量，称为该混合物的摩尔质量，以 M_m 表示。若已知各组分的摩尔分数，则可得混合物的平均摩尔质量为：

$$M_m=M_Ax_A+M_Bx_B \tag{1-5}$$

3. 压力分数和体积分数

气体混合物中各组分的组成，可以采用上述两种方法表示，只是人们习惯用 y 代替液相中的 x 来表示气体的组成。除此以外，气体混合物还可以用各组分的压力分数和体积分

数来表示其组成。

(1) **压力分数** 混合气体中某组分的分压与混合气总压之比，称为该组分的压力分数。根据道尔顿分压定律和理想气体状态方程可以证明，对于理想气体混合物而言，某组分的压力分数等于其摩尔分数，若该气体混合物的总压为 p(Pa)，所含组分 A 和组分 B 的分压分别为 p_A(Pa) 和 p_B(Pa)，则各组分的压力分数分别为：

$$y_A=\frac{p_A}{p}=\frac{n_A}{n};\ y_B=\frac{p_B}{p}=\frac{n_B}{n} \tag{1-6}$$

(2) **体积分数** 混合气体中某组分在总压下的体积与混合气总体积之比，称为该组分的体积分数。根据理想气体状态方程可以证明，对于理想气体混合物而言，某组分的体积分数等于其摩尔分数。若某气体混合物的总体积为 $V(m^3)$，所含组分 A 和组分 B 的体积分别为 $V_A(m^3)$ 和 $V_B(m^3)$，则各组分的体积分数分别为：

$$\varphi_A=\frac{V_A}{V}=\frac{n_A}{n};\ \varphi_B=\frac{V_B}{V}=\frac{n_B}{n} \tag{1-7}$$

以上可见，对于理想气体混合物，某组分的压力分数、体积分数均等于其摩尔分数。

【案例 1-1】 已知由 25kg 乙醇和 15kg 水组成的混合溶液。试求乙醇和水的质量分数、摩尔分数及混合液的平均摩尔质量。($M_{乙醇}=46kg/kmol$，$M_{水}=18kg/kmol$)

解：(1) 质量分数

$$w_{乙醇}=\frac{m_{乙醇}}{m}=\frac{25}{25+15}=0.625$$

$$w_{水}=1-w_{乙醇}=1-0.625=0.375$$

(2) 摩尔分数

$$x_{乙醇}=\frac{\frac{25}{46}}{\frac{25}{46}+\frac{15}{18}}=0.395$$

$$x_{水}=1-x_{乙醇}=1-0.395=0.605$$

(3) 混合液的平均分子量

$$M_m=M_{乙醇}\ x_{乙醇}+M_{水}\ x_{水}=46\times0.395kg/kmol+18\times0.605kg/kmol=29.06kg/kmol$$

【案例 1-2】 已知空气中氮和氧的质量分数分别为 76.7% 和 23.3%，且总压为 101.3kPa，试求它们的摩尔分数、体积分数及分压。

解：(1) 摩尔分数

$$y_{氮}=\frac{\frac{w_{氮}}{M_{氮}}}{\frac{w_{氮}}{M_{氮}}+\frac{w_{氧}}{M_{氧}}}=\frac{\frac{0.767}{28}}{\frac{0.767}{28}+\frac{0.233}{32}}=0.79$$

$$y_{氧}=1-y_{氮}=1-0.79=0.21$$

(2) 体积分数

$$\varphi_{氮}=\frac{V_{氮}}{V}=y_{氮}=0.79$$

$$\varphi_{氧}=\frac{V_{氧}}{V}=y_{氧}=0.21$$

(3) 分压

$$p_{氮}=py_{氮}=101.3\times0.79\text{kPa}=80\text{kPa}$$

$$p_{氧}=py_{氧}=101.3\times0.21\text{kPa}=21.3\text{kPa}$$

二、双组分理想溶液的气液相平衡

均相液体混合物中，根据溶液中同分子间与异分子间作用力的差异，可将溶液分为理想溶液和非理想溶液两种。严格地说，理想溶液实际上是不存在的，但对于那些由分子结构相似、化学性质相近的组分所组成的溶液，例如苯和甲苯、甲醇和乙醇、炼油生产中所用的原料油及其产品等可近似地视为理想溶液。

气液相平衡关系是指溶液与其上方蒸气达到平衡时，各组分在气液两相间的组成关系。蒸馏就是溶液和其蒸气两相间的传质过程，该过程是以蒸气和溶液达到相平衡为极限的。由此可见，气液相平衡是进行精馏操作过程分析和理论计算的重要依据。

对于理想物系而言，液相可视为理想溶液，遵循拉乌尔定律；当系统总压不太高（一般不高于 10^4kPa）时，气相可视为理想气体，遵循道尔顿分压定律。

1. 相平衡方程

根据拉乌尔定律：在一定温度下，当气液两相达平衡时，溶液上方蒸气中某一组分的分压，等于该纯组分在同一温度下的饱和蒸气压与其在溶液中摩尔分数的乘积。用数学式表示如下：

$$p_A=p_A^0x_A \tag{1-8}$$

$$p_B=p_B^0x_B=p_B^0(1-x_A) \tag{1-9}$$

式中 p_A、p_B——平衡时溶液上方组分 A 和 B 的蒸气分压，Pa；

p_A^0、p_B^0——纯组分 A 和 B 在平衡温度下的饱和蒸气压，Pa；

x_A、x_B——液相中组分 A 和 B 的摩尔分数。

根据道尔顿分压定律：系统的总压等于各组分的分压之和。对于双组分物系，在平衡时

$$y_A=\frac{p_A}{p} \tag{1-10}$$

$$y_B=\frac{p_B}{p} \tag{1-11}$$

$$p=p_A+p_B \tag{1-12}$$

式中 y_A、y_B——气相中组分 A 和 B 的摩尔分数；

p——混合气体的总压，Pa。

将式(1-8) 代入式(1-10)，得

$$y_A=\frac{p_A^0}{p}x_A \tag{1-13}$$

式(1-13) 称为相平衡方程，该方程反映了理想溶液气、液相达平衡时，温度、压力及各组分在气、液两相中组成间的关系。

2. 泡点方程

在一定压力下，将液体混合液加热至溶液刚刚开始沸腾，出现第一个小气泡时所对应的温度称为泡点。

将式(1-8) 和式(1-9) 代入式(1-12)，得

$$p=p_A^0x_A+p_B^0(1-x_A)=(p_A^0-p_B^0)x_A+p_B^0$$

则

$$x_A=\frac{p-p_B^0}{p_A^0-p_B^0} \tag{1-14}$$

式(1-14)称为泡点方程，该方程反映了理想溶液气、液相达平衡时，温度、压力与各组分在液相中组成间的关系。可见，当系统总压一定时，液相组成将随着系统温度的变化而改变，所以在蒸馏生产中，可以采用改变操作温度的办法来调节液相产品的组成。

3. 露点方程

在一定压力下，将气体混合液进行冷凝，产生第一个小液滴时所对应的温度称为露点。

将式(1-14)代入式(1-13)，得

$$y_A=\frac{p_A^0(p-p_B^0)}{p(p_A^0-p_B^0)} \tag{1-15}$$

式(1-15)称为露点方程，该方程反映了理想溶液气、液相达平衡时，温度、压力与各组分在气相中组成间的关系。可见，当系统总压一定时，气相组成将随着系统温度的变化而改变；若总压和温度均不变，y 就有确定的数值。因此在蒸馏过程，应尽量维持塔顶温度不变，以保持塔顶产品质量的稳定。

【案例 1-3】 已知由正庚烷和正辛烷所组成的混合液，在 388K 时沸腾，外界压力为 101.3kPa，在该温度条件下的 $p_{正庚烷}^0=160\text{kPa}$，$p_{正辛烷}^0=74.8\text{kPa}$，试求平衡时气液相中正庚烷和正辛烷的摩尔分数。

解：

液相组成：
$$x_{正庚烷}=\frac{p-p_{正辛烷}^0}{p_{正庚烷}^0-p_{正辛烷}^0}=\frac{101.3-74.8}{160-74.8}=0.31$$

$$x_{正辛烷}=1-x_{正庚烷}=1-0.31=0.69$$

气相组成：
$$y_{正庚烷}=\frac{p_{正庚烷}^0}{p}x_{正庚烷}=\frac{160}{101.3}\times0.31=0.49$$

$$y_{正辛烷}=1-y_{正庚烷}=1-0.49=0.51$$

4. 双组分理想溶液的气液相平衡图

前述可见，可以用方程式来描述理想溶液达到气液相平衡时，压力、温度和两相组成的关系。工程上，为了能简明地表示理想溶液在平衡时气液相的组成，通常采用绘图的方法，这样能够比较直观、清晰地反映出影响精馏的因素，同时对于双组分精馏过程的分析和计算也非常方便。精馏中常用的相图有恒压下的沸点-组成图及气-液相组成图两种。

(1) 沸点-组成图（t-x-y 图） 图 1-27 是以苯-甲苯混合液为例，在外界压力 $p=101.3\text{kPa}$ 下，根据实验测定的饱和蒸气压数据并按式(1-14) 和式(1-13) 计算的结果（见表 1-4）所绘成的 t-x-y 图。

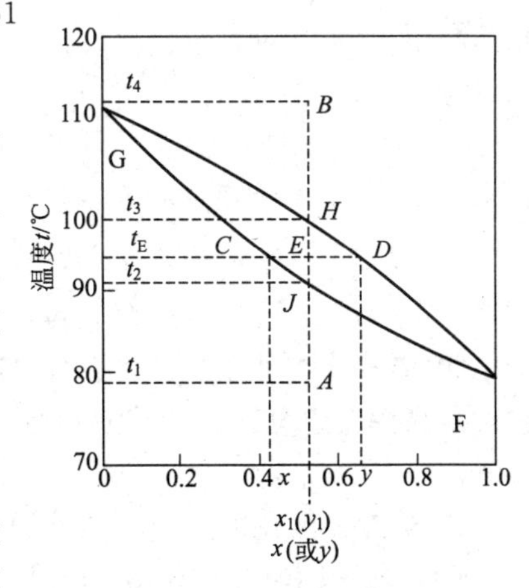

图 1-27 苯-甲苯混合液的 t-x-y 图

表 1-4 苯-甲苯的气液相平衡组成

沸点/℃	饱和蒸气压/kPa		$x_{苯}=\dfrac{p-p^0_{甲苯}}{p^0_{苯}-p^0_{甲苯}}$	$y_{苯}=\dfrac{p^0_{苯}}{p}x_{苯}$
	$p^0_{苯}$	$p^0_{甲苯}$		
80.2	101.3	40.0	1.000	1.000
84.0	113.6	44.4	0.830	0.930
88.0	127.7	50.6	0.639	0.820
92.0	143.7	57.6	0.508	0.720
96.0	160.7	65.7	0.376	0.596
100.0	179.4	74.6	0.255	0.452
104.0	199.4	83.3	0.155	0.304
108.0	221.2	93.9	0.058	0.128
110.4	233.0	101.3	0.000	0.000

该图纵坐标为温度，横坐标为组成 x 和 y(x，y 均指易挥发组分在液相和气相中的摩尔分数)。图中有两条曲线，上曲线为 t-y 线，表示平衡时气相组成与温度的关系，称为气相线，又称饱和蒸气线；下曲线为 t-x 线，表示平衡时液相组成与温度的关系，称为液相线，又称饱和液体线。这两条曲线将整个图形分成三个区域，液相线以下区域代表溶液处于尚未沸腾的状态，称为液相区；气相线以上区域代表溶液全部汽化为蒸气，称为气相区，又称过热蒸气区；两条曲线包围的区域代表气液两相同时存在，称为气液共存区。

在恒定总压下，若将组成为 x_1、温度为 t_1（图中的点 A）的混合液加热，升温至 t_2（点 J）时，溶液开始沸腾，产生第一个气泡，相应的温度 t_2 称为泡点，因此饱和液体线又称泡点线。同样，若将组成为 y_1、温度为 t_4（点 B）的过热蒸气冷却至温度 t_3（点 H）时，混合气体开始冷凝产生第一滴液体，相应的温度 t_3 称为露点，因此饱和蒸气线又称露点线。图中的 F、G 两点分别为纯苯和纯甲苯的沸点。

t-x-y 图在精馏过程的研究中具有重要的意义，主要表现为：

① 可以简便地求得任一温度下气液相的平衡组成。例如温度为 t_E 时的液相组成即为 C 点所对应的 x，气相组成即为 D 点所对应的 y。反之，若已知相的组成，也能查得气液两相平衡时的温度。

② 当某混合物系的组成与温度位于点 E 时，则此物系被分成互成平衡的气液两相，其液相和气相组成分别用 C、D 两点表示。而气、液两相的量可由杠杆规则来确定，其数学表达式为：

$$\frac{L}{V}=\frac{\overline{ED}}{\overline{EC}}$$

式中 L，V——液相量和气相量，kmol/h；

$\overline{EC}$——线段 $\overline{EC}$ 的长度；

$\overline{ED}$——线段 $\overline{ED}$ 的长度。

③ 从 t-x-y 图可见当气液两相达到平衡状态时，气液两相的温度相同，但气相中苯的组成（易挥发组分）大于其液相组成，故利用此图可以说明精馏操作的原理及其操作的基本方法。

④ 某混合液在加热中随温度的变化可出现五种热状况。

（2）气-液相组成图（y-x 图） 为了精馏计算过程的方便，工程上常把气相组成 y 和液相组成 x 的平衡关系绘在坐标图中，称为 y-x 图。图 1-28 就是利用表 1-1 的数据而绘制

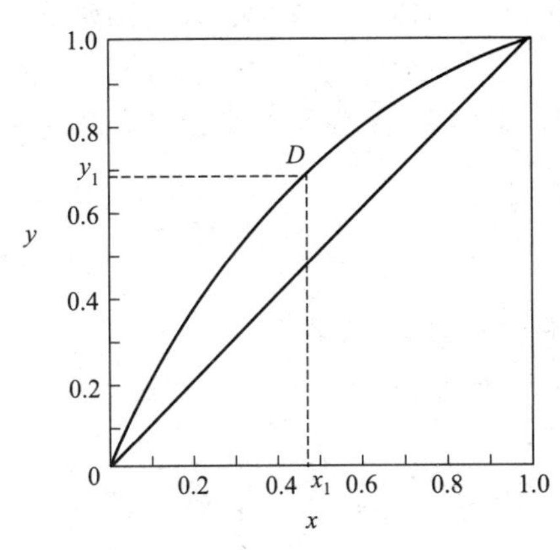

图 1-28 苯-甲苯混合液的 y-x 图

的苯-甲苯混合液的 y-x 图。y-x 图也可通过 t-x-y 图查取数据做出。

y-x 图表示在恒定的外压下，蒸气组成 y 和与之相平衡的液相组成 x 之间的关系。图中的曲线为气液相平衡曲线，它反映了苯-甲苯混合液中易挥发组分（苯）的组成与其平衡的气相组成间的关系。图中任意点 D 表示组成为 x_1 的液相与组成为 y_1 的气相互相平衡。图中对角线是查图时所用的参考线，在线上的任何点上气液相组成均相等，即 $y=x$。

对于双组分理想溶液，当气液两相达到平衡时，气相中易挥发组分的组成大于液相中易挥发组分的组成，即 $y>x$，所以平衡线位于对角线的上方。显然，平衡线离对角线越远，说明互成平衡的气液两相浓度差别越大，该溶液就越容易分离。常见两组分溶液常压下的平衡数据，可从物理化学或化工手册中查得。

实验表明，总压对平衡曲线的影响不大。故在常压下做出的 y-x 曲线，只要总压变化不大时（变化范围在 20%～30%以下），压力对图中曲线的影响可以忽略。

5. 挥发度与相对挥发度

工程上，气液相平衡关系除了用相图表示之外，还可以用相对挥发度来表示。

（1）*挥发度* 蒸馏操作分离液体混合物的基本依据是各组分挥发能力的差异。挥发度表示某种液体挥发的难易程度，对于纯液体，通常是指该液体在一定温度下的饱和蒸气压，即

$$\nu_A = p_A^0 \tag{1-16}$$

例如，乙醇在 25℃时饱和蒸气压为 78.6kPa，水在 25℃时饱和蒸气压为 31.7kPa，可见乙醇的挥发度较水为大。而溶液中各组分的蒸气压因组分间的相互影响要比纯态时为低，故溶液中各组分的挥发度，可用它在一定温度下蒸气中的分压和与之平衡的液相中该组分的摩尔分数之比来表示，即

$$\nu_A = \frac{p_A}{x_A} \tag{1-17}$$

$$\nu_B = \frac{p_B}{x_B} \tag{1-18}$$

式中 ν_A、ν_B——溶液中组分 A、B 的挥发度。

对于理想溶液，因其符合拉乌尔定律，则有

$$\nu_A = \frac{p_A}{x_A} = \frac{p_A^0 x_A}{x_A} = p_A^0 \tag{1-19}$$

$$\nu_B = \frac{p_B}{x_B} = \frac{p_B^0 x_B}{x_B} = p_B^0 \tag{1-20}$$

可见，对于理想溶液而言，可以用纯组分的饱和蒸气压来表示它在溶液中的挥发度。

（2）*相对挥发度* 各组分挥发度的差别还可以用其挥发度的相对值来表示，这就是相

对挥发度。习惯上将溶液中易挥发组分的挥发度与难挥发组分的挥发度之比，称为两组分的相对挥发度，用 α 表示。

例如，α 表示溶液中组分 A 对组分 B 的相对挥发度，通常视 A 为易挥发组分，B 为难挥发组分，根据定义

$$\alpha=\frac{\nu_A}{\nu_B}=\frac{p_A/x_A}{p_B/x_B}=\frac{p_A x_B}{p_B x_A} \tag{1-21}$$

当操作压力不高，气相服从道尔顿分压定律时，则上式改写为

$$\alpha=\frac{p y_A x_B}{p y_B x_A}=\frac{y_A x_B}{y_B x_A} \tag{1-22}$$

（3）*用相对挥发度表示的相平衡方程*　对于双组分溶液，当总压不太高时，由式(1-22）变化可得

$$\frac{y_A}{y_B}=\alpha \cdot \frac{x_A}{x_B}$$

即

$$\frac{y_A}{1-y_A}=\alpha \cdot \frac{x_A}{1-x_A}$$

略去下标 A、B，整理可得

$$y=\frac{\alpha x}{1+(\alpha-1)x} \tag{1-23}$$

式(1-23）就是用相对挥发度表示的气液相平衡方程，也是气液相平衡关系的另一种表达形式，当确定了物系的相对挥发度 α 后，便可求得平衡的气液相组成。与前面介绍过的式(1-13）相比较，能更加明确而简便地用来判别分离的难易程度，并且在精馏计算中用式(1-23）也更为方便。

分析式(1-23）可知，当 $\alpha=1$ 时，$y=x$，即气相组成等于液相组成，这样的混合液无法用普通的精馏方法分离；当 $\alpha>1$ 时，$y>x$，说明能够分离，当 α 越大，y 比 x 大得越多，互成平衡的气液两相浓度差别越大，混合液越容易分离。因此相对挥发度 α 值的大小可以判断某混合液是否能用普通精馏方法分离以及分离的难易程度。

对于理想溶液，根据式(1-19)～式（1-21）

$$\alpha=\frac{p_A^0}{p_B^0} \tag{1-24}$$

上式表明理想溶液中组分的相对挥发度，等于同温度下两纯组分的饱和蒸气压之比。纯组分的 p_A^0、p_B^0 均是温度的函数，因此，α 原则上随温度而变化，但 p_A^0/p_B^0 随温度的变化不大，因而一般可将 α 视为常数，计算时可在操作的温度范围内取其平均值，称为平均相对挥发度，以 α_m 表示。

平均相对挥发度的取法有很多种，其中最常用的是算数平均值，即

$$\alpha_m=\frac{1}{n}\sum_{i=1}^{n}\alpha_i \tag{1-25}$$

在精馏塔内，当操作温度和压力变化都比较小时，也可以用几何平均值来计算，即

$$\alpha_m=\sqrt{\alpha_1\alpha_2} \tag{1-26}$$

式中　α_1、α_2——塔顶、塔底温度下的相对挥发度。

有很多实际混合液的相对挥发度值是由实验测定的。

【案例 1-4】 利用表 1-4 的饱和蒸气压数据，计算在不同温度下该溶液的相对挥发度及平均相对挥发度，并以表 1-4 算出的 x_A 为准，按式(1-23）计算出相应的平衡气相组成 y_A，同时与表中 y_A 值进行比较。

解： 因苯-甲苯混合液可视为理想溶液，故相对挥发度可按式(1-24）计算，即

$$\alpha=\frac{p_A^0}{p_B^0}$$

根据表中的饱和蒸气压数据，可求得各温度下的相对挥发度，如下表

t/℃	80.2	84.0	88.0	92.0	96.0	100.0	104.0	108.0	110.4
α	2.53	2.56	2.52	2.49	2.45	2.40	2.38	2.35	2.30

$$\alpha_m=\sqrt{2.53\times 2.30}=2.41$$

由式(1-23）得出

$$y=\frac{\alpha x}{1+(\alpha-1)x}=\frac{2.41x}{1+1.41x}$$

由此可求出气相的平衡组成为

t/℃	80.2	84.0	88.0	92.0	96.0	100.0	104.0	108.0	110.4
x_A	1.000	0.830	0.639	0.508	0.376	0.255	0.155	0.058	0.000
按式(1-13)算出的 y_A	1.000	0.930	0.820	0.720	0.596	0.452	0.304	0.128	0.000
按式(1-23)算出的 y_A	1.000	0.922	0.810	0.714	0.592	0.452	0.307	0.129	0.000

从表中所列出的数据可以看出，利用平均相对挥发度计算，与采用气液平衡关系计算，误差均在 1%左右。根据以上气液相平衡组成也可绘制 y-x 图。

三、精馏原理

前述的简单蒸馏和平衡蒸馏，都是单级分离过程，只能达到组分的部分增浓，不能得到纯度较高的产品。因此，在工业生产上多采用精馏操作，即多次并且同时运用部分汽化和部分冷凝的方法，便可使混合液中各组分得到几乎较为完全的分离。

借助于沸点-组成图（t-x-y 图），可以说明精馏操作的原理及其操作的基本方法。

1. 多次部分汽化和多次部分冷凝

如图 1-29 所示，将组成为 x_F 的原料液加热至泡点以上温度 t_1，使之部分汽化，将气相和液相分开，气相组成为 y_1，与其平衡的液相组成为 x_1，由图可见，$y_1>x_F>x_1$，此时，气液两相的流量可由杠杆规则确定。若将组成为 y_1 的气相混合物降温至 t_2 进行部分冷凝，则可得到组成为 y_2 气相及与其平衡的组成为 x_2 液相，且 $y_2>y_1$；若继续将组成为 y_2 的气相混合物降温至 t_3，则可得到组成为 y_3 气相和组成为 x_3 液相，且 $y_3>y_2>y_1$；同理，若将组成为 x_1 的液体继续加热进行部分汽化，则可得到组成为 y_2' 气相及与其平衡的组成为 x_2' 液相，且 $x_2'<x_1$，若继续将组成为 x_2' 的液体进行部分汽化，则可得到组成为 y_3' 气相与组成为 x_3' 液相，且 $x_3'<x_2'<x_1$。

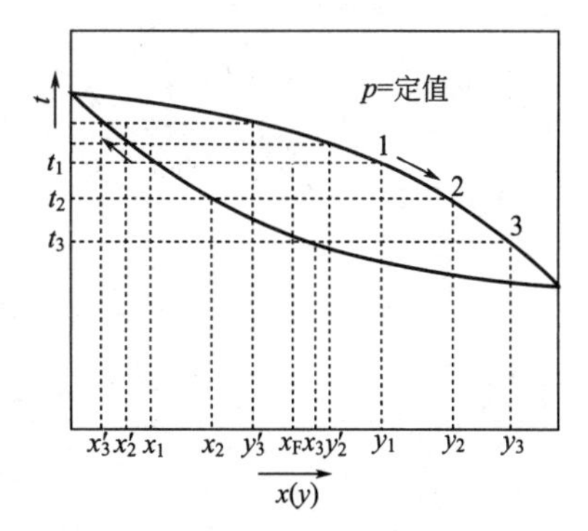

图 1-29 多次部分汽化和冷凝的 t-x-y 图

由此可见，对液体混合物进行多次部分汽化，会使液相中易挥发组分的含量逐渐降低，

最终在液相中便可得到较纯的难挥发组分。同理，对气体混合物进行多次部分冷凝，会使气相中易挥发组分的含量逐渐升高，最终在气相中便可得到较纯的易挥发组分。

从前面分析可见，如果同时经过多次部分汽化和部分冷凝可使液体混合物得到较为完全的分离，但是在整个分离过程中将会使用很多的加热器和冷凝器，同时也会产生很多中间产物，致使最终得到的产品量收率很低。同时会造成设备庞杂、操作繁琐、能量消耗大，很不经济，因此这种多釜蒸馏在工业生产中是不能采用的。

为了改善上述问题，采用使上一级的液相回流与下一级的气相直接接触，这样高温的蒸气就会加热低温的液体，而使液体部分汽化，蒸气本身也被部分冷凝，也就是说不同温度且互不平衡的气液两相接触时，必然会产生传质和传热的双重作用，既减少了中间产品，提高了产品收率，也省去了部分加热器和冷凝器，使能量得到了充分的利用，目前工业生产中使用的精馏塔就是这种操作方法的体现。操作时，由塔顶可得到接近于纯的易挥发组分产品，由塔底可得到接近于纯的难挥发组分产品，塔中各级的易挥发组分浓度由上至下逐级降低，当某级的浓度与原料液的浓度相同或相近时，原料液就由此级引入。

2. 塔板的功能

精馏塔中利用若干块塔板取代了中间各级分离器，提供了气液两相进行传质和传热的场所。可见，在精馏操作中塔板具有非常重要的作用。现以板式塔为例，讨论精馏塔内气液两相传质与传热情况。

图 1-30、图 1-31 所示为精馏塔内任意相邻的三块塔板，由第 $n-1$ 块板下降的液体（温度为 t_{n-1}，组成为 x_{n-1}）与第 $n+1$ 块板上升的蒸气（温度为 t_{n+1}，组成为 y_{n+1}）在第 n 块板上相遇，且 $t_{n+1}>t_{n-1}$，由于它们是互不平衡的两相，即存在温度差和浓度差，因此必将在第 n 块板上进行传质与传热，蒸气将放出热量，自身发生部分冷凝，部分难挥发组分向液相扩散；而液体将吸收热量，自身发生部分汽化，部分易挥发组分向气相扩散，直至在第 n 块板上气液相 y_n 与 x_n 达到平衡时才离开，经过充分的传质与传热，结果气相组成 $y_n>y_{n+1}$，液相组成 $x_{n-1}>x_n$。精馏塔内每一层塔板上都进行着类似的传质和传热的过程，因此，塔内只要有足够多的塔板，就可使混合液得到较为完全的分离。

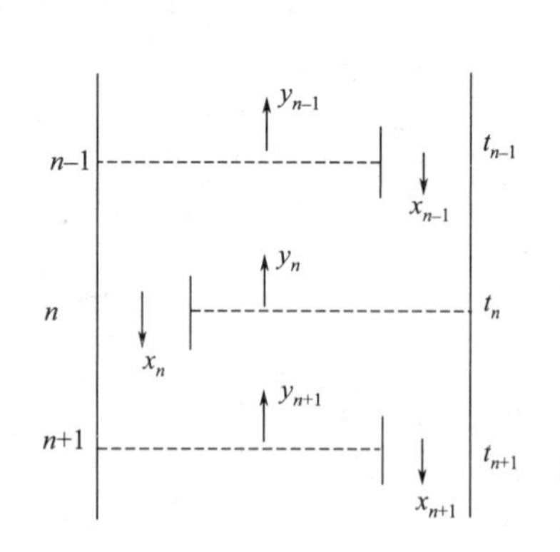

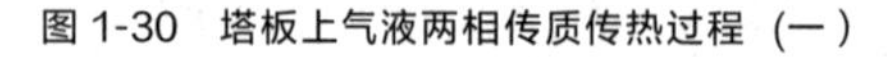
图 1-30 塔板上气液两相传质传热过程（一）

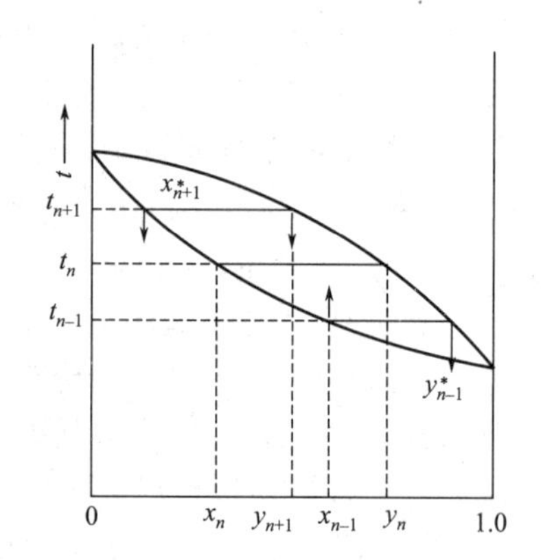

图 1-31 塔板上气液两相传质传热过程（二）

3. 精馏操作的必要条件

由塔内气液两相的操作分析可知，为实现混合液的分离操作，除了必须具有足够层数塔板的精馏塔之外，还必须保证每块塔板上都有下降的液体流和上升的蒸气流，以建立气液两相体系。因此，塔底上升蒸气（气相回流）和塔顶下降液流（液相回流）是保证精馏操作过程连续稳定进行的必要条件，没有回流，精馏操作将无法进行，回流也是精馏和普通蒸馏的本质区别。

（1）塔顶液相回流　为保证每块塔板上都有下降的液体，将部分塔顶馏出液返回塔内的过程，称为塔顶液相回流，其作用是提供精馏操作所必需的液体，使塔板上液体组成保持稳定，取走塔内剩余热量，维持全塔热平衡。回流液是各块塔板上使蒸气部分冷凝的冷凝剂。工业生产上产生塔顶液相回流通常有以下三种方法：

① 泡点回流。塔顶冷凝器采用的是全凝器，从塔顶第一块塔板上升组成为 y_1 的蒸气在全凝器中全部冷凝成组成为 x_D 的饱和液体，其中一部分作为塔顶产品，另一部分引回塔顶作为回流液，这种回流称为泡点回流，此时有 $y_1=x_D$。如图 1-32 所示。

② 冷液回流。将上述全凝器得到的组成为 x_D 的饱和液体进一步冷却降温后至过冷液体，再部分引回塔顶内作为回流液，此时由于回流液体的温度较低，将使上升气相的冷凝量增多，第一块板的提浓程度将增大，下降液体量也会增加。

③ 塔顶采用分凝器产生液相回流。塔顶第一块板上升组成为 y_1 的蒸气在分凝器中部分冷凝，得到平衡的气液两相组成分别为 y_0 和 x_0，其中液相组成为 x_0 的液体引入塔顶作为液相回流，气相组成为 y_0 的蒸气经全凝器全部冷凝得到组成为 x_D 的塔顶产品，且 $x_D=y_0$。如图 1-33 所示。

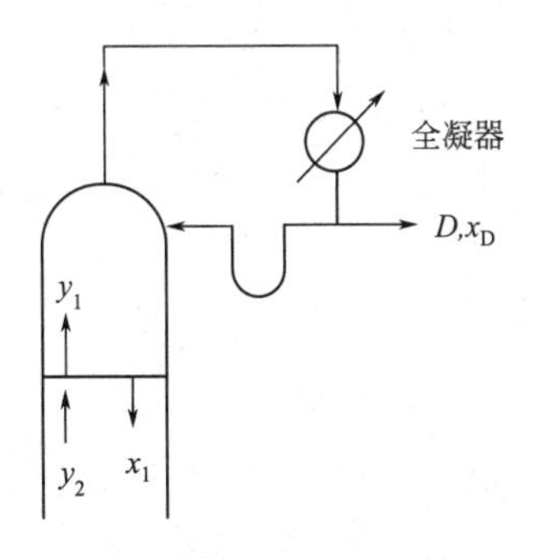

图 1-32　液相回流方式简图——全凝器

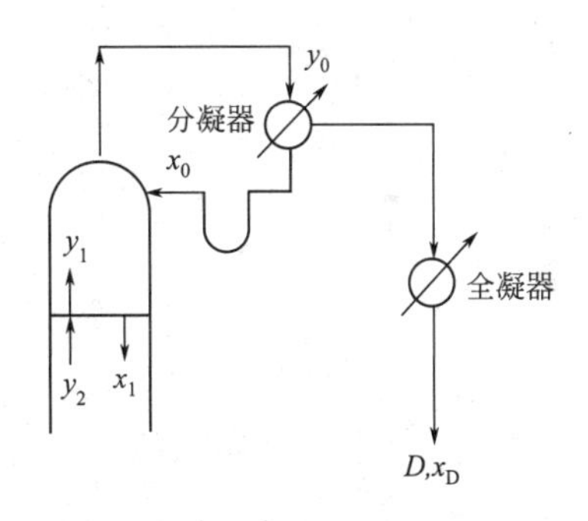

图 1-33　液相回流方式简图——分凝器

（2）塔底气相回流　为保证每块塔板上都有上升气体，塔釜将连续不断地提供上升蒸气的过程，称为塔釜气相回流。其作用是提供精馏操作所必需的气相，使塔板上气体组成保持稳定，向塔内提供热量，维持全塔热平衡。回流气是各块塔板上使液相部分汽化的加热剂。工业上最简单的方法是在精馏塔塔底设置一个蒸馏釜，用安装在釜内的水蒸气加热管间接加热釜中的液体，使从最后一块板下降的液体部分汽化，产生组成为 y_W 的蒸气作为气相回流，组成为 x_W 的液体作为塔底产品。如图 1-34 所示。

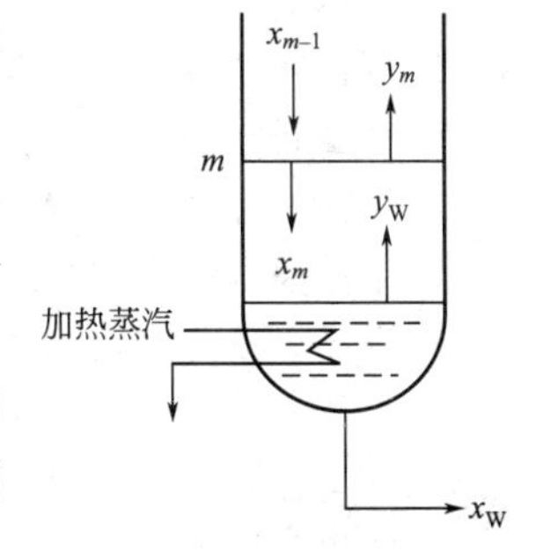

图 1-34　气相回流方式——蒸馏釜

在工业生产的精馏装置中，塔釜加热器通常被设置在塔外的一个称作再沸器（或重沸器）的换热器所代替，其作用与蒸馏（加热）釜完全一样。

综上所述，工业用精馏塔内由于塔顶的液相回流和塔底的气相回流，为每块塔板提供了气、液流来源，又因在各层塔板上同时进行部分汽化和部分冷凝的传质传热过程，从而使混合液中各组分获得较高纯度的分离。

小结

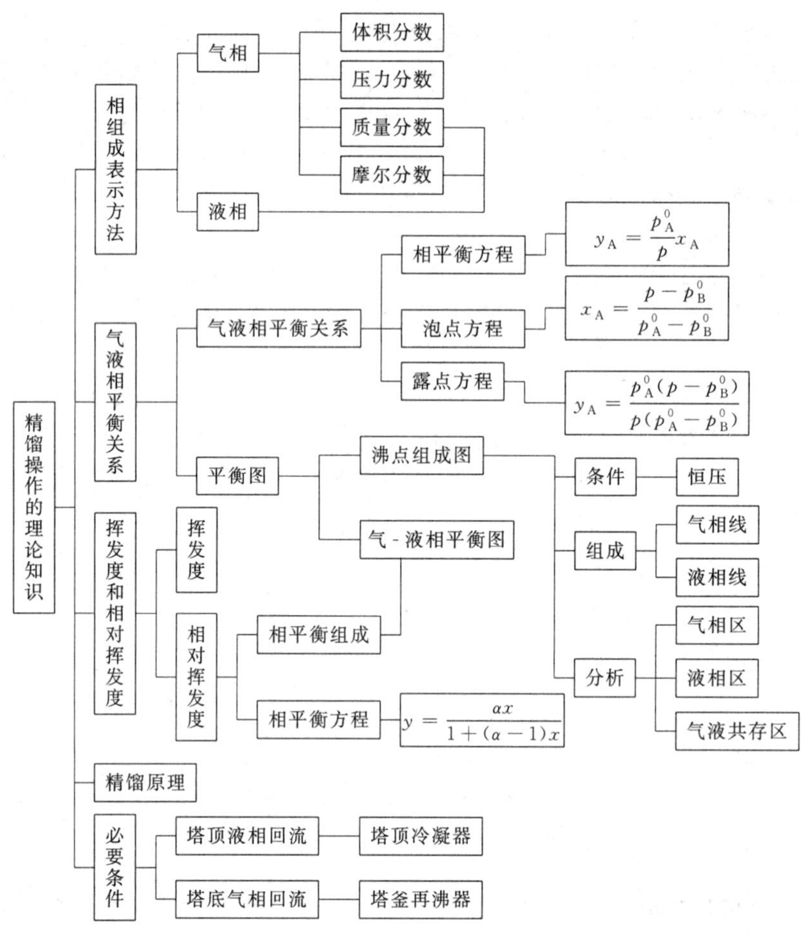

思考题

1. 试用 t-x（y）图说明塔板上进行的精馏过程。
2. 简述精馏原理、精馏的理论基础和精馏的必要条件。
3. 什么是相对挥发度?怎样用相对挥发度判断混合液分离的难易?
4. 精馏操作为什么要有回流?
5. 精馏装置中为什么要设置蒸馏釜或再沸器?
6. 在蒸馏生产中，为什么可采用改变操作温度的办法来调节液相产品的组成?

自测题

一、填空题

1. 混合液在一定压力下加热汽化，产生第一个气泡时对应的温度称为（　　）温度。

2. 相对挥发度是两种组分的（　　）之比。可用来判断混合液能用（　　）方法分离。当$\alpha >$（　　）时，混合液能用（　　）方法分离。α 值（　　），越容易分离。

3. 混合气在一定压力下降温冷凝，产生第一滴液滴时的温度称为（　　）温度。

4. 工业生产上产生塔顶液相回流通常有（　　）、（　　）和（　　）三种方法。

二、选择题

1. 蒸馏过程的热力学基础是（　　）。

A. 溶解平衡　B. 气液相平衡　C. 吸附平衡　D. 离子交换平衡

2. （　　）的作用是提供一定量的上升蒸气流。

A. 冷凝器　B. 蒸发器　C. 再沸器　D. 换热器

3. （　　）是保证精馏过程连续稳定操作的必不可少的条件之一。

A. 液相回流　B. 进料　C. 侧线抽出　D. 产品提纯

4. 精馏塔内气液两相总体上一般多采用（　　）流动。

A. 并流　B. 逆流　C. 错流　D. 折流

5. 下列四种均相液体混合物中，最容易用普通蒸馏方法分离的是（　　）。

A. $\alpha=1$　B. $\alpha=1.5$　C. $\alpha=2.0$　D. $\alpha=2.5$

6. 拉乌尔定律适用于（　　）。

A. 理想溶液　B. 非理想溶液　C. 稀溶液　D. 各种溶液

7. 在一定温度条件下，理想溶液上方蒸气中某一组分的分压，等于该纯组分在该温度下的饱和蒸气压乘以该组分在溶液中的摩尔分数，称为（　　）。

A. 拉乌尔定律　B. 亨利定律　C. 道尔顿分压定律　D. 傅里叶定律

8. 精馏塔顶采用全凝器时，塔顶上升气体组成 y_1 与塔顶产品组成 x_D（　　）。

A. 相等　B. 不一定　C. $y_1<x_D$　D. $y_1>x_D$

9. 实现精馏操作的根本手段是（　　）。

A. 多次汽化　B. 同时一次部分汽化和一次部分冷凝

C. 同时多次部分汽化和多次部分冷凝　D. 多次冷凝

10. 在双组分理想溶液的温度组成图中，蒸馏操作应控制在（　　）区域内，才能使混合物得到分离。

A. 气相　B. 液相　C. 气液二相共存　D. 不一定

11. 在其他条件一定时，精馏操作中最终决定质量的是（　　）。

A. 流量　B. 压力　C. 温度　D. 液位

12. 在相平衡图中，平衡曲线距离对角线越远，该溶液越（　　）。

A. 容易分离　B. 难分离　C. 无法确定　D. 不能分离

13. 纯组分液体加热到一定温度，即加热到其饱和蒸气压等于外界大气压时，就会沸腾，液体开始沸腾的温度为该压力下的（　　）。

A. 露点　B. 泡点　C. 沸点　D. 闪点

14. 二元液体混合物中，当两组分的相对挥发度为 1 时，两组分（　　）用普通精馏方法分离。

A. 很容易　B. 较容易　C. 容易　D. 不能够

15. 精馏中引入回流，下降的液相与上升的气相发生传质使上升的气相易挥发组分浓度提高，最恰当的说法是（　　）。

A. 液相中易挥发组分进入气相

B. 汽相中难挥发组分进入液相

C. 液相中易挥发组分和难挥发组分同时进入气相，但其中易挥发组分较多

D. 液相中易挥发组分和难挥发组分同时进入气相，但其中难挥发组分较多

三、判断题

1. 理想溶液中两组分的相对挥发度等于同温度下两纯组分的饱和蒸气压之比。(　　)

2. 丙烯与丙烷的挥发度相当接近，故分离丙烯与丙烷混合液所需要的塔板数很多。(　　)

3. 精馏塔内，从每一层塔板上升的蒸气，越向上重组分含量越高。(　　)

4. 气、液两相在塔板上达到相平衡后，两相不再进行传质传热。(　　)

5. 液相回流是保证精馏过程连续稳定操作必不可少的条件之一。(　　)

6. 根据道尔顿定律可得出混合液在平衡状态时液相中各组分的关系。(　　)

7. 泡点方程反映了理想溶液气、液相达平衡时，温度、压力与各组分在气相中组成间的关系。(　　)

8. 精馏塔分离甲苯-乙苯双组分理想溶液时，塔顶产品是甲苯，塔底产品是乙苯。(　　)

9. 与塔底相比，精馏塔的塔顶易挥发组分浓度最大。(　　)

10. 在精馏塔中从上到下，液体中的轻组分浓度逐渐增大。(　　)

11. 特殊精馏是分离 $\alpha=1$ 或 $\alpha\approx1$ 的混合液的方法。(　　)

四、计算题

1. 在正己烷-正庚烷混合液中，已知正己烷的摩尔分数为 0.35，求其质量分数。

2. 苯-甲苯混合液在 318K 下沸腾，外界压强为 20.3kPa。已知在此条件下，纯苯的饱和蒸气压为 22.7kPa，纯甲苯的饱和蒸气压为 7.6kPa，试求平衡时苯和甲苯在气、液相中的组成。

3. 苯-甲苯混合液中含苯 0.30（摩尔分数），根据表 1-4 中的数据，绘制苯-甲苯混合液的 t-x-y 图。并根据此图求取：

(1) 该混合液的泡点温度及其平衡蒸气的瞬间组成。

(2) 将该混合液加热到 103℃，溶液处于什么状态？气液两相的组成各是多少？

(3) 将该混合液加热到什么温度才能全部汽化为饱和蒸气？这时蒸气的组成是多少？

文化窗：石油化学工业对我国国民经济、人民群众物质和文化生活的客观影响

石油化学工业，简称石油化工，它是以石油和天然气为原料，生产石油产品和石油化工产品的加工工业。石油化工是化学工业的重要组成部分，在国民经济的发展中有重要作用，是我国的支柱产业之一。石油产品又称油品，主要包括各种燃料油（汽油、煤油、柴油等）和润滑油以及液化石油气、石油焦炭、石蜡、沥青等。生产这些产品的加工过程常被称为石油炼制，简称炼油。石油化工产品以炼油过程提供的原料经进一步化学加工获得。

石油化工是能源的主要供应者。石油化工提供的能源主要作为汽车、拖拉机、飞机、轮船、锅炉的燃料、民用燃料。目前，全世界石油和天然气消费量约占总能耗量 60%。石油

化工是高分子合成材料和其他有机材料的主要生产来源。

石油化工产品与人们的生活密切相关，大到太空的飞船、天上的飞机、海上的轮船和陆地上的火车、汽车，小到我们日常使用的计算机、办公桌、牙刷、食品包装容器、多彩多姿的服饰、各式各样的建材与装潢用品和变化多端的游乐器具等等，都跟石油化工有着密切的关系。可以说，我们日常生活中的“衣、食、住、行”样样都离不开石化产品。

任务3 学习精馏过程的计算

任务目标

- 掌握全塔物料衡算及操作线方程；
- 掌握最小回流比的概念及计算；
- 掌握理论板层数的计算及全塔物料衡算的概念。

技能要求

- 能正确应用全塔物料衡算；
- 理解回流比对精馏操作的意义；
- 能根据生产任务确定塔板层数。

一、全塔物料衡算

按照精馏工艺流程要求将各个单元设备组织连接起来，就形成了精馏过程系统。在系统中各个参数是相互影响制约的，有些参数由工艺条件给定，如原料流量、组成、温度、压力、产品的纯度以及公用工程条件等；有些参数则需要由设计者在一定范围内选定，这些参数被称为设计变量，如塔的操作回流比、操作压力等。精馏过程系统能否达到某一适宜的工况，满足实现精馏分离的要求，这就需要对该过程系统进行严格的模拟计算。

1. 理论板概念与恒摩尔流假定

通过前面的学习，我们了解到精馏操作是一个将液体混合物经过多次部分汽化和多次部分冷凝得以分离的过程。那么，对于一个具体的物料而言，当工艺上对原料液、馏出液和残液的浓度都做了明确的要求时，究竟需要经过多少次部分汽化和部分冷凝才能完成分离任务呢？实质上就是说，在精馏塔内需要装设多少块塔板呢？这是有关连续精馏模拟计算的核心问题。

由于实际的精馏过程比较复杂，是一个传质和传热同时进行的过程，影响因素也比较多，为了讨论方便，进行了简化处理。

（1）理论板概念　理论板是指离开该板的气、液两相互成平衡，并且该板上的液相组成也可视为均匀一致的。

也就是说，在理论板上，气、液两相温度相等、组成达到平衡。即气、液两相符合相平衡方程。

$$y=\frac{\alpha x}{1+(\alpha-1)x}$$

但实际上，由于塔板上气液两相间接触面积和接触时间是有限的，因此在任何一种型式的塔板上，气、液两相均很难真正达到平衡状态。也就是说实际上理论板并不存在，在工程设计中只是用它作为衡量实际塔板分离效果的依据和标准。通常在设计中，先求得理论塔板数，然后通过适当的校正就可以得出实际塔板数。

为了简化精馏过程，便于得出操作关系的方程，通常做如下假设。

（2）恒摩尔流假定

① 恒摩尔流假定的前提条件。在精馏塔塔板上气、液两相接触时，若有 n(kmol) 的蒸气冷凝，相应就会有 n(kmol) 的液体汽化，这种条件下，必须满足的条件是：

a. 各组分的摩尔汽化潜热相等；

b. 气、液两相接触时因温度不同而交换的显热可以忽略；

c. 塔设备保温良好，热损失可以忽略。

② 恒摩尔流假定内容

a. 恒摩尔气流。精馏操作时，在精馏塔中，精馏段内每层塔板上升蒸气的摩尔流量相等，提馏段内也是如此，但两段上升蒸气的摩尔流量不一定相等。即

精馏段 $V_1=V_2=V_3=\cdots=V=$常数

提馏段 $V_1'=V_2'=V_3'=\cdots=V'=$常数

式中 V，V'——分别代表精馏段和提馏段上升蒸气的摩尔流量，kmol/h；

下标 1，2——表示自上而下的塔板序号。（以下同）

b. 恒摩尔液流。精馏操作时，在精馏塔中，精馏段内每层塔板下降的液体摩尔流量相等，提馏段内也是如此，但两段下降液体的摩尔流量不一定相等。即

精馏段 $L_1=L_2=L_3=\cdots=L=$常数

提馏段 $L_1'=L_2'=L_3'=\cdots=L'=$常数

式中 L，L'——分别代表精馏段和提馏段下降液体的摩尔流量，kmol/h。

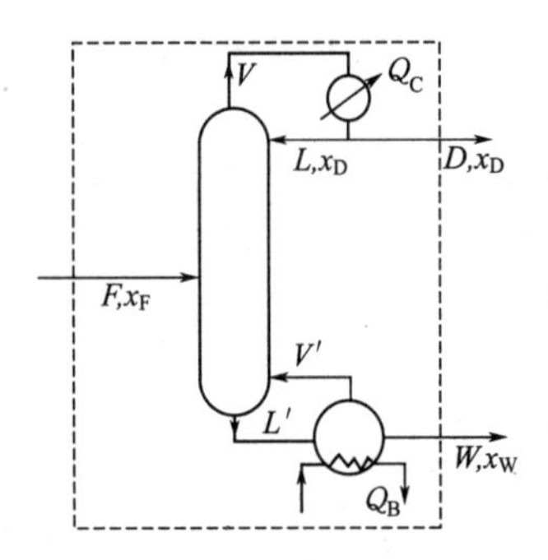

图 1-35 全塔物料衡算图

引入理论板概念，通过恒衡摩尔流假定，可简化精馏过程的分析与计算。

2. 全塔物料衡算

为了确定连续精馏过程的馏出液、残液的流量及其组成与原料液的流量及其组成之间的定量关系，必须对全塔进行物料衡算。

全塔进、出物料的情况如图 1-35 所示，由于是稳定连续操作的精馏塔，进料量应该等于出料量，因此，以单位时间为基准，做全塔物料衡算，可得以下表达式：

总物料衡算

$$F=D+W \tag{1-27}$$

易挥发组分衡算

$$Fx_F=Dx_D+Wx_W \tag{1-28}$$

式中 F，D，W——分别代表原料液、塔顶产品（馏出液）和塔底产品（残液）的流量，

kmol/h；

x_F，x_D，x_W——分别为原料液、塔顶产品（馏出液）和塔底产品（残液）中易挥发组分的摩尔分数。

在式(1-27）和式(1-28）中，共有6个变量，若已知4个变量就可求得其余两个。在精馏塔的设计计算中，经常已知原料 F、x_F 及分离任务 x_D 和 x_W，求解 D 和 W。工业上，经常用质量分数表示易挥发组分的组成，应用时必须注意单位的一致性，即此时的各种料液量必须以质量流量计。

【案例 1-5】 在一常压连续操作的精馏塔中分离苯-甲苯混合液。已知原料液的流量为18000kg/h，其中含苯的质量分数为0.45。要求将此混合液分离为含苯0.96的馏出液和含苯不高于0.03的釜残液(以上均为质量分数)。试求馏出液及釜残液的流量与组成，以摩尔流量及摩尔分数表示。

解： 苯和甲苯的摩尔质量分别为78kg/kmol和92kg/kmol。

进料组成为

$$x_F=\frac{\frac{0.45}{78}}{\frac{0.45}{78}+\frac{0.55}{92}}=0.49$$

原料液平均摩尔质量 $M_{mF}=0.49\times78\text{kmol/kg}+(1-0.49)\times92\text{kmol/kg}=85.14\text{kmol/kg}$

则

$$F=\frac{18000}{85.14}\text{kmol/kg}=211.42\text{kmol/h}$$

塔顶馏出液组成

$$x_D=\frac{\frac{0.96}{78}}{\frac{0.96}{78}+\frac{0.04}{92}}=0.966$$

塔底残液组成

$$x_W=\frac{\frac{0.03}{78}}{\frac{0.03}{78}+\frac{0.97}{92}}=0.0352$$

由全塔物料衡算式

$$\begin{cases}F=D+W\\ Fx_F=Dx_D+Wx_W\end{cases}$$

代入数据

$$\begin{cases}211.42\text{kmol/h}=D+W\\ 211.42\times0.49\text{kmol/h}=0.966D+0.0352W\end{cases}$$

解出：

$$\begin{cases}D=103.30\text{kmol/h}\\ W=108.12\text{kmol/h}\end{cases}$$

在精馏计算中，分离程度除了可以用塔顶、塔底产品的摩尔分数表示，还有用回收率表示的。回收率是指回收原料液中易挥发（难挥发）组分的百分数，即

塔顶易挥发组分的回收率为

$$\eta_D=\frac{Dx_D}{Fx_F}\times100\% \tag{1-29}$$

塔底难挥发组分的回收率为

$$\eta_W=\frac{W(1-x_W)}{F(1-x_F)}\times100\% \tag{1-30}$$

联立式(1-27）和式(1-28）还可得馏出液的采出率 D/F 和釜液的采出率 W/F，即

$$\frac{D}{F}=\frac{x_F-x_W}{x_D-x_W} \tag{1-31}$$

$$\frac{W}{F}=\frac{x_D-x_F}{x_D-x_W} \tag{1-32}$$

显然，η_D、η_W、D/F 和 W/F 的数值均应在 0～1 之间。

二、操作线方程

表示精馏塔内任意板下降液相组成 x_n 与其下一层板上升蒸汽组成 y_{n+1} 之间的关系式称为操作线方程式。掌握各层塔板上气、液两相组成的变化规律，对确定精馏塔中完成分离任务所需要的塔板数来说，具有重要的意义。

操作线方程式可以通过物料衡算得出，由前述的恒摩尔假定可知，在连续精馏塔中，由于原料液的不断加入，精馏段和提馏段上升的蒸气量和下降的液体量不一定相等，致使精馏段和提馏段具有不同的操作关系，因此，我们必须分别讨论它们的气液相组成的变化规律。

1. 精馏段操作线方程

对稳定操作的连续式精馏塔，可作出精馏段任意一个局部封闭系统的物料衡算。如图 1-36 中所示的虚线范围内，做包括冷凝器及精馏段的第 $n+1$ 层板以上塔段的物料衡算，以单位时间为基准，即

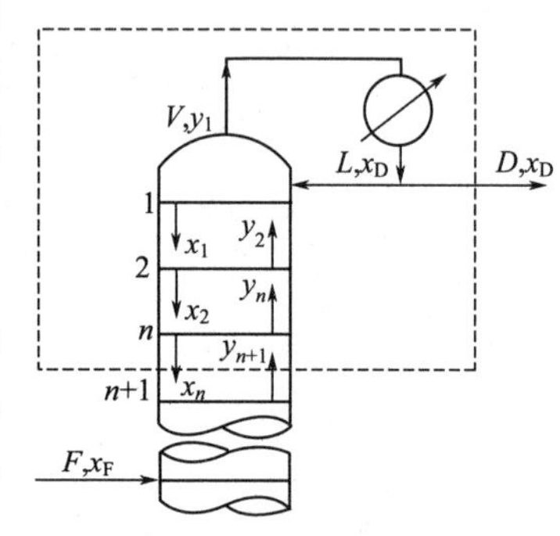

图 1-36　精馏段操作线方程推导示意图

总物料衡算

$$V=L+D \tag{1-33}$$

易挥发组分衡算

$$Vy_{n+1}=Lx_n+Dx_D \tag{1-34}$$

式中　V——精馏段上升蒸气的摩尔流量，kmol/h；

L——精馏段下降液体的摩尔流量，kmol/h；

y_{n+1}——精馏段第 $n+1$ 层板上升蒸气中易挥发组分的摩尔分数；

x_n——精馏段第 n 层板下降液体中易挥发组分的摩尔分数。

将式(1-33) 代入式(1-34)，并整理得

$$y_{n+1}=\frac{L}{L+D}x_n+\frac{D}{L+D}x_D \tag{1-35}$$

令 $R=L/D$，称为回流比，即回流液量与塔顶馏出液（产品）量之比，则上式可变化为

$$y_{n+1}=\frac{R}{R+1}x_n+\frac{x_D}{R+1} \tag{1-36}$$

为方便起见，将下标省去，则

$$y=\frac{R}{R+1}x+\frac{x_D}{R+1} \tag{1-37}$$

式(1-36)、式(1-37) 均称为精馏段操作线方程式。它表明在一定操作条件下，精馏段内自任意板（第 n 层板）下降的液相组成 x_n 与来自下一层板（第 $n+1$ 层板）上升气相组

成 y_{n+1} 之间的关系。在稳定操作条件下，回流比 R 是常量，其值一般由设计者选定，馏出液组成也由工艺条件规定的，因此，如果把精馏段操作线方程绘制在 y-x 图上，该方程式中 y 与 x 的关系是一条斜率为$\frac{R}{R+1}$、截距为$\frac{x_D}{R+1}$的直线，称为精馏段操作线。

2. 提馏段操作线方程

与求取精馏段操作线方程式的方法相同，在图 1-37 虚线范围内，做包括再沸器及提馏段第 m 层板以下塔板的物料衡算，以单位时间为基准，即

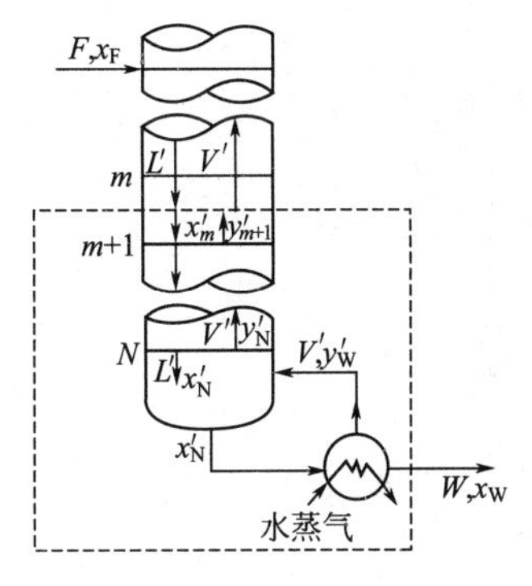

图 1-37　提馏段操作线方程推导

总物料衡算

$$L'=V'+W \tag{1-38}$$

易挥发组分衡算：

$$L'x'_m=V'y'_{m+1}+Wx_W \tag{1-39}$$

式中　V'——提馏段上升蒸气的摩尔流量，kmol/h；

L'——提馏段下降液体的摩尔流量，kmol/h；

x'_m——提馏段第 m 层板下降液相中易挥发组分的摩尔分数；

y'_{m+1}——提馏段第 $m+1$ 层板上升蒸气中易挥发组分的摩尔分数。

将式(1-38) 代入式(1-39)，并整理得

$$y'_{m+1}=\frac{L'}{L'-W}x'_m-\frac{W}{L'-W}x_W \tag{1-40}$$

为方便起见，将下标省去，则

$$y'=\frac{L'}{L'-W}x'-\frac{W}{L'-W}x_W \tag{1-41}$$

式(1-40)、式(1-41) 均称为提馏段操作线方程式。它表明在一定操作条件下，提馏段内自任意板（第 m 层板）下降的液相组成 x_m 与来自下一层板（第 $m+1$ 层板）上升气相组成 y_{m+1} 之间的关系。在稳定操作条件下，L'、W 和 x_W 都是工艺条件确定的，因此，如果把提馏段操作线绘制在 y-x 图上，也是一条直线，该直线的斜率为$\frac{L'}{L'-W}$，截距为$\frac{W}{L'-W}x_W$。实际上，提馏段中的液体流量 L'不像精馏段液体流量 L 那样容易测定，即使在 L 一定的情况下，L'还与进料量 F 及进料热状况有关。

三、进料热状况对操作线的影响

1. 精馏塔的进料热状态

在实际生产中，原料液需经预热后进入精馏塔，因此，原料可能有五种不同的受热情况：

① 冷液体进料，即进料温度低于泡点（$t<t_{泡}$）。

② 饱和液体进料，即进料温度等于泡点（$t=t_{泡}$）。

③ 气液混合物进料，即进料温度介于泡点和露点之间（$t_{泡}<t<t_{露}$）。

④ 饱和蒸气进料，即进料温度等于露点（$t=t_{露}$）。

⑤ 过热蒸气进料，即进料温度高于露点（$t>t_{露}$）。

在精馏塔内，由于原料的热状态不同，将使精馏段和提馏段的液体流量 L 与 L' 间的关系以及上升蒸气量 V 与 V' 均发生变化。五种可能的进料热状况对精、提两段气液两相流量的影响，如图 1-38 所示。

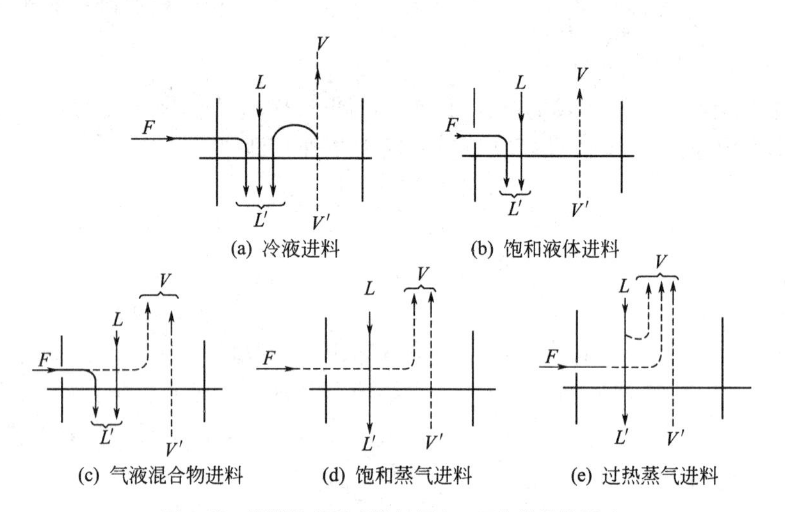

图 1-38　进料热状况对进料板上、下各流股的影响

2. 进料板上的物料衡算和热量衡算

如图 1-39 的虚线范围内做出进料板的物料衡算和热量衡算，以单位时间为基准，即

物料衡算

$$F+V'+L=V+L' \tag{1-42}$$

热量衡算

$$FI_F+V'I_V+LI_L=VI_V+L'I'_L \tag{1-43}$$

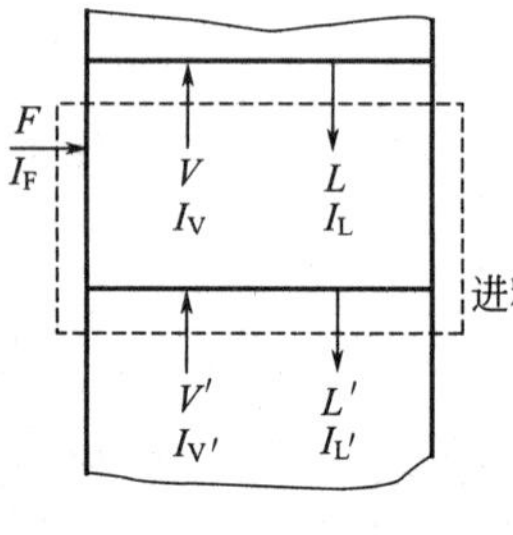

式中　I_F——原料液焓，kJ/kmol；

I_V，I'_V——进料板上、下的饱和蒸气焓，kJ/kmol；

I_L，I'_L——进料板上、下的饱和液体焓，kJ/kmol。

图 1-39　进料板上物料衡算和热量衡算

因塔内各层板上的蒸气和液体均处于饱和状态，并且进料板与相邻上、下板温度及气液相组成都很相近，所以可近似取 $I_V \approx I'_V$，$I_L \approx I'_L$，代入式(1-43) 得

$$FI_F+V'I_V+LI_L=VI_V+L'I_L$$

$$(V-V')I_V=FI_F-(L'-L)I_L$$

将式(1-42) 代入，整理得

$$\frac{I_V-I_F}{I_V-I_L}=\frac{L'-L}{F} \tag{1-44}$$

令

$$q=\frac{I_V-I_F}{I_V-I_L}=\frac{\text{将 1kmol 进料变为饱和蒸气所需的热量}}{\text{1kmol 原料液的汽化潜热}}$$

q 值称为进料热状况参数。由式(1-44) 可得精、提两段液体摩尔流量与进料热状况的关系，即

$$L'=L+qF \tag{1-45}$$

将式(1-42)代入式(1-45)，可得精、提两段气体摩尔流量与进料热状况的关系，即

$$V=V'+(1-q)F \tag{1-46}$$

由式(1-44)可见，q 值的意义为每进料 1kmol/h 时，提馏段中的液体流量较精馏段中增大的 kmol/h 值。对于饱和液体进料、气液混合进料及饱和蒸气进料而言，q 值等于进料中液相所占的百分率。

根据 q 值的大小，可以判断五种不同进料热状态对精、提两段上升蒸气量及下降液体量的影响。如表 1-5 所示。

表 1-5 进料热状况对气、液相流量的影响

进料热状况	进料的焓 I_F	q 值	V、V' 的关系	L、L' 的关系
冷液体	$I_F<I_L$	$q>1$	$V'>V$	$L'>L+F$
饱和液体	$I_F=I_L$	$q=1$	$V'=V$	$L'=L+F$
气液混合物	$I_L<I_F<I_V$	$0<q<1$	$V'=V-(1-q)F$	$L<L'<L+F$
饱和蒸气	$I_F=I_V$	$q=0$	$V'=V-F$	$L'=L$
过热蒸气	$I_F>I_V$	$q<0$	$V'<V-F$	$L'<L$

若已知进料热状况参数 q，便可得到便于应用的提馏段操作线方程，即

$$y'=\frac{L+qF}{L+qF-W}x'-\frac{W}{L+qF-W}x_W \tag{1-47}$$

【案例 1-6】 在案例 1-5 中，若饱和液体进料，回流比为 2。试写出精馏段和提馏段的操作线方程。

解： 精馏段操作线方程

$$y=\frac{R}{R+1}x+\frac{x_D}{R+1}=\frac{2}{2+1}x+\frac{0.966}{2+1}=0.67x+0.32$$

因饱和液体进料，$q=1$

则 $L'=L+F=RD+F=2\times103.30\text{kmol/h}+211.42\text{kmol/h}=418.02\text{kmol/h}$

提馏段操作线方程

$$y=\frac{L'}{L'-W}x-\frac{Wx_W}{L'-W}=\frac{418.02}{418.02-108.12}x-\frac{108.12\times0.0352}{418.02-108.12}=1.35x-0.012$$

3. 进料方程

进料方程也称 q 线方程，是指精馏段操作线与提馏段操作线交点的轨迹方程，故可由精馏段和提馏段操作线方程联立求得，即

$$Vy=Lx+Dx_D$$

$$V'y=L'x-Wx_W$$

将式(1-45)、式(1-46)及式(1-27)分别代入后整理得

$$y=\frac{q}{q-1}x-\frac{x_F}{q-1} \tag{1-48}$$

式(1-48)称为 q 线方程。在进料热状况及进料组成确定的条件下，q 及 x_F 为定值，进料方程为一直线方程。但由于进料热状态参数 q 值不同，q 线的位置就不同，就会造成 q 线与精馏段操作线的交点不同，从而提馏段操作线的位置也相应变化，如图 1-40 所示。

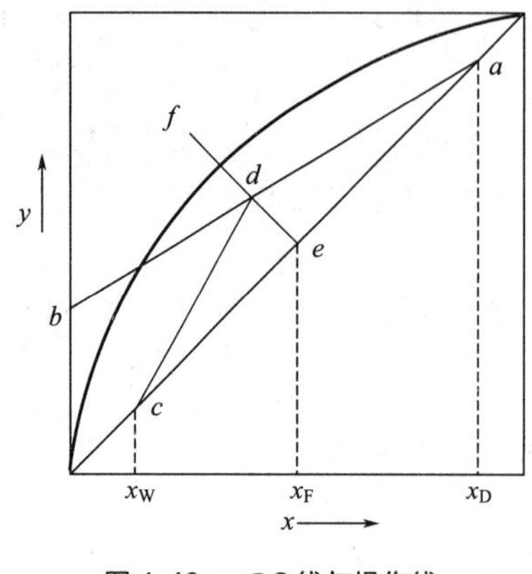

图 1-40　qの3线与操作线

图 1-41　进料热状况对操作线的影响

根据不同的 q 值，将五种不同进料热状况下的 q 线斜率值及其方位标绘在图 1-41 并列于表 1-6 中。

表 1-6　进料热状况对 q 线的影响

进料热状况	进料的焓 I_F	q 值	$q/(q-1)$	q 线在 y-x 图上的位置
冷液体	$I_F>I_L$	>1	+	ef_1(↗)
饱和液体	$I_F=I_L$	1	∞	ef_2(↑)
气液混合物	$I_L<I_F<I_V$	$0<q<1$	—	ef_3(↖)
饱和蒸气	$I_F=I_V$	0	0	ef_4(←)
过热蒸气	$I_F>I_V$	<0	+	ef_5(↙)

四、理论板层数确定

目前，工程上确定塔板数的方法是首先确定理论板层数 $N_{理}$，然后再求实际塔板数 $N_{实}$。求理论塔板数常用的方法有逐板计算法和简易图解法两种。

它们的基本依据是完全相同的，需要借助气液相平衡关系（利用平衡关系式或平衡曲线）和塔内气液两相的操作关系（操作线方程式或操作线）。

在计算理论板数时，一般需已知原料液组成、进料热状态、操作回流比及所要求的分离程度，再利用气液相平衡关系和操作线方程求得。

1. 逐板计算法

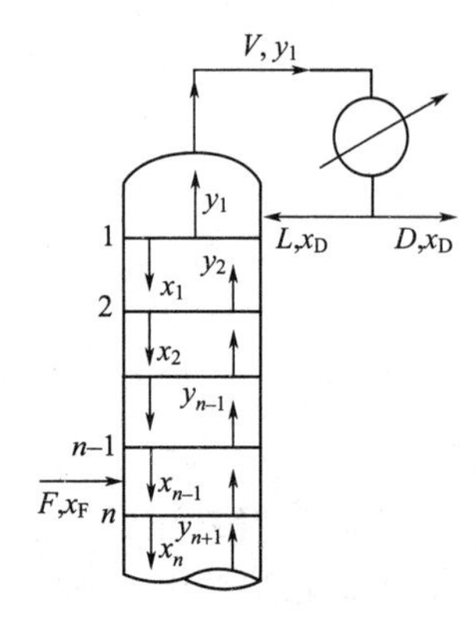

图 1-42　逐板计算法示意图

连续操作精馏塔，若饱和液体进料，塔顶采用全凝器，泡点回流，塔釜采用间接蒸汽加热。如图 1-42 所示逐板计算法的示意图，由于塔顶第一层塔板上升的蒸气在全凝器内全部冷凝成饱和温度下的液体，则馏出液与回流液的组成均与从第一层上升的蒸气组成相等，即 $y_1=x_D$。

根据理论板的概念，离开每一层塔板的气、液两相是互成平衡的，故利用平衡关系 $y_1=\dfrac{\alpha x_1}{1+(\alpha-1)x_1}$，可以计算出自第一层塔板下降的液体组成 x_1。

因为 y_2 和 x_1 符合精馏段操作关系，故利用精馏段操作线方程式 $y_2=\dfrac{R}{R+1}x_1+\dfrac{x_D}{R+1}$ 可以算出 y_2。而 y_2 与 x_2 又成平衡关

系，又可以利用平衡关系求出 x_2。按照这种方法交替利用平衡方程和精馏段操作线方程依次计算下去，直至 $x_n \leqslant x_F$（泡点进料）为止，第 n 块板即为进料板，也就是说每使用一次平衡关系，便相当于对应了一层理论塔板。习惯上把进料板划为提馏段的第一层塔板，故精馏段所需的理论版层数为（$n-1$）块。

这一计算过程可以形象地用下面的关系来表示

$$y_1 = x_D \xrightarrow{\text{用平衡关系}} x_1 \xrightarrow{\text{用精馏段操作关系}} y_2 \xrightarrow{\text{用平衡关系}} x_2$$

$$x_n \leqslant x_F(\text{泡点进料})\cdots\cdots y_3 \xleftarrow{\text{用精馏段操作关系}} \downarrow$$

用同样的方法，改为提馏段操作线方程由 x_n（序号改为 x'_1）可求得 y'_2，再利用平衡关系由 y'_2 求 x'_2，如此交替使用相平衡方程及提馏段操作线方程计算，直到 $x_N \leqslant x_W$ 为止，也可以算出提馏段所需的理论塔板数。但对于塔釜采用间接蒸汽加热，再沸器内气、液两相可视为达到平衡状态，故再沸器本身相当于一块理论塔板，所以实际提馏段的理论塔板数为 $N-1$ 块。

利用逐板计算法确定理论板层数比较准确，并能反映出每块塔板上的气液相组成，但计算较为繁琐，特别是在塔板层数比较多时，完成整个计算过程将会耗费很多时间。不过随着计算机应用技术的发展，在设计部门中已越来越多地被采用。

【案例 1-7】 在苯-甲苯精馏系统中，若已知物料的相对挥发度为 $\alpha=2.4$，原料液、馏出液及残液的组成分别为 $x_F=0.5$，$x_D=0.96$，$x_W=0.05$（以上均为摩尔分数），实际采用的回流比为 $R=2.0$，塔顶采用全凝器，泡点进料，试用逐板计算法求精馏段所需的理论塔板数。

解： 先写出求取理论塔板数所依据的两个关系式

相平衡方程 $$y=\frac{\alpha x}{1+(\alpha-1)x}=\frac{2.4x}{1+1.4x}$$

精馏段操作线方程 $$y=\frac{R}{R+1}x+\frac{x_D}{R+1}=\frac{2}{2+1}x+\frac{0.96}{2+1}=0.67x+0.32$$

第一块板 由于塔顶采用全凝器，故 $y_1=x_D=0.96$

则 $$x_1=\frac{0.96}{2.4-1.4\times0.96}=0.909$$

第二块板 $$y_2=0.67\times0.909+0.32=0.929$$

$$x_2=\frac{0.929}{2.4-1.4\times0.929}=0.845$$

按同样方法逐板计算下去，直至 $x_n \leqslant x_F$ 为止，并将结果列表如下：

塔板数	1	2	3	4	5	6	7
y	0.96	0.929	0.886	0.832	0.772	0.712	0.624
x	0.909	0.845	0.764	0.674	0.585	0.507	0.409

可见，精馏段所需的理论板层数是 6 块，第 7 块是加料板。

2. 梯级图解法

图解法求取理论塔板数的基本原理与逐板计算法相同，只是在 y-x 图上，用平衡曲线和操作线代替相平衡方程和操作线方程，用简便的图解来代替了繁杂的计算，是工程上广泛用来求取理论塔板数的一种简便方法。图解法的基本步骤如下：

（1）绘制相平衡曲线　在 y-x 直角坐标系中绘出双组分混合液的相平衡曲线，即 y-x 图，并作出对角线。

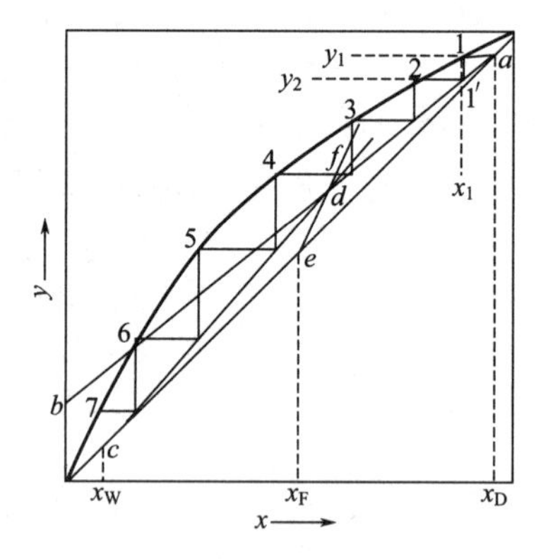

图 1-43　理论塔板数的图解法

（2）绘制操作线

在 y-x 图上要分别绘出精馏段和提馏段的操作线，如图 1-43 中所示。

① 精馏段操作线的做法。绘制精馏段操作线常用有两种方法：

a. 斜率-截距法。由精馏段操作线方程 $y=\frac{R}{R+1}x+\frac{x_D}{R+1}$，直接利用斜率$\frac{R}{R+1}$、截距$\frac{x_D}{R+1}$绘出精馏段的操作线，但此法比较麻烦，很少采用。

b. 定点-截距法。由精馏段操作线方程与对角线联立可见，当 $x=x_D$ 时，$y=x_D$，故在 y-x 图的对角线上可以确定 $x=x_D$ 的 a 点，然后在 y 轴上取截距点 b，$ob=x_D/(R+1)$，连接 ab 所成的直线，即为精馏段的操作线。

② 提馏段操作线的做法。绘制精馏段操作线常用有三种方法：

a. 斜率-截距法。与精馏段相同，也可利用提馏段操作线方程中的斜率和截距绘出，但此法同样比较麻烦，很少采用。

b. 定点-截距法。由 $y'=\frac{L+qF}{L+qF-W}x'-\frac{W}{L+qF-W}x_W$ 与对角线联立可见，当 $x=x_W$ 时，$y=x_W$，故在 y-x 图的对角线上可以确定 $x=x_W$ 的 c 点，然后在 y 轴上取截距点 $-\frac{W}{L+qF-W}x_W$，连接两点所成的直线，即为提馏段的操作线。但实际上，由于其截距值一般都很小（通常在 10^{-2} 以下），作图很难准确，而且这种作图方法也不能直接反映出进料热状态的影响，所以很少采用此法作图。

c. 借助 q 线法。用 q 线方程 $y=\frac{q}{q-1}x-\frac{x_F}{q-1}$ 与对角线联立可见，当 $x=x_F$ 时，$y=x_F$，故在 $y-x$ 图的对角线上可以确定 $x=x_F$ 的 e 点，再根据斜率$\frac{q}{q-1}$可作出通过 e 点的直线，即 q 线。此线与精馏段操作线交于 d 点，d 点即是两操作线交点，连接 $c(x_W,x_W)$、d 两点可得提馏段操作线 cd。

（3）绘制理论板层数　从对角线上的 a 点开始，在精馏段操作线与平衡线之间作出由水平线及垂直线构成的直角梯级，即从 a 点作水平线与平衡线交于点 1，该点即代表离开第一层理论板的气液相平衡组成（x_1，y_1），故由点 1 可确定 x_1。由点 1 作垂线与精馏段操作线的交点 $1'$可确定 y_2。再由点 $1'$作水平线与平衡线交于点 2，由此点定出 x_2。如此重复在平衡线与精馏段操作线之间绘阶梯。当阶梯跨越三条线的交点 d 点时，则改在提馏段操作线与平衡线之间画阶梯，直至阶梯的垂线跨过点 c（x_W，x_W）为止。

理论塔板数计算　动画扫一扫

用图解法求取理论板层数的注意事项：

a. 图中每个直角阶梯代表一块理论板。跨过点 d 的阶梯为进料板，最后一个阶梯为再沸器。总理论板层数为阶梯数减 1。

b. 阶梯中水平线的距离代表液相中易挥发组分的浓度经过一次理论板后的变化，阶梯中垂直线的距离代表气相中易挥发组分的浓度经过一次理论板的变化，因此，阶梯的跨度也就代表了理论板的分离程度。阶梯跨度不同，说明理论板分离能力不同。

c. 有时在精馏操作中，从塔顶出来的蒸气先进入分凝器中进行部分冷凝，冷凝液作为塔顶回流液，为冷凝的蒸气再进入全凝器中冷凝作为塔顶产品。因为离开分凝器的气液两相可视为互成平衡，故分凝器也相当于一块理论板，这时精馏段的理论板层数应在相应的阶梯数上减 1。

d. 图解法虽简单直观，但是对于相对挥发度较小而所需理论塔板数较多的场合是不适合的。

3. 最优进料位置的选择

工业生产中，一般选在塔内液相或气相组成与进料组成相近或相同的塔板上进料。进料板是精馏段与提馏段交接处的提馏段第一块塔板，当用图解法计算理论板层数时，适宜的进料位置应为跨越三条线交点 d 所对应的阶梯。因为这样完成一定的分离任务时所需理论板数为最少。若跨过两操作线交点后继续在精馏段操作线与平衡线之间作阶梯，或没有跨过交点过早更换操作线，都将使所需理论板层数增加。如图 1-44 所示，其中（c）为最优进料位置。

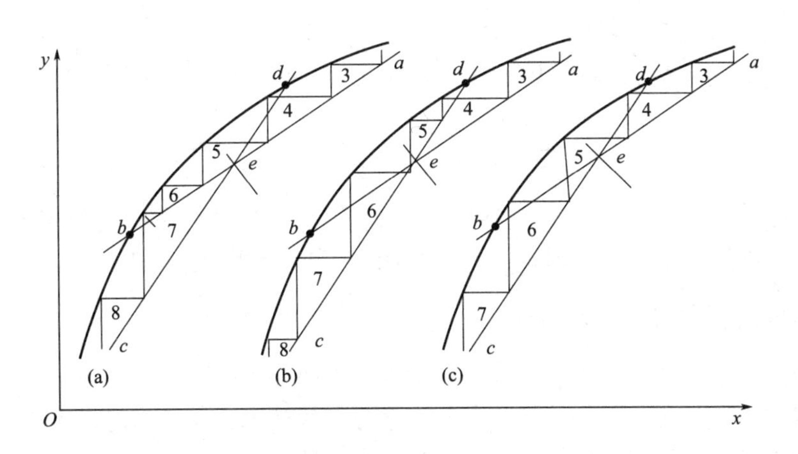

图 1-44　进料位置的比较

对于已有的精馏装置，在适宜进料位置进料，可获得最佳分离效果。在实际操作中，如果进料位置不当，将会使馏出液和釜残液不能同时达到预期的分离要求。进料位置过高，使馏出液的组成偏低（难挥发组分含量偏高）；反之，进料位置偏低，使釜残液中易挥发组分含量增高，从而降低馏出液中易挥发组分的收率。

在实际生产中，精馏塔往往设有 2～3 个进料口，以适应进料组成及进料热状态变动时，能够选择适宜的进料位置，使进料组成与进料板上的液体组成相接近。

【案例 1-8】 试用图解法求取案例 1-7 中的理论塔板数，并选择适宜的进料位置。

解：（1）查苯-甲苯相平衡数据，作出相平衡曲线，如本题附图，并作出对角线。

（2）在 x 轴上找到 $x_D=0.96$，$x_F=0.50$，$x_W=0.05$ 三个点，分别引垂直线与对角线交于

a、e、c 点。

（3）求取精馏段操作线截距 $x_D/(R+1)=0.96/(2.0+1)=0.32$。在 y 轴上找到点 $b(0, 0.32)$，连接 a、b 两点即得精馏段操作线。

（4）泡点进料，过 e 点作垂直线与精馏段操作线交于点 d，连接 c、d 两点得提馏段操作线。

（5）从 a 点开始，在相平衡线与精馏段操作线之间作阶梯，当跨过 d 时，改在相平衡线与提馏段操作线之间作阶梯，直到 $x \leqslant x_W$ 为止，即阶梯跨过点 $c(0.05, 0.05)$ 为止。

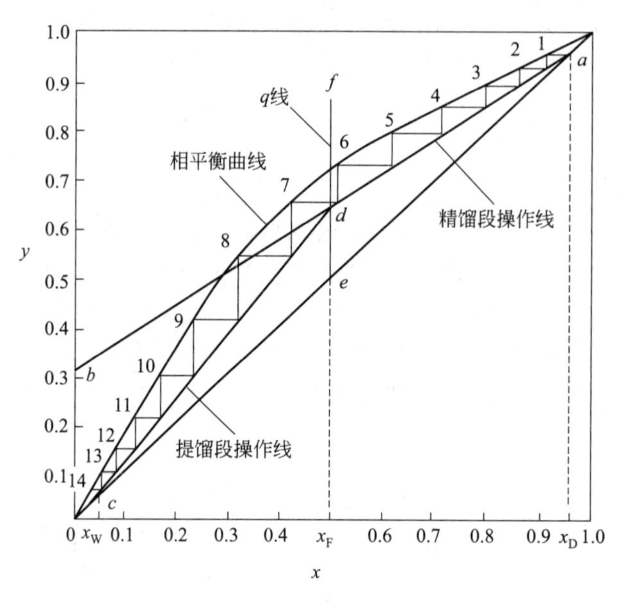

图 1-45 案例 8 附图

由附图（图 1-45）可见，所作的阶梯数为 14，第 7 个阶梯跨过精、提馏段操作线的交点。故所求的理论塔板数为 13（不含塔釜），进料板为第 7 板。结果与逐板计算法相同。

五、实际塔板层数和板效率

如前所述，在精馏塔的实际操作中，任何塔板上的气液两相都不可能达到平衡，即存在一个塔板效率的问题，而在整个精馏塔内每层塔板上的效率也均不相同，为此，塔板效率分为全塔效率和单板效率两种表示方法。

1. 全塔效率 E_T

全塔效率又称总板效率，反映整个塔内气液两相之间传质传热过程的完善程度，也是理论板层数的一个校正系数，其值恒小于 1。

由于影响板效率的因素很多而且比较复杂，如物系性质、塔板型式与结构以及操作条件等。目前还没有比较满意的计算公式，比较可靠的是通过实验测定。其方法是装配一套精馏塔，根据实验测定的原料液组成 x_F 和进料热状况参数（通常采用泡点进料），以及实际测定的塔顶、塔底产品组成和回流比等，在 y-x 图上用图解法求出完成该分离任务所需的理论塔板数，然后将理论塔板数与实际装置的塔板数相比，比值即为该塔的全塔效率。这种方法测定的数据，也可用在工艺条件相似、设备相同的其他塔设计中。

在缺乏实验数据的情况下，可以按照如图 1-46 所示的曲线做近似的估算，该曲线也可

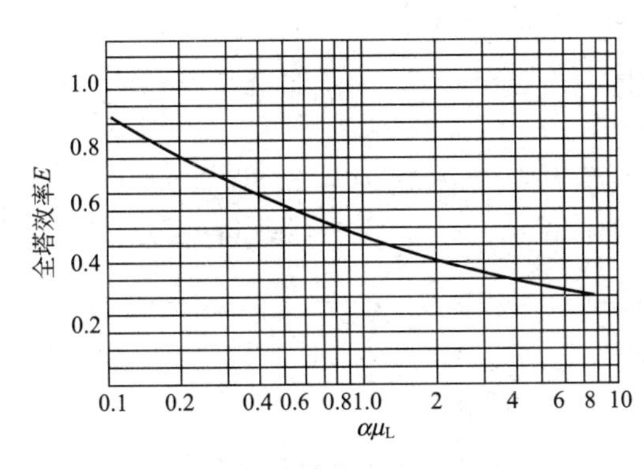

图 1-46 精馏塔效率关联曲线

用关联式表示如下，即

$$E_T = 0.49(\alpha\mu_L)^{-0.245} \tag{1-49}$$

式中 α——塔顶与塔底平均温度下的相对挥发度；

μ_L——塔顶与塔底平均温度下的液体黏度，mPa·s。

2. 单板效率

单板效率又称默弗里板效率，是指气相或液相经过一层实际塔板前后的组成变化与经过一层理论板前后的组成变化之比值，按气液相组成的变化可表示为：

$$E_{MV} = \frac{y_n - y_{n+1}}{y_n^* - y_{n+1}} \quad 或 \quad E_{ML} = \frac{x_{n-1} - x_n}{x_{n-1} - x_n^*} \tag{1-50}$$

式中 E_{MV}——以气相表示的单板效率；

E_{ML}——以液相表示的单板效率；

y_n^*，x_n^*——在 n 板上达到平衡的气液相组成。

需要指出，单板效率可直接反映该层塔板的传质效果，但板式塔各层塔板的单板效率并不相同。

3. 实际塔板数

前述，在塔设备的实际操作中，板由于气液两相接触时间及接触面积的限制，离开塔板的气液两相不可能达到平衡。实际上，进行精馏操作所需要的实际板数要比理论板数多。若已知全板效率 E_T，可求得实际塔板层数。

$$E_T = \frac{N_T}{N_P} \times 100\% \tag{1-51}$$

式中 N_T——理论板层数；

N_P——实际塔板层数。

【案例 1-9】 若案例 1-8 中的总板效率 $E_T = 55\%$，求实际塔板数。

解： 由案例 1-8 可知 $N_T = 13$，则实际塔板数为：

$$N_P = \frac{13}{0.55} = 24$$

六、回流比的影响与选择

在精馏原理中我们提到，回流是保证精馏塔连续稳定操作的必要条件。从精馏段操作线方程式也不难看出，当进料的状况与组成以及分离要求一定时，回流比 R 的大小将直接影响操作线的位置。同时，回流比的大小也会影响精馏过程的投资费用和操作费用。那么，回流比的大小究竟对操作会有怎样的影响，在操作中怎样选择一个合适的回流比，下面我们将讨论这个问题。

回流比有两个极限，一个是全回流时的回流比，一个是最小回流比。生产中采用的回流比应介于两者之间。

1. 全回流

将塔顶上升蒸气冷凝后全部回流至塔内的操作，称为全回流。在全回流下操作的精馏塔有如下特点：

(1) **物料关系** 全回流时，没有塔顶产品，$D=0$，回流比 $R=L/D=L/0\rightarrow\infty$。此时，既不向塔内进料，也不从塔内取出产品，$F=0$，$W=0$。全塔无精馏段和提馏段之分。

(2) **操作关系** 全回流时操作线的斜率$\dfrac{R}{R+1}=1$，y 轴上的截距$\dfrac{x_D}{R+1}=0$，在 y-x 图上操作线与对角线重合，即操作线方程为 $y=x$。

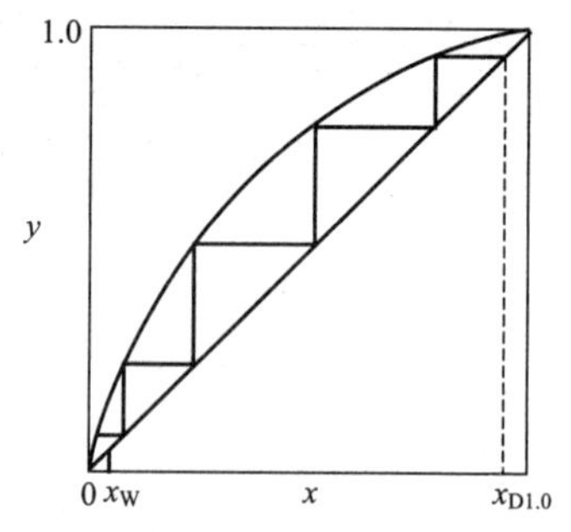

图 1-47 全回流时的最少理论板数

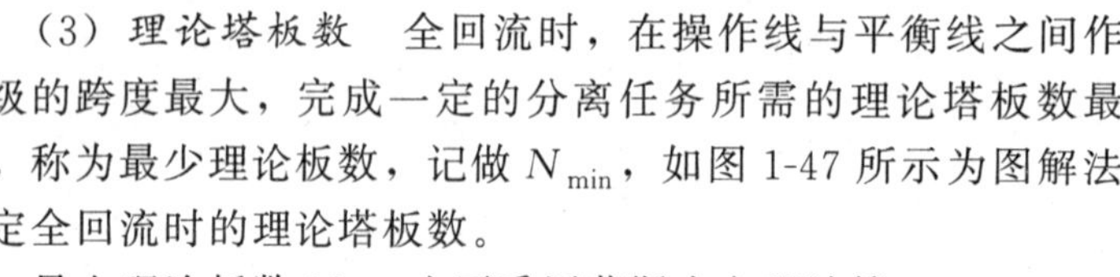

(3) **理论塔板数** 全回流时，在操作线与平衡线之间作梯级的跨度最大，完成一定的分离任务所需的理论塔板数最少，称为最少理论板数，记做 N_{min}，如图 1-47 所示为图解法确定全回流时的理论塔板数。

最少理论板数 N_{min} 也可采用芬斯克方程计算

$$N_{min}=\frac{\lg\left[\left(\frac{x_D}{1-x_D}\right)\left(\frac{1-x_W}{x_W}\right)\right]}{\lg\alpha_m}-1 \tag{1-52}$$

式中 N_{min}——全回流时的最少理论板数，不包括再沸器；

α_m——全塔平均相对挥发度，一般可取塔顶、塔底或塔顶、塔底、进料的平均值。

一个塔没有任何产品的操作在实际生产中是毫无意义的，只在装置开工阶段为迅速建立塔内正常回流、调试、操作过程异常或实验研究中等情况下才采用全回流操作。

(4) **全回流操作的意义** 全回流开车可以保证精馏塔有比较充裕的时间对操作进行调整，容易建立起浓度分布，达到产品组成的规定值，并能节省料液用量和减少不合格产品量。

全回流操作时可应用料液，也可以用塔合格的或不合格的产品，这样塔中建立的状况与正常操作时的较接近，一旦正式加料运转，容易调整得到合格产品。

对于回流比大的塔，全回流时塔中状况与操作状况比较接近。对于回流比小或很易开车的塔，则往往没必要采用全回流开车办法。

2. 最小回流比

精馏过程中，当回流比 R 由无限大逐渐减小时，精馏段操作线的截距 $x_D/R+1$ 将逐渐增大，精、提馏段操作线均会逐渐偏离对角线而向相平衡线靠近，所需要的理论塔板数将逐渐增加。当回流比小到两操作线的交点落在相平衡线之上（如图 1-48 所示），或操作线与平衡线相切（如图 1-49 所示）时，在操作线和平衡线之间作梯级时可以为无限多，也就是说，完成这种状态下的分离需要无限多块塔板，这时的回流比称为最小回流比，记作 R_{min}。在最小回流比下，两操作线与平衡线的交点 d 附近（通常在加料板附近）各板之间的气、液相组成基本上不发生变化，即无增浓作用，称 d 点为夹紧点，这个区域称为恒浓区。

显然，在实际生产中，这种情况也是不会被采用的，但在工程上通常以最小回流比作为计算的基准，然后根据情况适当增加某一倍数来作为实际的回流比。

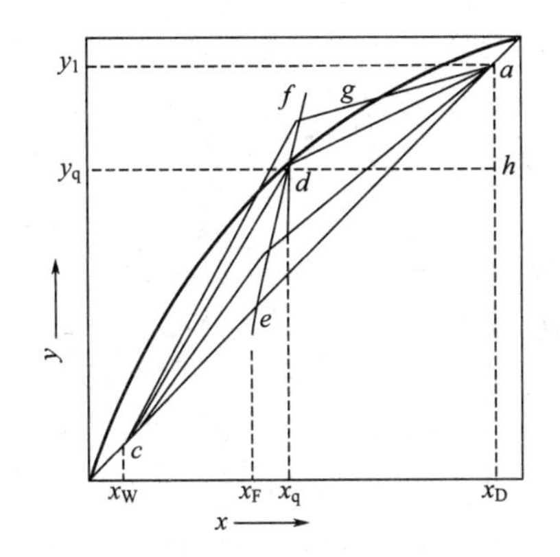

图 1-48 最小回流比的确定

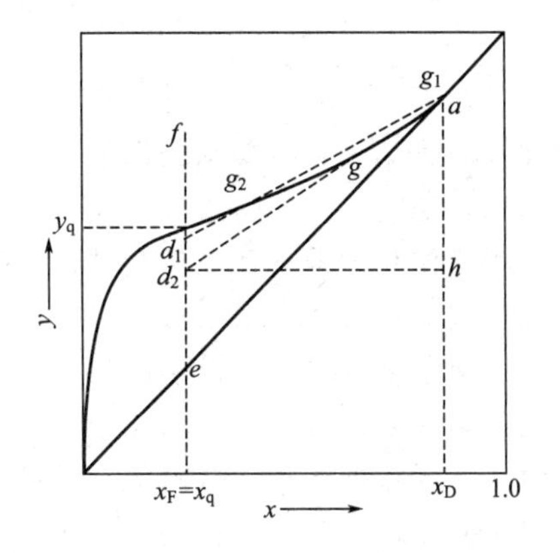

图 1-49 不正常的相平衡曲线 R_{min} 的确定

最小回流比可通过图解法或解析法来求得。

当回流比为最小时，精馏段操作线的斜率为：

$$\frac{R_{min}}{R_{min}+1}=\frac{ah}{dh}=\frac{y_1-y_q}{x_D-x_q}$$

将 $y_1=x_D$ 代入后整理得出

$$R_{min}=\frac{x_D-y_q}{y_q-x_q} \tag{1-53}$$

式中的 x_q 和 y_q 为进料线与相平衡线交点的坐标。但这个公式只能适应于像苯-甲苯一类平衡线无下凹的情况。

若如图 1-48 所示的乙醇-水物系的平衡曲线，具有下凹的部分，当操作线与 q 线的交点尚未落到平衡线上之前，操作线已与平衡线相切，如图中点 g 所示。点 g 附近已出现恒浓区，相应的回流比便是最小回流比。对于这种情况下的 R_{min} 的求法只能是通过作图定出平衡线的切线之后，再由切线的截距或斜率求之。如图 1-49 所示，可用下式算出。

$$\frac{R_{min}}{R_{min}+1}=\frac{ah}{d_2h} \tag{1-54}$$

应予指出，最小回流比 R_{min} 不仅与物系的相平衡关系、进料组成与状态有关，还与规定的分离程度（x_D、x_W）有关，离开指定的分离要求，也就不存在最小回流比。

3. 实际回流比

通过以上所述，全回流和最小回流比都不能在实际生产中应用，实际的回流比应当介于这两个极限之间。但最适宜的回流比应当根据经济核算来确定，即以达到完成给定任务所需设备费用和操作费用的总和为最小的原则来选取。

精馏操作时的操作费主要取决于塔底再沸器中加热剂及塔顶冷凝器中冷却水的消耗量，而二者又都取决于塔内上升蒸气量的大小。根据前述的物料衡算可知，塔内上升的蒸气量为：

$$V=L+D=(R+1)D$$

$$V'=V+(q-1)F=(R+1)D+(q-1)F$$

可见，当 F，q 及 D 一定时，V 和 V' 均随着回流比 R 增大而增加，加热蒸汽和冷却水的消耗量也会相应增加，即精馏操作费用增加，如图 1-50 中的曲线 1 所示。

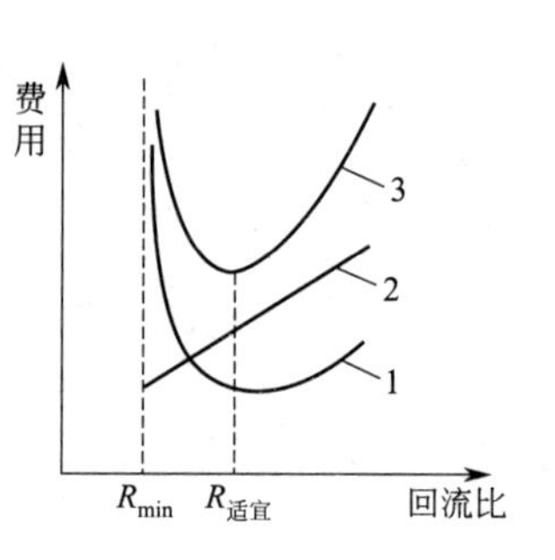

图 1-50 适宜回流比的确定

1—操作费；2—设备费；3—总费用

精馏操作时的设备费主要指精馏塔及其配套附属设备的投资费乘以相应的折旧率所得出的费用。当设备类型和材质被选定后，此项费用主要取决于设备的尺寸。当回流比为最小时，理论塔板数为无穷多，设备费用为无限大；当回流比稍一增加，所需塔板数将急剧减少到某一有限值，设备费用也相应减少很多。但当回流比继续增加时，塔板数减少有限，而随着回流比的增加，塔内上升的蒸气量增加将导致塔的直径、再沸器和冷凝器等设备的尺寸相应增大，设备费用又将回升，如图 1-50 中的曲线 2 所示。

设备费及操作费之和最小时所对应的回流比是实际生产中最适宜的回流比，如图 1-64 中曲线 3 所示。根据生产实践经验，通常情况下，适宜回流比为最小回流比的 1.1～2.0 倍，即

$$R_{实}=(1.1\sim2.0)R_{min}$$

实际生产中操作回流比的选取还应视具体情况而定。对于难分离体系，应采用较大的回流比，以降低塔高并保证产品的纯度；对于易分离体系，可采用较小的回流比，以减少加热蒸汽消耗量，降低操作费用。

【案例 1-10】 在案例 1-7 中，若操作回流比为最小回流比的 2.0 倍。求精馏段操作线方程。

解： 对于泡点进料，则

$$x_q=x_F=0.50,\ y_q=\frac{2.4x_q}{1+1.4x_q}=\frac{2.4\times0.50}{1+1.4\times0.50}=0.706$$

$$R_{min}=\frac{x_D-y_q}{y_q-x_q}=\frac{0.96-0.706}{0.706-0.50}=1.23$$

$$R=2.0R_{min}=2.0\times1.23=2.5$$

则精馏段操作线方程为：

$$y=\frac{R}{R+1}x+\frac{x_D}{R+1}=\frac{2.5}{2.5+1}x+\frac{0.96}{2.5+1}=0.75x+0.274$$

七、精馏装置的热量衡算

精馏装置主要包括精馏塔、再沸器和冷凝器。对连续精馏装置进行热量衡算，其主要目的是为了求得塔釜再沸器中加热蒸汽的消耗量以及塔顶冷凝器中冷却介质的消耗量。

1. 再沸器中加热蒸汽的消耗量

要想确定塔釜再沸器中加热蒸汽的消耗量，必须对再沸器进行热量衡算。图 1-37 所示，

以单位时间为基准，则

$$Q_B = V'I_{VW} + WI_{LW} - L'I_{Lm} + Q_L \tag{1-55}$$

式中 Q_B——再沸器的热负荷，kJ/h；

Q_L——再沸器的热损失，kJ/h；

I_{VW}——再沸器中上升蒸汽的焓，kJ/kmol；

I_{LW}——釜残液的焓，kJ/kmol；

I_{Lm}——提馏段底层塔板下降液体的焓，kJ/kmol。

因提馏段底层塔板下降液体的温度、组成与釜液相近，可近似取 $I_{LW} \approx I_{Lm}$，又因 $V' = L' - W$，则

$$Q_B = V'(I_{VW} - I_{LW}) + Q_L \tag{1-56}$$

加热介质消耗量为

$$W_h = \frac{Q_B}{I_{B1} - I_{B2}} \tag{1-57}$$

式中 W_h——加热介质的消耗量，kg/h；

I_{B1}，I_{B2}——分别为加热介质进出再沸器的焓，kJ/kg。

若用饱和蒸汽加热，且冷凝液在饱和温度下排出，则加热蒸汽消耗量为

$$W_h = \frac{Q_B}{r} \tag{1-58}$$

式中 r——加热蒸汽的汽化热，kJ/kg。

2. 冷凝器中冷却介质的消耗量

若塔顶冷凝器采用全凝器，对全凝器做热量衡算，如图 1-36 所示，以单位时间为基准，并忽略热损失，则

$$Q_C = VI_{VD} - (LI_{LD} + DI_{LD}) \tag{1-59}$$

而

$$V = L + D = (R+1)D$$

代入上式并整理得

$$Q_C = (R+1)D(I_{VD} - I_{LD}) \tag{1-60}$$

式中 Q_C——全凝器的热负荷，kJ/h；

I_{VD}——塔顶上升蒸气的焓，kJ/kmol；

I_{LD}——塔顶馏出液的焓，kJ/kmol。

冷却介质的消耗量为

$$W_C = \frac{Q_C}{c_{pc}(t_2 - t_1)} \tag{1-61}$$

式中 W_C——冷却介质消耗量，kg/h；

c_{pc}——冷却介质的比热容，kJ/(kg·℃)；

t_1，t_2——分别为冷却介质在冷凝器的进、出口处的温度，℃。

小结

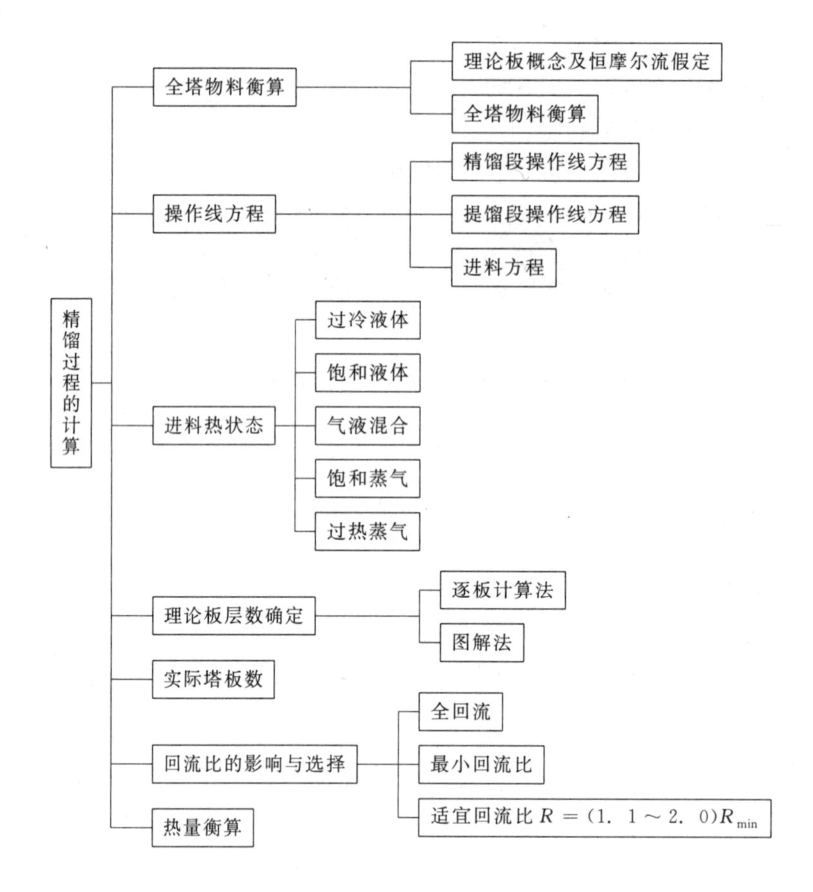

思考题

1. 什么是理论板？怎样用图解法求取理论板层数？

2. 什么是回流比？回流比的大小对精馏操作有什么影响？怎样确定适宜的回流比？

3. 利用相平衡图，绘制出饱和液相进料时最小回流比条件下的精馏段操作线和提馏段操作线。

4. 生产中进入塔中的原料可能有哪几种受热状态？大致画出不同状态下的 q 线位置。

自测题

一、填空题

1. 离开塔板的气液两相互为平衡，且板上的液相组成可视为均匀一致的塔板称为（　　）。

2. 精馏塔顶增设一台分凝器，若仍保持回流比不变，则塔顶产品纯度（　　）。因为增设一台分凝器相当于（　　）一块理论板。塔的（　　）增大。

3. 当回流比一定时，在五种进料状态中，q（　　）时为过冷液体进料，此时进料板位置最（　　）。

4. 回流比有两个极限值，上限为（　　），下限为（　　）。

5. 在精馏塔内，任意一块理论板上的气相组成 y 与液相组成 x 符合（　　）关系。

6. 在精馏操作中，回流比增加，每块塔板的（　　）增加。

7. 精馏操作线方程 $y=0.75x+0.2$，则 $R=$（　　），$x_D=$（　　）。

8. 增大回流比，精馏塔的操作线与平衡线之间的距离（　　），为完成一定分离任务所需的理论板数（　　）。

9. 某二元理想物系的相对挥发度为 2.5，全回流操作时，已知塔内某块理论板的气相组成为 0.625，则该板的液相组成为（　　），下层塔板的汽相组成为（　　）。

二、选择题

1. 由 t-$x(y)$ 图可知，组成一定的混合液，在露点进料时，（　　）。

A. $q=1$　　B. $q=0$　　C. $q>1$　　D. $q<0$

2. 精馏塔在最小回流比下操作，达到规定的分离要求时，所需的理论板数（　　）。

A. 最少　　B. 最多　　C. 无穷多　　D. 不变

3. 精馏塔顶采用分凝器时，塔顶上升气体组成 y_1 与回流液组成 x_0（　　）。

A. 相等　　B. 平衡　　C. $y_1<x$　　D. $y_1>x$

4. 由 t-$x(y)$ 图可知，组成一定的混合液，当泡点进料时，（　　）。

A. $q=1$　　B. $0<q<1$　　C. $q=0$　　D. $q<0$

5. 精馏塔当（　　）进料时，$0<q<1$。

A. 冷液体　　B. 饱和液体　　C. 气、液混合　　D. 饱和气体

6. 化工生产中，精馏塔的最适宜回流比是最小回流比的（　　）倍。

A. 1.5～2.5　　B. 1.1～2.0　　C. 2.0～2.5　　D. 1.1～2.5

7. 回流比与塔板数的关系是，当产品分离程度一定时，加大回流比则塔板数（　　）。

A. 不变　　B. 减少　　C. 增多　　D. 不一定

8. 当精馏塔的回流比从全回流逐渐减小时，所需理论塔板数逐渐（　　）。

A. 不变　　B. 减少　　C. 增加　　D. 可降至最小极限

9. 双组分连续精馏计算中进料热状况的变化将引起变化的是（　　）。

A. 平衡线　　B. 操作线与 q 线　　C. 平衡线与操作线　　D. 平衡线与 q 线

10. 当连续精馏在最小回流比条件下操作时，其理论板层数（　　）。

A. 最多　　B. 最少　　C. ∞　　D. 0

11. 精馏塔全回流操作时，第一块塔板下降液体组成为 0.91，则第二块塔板上升气体组成为（　　）。

A. 0.88　　B. 0.91　　C. 0.95　　D. 0.93

12. 某二元混合物，进料量为 100kmol/h，$x_F=0.6$，要求塔顶 x_D 不小于 0.9，则塔顶最大产量为（　　）。

A. 60kmol/h　　B. 66.7kmol/h　　C. 90kmol/h　　D. 100kmol/h

13. 某精馏塔的理论板数为 17 块（含塔釜），全塔效率为 0.5，则实际塔板数为（　　）块。

A. 34　　B. 31　　C. 30　　D. 32

14. 在精馏操作中，若进料组成、馏出液组成与釜液组成均不变，在气液混合进料中，

液相分率（q）增加，则最小回流比 R_{min}（　　）。

A. 增大　　B. 不变　　C. 减小　　D. 无法判断

15. 已知精馏塔塔顶第一层理论板上的液相泡点温度为 t_1，与之平衡的气相露点温度为 t_2。而该塔塔底某理论板上的液相泡点温度 t_3，与之平衡的气相露点温度为 t_4，则这四个温度的大小顺序为（　　）。

A. $t_1<t_2<t_3<t_4$　B. $t_1=t_2>t_3=t_4$　C. $t_1=t_2<t_3=t_4$　D. $t_1>t_2>t_3>t_4$

三、判断题

1. 在精馏操作中若其他条件不变，回流比增加，塔顶产品的纯度增加。（　　）

2. 进入精馏塔的物料是饱和液体，其热状态参数 $q=0$。（　　）

3. 精馏塔饱和蒸气进料，则精馏段回流液流量与提馏段下降液体流量相等。（　　）

4. 恒摩尔流假定是指塔内的气相摩尔流量与液相摩尔流量相等。（　　）

5. 由方程 $y=\frac{R}{R+1}x+\frac{x_D}{R+1}$ 可知公式中 y 与 x 是离开同一层塔板的气液相组成。（　　）

6. 由 y-x 图可知，在最小回流比时，操作线与平衡线之间最远，理论板数最少。（　　）

7. 由方程 $y=\frac{q}{q-1}x-\frac{x_F}{q-1}$ 可知，露点进料时，斜率为 1。（　　）

8. 由 y-x 图可知，在 $R=\infty$ 时，达到规定的分离要求，所需理论板数最少。（　　）

9. 全回流时理论板层数无穷多。（　　）

10. 精馏塔的操作线方程式是通过全塔物料衡算得出来的。（　　）

11. 在精馏操作中，将不合格产品打回塔内做回流。（　　）

12. 精馏操作中产品量与回流量之比称为回流比。（　　）

四、计算题

1. 在连续精馏塔中进行分离苯-甲苯混合液。原料液的流量为 150kmol/h，其中苯的摩尔分数为 45%，要求馏出液中苯的回收率不低于 97%，釜残液中甲苯回收率不低于 98%。试求馏出液及釜残液的流量及组成，以千摩尔流量及摩尔分数表示。$D=67.125$，$V_y=82.875$，$x_D=0.975$，$x_W=0.024$。

2. 在一常压塔中，分离某理想混合液，原料浓度为 0.4，塔顶馏出液组成为 0.96（均为摩尔分数），物系的相对挥发度 $\alpha=2.0$，塔顶采用全凝器，泡点进料，$R=2.05R_{min}$，试计算塔顶第二块理论板上升蒸气的组成及下降的液体组成。

3. 在一常压精馏塔中分离某双组分理想混合液，已知饱和蒸气进料，精馏段操作线方程和提馏段操作线方程分别为 $y=0.72x+0.26$ 和 $y=1.35x-0.036$；试求回流比 R 及进料液、塔顶馏出液、塔底残液的组成。

4. 常压下将含正己烷 40%的正己烷-正庚烷混合液，在连续精馏塔中进行分离，已知进料量为 6500kg/h，要求将混合液分离为含正己烷 96.5%的馏出液和釜残液中含正己烷不高于 4.5%（以上均为摩尔分数）。试求馏出液和釜残液的流量。

5. 请根据苯-甲苯相平衡数据做出 t-x-y 图，并在图上指出：

（1）原料组成为 $x_F=0.45$ 时泡点温度和露点温度；

（2）当馏出液组成为 $x_D=0.95$，残液组成为 $x_W=0.04$ 时的塔顶温度和塔底温度；

（3）若泡点进料，回流比为 2，用图解法求出理论塔板数，以及进料板的位置；
（4）若全塔效率为 50%，求出总塔板数及实际进料位置。

任务 4 精馏塔的实验操作训练

任务目标

- 了解筛板精馏塔的基本结构及工艺流程；
- 熟悉全回流的特点及在实际生产中的应用；
- 观察精馏塔的流体力学状态；
- 掌握精馏塔的基本操作方法，学会精馏塔的操作与调节。

技能要求

- 操作技能

（1）能独立进行精馏系统的开、停车（包括开车前的准备、电源的接通、进流量、回流量的控制、温度的控制等）；

（2）学会判断系统达到稳定的方法，掌握测定塔顶、塔釜溶液浓度的实验方法；

（3）能进行实际操作，并达到规定的工艺要求和质量指标；

（4）能及时发现、报告并处理系统的异常现象与事故，能进行紧急停车。

- 设备的使用与维护

（1）能正确使用仪器、仪表；

（2）能掌握设备的运行情况、能判别工艺故障及进行适当的处理。

一、实验任务

对 15%～20%（体积分数）的乙醇和水混合液进行精馏分离，以达到塔顶馏出液含量大于 90%（体积分数），塔釜残液乙醇含量小于 3%（体积分数）；完成精馏塔的正常开车、停车及调节稳定；测定精馏塔的总板效率。

二、设备示意

本实验装置的主体设备是筛板精馏塔，配套的有加料系统、回流系统、产品出料管路、残液出料管路、进料泵和一些测量、控制仪表。流程如图 1-51 所示。

筛板塔主要结构参数：塔内径 D=68mm，厚度 δ=4mm，塔板数 N=10 块，板间距 H_T=100mm。加料位置由下向上起数第 4 块和第 6 块。降液管采用弓形，齿形堰，堰长 56mm，堰高 7.3mm，齿深 4.6mm，齿数 9 个。降液管底隙 4.5mm。筛孔直径 d_0=1.5mm，正三角形排列，孔间距 t=5mm，开孔数为 77 个。塔釜为内电加热式，加热功率

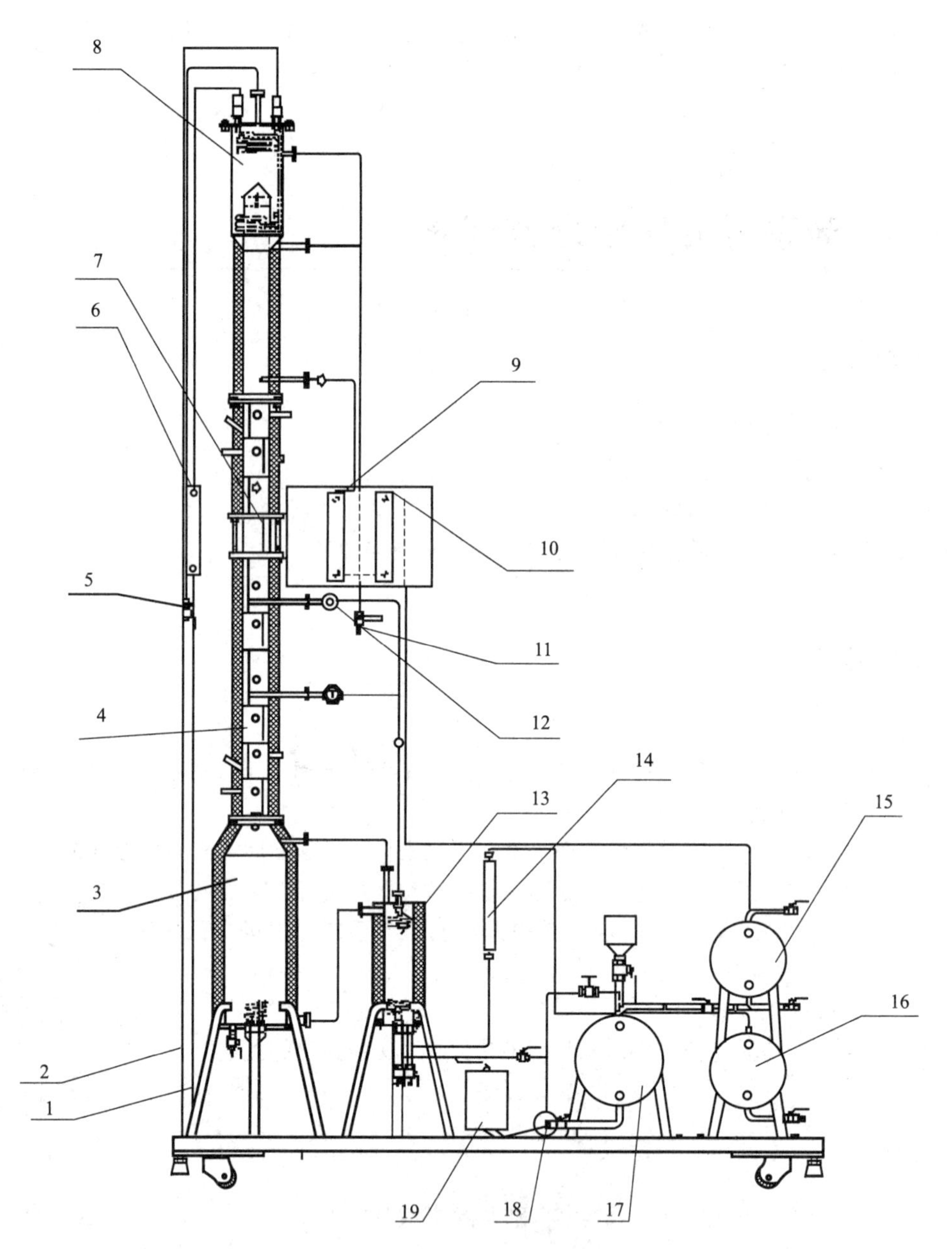

图 1-51 筛板塔精馏塔实验装置图

1—冷凝水进口；2—冷凝水出口；3—塔釜；4—塔节；5—塔顶放空阀；
6—冷凝水流量计；7—玻璃视镜；8—塔顶冷凝器；9—全回流流量计；
10—部分回流流量计；11—塔顶出料取样口；12—进料阀；
13—换热器；14—残液流量计；15—产品罐；16—残液罐；
17—原料罐；18—进料泵；19—计量泵

2.5kW，有效容积为 10L。塔顶冷凝器、塔釜换热器均为盘管式。单板取样为自下而上第 1 块和第 10 块，斜向上为液相取样口，水平管为气相取样口。

本实验料液为乙醇水溶液，釜内液体由电加热器产生蒸气逐板上升，经与各板上的液体传质后，进入盘管式换热器壳程，冷凝成液体后再从集液器流出，一部分作为回流液从塔顶流入塔内，另一部分作为产品馏出，进入产品贮罐；残液经釜液转子流量计流入釜液贮罐。

三、板式精馏塔内的气、液两相存在状态

1. 塔板上气、液两相的接触状态

塔板上气液两相的接触状况是决定板上的传质和传热规律的重要因素。气体通过板孔的速度不同，两相在塔板上的接触状态也不同，随着气速的增加，大致可以分为以下三种气液接触状态。

（1）鼓泡接触状态　当上升蒸气流速较低时，通过筛孔的气体断裂成气泡在板上液层中自由浮升，塔板上两相形成鼓泡接触状态。塔板上存在大量的返混液，液体是连续相，两相的接触面积为气泡表面。此时气液比较小，气泡的数量少，气泡表面的湍动程度低，传质阻力大，气液相接触面积不大，传质效果不好。

（2）泡沫状接触状态　随着气速连续增加，气泡数量急剧增加，气泡不断发生碰撞和破裂，此时，板上液体大部分均以液膜的形式存在于气泡之间，形成一些直径较小，搅动十分剧烈的动态且不断更新的气泡，仅在靠近塔板表面处才能看到少许的清液，清液层的高度随着气流速度增加而减少。泡沫接触状态的泡沫不会因表面活性的作用而稳定存在，在不断湍动的过程中不断地合并与破裂，为传质传热提供了良好的条件，气液接触好，泡沫接触所提供的表面积大，传质效率较高，是一种较好的塔板工作状态。

（3）喷射接触的状态　当气速连续增加，由于气体动能很大，不能形成气泡，把板上的液体向上喷成大小不等的液滴，液滴到达一定高度后受重力作用落回到塔板上，再次被抛出，而直径较小的液滴容易被气流带走形成液沫夹带，这种气液接触状态称为喷射状态。前两种状态的液相都是连续相，气体为分散相，而此状态气体为连续相，液体为分散相。在喷射状态下，气流速度很大，液相分散较好，不断更新的液滴为气液接触提供了良好的条件，也是一种较好的工作状态。

泡沫接触状态与喷射状态均能提供良好的气液接触条件，但喷射状态是塔板操作的极限，易引起较多的液沫夹带，所以多数塔操作均控制在泡沫接触状态。

2. 气体通过塔板的压降

上升气流通过塔板时需要克服一定的阻力，该阻力形成塔板的压降。塔板压降是影响板式塔操作特性的重要因素。塔板压降增大，塔板上气液两相的接触时间增大，塔板效率增大，完成同样的分离任务所需实际塔板数减少，设备费用降低；但塔板压降增大，塔釜压力必须增大，釜温就会升高，能耗增加，操作费用增大。通常，在保证较高效率的前提下，力求减少塔板压降，以降低能耗。

3. 塔板上的液面落差

当液体横向流过塔板时，由于处在不同部位的液体流程不同，流动阻力也就不同。在塔板中央部分的液体流程较短，所以阻力较小，流速大；相反，塔板边缘处的液体行程长，故阻力大，流速小。同时液体也要克服板上部件（泡罩、浮阀等）的局部压力，这样势必会造成液体在塔板的进口处液层厚，出口处液层薄，其高度差称为液面落差。液面落差将导致气流分布不均，从而易造成漏液现象，使塔板效率下降。液面落差大小与板结构、塔径及液体流量有关。对于直径较大的塔，可采用双溢流或阶梯流等形式来减少液面落差。

四、板式塔的异常操作现象

1. 漏液

在精馏塔内，液体与气体应在板上有错流接触，但当气速较低时，液体不经正常的降液管而是从塔板上的开孔处流到下一层塔板，这种现象称为漏液。原因是上升气流流速太小致使气体通过筛孔的动压不足以阻止板上液体经筛孔下流。液体经筛孔向下泄漏时，在塔板上的气液两相不能充分接触，特别在靠近进口堰处的漏液会使板效率严重下降。工程上规定，漏液量不应大于液体量的10%，此时的气速为漏液速度，它是操作气速的下限。漏液降低了塔的分离效率，严重的漏液，会使塔板上建立不起液层而无法正常操作，会导致分离效率的严重下降。

漏液 动画扫一扫

2. 液沫夹带

当气速增大时，塔板上的液体一部分被上升气流带至上层塔板的现象称为液沫夹带。液沫夹带是一种与液体主流方向相反的流动，属返混现象。液沫的生成虽然可增大气液两相的接触面积，但液相在塔板间的返混会导致板效率严重下降。产生液沫夹带的原因主要有两种，一是板间距太小，二是气体速度太高。液沫夹带使塔板的分离能力没有得到充分发挥，导致分离效率下降。

液沫夹带 动画扫一扫

3. 液泛

液体在塔内不能顺畅流下的现象称为液泛。直径一定的塔，可供气液两相做逆流流动的自由截面有其限度。气液两相之一的流量增大到某一数值或塔内某一塔板的降液管有堵塞现象时，上下两层塔板间的压力降便会增大到使降液管内的液体不能顺畅下流，当管内液体满到上层板的溢流堰顶时，便漫到上层板去，致使液泛。液泛发生时，塔的压力降急剧加大，效率急剧下降，操作极不稳定，随后全塔的操作便遭到破坏。

产生液泛的原因有三个，一是当塔板上液体流量过大时，降液管的截面不足以使液体及时通过，滞留在板上的液体增多，累积直至占满两板之间的空间，并逐步推向塔顶；另一个是当上升气体的速度很高时，液沫夹带量猛增，造成压力降剧增，降液管内的液体不能顺畅流下，使塔板间充满气液混合物，最终使整个塔内都充满液体；第三是或因其他原因使降液管局部地区堵塞而变窄，降液管通道太小，流动阻力大，液体不能顺利通过降液管下流，使液体在塔板上积累而充满整个板间。总之，液泛时，物料大量返混，气液接触面积大大减少，严重影响塔的正常操作，在操作中必须避免。

五、精馏操作过程工艺指标的控制与调节

1. 塔压的调节

影响塔压力变化的因素是多方面的，例如塔顶温度、塔釜温度、进料组成、进料流量、进料温度、回流量、冷剂量、冷剂压力、减压塔抽真空泵的功率等的变化以及仪表故障，设备管线堵冻等，都可以引起塔压的变化。例如，釜温突然升高、冷剂量减少、进料中轻组分含量增加或进料量加大、采出管线堵塞都会引起塔压升高。另外，塔顶调节阀失灵也会引起塔压波动。

在生产过程中当塔压发生变化时，可先采用改变塔顶冷凝量来调节塔压，如塔压过高，则可以采用放空来降压，这些调节机构均可实现自动控制。

当然，塔压发生变化时，还要判断引起压力变化的原因，而不是简单地只从调节上使塔的压力恢复正常，要从根本上消除变化的因素，才能不破坏塔的操作。例如，当冷剂量不足或塔顶冷凝器设备出现故障时引起塔压升高时，若不提高冷剂量，而只是加大塔顶采出量来恢复正常的塔压，就有可能使重组分带到精馏段，造成塔顶产品质量不合格；又如，釜温过低引起塔压下降，若不提釜温，而是单靠通过减少塔顶采出量来恢复正常塔压，将造成釜液中轻组分大量增加，使塔底产品不合格。当釜温突然升高，引起塔压上升时，重要的是恢复塔釜正常的温度，而不是单靠增加冷剂量和加大塔顶采出量来降低塔压；否则将容易产生液泛，破坏塔的正常操作。精馏操作中，要针对引起塔压变化的原因相应进行调节，常用的方法有三种。

① 进料量不变的情况下，用塔顶的液相采出量来调节塔压。产品采出多，则塔内上升蒸气的流速减小，塔压下降；采出量减少，塔内上升蒸气的流速增大，塔压上升。

② 在采出量不变的情况下，用进料量调节塔压。进料量加大、塔压上升；进料量减小、塔压下降。

③ 在工艺指标允许的范围内，可以通过釜温的变化来调节塔压。提高釜温，塔压上升；降级釜温，塔压下降。

由于设备原因而影响了塔压的正常调节时，应当考虑改变其他操作因素以维持生产，严重时则要停工检修。

2. 塔釜温度的调节

在精馏过程中，当塔压一定时，被分离的液体混合物，其汽化程度决定于温度，而温度由再沸器的蒸气量控制。只有保持一定的釜温，才能保证一定的残液组成，因此釜温是精馏操作重要的一个控制指标。其釜温波动往往由多种因素引起：

① 进料组成变化会引起釜温波动。

② 调节回流比也会引起釜温变化，如回流比加大（塔顶采出量减少）则轻组分压入塔釜，使其温度下降。

③ 精馏塔压力波动，也会引起釜温变化。

当釜温变化时，通常是用调节再沸器加热量来使釜温调节正常，当然釜温变化还可能是其他原因，如：

① 再沸器疏水不畅，再沸器积水，传热面积减少，釜温下降。

② 釜温循环量小，再沸器部分干管，传热效果下降，釜温下降。

③ 釜液位太高，使再沸器出口受阻，釜温下降。

因此，在釜温波动时，除了分析加热器的蒸气量和蒸气压力的变化外，还应考虑其他因素的影响。例如，塔压的升高或降低，也能引起塔釜温度的变化，当塔压突然升高，虽然釜温随之升高，但上升蒸气量却下降，使塔釜轻组分变多，此时，要分析压力升高的原因并予以排除。如果塔压突然下降，上升蒸气量却增加，塔釜液可能被蒸空，重组分会带到塔顶。

3. 回流比的调节

精馏塔的能量消耗随回流比几乎成正比关系增加，所以选择最佳回流比是精馏装置节能的一项重要措施。决定回流比的大小首先当然是原料的性质和产品的要求，其次也应考虑设备投资和能源消耗。操作中，回流量是直接影响产品质量和塔的分离效果的重要因素。当操作过程中，塔顶温度升高，塔釜温度降低，塔顶、塔釜产品质量均不符合要求，是因塔的分离能力所致。通常采用的方法是在加大回流比的同时增加塔釜加热蒸汽量。之所以这样做，是因为在进料量、进料组成及产品质量要求固定的情况下，由物料衡算可知，塔顶、塔底产品的产量已确定。此时主要是靠增加上升蒸气量来增加回流量，而不是通过减少塔顶产品量来增加回流量。增加塔釜加热量同时也要增加冷却水量。减小回流比运转费用（主要是塔釜加热量和塔顶冷量）将减少，但塔板数要增多，塔的投资要增加，因此可看出选择回流比可直接影响企业的经济效益。

4. 塔顶温度的调节

在精馏过程中，塔顶压力一定时，塔顶温度高低就反映了塔顶产品组成，只有保持一定的塔顶温度才能保证一定的馏出液组成，因此精馏操作中塔顶温度也是重要控制条件。塔顶温度随进料量状况、操作压力及塔釜温度的变化而变化，塔顶温度的调节主要是调节回流量来控制。塔顶温度低时，应适当减少回流量，具体操作应提高塔顶采出量；塔顶温度高时应适当加大回流量，减少塔顶采出量。塔顶温度的变化因素很多，而且塔顶温度和塔釜温度是密切联系的，有时是由于釜温控制不当引起全塔的温度变化，这时应控制釜温来恢复塔顶温度，而不能去调节回流量来控制塔顶温度。

5. 塔釜液位的调节

塔釜液面的稳定是保证精馏塔的平稳操作的重要条件之一。

只有塔釜液面稳定，才能保证塔釜传热稳定以及由此决定的塔釜温度、塔内的上升蒸气流量、塔釜液组成等参数稳定，从而确保塔的正常生产。

釜液面的调节，多半是用釜液的排除量来控制的。釜液面增高，排出量增大，釜液面降低，排出量减少。也有用加热釜的加热剂量来控制釜液面的，釜液面增高，加热剂量加大。但是只知道这些还是不够的，还必须了解影响釜液面变化的原因，才能有针对性地进行处理。

影响釜液面变化的原因主要有以下五个方面。

① 釜液组成的变化。在压力不变的前提下，降低釜温，就改变了塔底的气液平衡组成，加大了釜液量和釜液中轻组分的含量。在釜液采出量不变的情况下，将使釜液面增高。发生这种现象时，应首先恢复正常的釜温，否则，会造成大量的轻组分损失。

② 进料组成的变化。当进料中重组分含量增加时，根据物料衡算，釜液量将增加，此时应相应加大釜液的排出量，否则釜液面会升高。如果保持正常的釜液排出量而用升高釜温的方法去维持正常的釜液面，那么将会使重组分带到塔顶，造成塔顶产品的质量下降。

③ 进料量的变化。进料量增大，釜液排出量应相应加大，否则釜液面会升高。

④ 调节机构失灵。调节机构失灵时，应将自动调节为手动调节，同时联系检修。

⑤ 在开车初期时，由于塔板上液体较少，还没有处于良好的气液接触状态，大量的轻组分容易进入塔釜，其被塔釜汽化的量一时还满足不了塔内热量的要求。因此，对于刚开车的塔，应在进料之前，对加热釜先适当预热，在塔釜见液面后就要适量供热，否则将会使釜温不易提起，使釜液面过高，釜液排出量增大，以至釜液中轻组分的损失增大。

六、产品不合格时的调节方法

1. 精馏过程中由于物料不平衡而引起的不正常现象及调节方法

精馏操作过程中维系总物料平衡是比较容易的，即 $F=D+W$。但要使组分物料在平衡条件下操作则比较困难。有时过程往往处于不平衡条件下操作，即：

$$Fx_{\mathrm{F}} \neq Dx_{\mathrm{D}} + Wx_{\mathrm{W}}$$

在此种情况下的外观现象和恢复正常操作的调节方法如下：

（1）在 $Dx_D>Fx_F-Wx_W$ 下操作　随着过程的进行，塔内轻组分大量流失，而重组分在塔内逐渐积累，使操作过程趋于恶化。外观现象为塔釜温度正常而塔顶温度逐渐升高，塔顶产品不合格，严重时冷凝器内液流减少。造成的原因主要有二：

① 塔顶产品与塔釜产品采出比例不当，即 $\frac{D}{F}>\frac{x_F-x_W}{x_D-x_W}$；

② 进料组成中，轻组分含量下降。

若是由 $\frac{D}{F}>\frac{x_F-x_W}{x_D-x_W}$ 造成此现象时，可采用不改变加热蒸汽温度，减少塔顶采出，加大塔釜出料量和进料量，使过程在 $Dx_D<Fx_F-Wx_W$ 下操作一段时间，以补充塔内的轻组分量。待塔顶温度逐步下降至规定值时，再调节操作参数，使过程在 $Dx_D=Fx_F-Wx_W$ 下操作。若是进料轻组分下降造成此现象时，如是变化不大，调节方法同上；如是进料组成变化较大时，尚需要调节进料的位置，甚至改变回流量。

（2）在 $Dx_D<Fx_F-Wx_W$ 下操作　随着过程的进行，塔内重组分流失而轻组分逐渐积累，同样会使操作过程渐渐恶化。外观现象为塔顶温度正常而塔釜温度下降，塔釜采出不合格。造成原因有二：

① 塔底产品与塔顶产品采出比例不当，即 $\frac{D}{F}<\frac{x_F-x_W}{x_D-x_W}$；

② 进料组成中，轻组分含量升高。

若是由 $\frac{D}{F}<\frac{x_F-x_W}{x_D-x_W}$ 造成此现象时，可采用不变回流量，加大塔顶采出量，同时相应调节加热蒸汽量，使过程在 $Dx_D>Fx_F-Wx_W$ 下操作，也可适当减少进料量。待塔釜温度升至正常值时，按 $Dx_D=Fx_F-Wx_W$ 的操作要求调整操作条件。若是进料轻组分升高造成时，调节方法同上，并视情况而对进料口位置做适当调整。

2. 分离能力不够引起产品不合格的现象及调节方法

当精馏塔的分离能力不够造成产品不合格时，其现象为塔顶温度升高，塔釜温度降低，塔顶、塔底产品均不符合要求。处理方法是一般可通过加大回流比来调节，但应注意若在此时塔的处理量和进料的组成已确定的条件下，又规定了塔顶塔底的组成，根据物料衡算，塔顶和塔低产品的量也已经确定，因此增加回流比并不意味塔顶产品量的减少，加大回流比的措施只能是增加上升蒸气量及塔顶的冷凝量，因此操作费用也增加，此外，由于回流比的增大，容易造成严重的液沫夹带或其他不正常现象，所以不能盲目增大回流比。

3. 生产条件变化对操作的影响及调节

生产过程中进料量的变化，这在进料量仪表上可以直接反映出来，如果仅仅是由于外界条件的波动而引起的，则调节进料阀即可恢复正常生产。

如果因生产上需要而使进料量改变，则可根据维持稳定的连续操作为条件进行调节，使过程仍然在 $Dx_D=Fx_F-Wx_W$ 下操作。

由于操作上的疏忽，进料量已发生变化，而操作条件没做相应的调整，其结果必然使得过程处于物料不平稳下操作。此时外观表象与物料不平稳下操作相同，处理方法也相同。

由于进料组成的变化不容易被发现，当操作数据上有反映时，往往有所滞后。因此，如何及时发现并处理是经常遇到的问题。①若进料组成中重组分含量增加，则精馏所需塔板数增加。对一定塔板数的精馏塔而言，显然分离程度变差，即塔顶产品的纯度下降，同时过程处于在 $Dx_D<Fx_F-Wx_W$ 下操作。塔顶温度上升较快。除与物料不平衡（$Dx_D>Fx_F-Wx_W$）处理方法相同外，还要求适当增加回流量，亦可视情况，适当调整进料口的位置。②若进料中轻组分含量增加，与物料不平衡（$Dx_D<Fx_F-Wx_W$）时的处理方法相同。

进料温度的变化对精馏过程分离有影响。但需注意的是进料的变化会直接影响塔内上升蒸气量。故要对上升蒸气量加以调节，若调节不及时，易使塔处于不稳定情况下操作。

小结

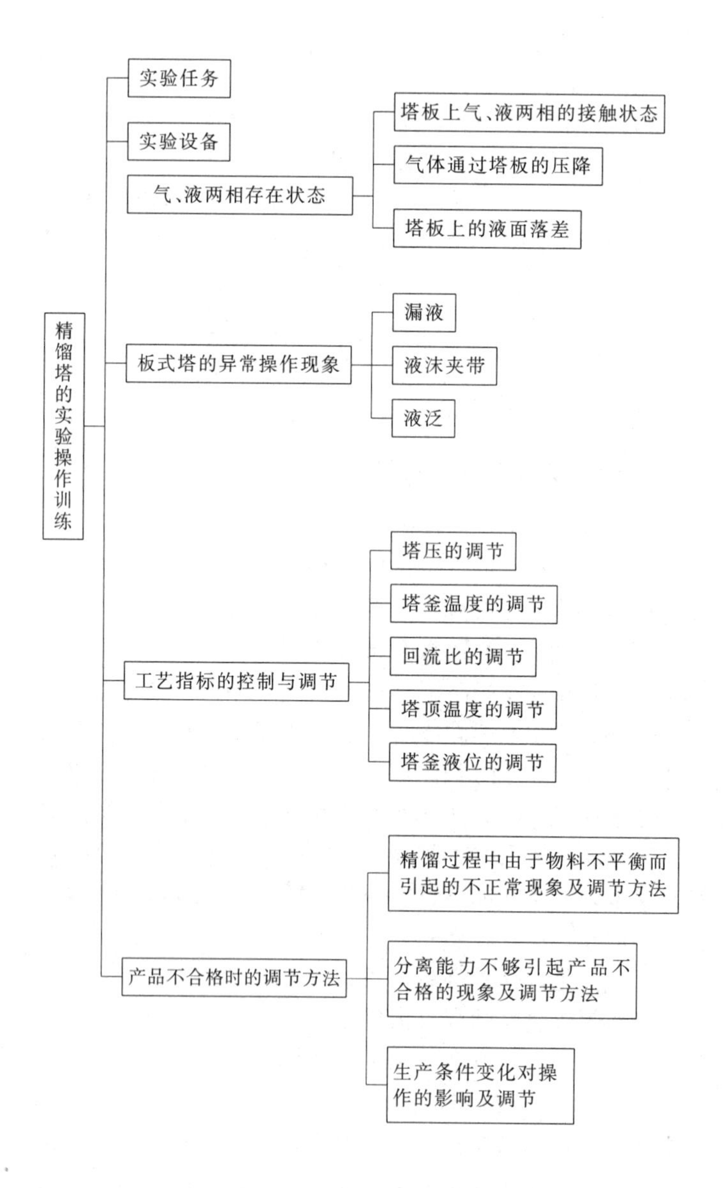

思考题

1. 影响精馏塔操作稳定的因素是哪些？

2. 如何判别塔的操作已达稳定?

3. 精馏塔越高是否产量越大?

4. 回流液温度变化对塔的操作有何影响?

5. 精馏塔在操作过程中，由于塔顶采出率太大而造成产品不合格，恢复正常的最快、最有效的方法是什么?

6. 测定全回流和部分回流总板效率与单板效率时各需测几个参数?取样位置在何处?

7. 在全回流时，测得板式塔上第 n、 $n-1$ 层液相组成后，能否求出第 n 层塔板上的以气相组成变化表示的单板效率?

8. 查取进料液的汽化潜热时定性温度取何值?

9. 若测得单板效率超过 100%，做何解释?

10. 精馏塔实验装置由哪几个主要部分组成?试述其基本流程?

自测题

一、填空题

1. 塔板上的异常操作现象包括（　　）、（　　）、（　　）。

2. 板式塔从总体上看汽液两相呈（　　）接触，在板上汽液两相呈（　　）接触。

3. 塔板上气液两相的接触状态有：（　　）、（　　）、（　　）等三种状态。

4. 板式塔为（　　）接触式气液传质设备，在正常操作下，（　　）为连续相，（　　）为分散相。

5. 板式塔塔板的漏液主要与（　　）有关，液沫夹带主要与（　　）有关，液泛主要与（　　）有关。

二、选择题

1. 下列命题中不正确的是（　　）。

A. 上升气速过大会引起漏液　　B. 上升气速过大会引起液泛

C. 上升气速过大会使塔板效率下降　　D. 上升气速过大会造成过量的液沫夹带

2. 下列什么情况不是诱发降液管液泛的原因（　　）。

A. 液、气负荷过大　　B. 过量雾沫夹带

C. 塔板间距过小　　D. 过量漏液

3. 某筛板精馏塔在操作一段时间后，分离效率降低，且全塔压降增加，其原因及应采取的措施是（　　）。

A. 塔板受腐蚀，孔径增大，产生漏液，应增加塔釜热负荷

B. 筛孔被堵塞，孔径减小，孔速增加，雾沫夹带严重，应降低负荷操作

C. 塔板脱落，理论板数减少，应停工检修

D. 降液管折断，气体短路，需更换降液管

4. 下列哪种情况不能导致液泛（　　）。

A. 液体流量过大　　B. 气体流量过大

C. 塔板间距过小　　D. 筛板开孔率过大

5. 精馏实验开工时采用哪种。（　　）

A. 最小回流比　　B. 某个确定的回流比

C. 全回流　　　　　　　　　　　　　D. 以上各条均可

三、简答题

1. 简述精馏塔回流的作用。
2. 塔液泛应如何处理？
3. 分析影响精馏操作的主要因素及生产中怎样控制。
4. 分析精馏塔塔釜温度对产品质量的影响。
5. 塔顶采出量变大对精馏操作有什么影响？
6. 进料组成的变化对精馏塔操作有什么影响？如何处理？
7. 温度对精馏塔操作的影响是什么？
8. 进料量的大小对精馏操作的影响是什么？
9. 说明漏液现象及其产生原因。
10. 说明液沫夹带现象及其产生原因。

知识窗：设备维修管理

设备维修管理，是指依据企业的生产经营目标，通过一系列的技术、经济和组织措施，对设备寿命周期内的所有设备物质运动形态和价值运动形态进行的综合管理工作。维修的目的是使一个物件保持或者恢复到能履行它所规定功能的状态。

设备维修管理工作的意义：

(1) 设备管理水平的高低直接影响企业的计划、交货期、生产过程的均衡性等方面的工作。

(2) 设备管理水平的高低直接关系到企业产品的产量和质量。

(3) 设备管理水平的高低直接影响着产品制造成本的高低。

(4) 设备管理水平的高低关系到安全生产和环境保护。

(5) 在工业企业中，设备及其备品备件所占用的资金往往占到企业全部资金的50%～60%，设备管理水平的高低影响着企业生产资金的合理使用。

设备维修管理的主要内容：

(1) 依据企业经营目标及生产需要制订设备规划。

(2) 选择、购置、安装调试所需设备。

(3) 对投入运行的设备正确、合理地使用。

(4) 精心维护保养和及时检查设备，保证设备正常运行。

(5) 适时改造和更新设备。

设备维修管理的五个发展阶段：

(1) 事后维修：事后修理是指设备发生故障后，再进行修理。

(2) 预防维修：预防维修要求设备维修以预防为主，在设备运用过程中做好维护保养工作，加强日常检查和定期检查，根据零件磨损规律和检查结果，在设备发生故障之前有计划地进行修理。

(3) 生产维修：生产维修要求以提高企业生产经济效果为目的来组织设备维修。其特点是根据设备重要性选用维修保养方法，重点设备采用预防维修，对生产影响不大的一般设备采用事后修理。

(4) 维修预防：维修预防是指在设备的设计、制造阶段就考虑维修问题，提高设备的可靠性和易修性，以便在以后的使用中，最大可能地减少或不发生设备故障，一旦故障发生，也能使维修工作顺利地进行。

(5) 设备综合管理：在设备维修预防的基础上，从行为科学、系统理论的观点出发，于20世纪70年代初，又形成了设备综合管理的概念。设备综合工程学，或叫设备综合管理学，它是对设备实行全面管理的一种重要方式。

任务5 精馏塔的仿真操作训练

任务目标

- 了解精馏塔单元带控制点的工艺流程；
- 掌握精馏塔单元的开、停车及正常操作技术；
- 掌握串级回路调节和分程控制调节；
- 掌握精馏过程中常见事故的处理方法。

技能要求

- 能够独立进行精馏塔的冷态开车、正常停车、正常操作；
- 了解精馏过程的控制系统，能熟练使用调节器，能将工艺参数调整到正常指标范围内；
- 能够判断工艺、设备、仪表等的工作状态是否正常，并能熟练调节；
- 对于该单元中出现的一些故障能尽快分析原因，掌握故障处理操作。

一、实训任务及目的

通过精馏仿真实习，能使学生更深入地了解精馏生产装置的工艺过程，理解理论与生产实际相结合的作用，提高操作水平，为企业培养高水平的人才；让学生熟练掌握一些常见事故的处理方法，减少突发性事故和误操作；可以方便地让学生掌握精馏岗位的生产运行操作技能，达到精馏岗位的生产操作要求，提升学生的全面生产操作技能。

二、工艺流程说明

本流程是利用精馏过程，将脱丙烷塔釜液中的丁烷从混合物中分离出来。由于丁烷的沸点较低，即其挥发度较高，故丁烷易于从液相中汽化出来，经过精馏塔内多次部分汽化部分冷凝，达到分离混合物中丁烷的目的。

原料为67.8℃脱丙烷塔的釜液（主要有C_4、C_5、C_6、C_7等），由脱丁烷塔（DA-405）的第16块板进料（全塔共32块板），进料量由流量控制器FIC101控制。灵敏板温度由调节器TC101通过调节再沸器加热蒸汽的流量，来控制提馏段灵敏板温度，从而控制丁烷的分离质量。

脱丁烷塔塔釜液（主要为C_5以上馏分）一部分作为产品采出，一部分经再沸器（EA-418A、B）部分汽化为蒸气从塔底入塔。塔釜的液位和塔釜产品采出量由LC101和FC102组成的串级控制器控制。再沸器采用低压蒸汽加热。塔釜蒸汽缓冲罐（FA－414）液位由液位控制器 LC102 调节底部采出量控制。

塔顶的上升蒸气（C_4 馏分和少量 C_5 馏分）经塔顶冷凝器（EA-419）全部冷凝成液体，该冷凝液靠位差流入回流罐（FA-408）。塔顶压力 PC102 采用分程控制：在正常的压力波动下，通过调节塔顶冷凝器的冷却水量来调节压力，当压力超高时，压力报警系统发出报警信号，PC102 调节塔顶至回流罐的排气量来控制塔顶压力调节气相出料。操作压力 4.25atm（表压，1atm＝101325Pa），高压控制器 PC101 将调节回流罐的气相排放量，来控制塔内压力稳定。冷凝器以冷却水为载热体。回流罐液位由液位控制器 LC103 调节塔顶产品采出量来维持恒定。回流罐中的液体一部分作为塔顶产品送下一工序，另一部分液体由回流泵（GA-412A、B）送回塔顶作为回流，回流量由流量控制器 FC104 控制。

仿真界面如图 1-52、图 1-53。

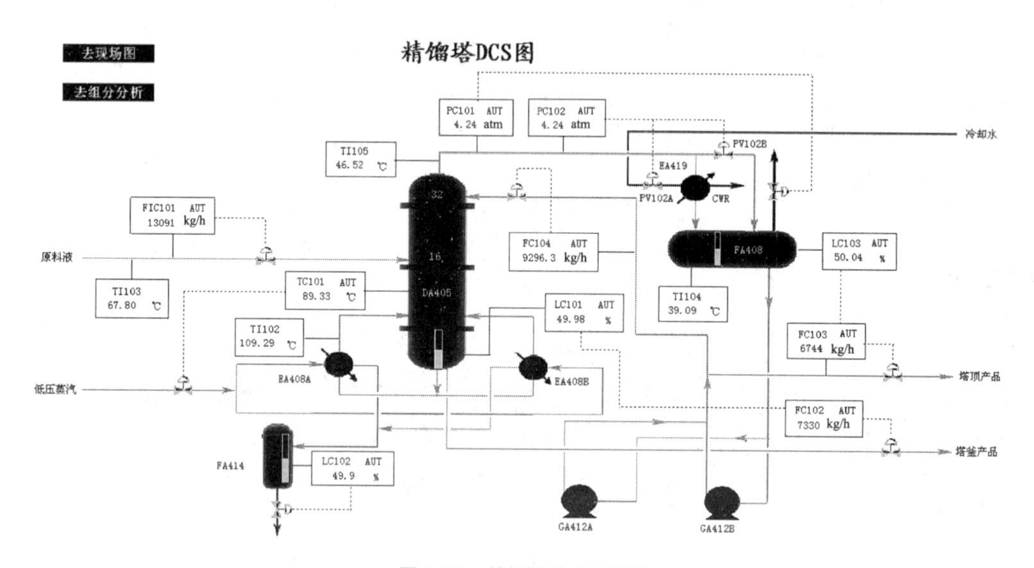

图 1-52 精馏塔 DCS 界面

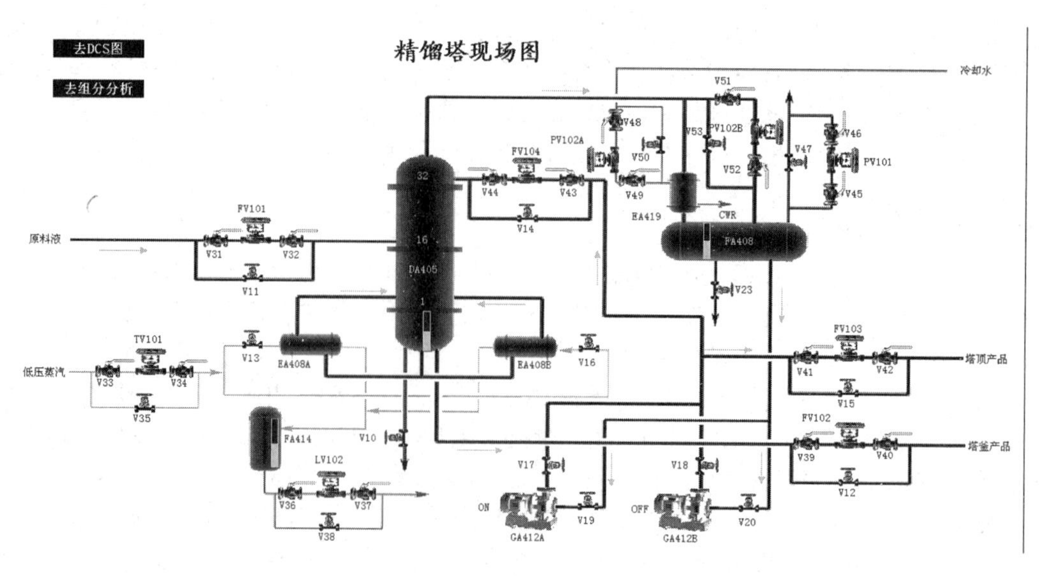

图 1-53 精馏塔现场界面

小结

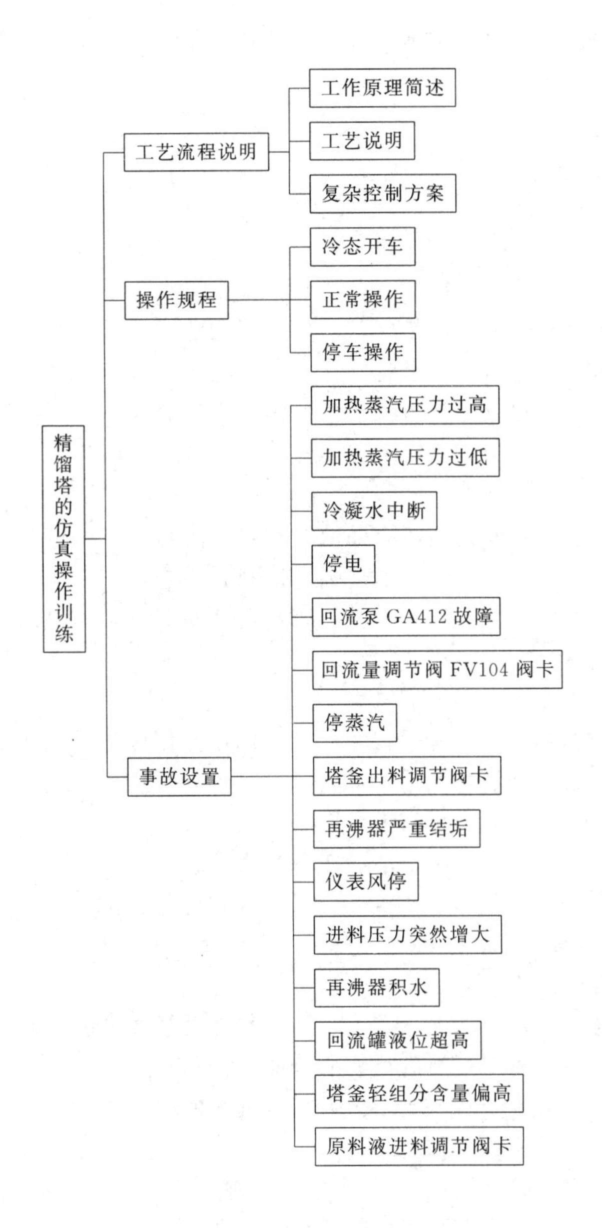

思考题

1. 请分析本流程中如何通过分程控制来调节精馏塔正常操作压力。

2. 精馏的主要设备有哪些?

3. 根据本单元的实际，结合精馏原理，说明回流比的作用。

4. 在本单元中，如果塔顶温度、压力都超过标准，可以有几种方法将系统调节至稳定?

5. 根据本单元的实际，理解串级控制的工作原理和操作方法。

6. 化工生产中蒸馏常用于分离什么样的混合物?蒸馏与精馏的关系是什么?

7. 当系统在较高负荷突然出现大的波动时，为什么要将系统降到低负荷的稳态，再重新开到高负荷？

8. 若精馏塔灵敏板温度过高或过低，则意味着分离效果如何?应通过改变哪些变量来调节至正常？

自测题

一、填空题

1. 本精馏装置的塔压需要控制在（　　）下稳定操作。
2. 再沸器中加热介质的流量，是由（　　）来调节的。
3. 精馏塔的塔压增大，塔釜温度将（　　）。
4. 本精馏装置中塔釜的液位是由（　　）维持恒定的。
5. 本精馏装置在正常的操作条件下，压力是用（　　）调节的。

二、选择题

1. 如果精馏塔的塔顶温度超高，应采取的稳妥办法有（　　）。

A. 增加回流量　　B. 塔顶放空
C. 减少塔釜再沸器的蒸汽供应量　　D. 加大塔顶冷凝水量
E. 增加全塔进料量

2. 回流比的计算公式是（　　）。

A. 回流量比塔顶采出量　　B. 回流量比进料量
C. 回流量加进料量比全塔采出量　　D. 回流量比塔顶采出量加进料量

3. 回流泵异常故障后，主要的工艺现象是（　　）。

A. 塔顶温度上升　　B. 塔顶压力上升
C. 塔釜温度下降　　D. 塔顶轻组分增加
E. 塔釜轻组分增加

4. 蒸馏和精馏的共性是（　　）。

A. 都利用重力进行分离　　B. 都遵循气液平衡原理
C. 都利用组分的挥发能力不同进行物质分离
D. 都采用板式塔　　E. 都采用填料塔

5. 精馏中的不凝气是指（　　）气体。

A. 空气　　B. 氮气　　C. 烷烃　　D. 蒸汽　　E. 天然气

6. 为什么开车前要进行排放不凝气和进行实气置换？（　　）

A. 可以不做，没有影响　　B. 提高塔釜重组分的含量
C. 提高塔顶轻组分的含量　　D. 提高塔釜轻组分的含量

7. C_4 的饱和蒸气压是（　　）。

A. 2.2atm（表）　　B. 3.2atm（表）
C. 4.2atm（表）　　D. 5.2atm（表）

8. 加大回流比，塔顶轻组分将（　　）。

A. 不变　　B. 变大　　C. 变小　　D. 忽大忽小

9. 测量值和设定值的偏差在（　　）时，投自动比较适宜。

A. 5% B. 10% C. 15% D. 20%

10. 精馏塔灵敏板温度过低，则意味着分离效果如何？（ ）

A. 分离效果不变 B. 分离效果不好 C. 分离效果更好 D. 不一定

三、判断题

1. 乙烷的沸点较低，所以可在塔底得到较为纯的乙烷。（ ）
2. 在正常操作中，灵敏板的温度高于塔釜温度。（ ）
3. 精馏塔在进料前应先开放空阀以排不凝气。（ ）
4. 本精馏装置塔顶压力 PC102 采用分程控制。（ ）

任务6 学习精馏过程的工艺设计方法

任务目标

- 了解精馏过程工艺设计的目的与内容；
- 掌握板式精馏塔设计的基本步骤；
- 掌握板式精馏塔各部分结构参数的确定方法。

技能要求

- 能根据生产任务要求设计板式精馏塔；
- 能正确计算和选择精馏塔各部分结构参数；
- 能正确选择精馏装置的附属设备。

一、精馏过程工艺设计意图及基本原则

1. 精馏过程工艺设计意图

前述，精馏是分离液体混合物典型的一种单元操作，在许多行业中都得到广泛应用。精馏过程的实质是通过气、液两相多次直接接触和分离，利用液相混合物中各组分挥发度的不同，使易挥发组分由液相向气相转移，而难挥发组分由气相向液相转移，实现原料混合液中各组分的分离。为实现精馏过程，必须为该过程提供物流的贮存、输送、传热、分离、控制等的设备和仪表。由这些设备、仪表等所构成的整个生产系统，即为精馏过程工艺设计的对象。

事实上，任何工艺过程都是由不同的单元过程与单元设备按照一定的要求组合而成的一个进与出的过程，从工艺角度来说对工艺过程的每个环节与总的流程都有进口和出口，而从装备来说也必须有一个或多个进口与出口，因而，单元过程及单元设备设计是整个化工过程和装备设计的核心和基础，并贯穿于设计过程的始终，从这个意义上说，作为化工类及其相关专业的高职生能够了解并掌握常用的单元过程及装备的设计过程和方法，无疑是十分重要的。

学习精馏过程工艺设计可以使学生受到一次化工专业设计方面的基本训练，是一个综合性和总结性的教学环节，要求学生在规定的时间内，按照设计任务书的要求，搜集、选择所需的资料和数据，完成精馏过程的工艺设计（包括精馏塔的结构尺寸设计，附属设备如换热器、泵的选型及核算等）。通过设计可以加强对化工类及其相关专业学生实践能力的培养，可提高学生的工程实践能力、分析与解决工程实际问题的能力。力求通过这一环节的训练，使学生能够初步掌握化工单元过程与设备设计的基本程序和方法，具备正确使用有关技术资料的能力，能运用简洁的文字和工程语言正确表述设计思想和结果，综合运用所学知识进行化工单元过程与设备设计。

① 学会从资料、手册中查找有关的计算公式和数据的简便方法；

② 能正确选择和评价精馏过程的工艺流程及操作条件；

③ 进行一系列的、较为全面的化工工艺过程的计算，并通过准确、严密的分析、论证，表达出自己的设计思想；

④ 能根据工艺计算的结果确定主要设备的结构尺寸及进行有关附属设备的选型；

⑤ 能对计算结果进行流体力学条件的校核；

⑥ 能从理论上的正确性、技术上的可能性和经济上的合理性等方面对设计成果进行可行性和先进性的评价；

⑦ 学会绘制工艺流程图、主要设备工艺条件图及结构图；

⑧ 学会编写设计说明书。

2. 精馏过程工艺设计基本原则

精馏过程工艺设计是一项政策性很强的工作，要求工程设计人员必须严格地遵守国家的有关方针政策、法律法规以及有关的行业规范，特别是国家的工业经济法规、环境保护法规和安全法规。由于设计本身是一个多目标优化问题，对于同一个问题可能有多种解决方案，设计者需要在相互矛盾的因素中进行判断和选择，做出科学合理的决策。一般应遵守如下基本原则：

（1）技术上的先进性、可靠性　精馏过程工艺设计需要设计人员具备较强的创新意识和创新精神，具有丰富的技术知识和生产实践经验，能运用先进的设计工具和手段，采用当前的先进技术，提高生产装备的技术水平，使其具有较强的竞争能力。同时，进行工艺设计还需要严谨、科学的工作态度，对所采用的新技术，要进行充分的论证，以保证设计的可靠性、科学性。

（2）工艺过程的经济性　通常情况下，工业生产中以投入较少的资金而获取较大的经济利润是生产者追求的目标之一，各种生产过程的工艺设计均应在经济技术指标上具有竞争性，因此，在各种方案的分析对比过程中，其经济技术指标评价往往是最重要的决策因素之一。

（3）生产过程的安全性　化工生产的一个基本特点是在原料、半成品、成品中，会涉及许多易燃、易爆或者有毒物质，存在着安全隐患。因此，在设计过程中要充分考虑到各生产环节可能出现的各种危险，选择能够采用有效措施以防止发生危险的设计方案，以确保人员的健康和人身安全。

（4）清洁生产　任何一个化工生产过程，不可避免地都要产生废弃物，将对环境造成严重的污染，国家对各种污染物都制订了严格的排放标准，如果产生的污染物超过了规定的排放标准，则必须对其进行处理使其达标后，方可排放。这样，必然增加工程的投资和装置生产的操作费用。因而，应该建立清洁生产的理念，尽量采用能够利用废弃物，减少废弃物排放，甚至能达到废弃物“零排放”的方案。

（5）过程的可操作性和可控制性　系统的可操作性和可控制性是化工装置设计中，应该考虑的重要问题，能够进行稳定可靠地操作，满足正常的生产需要是对化工装置的基本要求，此外，还应能够适应生产负荷以及操作参数在一定范围内的波动。

二、精馏过程工艺设计的基本过程与内容

1. 精馏过程工艺设计的基本过程

（1）过程的方案设计　过程的方案设计就是选择合适的生产方法和确定原则流程。在方案的选择过程中，应充分体现前述的基本原则，以系统工程的观点和方法，从众多的可用方案中，筛选出最理想的原则工艺流程。单元过程的方案设计虽然是比较原则的工作，但却是最重要的基础设计工作，其将对整个单元过程及设备设计起决定性的影响。该项设计应以系统整体优化的思想，从过程的全系统出发，将各个单元过程视为整个过程的子系统，进行过程合成，使全系统达到结构优化。在这样的思想指导下，选择单元过程的实施方案和原则流程。因而，在一般情况下，单元过程方案和流程设计，较强地受整个过程的结构优化的约束，甚至由全过程的结构决定。

（2）工艺流程设计　工艺流程设计的主要任务是依据单元过程的生产目的，确定单元设备的组合方式。工艺流程设计应在满足生产要求的前提下，提高过程的能量利用率，最大限度地降低过程的能量消耗，降低生产成本。另外，应结合工艺过程设计出合适的控制方案，使系统能够安全稳定生产。

（3）单元过程模拟计算　单元过程模拟计算的主要任务是依据给定的单元过程工艺流程，进行必要的过程计算，包括进行过程的物料平衡和热量平衡计算，确定过程的操作参数和单元设备的操作参数，为单元设备的工艺设计提供设计依据。进行该项工作，常涉及单元过程参数的选择，应对单元过程进行分析使单元过程达到参数优化，同时也应进行主要单元设备的工艺设计和选型，在此基础上，进行单元过程的综合评价，不断地进行优化、选择，直至达到优化目标，实现单元过程的参数优化。

（4）单元设备的工艺设计　单元设备的工艺设计就是从满足过程工艺要求的需要出发，通过对单元设备进行工艺计算，确定单元设备的工艺尺寸，为进行单元设备的详细设计或选型提供依据。此项工作也应同过程的模拟计算结合起来，同样存在参数优化的问题，需要进行多方案对比才能选择出较为理想的方案。

（5）绘制单元过程流程图　一般情况下，化工装置的工艺流程图是按单元过程顺序安排的，单元过程的工艺流程是作为全装置流程的一部分出现全装置流程图中，因而，单元过程工艺流程图是绘制全装置流程图的基础。

（6）工艺设计的技术文件　单元过程的工艺设计技术文件主要包括单元过程流程图、工艺流程说明、工艺设计计算说明书、单元设备的工艺计算说明书及单元设备的工艺条件图。

（7）详细设计　按照工艺设计的要求，进行工程建设所需的全部施工图设计，编制出所有的技术文件。单元过程设备结构设计的工作内容主要集中于工程设计的详细设计阶段，其设计任务是在单元设备的工艺设计完成之后，依据设备的工艺要求，进行设备的施工图设计。

2. 精馏过程工艺设计的内容

（1）*确定精馏过程工艺流程方案* 根据待分离物系的流量、组成、温度、压力、物性及工艺提出的分离要求，选择精馏的类型，例如常规精馏或特殊精馏，连续精馏或间歇精馏等。在此基础上选择精馏塔的适宜操作条件，并为满足精馏塔适宜操作条件及工艺要求选择或设计辅助设备，从而形成较适宜的工艺流程方案。该方案通常要进行严格的系统模拟计算，进一步优化操作条件使系统操作费和投资费的总和最小。

精馏装置除了精馏塔主体设备外，还有许多重要的辅助设备，如原料预热器、塔顶冷凝器、塔底再沸器、塔顶和塔底产品冷却器等。精馏通过物料在塔内的多次部分汽化与多次部分冷凝实现分离，热量自塔釜输入，由冷凝器和冷却器中的冷却介质将余热带走。在此过程中，热能利用率很低，为此，在确定装置流程时应考虑余热的利用。例如，用原料作为塔顶产品（或塔底产品）冷却器的冷却介质，既可将原料预热，又可节约冷却介质。另外，为保持塔的操作稳定性，流程中除用泵直接送入塔原料外也可采用高位槽送料，以免受泵操作波动的影响。塔顶冷凝装置可采用全凝器、分凝器两种不同的设置。工业上以采用全凝器为主，以便于准确地控制回流比。塔顶分凝器对上升蒸气有一定的增浓作用，若后继装置使用气态物料，则宜用分凝器。

总之，确定流程时要较全面、合理地兼顾设备、操作费用、操作控制及安全诸因素。

（2）*操作条件的选择*

① 操作压力的选择。精馏操作可以在常压、加压或减压下进行。其中，常压操作最为简单和经济。一般情况下，除热敏性物系外，凡通过常压精馏能够实现分离要求，都应采用常压下操作；但对于沸点较高且热敏性物系，则宜采用减压蒸馏；常压下呈气态的物系必须采用加压蒸馏。例如苯乙烯常压下沸点为145.2℃，当将其加热到102℃以上就会发生自聚，所以分离苯乙烯应在减压下操作；石油气常压呈气态，必须采用加压蒸馏。

操作压力的选择还与方案流程有关。要综合考虑系统能量的需求及塔顶、塔底温度的调节来选择。

② 进料热状态的选择。精馏操作有五种进料热状况，不同的进料热状况将影响塔内各层塔板的气、液相负荷，对塔的热流量、塔径及塔板层数均有影响。工业上多采用接近泡点的液体进料和饱和液体（泡点）进料，这时，精馏段和提馏段的气相流量相近，塔径可以相同，便于设计和制造。为节约能源，通常用釜残液预热原料。若工艺要求减少塔釜的加热量，以避免釜温过高，料液产生聚合或结焦，则应采用气态进料。

③ 加热剂及加热方式的选择。工业上，精馏操作大多采用间接蒸汽加热，设置再沸器。有时也可采用直接蒸汽加热，例如蒸馏釜残液中的主要组分是水，且在低浓度下轻组分的相对挥发度较大时（如乙醇与水混合液）宜用直接蒸汽加热，直接蒸汽加热可以节省操作费用，减少设备投资费。

④ 冷却剂的选择。精馏塔通常以工业循环冷却水为冷却剂，将热量从塔顶冷凝器移出。冷却水换热后的温升一般在5～10℃或稍高一些，但出口温度一般不超过50℃左右。否则，溶于水的有些无机盐将析出、结垢，影响传热效果。冷却水进口温度，随生产厂的气象条件及凉水塔能力而定。为便于清洗，一般循环冷却水走冷凝器或冷却器的管程。

⑤ 回流比的选择。回流比是精馏操作的重要工艺参数，其选择的原则是使设备费和操作费用之和最低。设计时，应根据实际需要选定回流比，也可参考同类生产的经验值选定。由于实际生产中，回流比往往是调节产品质量的重要手段，所以设计时必须留有一定的

裕度。

（3）精馏塔工艺设计　精馏塔是该工艺过程的核心设备。精馏塔按传质元件区别可分成两大类，即板式精馏塔和填料精馏塔。每一大类中因结构差别可分为不同类型的板式塔和填料塔，根据原料液的流量、状态、物性及工艺的分离要求选择一适宜的塔型。本章主要介绍板式塔的应用，故在设计中先选择一板式塔的形式，然后完成塔径、塔高以及塔盘结构的设计。

（4）辅助设备设计　辅助设备主要指系统内再沸器、冷凝器、贮罐、预热器及冷却器等。

（5）管路设计及泵的选择　根据系统流量以及设备操作条件，设备的平、立面布置，对物料输送管线进行设计计算，估算系统的阻力，由管路计算结果确定泵的类型、流量及扬程。

（6）控制方案　为使系统安全稳定地操作，应根据工艺流程中各设备间相互关系，结合工艺条件要求设计适宜的控制方案。

（7）设计结果　将以上设计结果整理汇总形成设计说明书。其主要内容包含工艺方案说明、带控制点及物料衡算表的工艺流程图、精馏塔工艺条件图、辅助设备主要工艺参数一览表。此外，还包括精馏装置主要设备设计说明及设计依据。

三、精馏塔设计的具体要求

1. 设计说明书内容与顺序

（1）标题页：写明设计题目。

（2）设计任务书：由指导教师给出。

（3）前言：说明设计的意义，设计方案简介，设计结果简述。

（4）目录。

（5）工艺流程图及其说明。

（6）设计结果汇总一览表。

（7）设计结果讨论：对本设计的总结、收获、改进和建议等。

（8）设计过程的工艺计算：物料与热量衡算，主要设备尺寸计算等。

（9）辅助设备的选择：机泵规格，贮槽型式与容积，换热器型式与换热面积等。

（10）参考文献。

说明书要求：书写工整、图文清晰。说明书中所有公式必须写明编号，所有符号必须注明意义和单位。

2. 设计图纸要求

（1）流程图　绘制单元设备物料流程图一张，以线条和箭头表示物料流向。

设备以细实线画出外形并简略表示内部结构特征，大致表明各设备的相对位置。设备的位号、名称注在相应设备图形的上方或下方，或以引线引出设备编号，在专栏中注明各设备的位号、名称等。管道以粗实线表示，物料流向以箭头表示。辅助物料（如冷却水、加热蒸汽等）的管线以较细的线条表示。

（2）设备图　一般用主（正）视图、剖面图或俯视图表示设备主要结构形状；图上应注明设备直径、高度以及表示设备总体大小和规格的尺寸；列出设备操作压力、温度、物料名称、设备特性等；设备上所有接口（物料接管、仪表接口、人孔、手孔、液面计接管等）

应编号，管口表中列出管口编号、名称、公称直径、公称压力等。

图纸要求：投影正确、布置恰当、线型规范、字迹工整。

四、板式精馏塔的设计方法

带有降液管的板式塔型式很多，如筛板塔、泡罩塔、浮阀塔等，它们塔板上的结构各不相同，但板面总体布置与溢流装置的结构基本相同，其设计原则与步骤也大同小异，下面以浮阀塔为例进行讨论。一般来说，板式塔主要工艺尺寸设计计算的基本思路是先利用有关的关系式并结合经验数据计算出初步的尺寸，然后进行若干项性能或指标的校核。在计算和校核的过程中，通过不断地调整和修正，直至得到合理的结果。

板式精馏塔的工艺计算包括塔径、塔高以及塔板上主要工艺尺寸的设计计算，塔板的流体力学验算，塔板负荷性能图等。

1. 塔径与塔高的确定

（1）塔径设计　在板式塔操作中，当上升气体脱离塔板上的鼓泡液层时，气泡破裂而将部分液体喷溅成许多细小的液滴及雾沫。所以在设计中，一般以防止塔内气、液两相流动出现过量雾沫夹带液泛为原则来确定塔径。

① 塔径的估算。根据圆管内流量公式，塔径是由塔内气体的体积流量与空塔气速决定的，即：

$$D=\sqrt{\frac{4V_s}{\pi u}} \tag{1-62}$$

式中　D——塔径，m；

V_s——塔内气体的体积流量，m^3/s；

u——适宜的空塔气速，即按空塔计算的气体线速度，m/s。

对于板式精馏塔，因精馏段与提馏段上升的气体流量可能不同，故在计算塔径以及其他有关结构参数时应分段计算。另外，即使是同一塔段内上升蒸气的流量也随塔高而有所变化，为保证操作安全，精馏段可按塔顶状态估算，提馏段按塔釜状态估算。

由式(1-62) 可见，计算塔径的关键在于确定适宜的空塔气速。上升气体的空塔速度不应超过一定限度，否则这些液滴和雾沫会被气体大量携至上层塔板，造成严重的雾沫夹带现象，甚至破坏塔的操作。因此，首先要确定最大允许气速 u_{max}，即塔内可能产生液泛时的气体速度。

最大允许气速 u_{max} 需要根据悬浮液滴的沉降原理来得出，通常采用经验公式来计算。

$$u_{max}=\sqrt{\frac{4gd}{3\zeta}}\sqrt{\frac{\rho_L-\rho_V}{\rho_V}}=C\sqrt{\frac{\rho_L-\rho_V}{\rho_V}} \tag{1-63}$$

式中　C——气体负荷因子，m/s；

ρ_L、ρ_V——塔内液体、气体的密度，kg/m^3；

ζ——阻力系数，无因次；

d——液滴的直径，m。

由式(1-63) 可见，气体负荷因子 C 应取决于阻力系数和液滴的直径的大小，但液滴直径很难确定，影响阻力系数的因素也很复杂。在工程上，气体负荷因子 C 由史密斯关联图（图 1-54）查取。

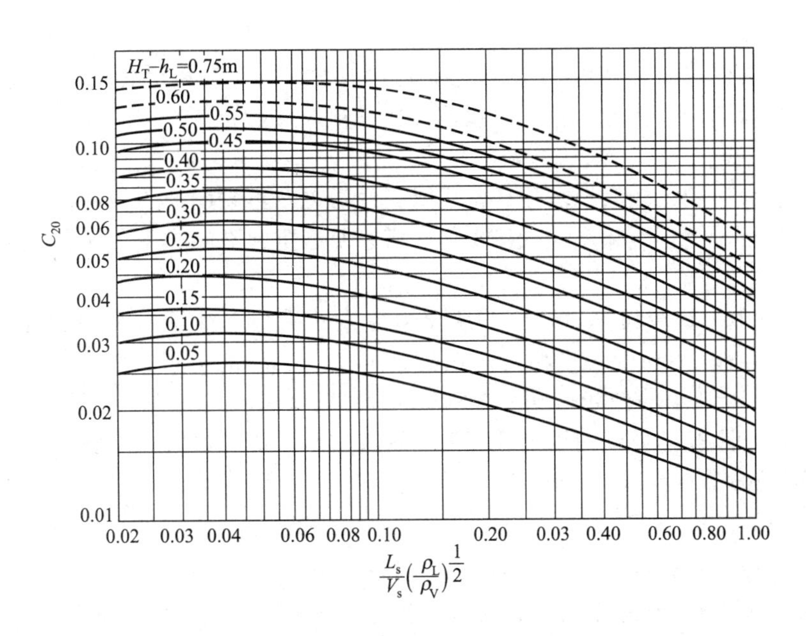

图 1-54 史密斯关联图

H_T—板间距，m；h_L—板上清液层高度，m；V_s，L_s—分别为气、液相气体流量，m^3/s；

ρ_V，ρ_L—分别为气、液相密度，kg/m^3

图中横坐标 $L_s/V_s(\rho_L/\rho_V)^{1/2}$ 是一个无因次的量，称为气液流动参数，它反映气、液两相的流量与密度对液泛气速的影响；曲线上参数(H_T-h_L)反映了液滴沉降空间的影响；纵坐标 C_{20} 表示液体表面张力 $\sigma_L=20mN/m$ 的气体负荷因子，若所处理的塔内液相表面张力为其他数值时，应做如下校正：

$$C=C_{20}(\sigma_L/20mN/m)^{0.2} \tag{1-64}$$

式中 σ_L——操作物系的液体表面张力，N/m；

C——操作物系的负荷因子，m/s。

应用图 1-54 时，需要预先拟定板间距 H_T 和板上清液层高度 h_L，可以事先初估塔径 D，然后从表 1-7 中预选塔板间距，但是否合理，需要经过塔板流体力学验算的校核加以确认。板上清液层高度 h_L，通常对于加压塔取 0.03～0.1m，常压塔取 0.05～0.1m（通常为 0.05～0.08m），减压塔取 0.025～0.035m。

表 1-7 浮阀塔的塔板间距

塔径 D/mm	塔板间距 H_T/mm					
600～700	300	350	450			
800～1000		350①	450	500	600	
1200～1400		350①	450	500	600	800①
1600～3000			450①	500	600	800
3200～4200				600	800	

① 不推荐采用。

在选择板间距时，应按照规定选取整数，如 350mm、450mm、500mm 等。有时根据系统和条件的特点，还可选用较高或较低的板距数值。同时还应考虑安装、检修的需要。例如在塔体人孔处，应留有足够的工作空间，上、下两层塔板之间的距离不应小于 600mm。

确定最大允许气速 u_{max} 后，还要考虑降液管占去了一部分塔的截面积，使得气体流通的面积要小于塔截面积，因此，适宜的空塔气速通常取最大允许气速的 60%～80%，即

$$u=(0.6\sim0.8)u_{max} \tag{1-65}$$

对于直径较大、板距较大及加压或常压操作的塔以及不易起泡的物系，安全系数可取较高的数值；直径较小、板距较小及减压操作的塔以及严重起泡的物系，安会系数应取较低的数值。

② 塔径的圆整。塔径初算后，要按照压力容器的系列标准予以圆整。当塔径小于 1m 时，其标准尺寸是按 100mm 递增的，如 0.6m、0.7m、0.8m 等；当塔径大于 1m 时，其标准尺寸是按 200mm 递增的，如 1.0m、1.2m、1.4m、1.6m 等。为了制造方便一般精馏段和提馏段采用同一直径，但当两段上升气量差别较大时，也可采用变径塔。

③ 设计塔径的基本步骤

$$\left.\begin{array}{l}\text{初选 } H_T\text{、}h_L\\ \text{计算 } L_s/V_s(\rho_L/\rho_V)^{1/2}\end{array}\right\}\xrightarrow{\text{查图}}C_{20}\xrightarrow{\text{校核}}C\rightarrow u_{max}\rightarrow u\rightarrow D\rightarrow \text{圆整 } D\rightarrow \text{检验 } D$$

(2) **塔高的设计** 板式塔的高度与实际塔板数、塔板间距以及塔顶和塔底的空间高度有关。对于板式塔的有效段高度（不包括裙座）可用下式计算：

$$H=H_d+(N-2)H_T+H_b+H_f \tag{1-66}$$

式中 H——塔高（从塔顶切线到塔底切线的距离），m；

H_d——塔顶空间高度（不包括头盖部分），m，一般取 1.2～1.5m；

H_b——塔底空间高度（不包括底盖部分），m，一般取 1.3～1.5m；

H_T——塔板间距，m；

N——实际塔板数，块；

H_f——进料段高，m，其高度取决于进料口的结构型式及物料状态。

$q=0$ 时 H_f 应取大一些，依进料口的型式确定；$q\geqslant1$ 时取 $H_f=H_T$ 或稍大一些；$0<q<1$ 时 H_f 一般为 1.5～2.5m，采用螺旋板或切向进料。

2. 溢流装置的设计

板式塔的溢流装置是指降液管、溢流堰和受液盘等几个部分，是液体流动的通道，其结构和尺寸对塔的性能有着重要的影响（见表 1-8）。

(1) *液流型式* 溢流型塔盘，液体流动必须克服塔板上气液接触元件所引起的阻力，因而会形成液面落差。气体在上升时自然会较多从塔盘的低位处通过，将会影响气体的均匀分布，最终将会使塔板效率下降。因此，液流在塔盘上的均匀分布是十分重要的。

常见的液流型式主要有回转流、单溢流、双溢流、阶梯流等几种。见图 1-55 所示。

① 回转流。亦称 U 形流，降液和受液装置都安排在塔的同一侧。弓形的一半作受液盘，另一半作降液管。沿直径以挡板将板面隔成 U 形流道。U 形流的液体流径最长，塔板面积利用率也最高，但液面落差大，宜在小塔径及低液量时应用。

② 单溢流。亦称直径流，液体从受液盘流出，横向流过整个塔盘，进入降液管。塔板结构简单，液体流径长，有利于提高塔板分离效率。广泛应用于直径 2m 以下的塔中。

③ 双溢流。亦称半径流，来自上一塔板的液体分成两部分，各横过半个塔板进入中间的降液管，在下一塔板上液体则分别流向两侧的降液管，这种溢流型式可减小液面落差，但塔板结构复杂。且降液管所占塔板面积较多，一般用于直径 2m 以上的大塔。

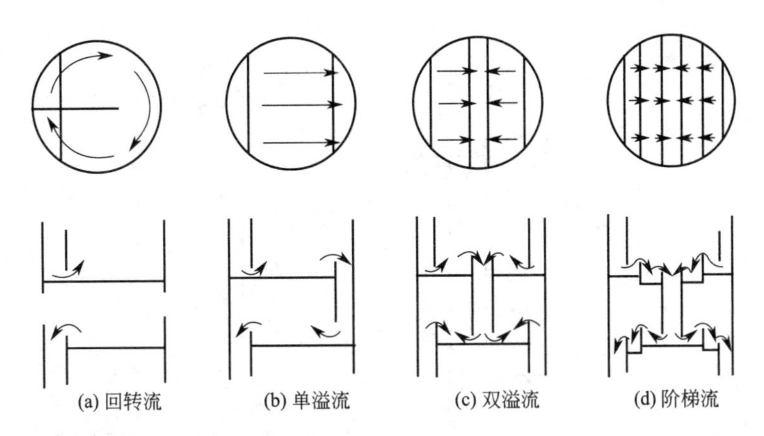

图 1-55　塔板溢流型式

④ 阶梯流。塔盘板面呈阶梯状，分段处设置中间堰，可缩短每段液流的行程，以降低液面落差。这种塔板结构最复杂，只宜用于塔径很大，液量很大的特殊场合。

表 1-8　溢流类型与液体流量及塔径的关系

塔径 D/mm	液体流量 $L_h/(m^3/h)$			
	U 形流	单溢流	双溢流	阶梯式双溢流
1000	<7	<45		
1400	<9	<70		
2000	<11	<90	90～160	
3000	<11	<110	110～200	200～300
4000	<11	<110	110～230	230～350
5000	<11	<110	110～250	250～400
6000	<11	<110	110～250	250～450

总之，流径的长短与液面落差的大小对效率的影响是相互矛盾的。选择溢流型式时，应根据塔径大小及液体流量等条件，做全面的考虑。目前，凡直径在 2.2m 以下的浮阀塔，一般都采用单溢流。在大塔中，由于液面落差大，会造成浮阀开启不均，使气体分布不均及出现泄漏现象，应考虑采用双溢流以及阶梯流。

（2）溢流堰的设计　溢流堰又称出口堰，具有保持塔板上一定高度的液层和维持板上液层液流均匀分布的作用。其主要尺寸是堰长 l_w 和堰高 h_w，如图 1-56 所示。

① 堰长 l_w。弓形降液管的堰长是指弓形的弦长，由液体负荷及溢流型式而决定。对于单溢流，$l_w=(0.6\sim0.8)D$；对于双溢流，$l_w=(0.5\sim0.6)D$。

② 堰高 h_w。为了保证塔板上有一定高度的液层，降液管上端必须超出塔板板面一定高度，这一高度即为堰高，以 h_w 表示。板上液层高度为堰高与堰上液层高度之和，即

$$h_L=h_w+h_{ow} \tag{1-67}$$

式中　h_L——板上液层高度，m；

h_w——堰高，m；

h_{ow}——堰上液层高度，m。

堰高 h_w 直接影响塔板上的液层厚度。h_w 过大，液层过高将使液体夹带量增多而使塔板效率降低；h_w 过小，液层过低使相际传质面积过小而不利于传质。根据经验，对于常压塔和加压塔，h_w 一般在 0.03～0.05m 范围内，减压塔的 h_w 可适当减小些。

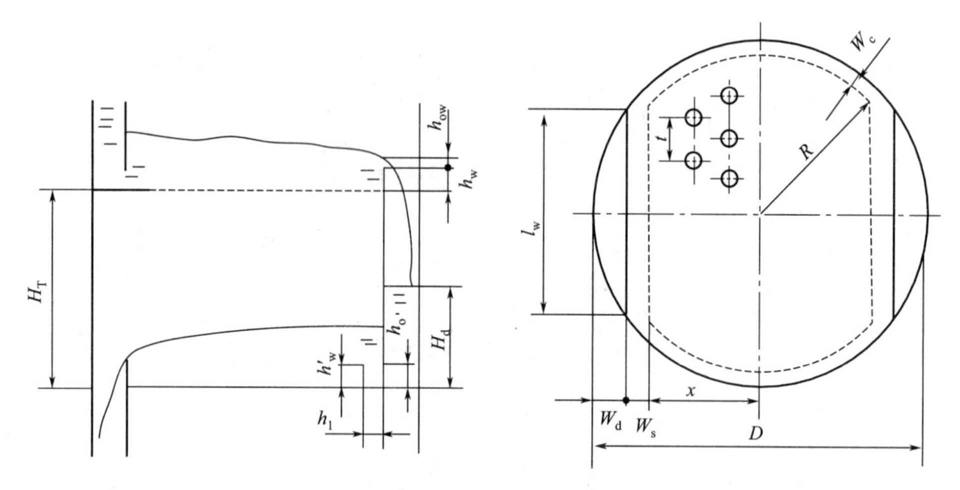

图 1-56　浮阀塔板结构参数

③ 堰上液层高度 h_{ow}：

对于平堰

$$h_{ow}=\frac{2.84}{1000}E\left(\frac{L_h}{l_w}\right)^{2/3} \tag{1-68}$$

式中　L_h——塔内液体流量，m^3/h；

E——液流收缩系数，一般情况下可近似取 E 值为 1。

设计时，h_{ow} 不应小于 6mm，以免液体在堰上分布不均匀而导致塔板效率下降。但 h_{ow} 也不宜过大，以免造成过大的塔板压降及雾沫夹带量，一般比较适宜的 h_{ow} 在 60mm≤ h_{ow}≤60～70mm。若 h_{ow} 小于 6mm 可改用齿形堰。

（3）进口堰与受液盘的设计　有时在较大的塔中，为保证降液管的液封，并使液体在塔板上分布均匀，常在液体进入塔板处设有进口堰。但对于弓形降液管而言，液体在塔板上的分布一般都比较均匀，若设置进口堰，不仅会占去一定的塔板截面积，还容易形成沉淀物淤积而造成阻塞，一般情况下不设置进口堰。只有在塔径比较大的塔中，才考虑设置。

为保证液体由降液管流出时不致受到很大的阻力，进口堰与降液管之间的水平距离 h_1 不应小于降液管底隙高度 h_0，即 $h_1 \geqslant h_0$。

受液盘有平形和凹形两种，如图 1-57 所示。对于直径大于 0.8m 的塔盘或有侧线采出时，常常采用凹形受液盘。凹形受液盘的深度一般应在 50mm 以上，有侧线时宜取深些。这种结构便于液体的侧线抽出，同时液体流量低时仍能造成良好的液封，且有改变液体流向

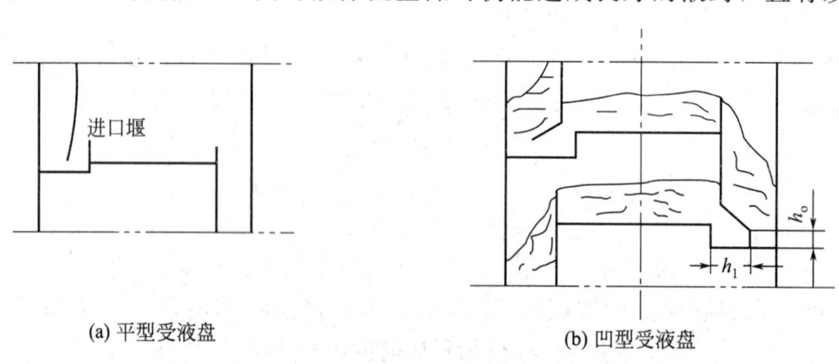

(a) 平型受液盘　　(b) 凹型受液盘

图 1-57　受液盘的型式

的缓冲作用。但凹形受液盘不适于易聚合及有悬浮固体的情况。

（4）**降液管底隙高度 h_0 的设计** 降液管底部边缘距塔板的距离称为降液管底隙高度 h_0，此高度应保证液体流经此处时的阻力不太大，同时要有良好的液封。一般按下式计算

$$h_0=\frac{L_s}{l_w u_0'} \tag{1-69}$$

式中 L_s——塔内液体流量，m^3/s；

u_0'——液体通过降液管底隙时的流速，m/s，根据经验，一般可取 $u_0'=0.07\sim0.25m/s$。

为简便起见，有时也用 $h_0=h_w-0.006$ 来确定 h_0 值。

降液管底隙高度 h_0 通常不应小于 20～25mm，否则易于堵塞，或因安装偏差而使液流不畅，造成液泛。设计时，若塔径较小时可取 h_0 为 25～30mm，塔径较大时取为 40～50mm。

（5）**弓形降液管的宽度和截面积** 在初定塔径 D 及板距 H_T 的基础上，确定了溢流堰的长度 l_w 以及降液管底隙高度 h_0，实际上便已确定了弓形降液管的基本尺寸。弓形降液管的宽度 W_d 及截面积 A_f 可根据堰长与塔径之比 $\frac{l_w}{D}$ 查图 1-58 求出。

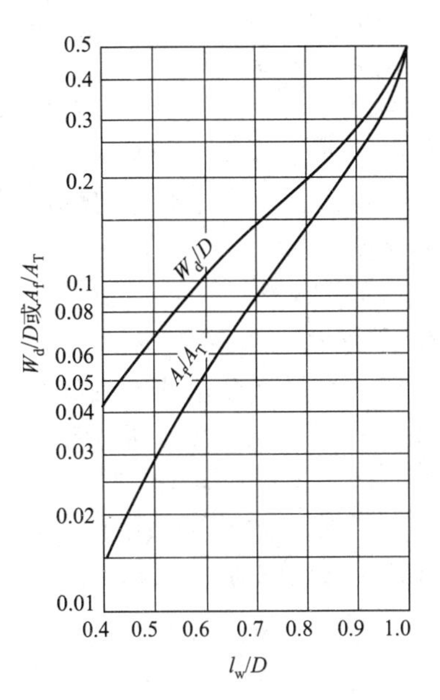

图 1-58 弓形降液管的结构参数

弓形降液管应有足够的分离空间，以避免溢流液体夹带气泡。如果溢流液体在降液管内的停留时间不足，将会使气泡带往下一层塔板，造成气相返混，会使塔板效率下降。因此，液体在降液管中的停留时间，也是降液管设计的重要指标。

液体在降液管中的停留时间应按下式计算：

$$\theta=\frac{A_f H_T}{L_s} \tag{1-70}$$

为保证气相夹带不致超过允许的程度，降液管内液体停留时间不应小于 3～5s。对于高压下操作的塔及易起泡沫的系统，停留时间应更长些。

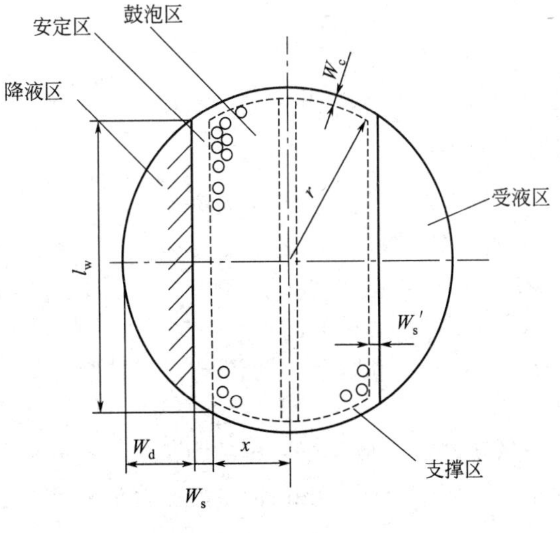

图 1-59 塔板板面的布置

3. 塔板板面的设计

塔板有整块式和分块式两种。整块式塔板通常用在直径小于 800mm 的小塔中。当塔径大于 900mm 时，为了便于通过人孔装拆塔板，必须采用由几块板合成的分块式塔板。塔板的厚度的选取，要考虑塔板的刚性、耐腐蚀性及经济上的合理性，如果采用碳钢材料，一般取塔板厚度为 3～4mm，如果采用不锈钢可适当小些。

对于具有降液管的塔板，塔板面积一

般由四个区域组成，每一部分都有各自的作用。如图 1-59 所示。

（1）降液区和受液区　液体经过降液管流至下层塔板，降液管顶部的面积，称为降液区；塔板上接收液体的部分，称为受液区。通常降液区和受液区的面积相等。

（2）鼓泡区　是塔板的主要部分，是塔板上气、液两相接触进行传质传热的有效区域。

（3）安定区　在靠近液体流入塔板处，有一段不鼓泡的安定地带，用于脱出气体，以免液体夹带大量泡沫流入降液管。在此区域内不开孔。所以安定区也叫破沫区，其宽度 W_s 可依塔径的大小进行选取。通常：

$D<1.5\text{m}$，$W_s=60\sim75\text{mm}$；

$D>1.5\text{m}$，$W_s=80\sim110\text{mm}$；

$D<1\text{m}$ 时，W_s 可适当减小。

（4）支撑区　塔板安装在塔内时，需要周边支撑和板块之间的支撑，所占的面积统称为支撑区。周边支撑的宽度依塔径大小而定，小塔在 30～50mm，大塔可达 50～75mm。板间支撑的宽度通常为 40～60mm。为防止液体经支撑区流过而产生“短路”现象，可在塔板上沿塔壁设置挡板。

4. 鼓泡区的布置

（1）阀型的选择　前述，浮阀的型式有多种，F1 型浮阀是最简单、使用最广泛的一种。F1 型阀又分为重阀与轻阀两种，重阀操作稳定性好、效率高、应用广。

（2）浮阀的排列

① 排列方式。浮阀在鼓泡区内有正三角形和等腰三角形两种排列方式，按照阀孔中心连线与液流方向的关系分为顺排与叉排。如图 1-60 所示。

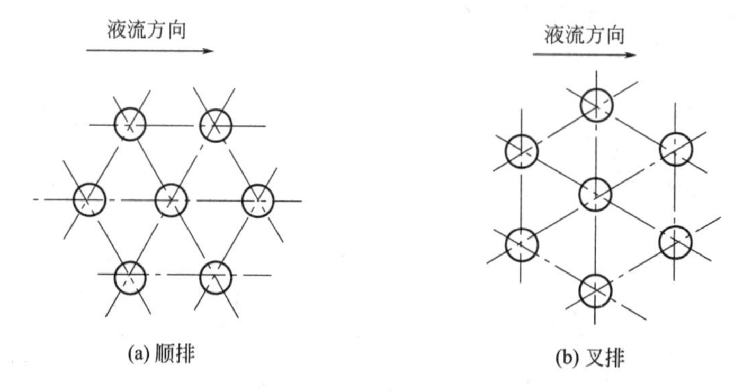

图 1-60　浮阀的排列方式

叉排时，各排浮阀垂直于液流方向，使气、液两相接触均匀，液面落差小，雾沫夹带量也少，故一般情况下浮阀都采用叉排方式。对于整块式塔板多采用正三角形叉排，孔心距 $t=75\sim125\text{mm}$。分块式塔板多采用等腰三角形叉排，在垂直于液流方向上，浮阀的孔心距 t 固定不变为 75mm，平行于液流方向的排间距，即等腰三角形的高 t'，根据开孔率的要求，可在 65mm、80mm、110mm 等几种尺寸中选取。一般可用加大 t' 的值来达到减少孔数的目的。

在排列浮阀时，还要注意必须在外围浮阀与塔壁和溢流堰保留一定的距离，以便于安装和操作。分块式塔板的外围浮阀中心至塔壁的距离一般为 70～90mm；与溢流堰的距离一般为 80～110mm。

排列阀孔时，排间距t'和孔心距t之间符合下列关系：

$$t'=\frac{A_a}{Nt} \tag{1-71}$$

式中 A_a——鼓泡区总面积，m^2；

N——阀孔数目，个。

对于单溢流塔板，鼓泡区面积A_a可按下式计算：

$$A_a=2\left[x\sqrt{R^2-x^2}+\frac{\pi}{180°}R^2\sin^{-1}\frac{x}{R}\right] \tag{1-72}$$

式中 $x=\frac{D}{2}-(W_d+W_s)$，m；

$R=\frac{D}{2}-W_c$，m。

② 浮阀数目确定方法。当塔内上升气体的体积流量V_s已知时，由于阀孔直径d_0已固定，因而塔板上的浮阀数目可按下式计算：

$$N=\frac{V_s}{u_0\frac{\pi}{4}d_0^2} \tag{1-73}$$

可见，浮阀数目主要取决于阀孔气速u_0。在浮阀塔的操作中，其性能往往以板上所有浮阀刚刚全开时为最好，这时塔板的压力降及泄漏都比较小，因此浮阀塔板的适宜操作区应在临界气速附近。而浮阀的开度与阀孔处气体的动能有关。实验结果表明，可用阀孔动能因数F_0来衡量气体流动时动能的大小，其表达式为

$$F_0=u_0\sqrt{\rho_v} \tag{1-74}$$

式中 F_0——阀孔动能因数；

u_0——阀孔气速，m/s；

ρ_v——气体密度，kg/m^3。

根据工业生产装置的数据，对F1型浮阀（重阀）而言，阀孔动能因数F_0与操作状况的关系见表1-9。

表1-9 阀孔动能因数F_0与操作状况关系

操作状况	阀孔漏液点	正常操作范围	浮阀刚刚全开	最大负荷量
阀孔动能因数F_0	5～6	8～17	9～12	18～20

设计时，在$F_0=9$～12范围内选择任一值，然后按式(1-74)计算阀孔气速u_0，再代入式(1-73)中求得浮阀个数后，利用式(1-71)估算排间距t'，取一接近的标准值后，在坐标纸上绘制排列图确定出阀孔数。

若排列出的阀孔数与前面计算的阀孔数相近，则按绘制出的浮阀数重新计算阀孔气速，并核算阀孔动能因数F_0，如F_0仍在9～12范围内，即可认为作图所得出的阀孔数能够满足要求。否则，应调整排间距重新作图，直到满足为止。

(3) 塔板开孔率ϕ 浮阀塔板的开孔率是指塔板上的阀孔总面积与塔的截面积之比，即：

$$\phi=\frac{n\frac{\pi}{4}d_0^2}{\frac{\pi}{4}D^2}=n\frac{d_0^2}{D^2} \tag{1-75}$$

在工业生产中，对常压塔或减压塔，开孔率在10%～14%之间；对于加压塔，一般小于10%。

5. 浮阀塔板的流体力学验算

塔板流体流动性能的核验主要包括对塔板压降、液泛、雾沫夹带、泄漏、液面落差等五个方面的验算。其主要目的是检验设计的结果是否合适，在设计任务规定的气、液负荷下是否会存在其他形式的异常流动及严重影响传质性能的因素等。

（1）气体通过浮阀塔板的压降　气体通过塔板的阻力是影响塔操作性能的重要因素。在保证较高效率的前提下，应力求减小塔板压降，以降低能耗及改善塔的操作性能。

经浮阀塔板上升的气流需要克服的阻力常采用加和模型，即认为是以下几部分阻力之和：塔板本身的干板阻力 h_c；通过塔板上充气液层的阻力 h_l；克服阀孔处液体表面张力的阻力 h_σ。于是气体通过塔板的压降 h_p 可表示为：

$$h_p=h_c+h_l+h_\sigma \tag{1-76}$$

上述计算塔板压强降的方法，虽物理意义不是很确切，但简单易行，故仍被广泛采用。

① 干板阻力。干板阻力指气体通过阀孔与阀片造成的局部阻力，其大小主要与浮阀型式、阀重及阀片开度有关，一般随着气速的提高而增大。当气速较低时，全部浮阀处于静止时的位置，气体流经阀片与塔板之间由定距片隔开的缝隙。气体流量增大时，缝隙处的气速随之增大，故阻力也随之增大。当气速增大到使板上浮阀处于部分开启状态时，浮阀开启的个数以及每个浮阀的平均开度随气体流量的增大而增大，但气体通过孔隙的速度大体不变，故阻力增加缓慢。当气速增大到使板上全部浮阀都全部打开，升至最大开度时，气体通道面积固定不变，阻力与气速的平方成正比而较快地增加。

将板上所有浮阀刚好全部开启时，气体通过阀孔的速度称为临界孔速，以 u_{0c} 表示。根据大量实验结果，对F1型重阀，干板阻力可用以下经验公式求取：

浮阀全开前（$u_0<u_{0c}$）：

$$h_c=19.9\frac{u_0^{0.175}}{\rho_L} \tag{1-77}$$

浮阀全开后（$u_0>u_{0c}$）：

$$h_c=5.34\frac{\rho_V u_0^2}{2\rho_L g} \tag{1-78}$$

式中　u_0，u_{0c}——阀孔气速、阀孔临界孔速，m/s；

ρ_L，ρ_V——液相、气相密度，kg/m^3。

在临界点时同时满足上二式，故将它们联立得出临界孔速 u_{0c}：

$$19.9\frac{u_0^{0.175}}{\rho_L}=5.34\frac{\rho_V u_0^2}{2\rho_L g}$$

整理，得

$$u_{0c}=1.825\sqrt{\frac{73.1}{\rho_V}} \tag{1-79}$$

通过实际孔速 u_0 与 u_{0c} 的比较来确定浮阀的开启状态，选择式(1-81) 和式(1-82) 来计算干板阻力 h_c。

② 塔板上充气液层的阻力 h_l。塔板上充气液层的阻力指气体通过板上液层的压降，其大小主要与堰高、气速及溢流强度等有关，影响因素比较复杂。一般采用经验公式计算，即：

$$h_l = \varepsilon_0 h_L \tag{1-80}$$

式中 h_L——板上液层高度，m；

ε_0——反映塔板上液层充气程度的因数，称为充气因数，无因次。当液相为水时，$\varepsilon_0=0.5$；当液相为油时，$\varepsilon_0=0.2\sim0.35$；当液相为烃类化合物时，$\varepsilon_0=0.4\sim0.5$。

③ 液体表面张力所造成的阻力 h_σ。克服液体表面张力所引起的阻力，通常表示为：

$$h_\sigma = \frac{2\sigma}{h\rho_L g} \tag{1-81}$$

式中 h——浮阀的开度，m；

σ——液体的表面张力，N/m。

由于浮阀塔的 h_σ 值通常很小，计算时可以忽略。

据相关资料记载，常压和加压塔中每块浮阀塔板的压强降为 265～530Pa，减压塔为 200Pa 左右。

(2) *液泛（淹塔）* 液体从降液管流向塔板时，必须克服三项阻力，即液体流过降液管的压头损失 h_d；气体通过一层塔板的总压力降 h_p；塔板上的液层压头（$h_w+h_{0w}+\Delta$）。若操作中降液管内全部泡沫及液体（其总体密度小于清液密度）所形成的静压相当于高度为 H'_d 的清液柱，则

$$H'_d = h_p + h_L + h_d \tag{1-82}$$

浮阀塔的板上液面落差 Δ 一般不大，h_L 可以忽略不计。液体流过降液管的压力降主要是由降液管底隙处的局部阻力所造成的，h_d 可按下面的经验公式计算：

不设进口堰时：
$$h_d = 0.153\left(\frac{L_s}{L_w h_0}\right)^2 = 0.153u_0^2 \tag{1-83}$$

设进口堰时：
$$h_d = 0.2\left(\frac{L_s}{L_w h_0}\right)^2 = 0.2u_0^2 \tag{1-84}$$

式中 L_s——液体流量，m/s；

L_w——堰长，m；

h_0——降液管底隙高度，m；

u_0——液体通过降液管底隙时的流速，m/s。

实际上降液管内的液体含有一定数量的泡沫，因而液管内的实际液层高度 H_d 应为：

$$H_d = \frac{H'_d}{\phi}$$

式中 ϕ——充气液体与清液的密度之比。

对于一般的物系，$\phi=0.5$，对于发泡严重的物系，$\phi=0.3\sim0.4$；对不易发泡的物系，$\phi=0.6\sim0.7$。

为防止发生液泛，降液管内的液层高度应低于上层塔板的溢流堰上端。为此，在设计中

要求：

$$H_d \leqslant \phi(H_T + h_w) \tag{1-85}$$

（3）**雾沫夹带** 雾沫夹带是塔内液体返混的现象，将导致塔板效率严重下降。为了保证浮阀塔能维持正常的操作效果，一般要求单位质量的上升气体夹带到上一层塔板的液体量不超过0.1kg，即控制雾沫夹带量 e_v<0.1kg(液)/kg(气)。

影响雾沫夹带量的因素很多，目前在工业上采用验算泛点率 F_1 作为估算雾沫夹带量大小的指标。

泛点率可按下面的经验公式计算，即：

$$F_1 = \frac{V\sqrt{\dfrac{\rho_V}{\rho_L - \rho_V}} + 1.36L_s Z_L}{KC_F A_b} \times 100\% \tag{1-86}$$

$$F_1 = \frac{V\sqrt{\dfrac{\rho_V}{\rho_L - \rho_V}}}{0.78KC_F A_T} \times 100\% \tag{1-87}$$

式中 Z_L——板上液体流径长度，m。对单溢流塔板，$Z_L = D - 2W_d$，其中 D 为塔径，W_d 为弓形降液管宽度；

A_b——板上液流面积，m。对单溢流塔板，$A_b = A_T - 2A_f$，其中 A_T 为塔截面积，A_f 为弓形降液管截面积；

C_F——泛点负荷系数，可根据气相密度 ρ_V 及板间距 H_T 由图1-61查得；

K——物性系数，其值见表1-10。

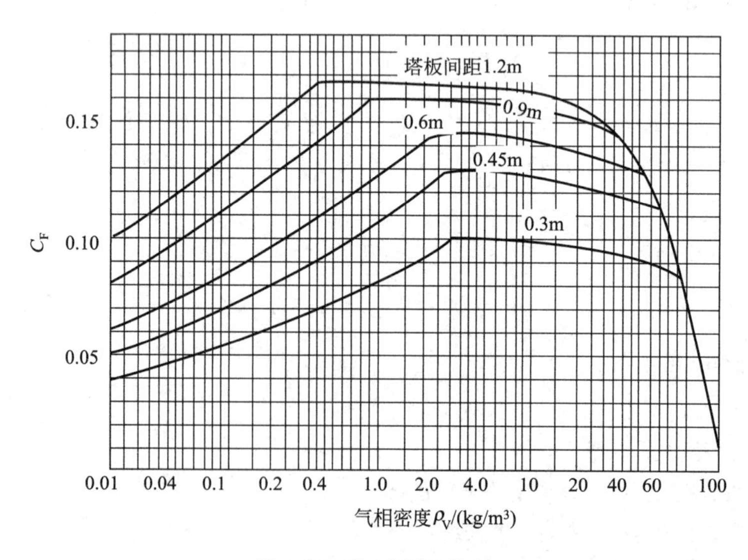

图1-61 泛点负荷系数图

表1-10 物性系数K

系　统	物性系数 K	系　统	物性系数 K
无泡沫，正常物系	1.0	多泡沫系统（如胺和乙二胺吸收）	0.73
氟化物（如 BF_3，氟利昂）	0.90	严重发泡系统（如甲乙酮装置）	0.60
中等发泡系统（如油吸收塔）	0.85	形成稳定泡沫系统（如碱再生塔）	0.30

由式(1-86) 和式(1-87) 之一算得的泛点率 F_1 必须在下列范围内，基本上就能保证雾沫夹带量 $e_v<0.1$kg(液)/kg(气)。否则，应适当调整有关参数，如板距、塔径等，重新计算。

一般的大塔	泛点率 $F_1<80\%\sim82\%$
直径小于 0.9m 的塔	泛点率 $F_1<65\%\sim75\%$
减压塔	泛点率 $F_1<75\%\sim77\%$

(4) 泄漏　塔板上液体发生泄漏，将会影响气、液两相在塔板上的充分接触，特别是在靠近进口堰处的泄漏会使塔板效率严重降低，严重时使得塔板无法操作。因此，在设计时应尽量使泄漏量小。

正常操作时，泄漏量应不大于液体流量的 10%。经验证明，当阀孔动能因数 $F_0=5\sim6$ 时，泄漏量常接近 10%，故取 $F_0=5\sim6$ 作为控制泄漏量的操作下限。对于浮阀塔，一般取 $F_0=5$ 作为阀孔气速的下限。

但真空操作的塔常采用较轻的浮阀，虽阀孔气速相同，但轻阀的开度要比重阀的大，故泄漏量也要大一些。因此，对采用轻阀的减压塔，应适当提高 F_0 的下限值，而对加压操作的塔，F_0 的下限值可低些。

(5) 液体在降液管内的停留时间　降液管必须提供足够的分离空间，避免液体夹带气泡。如果液体在降液管内的停留时间不足，将气泡带入下层塔板，造成气相返混，会使塔板效率下降。设计时，应保证液体在降液管内的停留时间 τ

$$\tau=\frac{A_f H_T}{L_s}\geqslant 3\sim5\text{s} \tag{1-88}$$

式中　L_s——液体流量，m^3/s；

H_T——塔板间距，m；

A_f——降液管截面积，m^3。

6. 浮阀塔板的负荷性能图

在精馏设备的工艺尺寸和所要分离的物性确定的情况下，要维持塔的正常操作，必须把气、液负荷限制在一定范围之内，以防止塔板上气、液两相出现异常流动时而影响塔的正常操作，这个正常的操作范围可以用负荷性能图来表示。

塔板负荷性能图在板式塔的设计以及操作中均具有重要的意义。设计时，可以检验塔板设计的合理性，了解塔操作增产的潜力及减负荷运转的可能性；操作时，可以分析操作的稳定性。

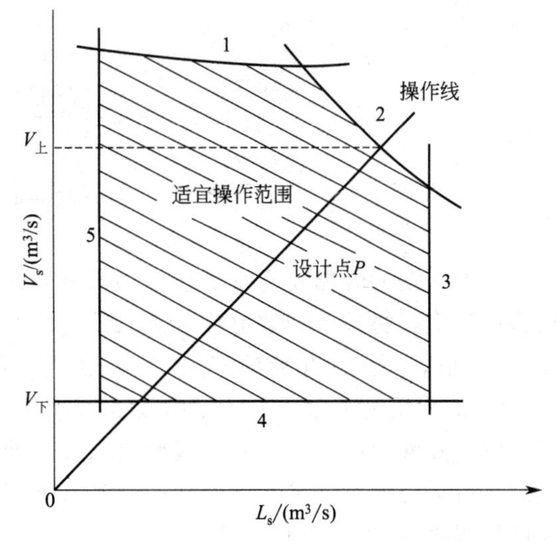

图 1-62　浮阀塔板的负荷性能图

(1) 操作负荷性能图　在直角坐标系中，以液相负荷 L_s 为横坐标，气相负荷 V_s 为纵坐标，用曲线表示出开始出现异常流动时气、液两相流量之间的关系 V_s-L_s，从而得到允许的负荷波动范围，此图形称为塔板的负荷性能图，不同的塔型有不同的负荷性能图；同一型式的不同塔，其各曲线的相对位置也会随结构和操作条件的变化而变化；同一塔，由于精馏段和提馏段上升蒸气量和下降液体量不同，其负荷性能图也有所不同；但它们全部是由五条曲线所组成的。浮阀塔板的负荷性能图如图 1-62 所示，图中阴影部分表示塔的稳定操作范围，超出这个操作区域，塔板就可能出现非正常状态，导致塔板效率明显降低。

① 过量雾沫夹带线。图中曲线 1 为过量液沫夹带线，又称气相负荷上限线，表示雾沫夹带量 $e_v=0.1$kg(液)/kg(气) 时的 V_s-L_s 关系。如操作时气液相负荷超过此线，表明液沫夹带现象严重，液沫夹带量超过 0.1kg(液)/kg(气)，将使塔板效率下降。此曲线可根据式(1-90) 绘出，即：

$$F_1=\frac{V_s\sqrt{\dfrac{\rho_V}{\rho_L-\rho_V}}+1.36L_sZ_L}{KC_FA_b}\times 100\%$$

对于一定的分离物系及塔板结构尺寸，上式中 ρ_V、ρ_L、Z_L、K、C_F 及 A_b 均为已知值，泛点率 F_1 的上限值也可确定，将各已知数值代入上式后，可得出 V_s 与 L_s 的关系式，在操作范围内任取几个 L_s 值，便可求出相应的 V_s 值。根据 V_s、L_s 数据即可作出图中的雾沫夹带线。

② 液泛线。图中曲线 2 为液泛线。表示降液管内泡沫层高度达到最大允许值时的 V_s-L_s 关系。如操作时气液相负荷超过此线，将使气相通过一层塔板的压降过大及雾沫夹带过大，同时液相通过降液管的阻力增大，会引起降液管液泛或雾沫夹带液泛，破坏塔的正常操作。此曲线可根据式(1-77)、式(1-82) 及式(1-85) 绘出，即：

$$\phi(H_T+h_w)=h_p+h_L+h_d=h_c+h_l+h_\sigma+h_L+h_d$$

将各经验公式代入上式，整理可得简化式如下：

$$aV_s^2=b-cL_s^2-dL_s^{2/3}$$

式中，a、b、c、d 是由系统的物性和塔板结构尺寸所决定的常数：

$$a=1.91\times 10^5\ \frac{\rho_V}{\rho_L N^2}$$

$$b=\phi H_T+(\phi-1-\varepsilon_0)h_w$$

$$c=\frac{0.153}{l_w^2h_0^2}$$

$$d=(1+\varepsilon_0)E(0.667)\frac{1}{l_w^{2/3}}$$

对于一定的分离物系及塔板结构尺寸，上式中 ρ_V、ρ_L、N、ϕ、ε_0、h_w、h_0 及 H_T 等均为已知值，将各已知数值代入上式后，便可得出 V_s 与 L_s 的关系式，在操作范围内任取几个 L_s 值，可求出相应的 V_s 值。根据 V_s、L_s 数据即可作出图中的液泛线。

③ 液相负荷上限线。图中曲线 3 为液相负荷上限线，又称为降液管超负荷线，表示对于液体在降液管内停留时间的起码要求。当液相负荷过大时，将使液体在降液管内停留时间过短，所夹带的气泡来不及释出而被带入下层塔板，造成气相返混，使塔板效率降低。此曲线可根据式(1-70) 绘出，即：

取 $\tau=5$s

$$5=\frac{A_f H_T}{L_s}$$

对于一定的塔板结构尺寸，上式中 H_T、A_f 为已知值，代入上式后，便可求得液相负荷上限 L_s 数值（常数），据此作出液相负荷上限线。

④ 泄漏线。图中曲线 4 为泄漏线，又称气相负荷下限线，表示不发生严重泄漏最低气体负荷。是一条平行于横轴的直线。当气相负荷过小时，将发生严重的漏液现象，使塔板效率降低。

前已述及，对于 F1 型重阀，当阀孔动能因数 F_0 为 5～6 时，泄漏量接近液体量的 10%，通常作为确定气相负荷下限值的依据。此曲线可根据式(1-74) 绘出，即：

取 $F_0=5$

$$u_0=\frac{5}{\sqrt{\rho_V}}$$

$$V_s=\frac{\pi}{4}d_0^2 N u_0=\frac{\pi}{4}d_0^2 N\frac{5}{\sqrt{\rho_V}}=0.00597\frac{N}{\sqrt{\rho_V}}$$

对于一定的分离物系及塔板结构尺寸，上式中 d_0、N、ρ_V 均为已知值，代入上式后，便可求得气相负荷下限 V_s 数值（常数），据此作出泄漏线。

⑤ 液相负荷下限线。图中曲线 5 为液相负荷下限线，表示保证塔板上具有一定高度液层所必需的液相最低负荷。当液相负荷过小时，便不能保证板上液流的均匀分布，将降低气、液接触效果，使塔板效率降低。

对于平堰，一般取堰上液层高度 $h_{0w}=0.006\text{m}$ 作为液相负荷下限条件，故此曲线可根据式(1-68) 绘出，即：

$$h_{0w}=\frac{2.84}{1000}E\left(\frac{L_h}{l_w}\right)^{2/3}=0.006$$

对于一定的塔板结构尺寸，上式中 E、L_h、l_w 为已知值，代入上式后，便可求得液相负荷下限 L_s 数值（常数），据此作出液相负荷下限线。

(2) 塔板负荷性能图分析　对一定的物系，塔板负荷性能图的形状依塔板类型、塔板结构尺寸的不同而不同。当塔板负荷性能图确定后，设计方案是否合理，可由负荷性能图分析其操作弹性的大小来比较。

① 操作点与操作线。在连续精馏塔中，操作是在一定的气液比进行的，即为 V_s/L_s 定值，由操作时的气相负荷 V_s 与液相负荷 L_s 在负荷性能图上的坐标点称为操作点。通过原点、作斜率为 V_s/L_s 的直线，该直线称为操作线。如图 1-62 所示 P 点为操作点，直线 OP 为操作线。

② 操作弹性。操作线与适宜操作区边界线的上、下交点分别表示塔操作气体负荷的上、下限，其比值称为塔板的操作弹性。如图 1-62 操作弹性$=\frac{V_{上}}{V_{下}}$。操作弹性大，其操作范围大，即允许的气、液相负荷变化范围大，说明塔的适应能力强。浮阀塔的操作弹性较大，一般为 3～4。若所设计塔板的操作弹性稍小，可适当调整塔板的尺寸来满足要求。但操作气液比不同，操作线的斜率就不同，在负荷性能图上的交点不同，说明控制其负荷的上、下限

条件不同。

③ 负荷性能图分析。当塔板设计完成后，负荷性能图及操作点的位置即固定，但最好应使操作点尽可能位于适宜操作区的中央位置。生产中常常有超负荷或减负荷运行的情况，若操作点太靠近某条边界线，则负荷变动时操作点很容易超出稳定操作区，导致塔板效率急剧下降，甚至无法操作。

在设计塔板时，根据操作点在负荷性能图中的位置，适当调整塔板结构参数，可改进负荷性能图，以满足所需的操作弹性。例如，加大板间距可使液泛线上移，减小塔板开孔率可使漏液线下移、增加降液管面积可使液相负荷上限线向右移等。当降液管截面积减小而板间距加大时，液相负荷上限线将向左移而液泛线将向上移，甚至可能使液泛线落到其余四条线所包围的区域之外。这是因为降液管狭小，使液体负荷成为主要限制因素，而气相负荷增大时所引起的淹塔问题便退居不显著的地位了。

五、浮阀精馏塔的设计实例

1. 设计任务书

（1）设计题目　甲醇-乙醇精馏塔工艺设计。

（2）设计条件　生产能力为4000kg/h，原料中甲醇含量为40%（摩尔分数，以下同），分离要求为塔顶甲醇含量不低于96%，塔低甲醇含量不高于4%，常压下操作，塔顶采用全凝器，进料中液相分率为0.7。

（3）设计计算内容

① 全塔物料平衡计算（列出物料平衡表）；

② 确定塔内各点温度；

③ 确定塔板数及进料位置；

④ 确定塔径和塔高；

⑤ 确定塔板结构尺寸（绘制塔板布置图）；

⑥ 进行塔板水力学验算；

⑦ 绘出塔板操作负荷性能图；

⑧ 主要接管尺寸的选择计算；

⑨ 主要附属设备的选型计算；

⑩ 确定加热蒸汽及冷却用水的消耗量。

（4）设计要求

① 写出设计计算说明书一份，应包含的主要内容有目录、任务书、前言、工艺流程图及流程说明、工艺设计计算结果汇总表、附属设备选用一览表、工艺管线接管尺寸汇总表、对设计结果的评价及问题讨论、参考书目等。

② 设计内容：主要设备的工艺设计（物料衡算，热量衡算，操作条件的确定，塔板数及进料位置的确定，选用的计算公式及经验数据必须注明来源）及主要结果尺寸的确定；附属设备的选用等。

③ 画出塔设备（或塔板）总体装配图。

2. 设计实例

（1）前言（略）

（2）目录（略）

（3）工艺流程图及流程说明

① 工艺流程图（略）

② 工艺流程说明：含甲醇为 0.4（摩尔分数，下同）的原料液经预热器加热到 72.3℃后，进入精馏塔第 20 层塔板，含甲醇为 0.96 的塔顶产品以气态引出，经全凝器全部冷凝后进入回流罐。回流泵将回流罐内液体抽出，部分作为回流返回塔顶第一层板上，部分作为产品送出装置。塔底釜残液经立式热虹吸式再沸器加热部分汽化后全部返回提馏段最下一层塔板下。乙醇含量为 0.96 的产品由塔底引出后送出装置。

（4）设备形式的选择　本设计选择板式精馏塔，塔板为浮阀式。因精馏塔在常压下操作，故选取浮阀种类为 F1 型的重阀，为便于检修，故采用分块塔板的设计结构，浮阀排列采用等腰三角形叉排，气体通过时相邻浮阀之间液层扰动程度大，有利于传质。由于本次设计的精馏塔塔径为 1.6m，所以选择单溢流。液体流程较长与气体接触充分，塔板效率高。降液管形式为弓形，降液能力较大。并采用凹型受液盘，可缓冲水平冲击，使液体分布均匀。不设进口堰。

（5）设计结果汇总表

物料衡算表

组分	进料				出料					
					塔顶			塔底		
	M_m /(kg/kmol)	x_F	F /(kg/h)	F /(kmol/h)	x_D	D /(kg/h)	D /(kmol/h)	x_w	W /(kg/h)	W /(kmol/h)
甲醇	32	0.4	1267.2	39.61	0.96	1190.4	37.2	0.04	77.12	2.41
乙醇	46	0.6	2732.8	59.41	0.04	71.3	1.55	0.96	2661.56	57.86
合计	40.4	1	4000	99.01	1.00	1261.3	38.74	1.00	2738.68	60.27

热量衡算表

项　　目	数　　据	项　　目	数　　据
回流取热量 Q_C/(kJ/h)	8.47×10^6	加热蒸汽消耗量 W_C/(kg/h)	2.03×10^5
加热蒸汽带入的热量 Q_B/(kJ/h)	9.35×10^6	冷却水用量 W_h/(kg/h)	4.24×10^3

设备工艺参数总汇表

操作介质	甲醇-乙醇	回流比	5.2		
操作压力	塔顶	常压	液体在降液管中的停留时间/s	精馏	23.3
	进料	常压			
	塔底	常压		提馏	15.2
操作温度/℃	塔顶	65	塔板压力降 Δp_P /Pa	精馏	542.5
	进料	72.3			
	塔底	77.3		提馏	545.6
气相负荷/(m^3/s)	精馏	1.8723	泛点率 F_1	精馏	38.26%
	提馏	1.9059		提馏	41.66%
液相负荷/(m^3/s)	精馏	2.8×10^{-3}	阀孔动能因数 F_0	精馏	9.66
	提馏	4.29×10^{-3}		提馏	10.39
气相密度/(kg/m^3)	精馏	1.285	操作弹性	精馏	3.7
	提馏	1.435		提馏	3.59
液相密度/(kg/m^3)	精馏	753.4	空塔气速 u_0/(m/s)	精馏	0.931
	提馏	747.6		提馏	0.948

塔设备结构参数汇总表

项　目	数值及说明		备　注
	精馏段	提馏段	
塔径 D/m	1.6	1.6	
板间距离 H_T/m	0.45	0.45	
塔板类型	单溢流弓形降液管		分块式塔板
堰长 L_w/m	1.04	1.04	
外堰高 h_w/m	0.0568	0.0528	
板上液层高度 h_L/m	0.07	0.07	
降液管底隙高度 h_0/m	0.04	0.04	
浮阀个数 N/个	184	184	
阀孔气速 u_0/(m/s)	8.52	8.62	
孔心距 t/m	0.075	0.075	
排间距 t'/m	0.080	0.080	
单板压强/Pa	542.5	545.6	
受液盘形式	凹式	凹式	
边缘区宽度 W_C/m	0.06	0.06	
安定区宽度 W_S/m	0.1	0.1	

换热器规格表

设　备	型　号	形　式	用　途
冷凝器	FL_B800-170-16-2	浮头式	提供液相，维持热平衡
再沸器	GCH1000-6-120	立式热虹吸式	提供气相，维持热平衡

泵的选择

类　型	型　号	流量/(m^3/h)	扬程/m
回流泵	50Y-60B	11.7	36

参考书目

书　名	作者或编写单位	出版单位	出版日期
《塔的工艺计算》	石油化工工业部石油规划设计院	石油化工出版社	1977.10
《石油化工基础数据手册》	卢焕章	化学工业出版社	1982.6
《化工原理课程设计》	大连理工大学化工原理教研室	大连理工大学出版社	1994
《化工工艺设计手册》	国家医药管理局上海医药设计院	化学工业出版社	1996.1
《塔设备设计》	化工设备设计全书编辑委员会	上海科学技术出版社	1988.11
《石油化工工艺计算图表》	北京石油设计院	烃加工出版社	1976.8
《传质与分离技术》	周立雪	化学工业出版社	2002.5
《流体流动与传热》	张洪流	化学工业出版社	2002.6
《基础化学工程》	《基础化学工程》编写组	上海科学技术出版社	1978.5

（6）设计体会（略）

（7）设计结果讨论（略）

（8）设计书

设计书内容如下。

1. 确定塔顶、塔底物料量及组成

由全塔物料衡算式 $\begin{cases}F=D+W\\Fx_F=Dx_D+Wx_W\end{cases}$

联立得：$D=38.74\text{kmol/h}$，$W=60.27\text{kmol/h}$

汇总列表如下：

F/(kmol/h)	D/(kmol/h)	W/(kmol/h)	x_F	x_D	x_W
99.01	38.74	60.27	0.4	0.96	0.04

2. 确定塔板数

查表得，常压下的沸点 $T_b=64.6℃$，乙醇的沸点 $T_b=78.3℃$，在 60～80℃时甲醇和乙醇的饱和蒸气压，利用内差法求得下表温度对应的饱和蒸气压。

温度/℃	p_A^0/mmHg	p_B^0/mmHg	温度/℃	p_A^0/mmHg	p_B^0/mmHg
65	787.22	446.115	72	1023.58	595.264
66	817.76	465.132	73	1065.42	622.296
67	848.29	484.149	74	1107.26	649.328
68	878.83	503.166	75	1149.1	676.36
69	909.36	522.183	76	1190.94	703.392
70	939.9	541.20	77	1232.78	730.424
71	981.74	568.232	78	1274.62	757.456

利用泡点方程和相平衡方程 $x_A=\dfrac{p-p_B^0}{p_A^0-p_B^0}$ 和 $y_A=\dfrac{p_A^0\cdot x_A}{p}$，可求得下表内甲醇的气、液组成。

温度/℃	x_A	y_A	温度/℃	x_A	y_A
65	0.9202	0.9532	72	0.3846	0.5180
66	0.8362	0.8998	73	0.3108	0.4357
67	0.7575	0.8455	74	0.2417	0.3521
68	0.6837	0.7906	75	0.1781	0.2693
69	0.6142	0.7349	76	0.1161	0.1819
70	0.5488	0.6787	77	0.0589	0.0955
71	0.4638	0.5991	78	0.0049	0.0082

根据上表数据绘制甲醇-乙醇物系的 t-x-y 图及 y-x 图：

进料状态方程：

$$y=\frac{q}{q-1}x-\frac{x_F}{q-1}$$

斜率：

$$K=\frac{q}{q-1}=-\frac{7}{3}$$

$$\arctan\left(-\frac{7}{3}\right)=-66.8℃$$

在 x-y 图上画出 q 线，$x_q=0.375$，$y_q=0.492$

$$R_{\min}=\frac{x_D-y_q}{y_q-x_q}=\frac{0.96-0.492}{0.492-0.357}=3.47$$

取 $R=1.5R_{\min}=1.5\times 3.47=5.205$

精馏段操作线方程：

$$y=\frac{R}{R+1}x+\frac{x_D}{R+1}=0.839x+0.155$$

提馏段操作线方程：

$$y=\frac{L+qF}{L+qF-W}x-\frac{W}{L+qF-W}x_W$$
$$=1.286x-0.0144$$

利用 t-x-y 图查得：

塔顶温度：$t_D=65.0℃$

塔底温度：$t_W=77.3℃$

进料温度：$t_F=72.3℃$

$$t_{平}=\frac{t_{顶}+t_{底}}{2}=\frac{65.0+77.3}{2}℃=71.15℃$$

在 71.15℃下查《化工数据手册》并利用内差法求取：$\mu_{LA}=0.303\text{cP}=0.303\text{mPa}\cdot\text{s}$，$\mu_{LB}=0.519\text{cP}=0.519\text{mPa}\cdot\text{s}$。

查 t-x-y 图　　$T=71.15℃$ 时：$x_A=0.375$，$y_A=0.51$

$$\mu_L=\mu_{LA}\cdot x_A+\mu_{LB}\cdot(1-x_A)=0.303\times 0.375+0.519\times(1-0.375)$$
$$=0.438\text{cP}=0.438\text{mPa}\cdot\text{s}$$

根据公式：$\alpha=\dfrac{p_A^0}{p_B^0}$　求 $\alpha_{顶}$，$\alpha_{底}$

在 65.0℃时：

$$\alpha_{顶}=\frac{p_{A顶}^0}{p_{B顶}^0}=\frac{787.22}{446.115}=1.7646$$

在 77.3℃时：

$$\alpha_{底}=\frac{p_{A底}^0}{p_{B底}^0}=\frac{1245.332}{738.5336}=1.686$$

$$\alpha=\sqrt{\alpha_{顶}\times\alpha_{底}}=\sqrt{1.7646\times 1.686}=1.7125$$

全塔效率：

$$E_T=0.49(\alpha\mu_L)^{-0.245}=0.49\times(1.725\times 0.438)^{-0.245}=0.52$$

取　$E_T=0.5$

在 y-x 组成图上绘制的理论塔板数 $N_T=19$ 块（不包括再沸器），则实际塔板数为

$$N_P=\frac{N_T}{E_T}=\frac{19}{0.5}=38\text{ 块（不包括再沸器）}$$

3. 塔径及塔板结构尺寸的确定

精　馏　段

1. 塔径的确定

$$t_{平}=\frac{t_{进}+t_{顶}}{2}=\frac{65+72.3}{2}℃=68.65℃$$

查 t-x-y 图，在 68.65℃下：

$x_A=0.592$，$y_A=0.712$

$x_B=0.408$，$y_B=0.288$

$$\begin{aligned}M_L&=M_1x_A+M_2x_B\\&=32\times0.592\text{kg/kmol}+46\times0.408\text{kg/kmol}\\&=37.712\text{kg/kmol}\end{aligned}$$

$$\begin{aligned}M_g&=M_1y_A+M_2y_B\\&=32\times0.712\text{kg/kmol}+46\times0.288\text{kg/kmol}\\&=36.032\text{kg/kmol}\end{aligned}$$

$$\begin{aligned}\rho_V&=\frac{pM_g}{RT}\\&=\frac{101.325\times36.032}{8.314\times(68.65+273)}\text{kg/m}^3\\&=1.285\text{kg/m}^3\end{aligned}$$

$$\begin{aligned}x_{AW}&=\frac{M_1x_A}{M_1x_A+M_2x_B}\\&=\frac{32\times0.592}{32\times0.592+46\times0.408}\\&=0.5023\end{aligned}$$

$$x_{BW}=1-x_{AW}=0.4977$$

在 68.65℃时，查《化工数据手册》并利用内查法求取：

$$\begin{aligned}\rho_A&=\frac{0.7494-0.7611}{10}\times8.65\text{kg/m}^3+0.7611\text{kg/m}^3\\&=751\text{kg/m}^3\end{aligned}$$

$$\begin{aligned}\rho_B&=\frac{0.7542-0.7657}{10}\times8.65\text{kg/m}^3+0.7657\text{kg/m}^3\\&=755.8\text{kg/m}^3\end{aligned}$$

$$\begin{aligned}\frac{1}{\rho_L}&=\frac{x_{AW}}{\rho_A}+\frac{x_{BW}}{\rho_B}\\&=\frac{0.5023}{0.751}\text{m}^3/\text{kg}+\frac{0.4977}{0.7558}\text{m}^3/\text{kg}\\&=1.3273\text{m}^3/\text{kg}\end{aligned}$$

$$\rho_L=753.4\text{kg/m}^3$$

$$\begin{aligned}V&=(R+1)D\\&=6.205\times38.74\text{kmol/h}\\&=240.3817\text{kmol/h}\end{aligned}$$

$$\begin{aligned}V_S&=\frac{VM_g}{3600\rho_V}\\&=\frac{240.3817\times36.032}{3600\times1.285}\text{m}^3/\text{s}\\&=1.8723\text{m}^3/\text{s}\end{aligned}$$

$$\begin{aligned}L&=RD\\&=5.205\times38.74\\&=201.6417\text{kmol/h}\end{aligned}$$

$$\begin{aligned}L_S&=\frac{LM_L}{3600\rho_L}\\&=\frac{201.6417\times37.712}{3600\times753.4}\text{m}^3/\text{s}\\&=2.8\times10^{-3}\text{m}^3/\text{s}\end{aligned}$$

提　馏　段

1. 塔径的确定

$$t_{平}=\frac{t_{进}+t_{顶}}{2}℃=\frac{77.3+72.3}{2}℃=74.8℃$$

查 t-x-y 图，在 74.8℃下：

$x_A=0.245$，$y_A=0.36$

$x_B=0.755$，$y_B=0.64$

$$\begin{aligned}M_L&=M_1x_A+M_Ax_B\\&=32\times0.245\text{kg/kmol}+46\times0.755\text{kg/kmol}\\&=42.57\text{kg/kmol}\end{aligned}$$

$$\begin{aligned}M_g&=M_1y_A+M_2y_B\\&=32\times0.36\text{kg/kmol}+46\times0.64\text{kg/kmol}\\&=40.96\text{kg/kmol}\end{aligned}$$

$$\begin{aligned}\rho_V&=\frac{pM_g}{RT}\\&=\frac{101.325\times40.96}{8.314\times(74.8+273)}\text{kg/m}^3\\&=1.435\text{kg/m}^3\end{aligned}$$

$$\begin{aligned}x_{AW}&=\frac{M_1x_A}{M_1x_A+M_2x_B}\\&=\frac{32\times0.245}{32\times0.245+46\times0.755}\\&=0.184\end{aligned}$$

$$x_{BW}=1-x_{AW}=0.816$$

在 74.8℃时，查《化工数据手册》并利用内查法求取：

$$\begin{aligned}\rho_A&=\frac{0.7374-0.7494}{10}\times4.8\text{kg/m}^3+0.7494\text{kg/m}^3\\&=743.5\text{kg/m}^3\end{aligned}$$

$$\begin{aligned}\rho_B&=\frac{0.7423-0.7542}{10}\times4.8\text{kg/m}^3+0.7542\text{kg/m}^3\\&=748.5\text{kg/m}^3\end{aligned}$$

$$\begin{aligned}\frac{1}{\rho_L}&=\frac{x_{AW}}{\rho_A}+\frac{x_{BW}}{\rho_B}\\&=\frac{0.184}{0.7435}\text{m}^3/\text{kg}+\frac{0.816}{0.7485}\text{m}^3/\text{kg}\\&=1.3377\text{m}^3/\text{kg}\end{aligned}$$

$$\rho_L=747.6\text{kg/m}^3$$

$$\begin{aligned}V'&=V-(1-q)F\\&=240.3817\text{kmol/h}-(1-0.7)\times99.01\text{kmol/h}\\&=210.65\text{kmol/h}\end{aligned}$$

$$\begin{aligned}V'_S&=\frac{V'M_g}{3600\times\rho_V}\\&=\frac{210.65\times40.96}{3600\times1.435}\text{m}^3/\text{s}\\&=1.67\text{m}^3/\text{s}\end{aligned}$$

$$\begin{aligned}L'&=L+qF\\&=201.6417\text{kmol/h}+0.7\times99.01\text{kmol/h}\\&=270.9487\text{kmol/h}\end{aligned}$$

$$\begin{aligned}L_S&=\frac{LM_L}{3600\rho_L}\\&=\frac{270.9487\times42.57}{3600\times747.6}\text{m}^3/\text{s}\\&=4.29\times10^{-3}\text{m}^3/\text{s}\end{aligned}$$

续表

精馏段	提馏段
查《化工数据手册》求取： $\sigma_A=\frac{16.18-17.33}{10}\times 8.65mN/m+17.33mN/m$ $=16.34mN/m$ $\sigma_B=\frac{19.27-20.25}{10}\times 8.65mN/m+20.25mN/m$ $=19.402mN/m$ 在史密斯关联图中查横坐标为 $\frac{L_S}{V_S}\times\sqrt{\frac{\rho_L}{\rho_V}}$ $=\frac{2.8\times10^{-3}}{1.8723}\times\sqrt{\frac{753.4}{1.285}}$ $=0.0362$ 取板间距 $H_T=0.45m$，取板上液层高度 $h_L=0.07m$ 则图中参数值： $H_T-h_L=0.45m-0.07m=0.38m$ 查图得：$C_{20}=0.083$ 物系表面张力： $\sigma_M=\sigma_A x_A+\sigma_B x_B$ $=16.34\times0.592mN/m+19.402\times0.408mN/m$ $=17.589mN/m$ $C=C_{20}\times\left(\frac{\sigma}{20}\right)^{0.2}$ $=0.083\times\left(\frac{17.589}{20}\right)^{0.2}$ $=0.0809$ 泛点气速： $u_f=C\sqrt{\frac{\rho_L-\rho_V}{\rho_V}}$ $=0.0809\times\sqrt{\frac{753.4-1.285}{1.285}}m/s$ $=1.957m/s$ 取安全系数为 0.6，则空塔气速： $u_0=0.6\times1.957m/s=1.174m/s$ 塔径：$D=\sqrt{\frac{4\times V_s}{\pi\times u_0}}$ $=\sqrt{\frac{4\times1.8723}{3.14\times1.174}}m$ $=1.43m$ 按标准塔径圆整为：$D=1.6m$ 塔截面积：$A_T=\frac{\pi\times D^2}{4}$ $=\frac{3.14\times1.6^2}{4}m^2$ $=2.01m^2$ 空塔气速：$u=\frac{V_s}{A_T}$ $=\frac{1.8723}{2.01}m/s$ $=0.931m/s$ $u<u_0$	查《化工数据手册》求取： $\sigma_A=\frac{15.04-16.18}{10}\times 4.8mN/m+16.18mN/m$ $=15.63mN/m$ $\sigma_B=\frac{18.28-19.27}{10}\times 4.8mN/m+19.27mN/m$ $=18.79mN/m$ 在史密斯关联图中查横坐标为 $\frac{L_S}{V_S}\times\sqrt{\frac{\rho_L}{\rho_V}}$ $=\frac{4.29\times10^{-3}}{1.9059}\times\sqrt{\frac{747.6}{1.435}}$ $=0.0514$ 取板间距 $H_T=0.45m$，取板上液层高度 $h_L=0.07m$ 则图中参数值： $H_T-h_L=0.450m-0.07m=0.38m$ 查图得：$C_{20}=0.0824$ 物系表面张力： $\sigma_M=\sigma_A x_A+\sigma_B x_B$ $=15.63\times0.245mN/m+18.79\times0.755mN/m$ $=18.0158mN/m$ $C=C_{20}\times\left(\frac{\sigma}{20}\right)^{0.2}$ $=0.0824\times\left(\frac{18.0158}{20}\right)^{0.2}$ $=0.0807$ 泛点气速： $u_f=C\sqrt{\frac{\rho_L-\rho_V}{\rho_V}}$ $=0.0807\times\sqrt{\frac{747.6-1.435}{1.435}}m/s$ $=1.84m/s$ 取安全系数为 0.6，则空塔气速： $u_0=0.6\times1.84m/s=1.104m/s$ 塔径：$D=\sqrt{\frac{4\times V_s}{\pi\times u_0}}$ $=\sqrt{\frac{4\times1.9059}{3.14\times1.104}}m$ $=1.48m$ 按标准塔径圆整为：$D=1.6m$ 塔截面积：$A_T=\frac{\pi\times D^2}{4}$ $=\frac{3.14\times1.6^2}{4}m^2$ $=2.01m^2$ 空塔气速：$u=\frac{V_s}{A_T}$ $=\frac{1.9059}{2.01}m/s$ $=0.948m/s$ $u<u_0$

续表

精　馏　段	提　馏　段
2. 溢流装置 选单溢流弓型降液管，不设进口堰 (1)堰长 l_W 取堰长 $l_W=0.65D=0.65\times1.6\text{m}=1.04\text{m}$ (2)溢流堰上液流高度 h_{0w} $h_{0w}=\frac{2.84}{1000}\times E\times\left(\frac{L_h}{l_w}\right)^{\frac{2}{3}}$ $\frac{L_s}{l_w}=\frac{2.8\times10^{-3}\times3600}{1.04}=9.69$ $\frac{l_w}{\text{D}}=\frac{1.04}{1.6}=0.65$ 取 $E=1$ $h_{0w}=\frac{2.84}{1000}\times1\times(9.69)^{\frac{2}{3}}\text{m}=0.0132\text{m}$ (3)出口堰高度 h_w： $h_w=h_L-h_{0w}=0.07\text{m}-0.0132\text{m}=0.0568\text{m}$ (4)降液管底隙高度 h_0 取降液管底隙处液体流速： $u_0'=0.07\text{m/s}$ $h_0=\frac{L_s}{l_w\times u_0'}$ $=\frac{2.8\times10^{-3}}{1.04\times0.07}\text{m}$ $=0.0385\text{m}$ 取 $h_0=40\text{mm}$ (5)弓型降液管宽度 W_d 和面积 A_f 查《化工原理课程设计》： $\frac{A_f}{A_T}=0.0721$ $A_f=0.0721\times2.01\text{m}^2=0.1449\text{m}^2$ $\frac{W_d}{D}=0.124$ $W_d=0.124\times1.6\text{m}=0.199\text{m}$ 液体在降液管内停留时间： $\theta=\frac{A_f\times H_T}{L_s}$ $=\frac{0.1449\times0.45}{2.8\times10^{-3}}\text{s}$ $=23.2875\text{s}$ $\theta>5\text{s}$，故可用。	2. 溢流装置 选单溢流弓型降液管，不设进口堰 (1)堰长 l_W 取堰长 $l_W=0.65D=0.65\times1.6\text{m}=1.04\text{m}$ (2)溢流堰上液流高度 h_{0w} $h_{0w}=\frac{2.84}{1000}\times E\times\left(\frac{L_h}{l_w}\right)^{\frac{2}{3}}$ $\frac{L_s}{l_w}=\frac{4.29\times10^{-3}\times3600}{1.04}=14.85$ $\frac{l_w}{D}=\frac{1.04}{1.6}=0.65$ 取 $E=1$ $h_{0w}=\frac{2.84}{1000}\times1\times(14.85)^{\frac{2}{3}}\text{m}=0.0172\text{m}$ (3)出口堰高度 h_w： $h_w=h_L-h_{0w}=0.07\text{m}-0.0172\text{m}=0.0528\text{m}$ (4)降液管底隙高度 h_0 取降液管底隙处液体流速： $u_0'=0.08\text{m/s}$ $h_0=\frac{L_s}{l_w\times u_0'}$ $=\frac{4.29\times10^{-3}}{1.04\times0.08}\text{m}$ $=0.0516\text{m}$ 取 $h_0=40\text{mm}$ (5)弓型降液管宽度 W_d 和面积 A_f 查《化工原理课程设计》： $\frac{A_f}{A_T}=0.0721$ $A_f=0.0721\times2.01\text{m}^2=0.1449\text{m}^2$ $\frac{W_d}{D}=0.124$ $W_d=0.124\times1.6\text{m}=0.199\text{m}$ 液体在降液管内停留时间： $\theta=\frac{A_f\times H_T}{L_s}$ $=\frac{0.1449\times0.45}{4.29\times10^{-3}}\text{s}$ $=15.2\text{s}$ $\theta>5\text{s}$，故可用。
3. 塔板布置及浮阀数排列 取阀孔动能因子 $F_0=10$，求孔速 u_0 $u_0=\frac{F_0}{\sqrt{\rho_V}}$ $=\frac{10}{\sqrt{1.285}}\text{m/s}$ $=8.818\text{m/s}$ 每层塔板上浮阀数： $N=\frac{4\times V_s}{\pi\times d_0{}^2\times u_0}$ $=\frac{4\times1.8723}{3.14\times(0.039)^2\times8.818}$ $=177$ 个	3. 塔板布置及浮阀数排列 取阀孔动能因子 $F_0=10$，求孔速 u_0 $u_0=\frac{F_0}{\sqrt{\rho_V}}$ $=\frac{10}{\sqrt{1.435}}\text{m/s}$ $=8.35\text{m/s}$ 每层塔板上浮阀数： $N=\frac{4\times V_s}{\pi\times d_0^2\times u_0}$ $=\frac{4\times1.9059}{3.14\times(0.039)^2\times8.35}$ $=191$ 个

续表

精馏段	提馏段
取边缘区宽度 $W_C=0.06\text{m}$；破沫区宽度 $W_S=0.10\text{m}$ 塔板上的鼓泡区面积： $A_a=2\times\left(x\sqrt{R^2-x^2}+\frac{\pi}{180}R^2\times\sin^{-1}\frac{x}{R}\right)$ $R=\frac{D}{2}-W_C=\frac{1.6}{2}\text{m}-0.06\text{m}=0.74\text{m}$ $x=\frac{D}{2}-(W_d+W_s)$ $=\frac{1.6}{2}\text{m}-(0.199+0.10)\text{m}$ $=0.501\text{m}$ $A_a=2\times\left(0.501\times\sqrt{0.74^2-0.501^2}+\frac{\pi}{180}\times0.74^2\times\sin^{-1}\frac{0.501}{0.74}\right)=1.36\text{m}^2$ 浮阀排列方式采用等腰三角形叉排，取同一横排孔心距 $t=75\text{mm}$，则排间距： $t'=\frac{A_a}{N\times t}=\frac{1.36}{177\times0.075}\text{mm}=102.5\text{mm}$ 考虑到塔的直径较大，必须采用分块式塔板，而各分块的支承与衔接也要占去一部分鼓泡区面积，因此排间距不宜采用 102.5mm 而应小于此值，故 $t'=80\text{mm}$ 按 $t=75\text{mm}$，$t'=80\text{mm}$ 以等腰三角形叉排方式作图，排得阀数 $N=184$ 个。 按 $N=184$ 重新核算孔速及阀孔动能因数： $u_0=\frac{1.8723}{0.785\times(0.039)^2\times184}\text{m/s}=8.52\text{m/s}$ $F_0=u_0\times\sqrt{\rho_V}=9.66$ 阀孔动能因数变化不大，仍在 9～12 范围内。塔板开孔率 $\phi=\frac{u}{u_0}\times100\%=\frac{0.931}{8.52}\times100\%$ $=10.9\%$	取边缘区宽度 $W_C=0.06\text{m}$；破沫区宽度 $W_S=0.10\text{m}$ 塔板上的鼓泡区面积： $A_a=2\times\left(x\sqrt{R^2-x^2}+\frac{\pi}{180}R^2\times\sin^{-1}\frac{x}{R}\right)$ $R=\frac{D}{2}-W_C=\frac{1.6}{2}\text{m}-0.06\text{m}=0.74\text{m}$ $x=\frac{D}{2}-(W_d+W_s)$ $=\frac{1.6}{2}\text{m}-(0.199+0.10)\text{m}$ $=0.501\text{m}$ $A_a=2\times\left(0.501\times\sqrt{0.74^2-0.501^2}+\frac{\pi}{180}\times0.74^2\times\sin^{-1}\frac{0.501}{0.74}\right)=1.36\text{m}^2$ 浮阀排列方式采用等腰三角形叉排，取同一横排孔心距 $t=75\text{mm}$，则排间距： $t'=\frac{Aa}{N\times t}=\frac{1.36}{191\times0.075}\text{mm}=94.9\text{mm}$ 考虑到塔的直径较大，必须采用分块式塔板，而各分块的支承与衔接也要占去一部分鼓泡区面积，因此排间距不宜采用 94.9mm 而应小于此值，故 $t'=80\text{mm}$ 按 $t=75\text{mm}$，$t'=80\text{mm}$ 以等腰三角形叉排方式作图，排得阀数 $N=184$ 个。 按 $N=184$ 重新核算孔速及阀孔动能因数： $u_0=\frac{1.9059}{0.785\times(0.039)^2\times184}\text{m/s}=8.68\text{m/s}$ $F_0=u_0\times\sqrt{\rho_V}=10.39$ 阀孔动能因数变化不大，仍在 9～12 范围内。塔板开孔率： $\phi=\frac{u}{u_0}\times100\%=\frac{0.948}{8.68}\times100\%$ $=10.9\%$
4. 塔板流体力学验算： (1)气相通过浮阀塔的压力降可根据塔板压力降公式：$h_p=h_c+h_l+h_\sigma$ ①干板阻力： 阀全开前：$h_c=19.9\times\frac{u_{0c}^{0.175}}{\rho_L}$ 阀全开后：$h_c=5.34\times\frac{u_{0c}^2}{2g}\times\frac{\rho_V}{\rho_L}$ 两公式联立解出： $u_{0c}=9.15\text{m/s}>u_0=8.52\text{m/s}$ $h_C=19.9\times\frac{u_0^{0.175}}{\rho_L}$ $=19.9\times\frac{8.52^{0.175}}{753.4}\text{m}$ $=0.0384\text{m}$ ②板上充气液层阻力： 本设备分离甲醇和乙醇的混合液，可取充气系数 $\xi_0=0.5$ $h_l=\xi_0h_L=0.5\times0.07\text{m}=0.035\text{m}$ ③液体表面张力所造成的阻力，此相阻力很小，可忽略不计。	4. 塔板流体力学验算： (1)气相通过浮阀塔的压力降可根据塔板压力降公式：$h_p=h_c+h_l+h_\sigma$ ①干板阻力： 阀全开前：$h_c=19.9\times\frac{u_{0c}^{0.175}}{\rho_L}$ 阀全开后：$h_c=5.34\times\frac{u_{0c}^2}{2g}\times\frac{\rho_V}{\rho_L}$ 两公式联立解出： $u_{0c}=8.612\text{m/s}<u_0=8.68\text{m/s}$ $h_c=5.34\times\frac{u_0^2}{2g}\times\frac{\rho_V}{\rho_L}$ $=5.34\times\frac{8.68^2}{2\times9.81}\times\frac{1.435}{747.6}\text{m}$ $=0.0394\text{m}$ ②板上充气液层阻力： 本设备分离甲醇和乙醇的混合液，可取充气系数 $\xi_0=0.5$ $h_l=\xi_0\cdot h_L=0.5\times0.07\text{m}=0.035\text{m}$ ③液体表面张力所造成的阻力，此相阻力很小，可忽略不计。

续表

精馏段	提馏段
因此，气体流经一层浮阀塔板的压力降所相当的液柱高度为： $h_p = h_c + h_l = 0.0384\text{m} + 0.035\text{m} = 0.0734\text{m}$ 单板压降 $\Delta p_p = h_p \cdot \rho_l g$ $= 0.0734 \times 753.4 \times 9.81\text{Pa}$ $= 542.5\text{Pa}$ (2)淹塔 为了防止淹塔现象的发生，要求控制液管中清液层高度：$H_d \leqslant \phi(H_T + h_W)$ $H_d = h_p + h_l + h_d$ $h_d = 0.153 \times \left(\frac{L_s}{l_w \times h_0}\right)^2$ $= 0.153 \times \left(\frac{2.8 \times 10^{-3}}{1.04 \times 0.04}\right)^2 \text{m}$ $= 0.00069\text{m}$ $H_d = h_p + h_l + h_d$ $= 0.0734\text{m} + 0.07\text{m} + 0.00069\text{m}$ $= 0.14409\text{m}$ 取 $\phi = 0.5$，又已选定 $H_T = 0.45\text{m}$，$h_W = 0.0568\text{m}$ $\phi(H_T + h_W) = 0.5(0.45 + 0.0568)\text{m} = 0.2534\text{m}$ 可见，$H_d < \phi(H_T + h_W)$，符合防止淹塔的要求。 (3)雾沫夹带： ①板上液体流经长度 Z_L $Z_L = D - 2W_d = 1.6\text{m} - 2 \times 0.199\text{m} = 1.202\text{m}$ ②板上液流面积 A_b $A_b = A_T - 2A_f = 2.01\text{m}^2 - 2 \times 0.1449\text{m}^2$ $= 1.7202\text{m}^2$ 甲醇-乙醇可按正常系统取物性系数 $K = 1.0$，查图得泛点负荷系数 $C_F = 0.128$，求泛点率： $F_1 = \frac{V_s\sqrt{\frac{\rho_V}{\rho_L - \rho_V}} + 1.36 L_s \times Z_L}{K \times C_F \times A_b}$ $= 37.05\%$ $F_1 = \frac{V_s\sqrt{\frac{\rho_V}{\rho_L - \rho_V}}}{0.78 \times K \times C_F \times A_T} \times 100\%$ $= 38.26\%$ 对于大塔，为避免过量雾沫夹带，应控制泛点率不超过0.8，通过计算出的泛点率都在0.8以内，故可知雾沫夹带量能够满足： $e_V < 0.1\text{kg}$(液)/kg(气)的要求。	因此，气体流经一层浮阀塔板的压力降所相当的液柱高度为： $h_p = h_c + h_l = 0.0394\text{m} + 0.035\text{m} = 0.0744\text{m}$ 单板压降 $\Delta p_p = h_p \rho_l g$ $= 0.0744 \times 747.6 \times 9.81\text{Pa}$ $= 545.6\text{Pa}$ (2)淹塔 为了防止淹塔现象的发生，要求控制液管中清液层高度：$H_d \leqslant \phi(H_T + h_W)$ $H_d = h_p + h_l + h_d$ $h_d = 0.153 \times \left(\frac{L_s}{l_w \times h_0}\right)^2$ $= 0.153 \times \left(\frac{4.29 \times 10^{-3}}{1.04 \times 0.04}\right)^2 \text{m}$ $= 0.00163\text{m}$ $H_d = h_p + h_l + h_d$ $= 0.0774\text{m} + 0.07\text{m} + 0.00163\text{m}$ $= 0.14603\text{m}$ 取 $\phi = 0.5$，又已选定 $H_T = 0.45\text{m}$，$h_W = 0.0528\text{m}$ $\phi(H_T + h_W) = 0.5(0.45 + 0.0528)\text{m} = 0.2514\text{m}$ 可见，$H_d < \phi(H_T + h_w)$，符合防止淹塔的要求。 (3)雾沫夹带： ①板上液体流经长度 Z_L $Z_L = D - 2W_d = 1.6\text{m} - 2 \times 0.199\text{m} = 1.202\text{m}$ ②板上液流面积 A_b $A_b = A_T - 2A_f = 2.01\text{m}^2 - 2 \times 0.1449\text{m}^2$ $= 1.7202\text{m}^2$ 甲醇-乙醇可按正常系统取物性系数 $K = 1.0$，查图得泛点负荷系数 $C_F = 0.128$，求泛点率： $F_1 = \frac{V_s\sqrt{\frac{\rho_V}{\rho_L - \rho_V}} + 1.36 L_s \times Z_L}{K \times C_F \times A_b}$ $= 41.1\%$ $F_1 = \frac{V_s\sqrt{\frac{\rho_V}{\rho_L - \rho_V}}}{0.78 \times K \times C_F \times A_T} \times 100\%$ $= 41.66\%$ 对于大塔，为避免过量雾沫夹带，应控制泛点率不超过0.8，通过计算出的泛点率都在0.8以内，故可知雾沫夹带量能够满足： $e_V < 0.1\text{kg}$(液)/kg(气) 的要求。
5. 塔板负荷性能图 (1) 雾沫夹带上限线 按泛点率=0.8算出 V_S-L_S 关系。	5. 塔板负荷性能图 (1) 雾沫夹带上限线 按泛点率=0.8算出 V_s-L_s 关系。

续表

精馏段

根据公式：

$$0.8=\frac{V_s\sqrt{\frac{1.285}{753.4-1.285}}+1.36L_s\times 1.202}{1\times 0.128\times 1.7202}$$

整理得：$0.0413V_s+1.635L_s=0.1761$

或 $V_s=4.27-39.59L_s$

在操作范围内任取 3 个 L_s 值，算出相应 V_s

$L_s/(m^3/s)$	0.001	0.004	0.007
$V_s/(m^3/s)$	4.23	4.11	3.99

(2)液泛线

$$a=1.91\times 10^5\times\frac{\rho_V}{\rho_L\times N^2}$$
$$=0.01052$$
$$b=\phi H_T+(\phi-1-\xi_0)h_w$$
$$=0.5\times 0.45+(0.5-1-0.5)\times 0.0568$$
$$=0.1682$$
$$c=\frac{0.153}{l_w^2\times h_0^2}=88.41$$
$$d=(1+\xi_0)\times E\times\frac{0.667}{l_w^{\frac{2}{3}}}$$

取 $E=1$，则：

$$d=(1+0.5)\times 1\times\frac{0.667}{1.04^{\frac{2}{3}}}$$
$$=0.9747$$

整理：

$$0.01052V_s^2=0.1682-88.41L_s^2-0.974L_s^{2/3}$$

或 $V_s^2=15.99-8404.09L_s^2-92.652L_s^{2/3}$

在操作范围内取 3 个 L_s 值，算出相应的 V_s 值：

$L_s/(m^3/s)$	0.001	0.005	0.009
$V_s/(m^3/s)$	3.87	3.62	3.36

(3)液相负荷上限线

以 5s 作为降液管中停留时间下限：

$$(L_s)_{max}=\frac{A_f\times H_T}{5}=0.013m^3/s$$

(4)泄漏线

以 $F_0=5$ 作为规定气体最小负荷标准：

$$(V_s)_{min}=\frac{\pi}{4}\times d_0^2\times N\times\frac{5}{\sqrt{\rho_V}}=0.97m^3/s$$

(5)液相负荷下限线

以 $h_{0w}=0.006m$ 作为规定最小液体负荷标准：

$$\frac{2.84}{1000}\times E\times\left(\frac{3600L_{smin}}{l_w}\right)^{\frac{2}{3}}=0.006$$

取 $E=1$，则：

$$(L_s)_{min}=\left(\frac{0.006\times 1000}{2.84\times 1}\right)^{\frac{3}{2}}\times\frac{l_w}{3600}$$
$$=0.000887m^3/s$$

提馏段

根据公式：

$$0.8=\frac{V_s\sqrt{\frac{1.435}{747.6-1.435}}+1.36L_s\times 1.202}{1\times 0.128\times 1.7202}$$

整理的：$0.0439V_s+1.635L_s=0.1761$

或 $V_s=4.01-37.24L_s$

在操作范围内任取 3 个 L_s 值，算出相应 V_s

$L_s/(m^3/s)$	0.001	0.004	0.007
$V_s/(m^3/s)$	3.97	3.86	3.75

(2)液泛线

$$a=1.91\times 10^5\times\frac{\rho_V}{\rho_L\times N^2}$$
$$=0.01083$$
$$b=\phi H_T+(\phi-1-\xi_0)h_w$$
$$=0.5\times 0.45+(0.5-1-0.5)\times 0.0568$$
$$=0.1722$$
$$c=\frac{0.153}{l_w^2\times h_0^2}=88.41$$
$$d=(1+\xi_0)\times E\times\frac{0.667}{l_w^{\frac{2}{3}}}$$

取 $E=1$，则：

$$d=(1+0.5)\times 1\times\frac{0.667}{1.04^{\frac{2}{3}}}$$
$$=0.9747$$

整理：

$$0.01183V_s^2=0.1722-88.41L_s^2-0.9747L_s^{2/3}$$

或 $V_s^2=14.556-7473.4L_s^2-82.392L_s^{2/3}$

在操作范围内取 3 个 L_s 值，算出相应的 V_s 值：

$L_s/(m^3/s)$	0.001	0.005	0.009
$V_s/(m^3/s)$	3.70	3.46	3.22

(3)液相负荷上限线

以 5s 作为降液管中停留时间下限：

$$(L_s)_{max}=\frac{A_f\times H_T}{5}=0.013m^3/s$$

(4)泄漏线

以 $F_0=5$ 作为规定气体最小负荷标准：

$$(V_s)_{min}=\frac{\pi}{4}\times d_0^2\times N\times\frac{5}{\sqrt{\rho_V}}=0.92m^3/s$$

(5)液相负荷下限线

以 $h_{0w}=0.006m$ 作为规定最小液体负荷标准：

$$\frac{2.84}{1000}\times E\times\left(\frac{3600L_{smin}}{l_w}\right)^{\frac{2}{3}}=0.006$$

取 $E=1$，则：

$$(L_s)_{min}=\left(\frac{0.006\times 1000}{2.84\times 1}\right)^{\frac{3}{2}}\times\frac{l_w}{3600}=0.000887m^3/s$$

续表

精馏段	提馏段
根据塔板负荷性能图(图略)有： $(V_s)_{max}=3.6m^3/s$ $(V_s)_{min}=0.97m^3/s$ 操作弹性=3.6/0.97=3.7	根据塔板负荷性能图(图略)有： $(V_s)_{max}=3.3m^3/s$ $(V_s)_{min}=0.92m^3/s$ 操作弹性=3.3/0.92=3.59

4. 塔高的确定

$$塔高\ H=H_d+H_b+H_f+(N_P-2-S)\times H_T+S\times H'_T$$

式中 H——塔高，m；

H_d——塔顶空间，取1.2～1.5m；

H_b——塔底空间，取1.2～1.5m；

H_T——塔板间距，m；

H_f——进料段高度，m；

N_P——实际塔板数；

H'_T——人孔直径，取0.8m。

求取人孔数 $S=\frac{38}{6}=6.3$，取 $S=6$

$$塔高\ H=1.5m+1.5m+2m+(32-2-6)\times 0.45m+6m\times 0.8m=20.6m$$

5. 精馏装置附属设备的设计

(1) 冷凝器的选型

① 冷却器的热负荷

查《化工基础数据手册》并利用内差法计算，65.0℃时的汽化潜热

$$r_D=\frac{8321-8516}{10}\times 5cal/mol+8516cal/mol=8418.5cal/mol=35.25\times 10^3 kJ/kmol$$

冷却器的热负荷：$Q_C=(R+1)Dr_D=(5.205+1)\times 38.74\times 35.25\times 10^3 kJ/h=8.47\times 10^6 kJ/h$

采用水作为冷流体，并取水的进口温度为25℃，出口温度为35℃。甲醇为热流体，为仅有相变，温度为65.0℃，采用逆流传热。

热流体 65.0℃→65.0℃ $\Delta t_1=40.0$℃

冷流体 25℃→35℃ $\Delta t_2=30.0$℃

$$\Delta t_m=\frac{\Delta t_1-\Delta t_2}{\ln\frac{\Delta t_1}{\Delta t_2}}=\frac{40-30}{\ln\frac{40}{30}}=34.76℃$$

查《化工工艺技术手册》下册 K 取 $350kcal/(m^2\cdot h\cdot ℃)$，进行单位变换

$$k=1465.1kJ/(m^2\cdot h\cdot ℃)$$

② 冷凝器的传热面积

$$A_C=\frac{Q_C}{K\times\Delta t_m}=\frac{8.74\times 10^6}{1465.1\times 34.76}m^2=166m^2$$

③ 冷却介质消耗量 W_C

塔顶蒸气经冷凝后过冷程度不大，可视为仅发生冷凝过程，因而可按相变过程计算。

$$W_C=\frac{Q_C}{c_p\times\Delta t}=\frac{8.47\times10^6}{4.174\times(35-25)}\text{kg/h}=2.03\times10^5\text{ kg/h}$$

查《化工工艺技术手册》下册选择冷凝器标准型号为 FL_B-800-170-16-2，设备净重为 7034kg，施工图号为 JFL031。

（2）再沸器的选型

① 再沸器的热负荷

查《化工基础数据手册》利用内差法求出 77.3℃时的汽化潜热

$$r_D=\frac{9221-9455}{10}\times5\text{kmol}+9455\text{kmol}=9284.18\text{kcal/kmol}=3.89\times10^4\text{ kJ/kmol}$$

再沸器的热负荷：$Q_h=V'r_D+Q_L$　　（Q_L 热损失忽略）

$$=(R+1)Dr_D=(5.2+1)\times38.74\times3.89\times10^4\text{ kJ/h}=9.35\times10^6\text{ kJ/h}$$

采用水为热流体，乙醇为冷流体，取 200kPa 下饱和水蒸气温度 $t=120$℃，乙醇温度在 77.3℃时仅发生相变过程。

$$\Delta t_m=120.2℃-77.3℃=42.9℃$$

查《化工工艺设计手册》取 $k=450\text{kcal/(m}^2\cdot\text{h}\cdot℃)=1883.7\text{kJ/(m}^3\cdot\text{h}\cdot℃)$

② 再沸器传热面积：

$$A_B=\frac{Q_B}{K\times\Delta t_m}=\frac{9.35\times10^6}{1883.7\times42.9}\text{m}^2=155.7\text{m}^2$$

③ 加热介质消耗量 W_h

由于加热介质走管内，故其放出的热量等于再沸器的热负荷。

查《流体流动与传热》附表，$I_{B2}=2708.9$J/kg，$I_{B1}=503.67$J/kg

$$W_h=\frac{Q_B}{I_{B1}-I_{B2}}=\frac{9.35\times106}{2708.9-503.67}\text{kg/h}=4.24\times10^3\text{ kg/h}$$

查《化工工艺设计手册》选再沸器标准型号标准图号 JB1146-71-1/2-02，设备型号 GCH1000-6-120。

（3）泵的选型

查《流体流动与传热》P45 表 1-1 取管内适宜流速 $u=0.8$m/s，$L_S=2.8\times10^{-3}\text{ m}^3/\text{s}$

$$d=\sqrt{\frac{4\times q_V}{\pi\times u}}=\sqrt{\frac{4\times0.0028}{3.14\times0.8}}=0.068\text{m}$$

查附录二得知，公称直径为 70mm 的无缝钢管，其实际外径 76mm，取公称压力 $p_g=15$，其内径为 70mm。

若选此无缝钢管则管内实际流速为 $u=\dfrac{4\times q_V}{\pi\times d^2}=\dfrac{4\times0.0028}{3.14\times0.07^2}\text{m/s}=0.73\text{m/s}$

取回流罐液面为 1—1 截面，取水管出口外侧为 2—2 截面，并以其为基准水平面

根据柏式方程　$z_1+\dfrac{u_1^2}{2g}+\dfrac{p_1}{\rho g}+H_e=z_2+\dfrac{u_2^2}{2g}+\dfrac{p_2}{\rho g}+H_f$

已知：$u_1=u_2=0$，$p_1=p_2=0$(表)，$Z_1=Z_2=H_f$，取 $\Delta Z_1=15$m

根据查表选取

1 个带滤水器的底阀（全开）　$l_e/d=420$

2 个闸阀　$l_e/d=2\times7=14$

1 个转子流量计　$l_e/d=250$

6 个 90°标准弯头　$l_e/d=210$

管进出口 $l_e/d=20+40=60$

故 $\sum l_e/d=420+14+250+210+60=952$

取直管长 $l=150\text{m}$ $d=70\text{mm}$

$$l/d=150/0.07=2142.86$$

$$l/d+\sum l_e/d=2142.86+952=3094.86$$

查附录六知65℃甲醇 $\rho=755.25\text{kg/m}^3$，$\mu=0.3255\times10^{-3}\text{Pa}\cdot\text{s}$

$$Re=\frac{du\rho}{\mu}=\frac{0.07\times0.73\times755.25}{0.3255\times10^{-3}}=1.18\times10^5>4000\ (\text{湍流})$$

取无缝钢管绝对粗糙度 $\varepsilon=0.2\text{mm}$，$\varepsilon/d=0.2/70=0.0029$

查莫狄图（见《化工原理》一），取 $\lambda=0.028$

压头损失

$$H_f=\lambda\times\frac{l+\sum l_e}{d}\times\frac{u^2}{2\times g}=4.88\text{m}$$

$$H_e=15\text{m}+4.88\text{m}=19.88\text{m}$$

查《化工工艺技术手册》上册

泵型号 50Y-60B

流量 $11.7\text{m}^3/\text{h}$

扬程 36m

转数 2950r/min

（4）接管的选择（略）

六、浮阀精馏塔的设计练习

1. 设计题目：分离乙醇-水混合液的浮阀精馏塔

设计条件：生产能力为5000kg/h，原料中乙醇含量为30%（质量分数），分离要求为塔顶乙醇含量不低于95%，塔低乙醇含量不高于0.4%，常压下操作，塔顶采用全凝器，饱和液体进料。

2. 设计题目：分离正己烷-正庚烷混合液的浮阀精馏塔

设计条件：生产能力为6000kg/h，原料中正己烷含量为40%（摩尔分数），分离要求为塔顶正己烷含量不低于96%，塔低乙醇含量不高于4.5%，常压下操作，塔顶采用全凝器，饱和液体进料。

3. 设计题目：分离氯仿-苯混合液的浮阀精馏塔

设计条件：生产能力为7000kg/h，原料中氯仿含量为40%（摩尔分数），分离要求为塔顶氯仿含量不低于95%，塔低氯仿含量不高于4%，常压下操作，塔顶采用全凝器，饱和液体进料。

4. 设计题目：分离苯-乙苯混合液的浮阀精馏塔

设计条件：生产能力为5000kg/h，原料中苯含量为45%（摩尔分数），分离要求为塔顶苯含量不低于98%，塔低苯含量不高于5%，常压下操作，塔顶采用全凝器，饱和液体进料。

5. 设计题目：分离甲苯-乙苯混合液的浮阀精馏塔

设计条件：生产能力为5500kg/h，原料中甲苯含量为45%（摩尔分数），分离要求为塔顶甲苯含量不低于98%，塔低甲苯含量不高于3.5%，常压下操作，塔顶采用全凝器，饱和液体进料。

小结

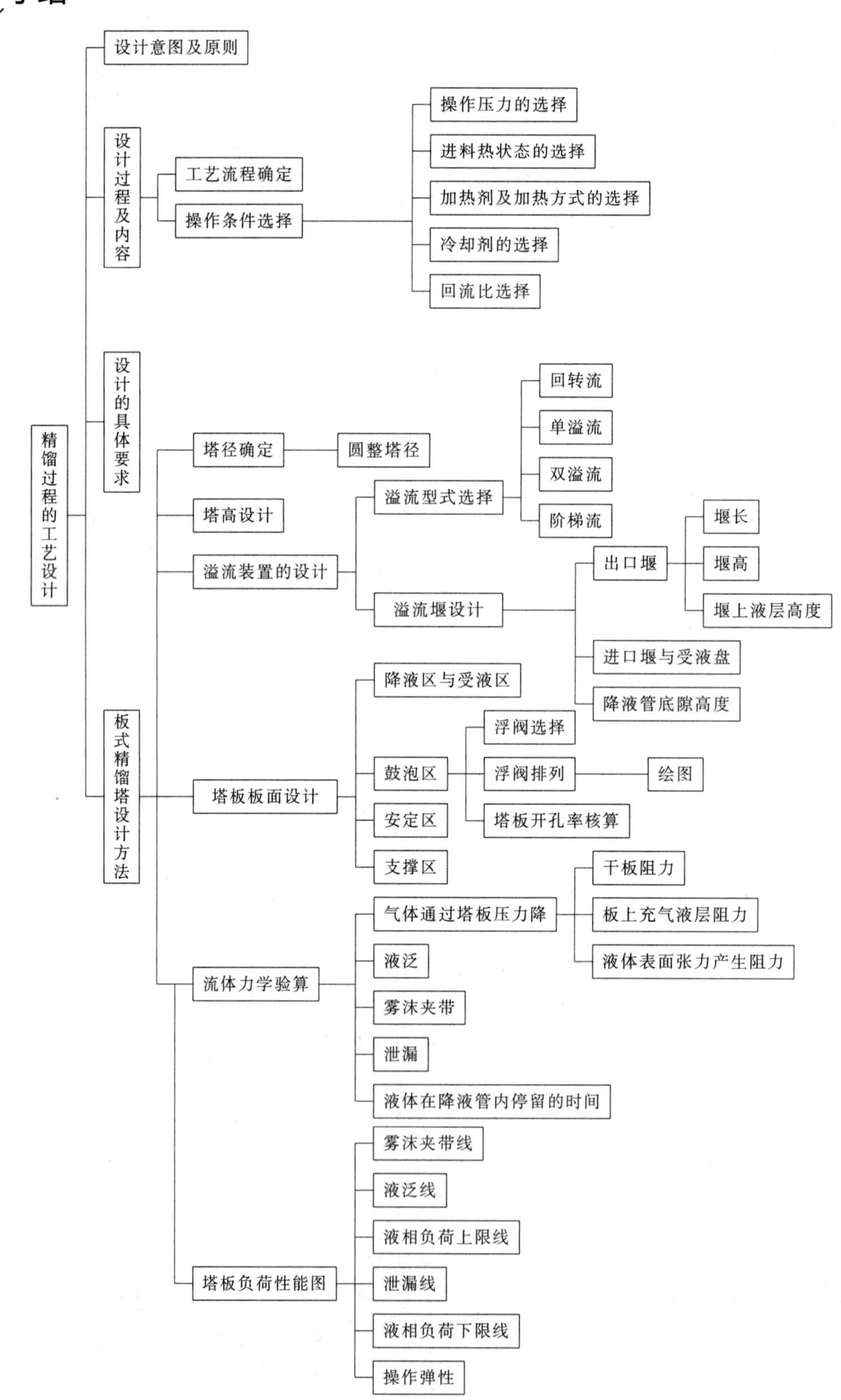
精馏过程的工艺设计
设计意图及原则
设计过程及内容
工艺流程确定
操作条件选择
操作压力的选择
进料热状态的选择
加热剂及加热方式的选择
冷却剂的选择
回流比选择
设计的具体要求
板式精馏塔设计方法
塔径确定
圆整塔径
塔高设计
溢流装置的设计
溢流型式选择
回转流
单溢流
双溢流
阶梯流
溢流堰设计
出口堰
堰长
堰高
堰上液层高度
进口堰与受液盘
降液管底隙高度
塔板板面设计
降液区与受液区
鼓泡区
浮阀选择
浮阀排列
绘图
塔板开孔率核算
安定区
支撑区
流体力学验算
气体通过塔板压力降
干板阻力
板上充气液层阻力
液体表面张力产生阻力
液泛
雾沫夹带
泄漏
液体在降液管内停留的时间
塔板负荷性能图
雾沫夹带线
液泛线
液相负荷上限线
泄漏线
液相负荷下限线
操作弹性

思考题

1. 怎样确定精馏塔的直径?塔板间距对精馏操作有什么影响?
2. 塔板负荷性能图对塔的设计和操作有什么意义?图中包含哪几条线?

自测题

一、填空题

1. 板式塔内塔板上气、液两相的接触状态有（　　）、（　　）和（　　）三种。
2. 当塔板上气、液两相为喷射接触状态时，气相为（　　）相，液相为（　　）相。
3. 板式塔的异常操作现象主要是指（　　）、（　　）、（　　）和（　　）。
4. 气体通过塔板的总压降包括（　　）、（　　）和（　　）。

二、选择题

1. 整块式塔盘适用于塔直径小于（　　）。
A. 500mm　　B. 800mm　　C. 1500mm　　D. 1000mm
2. 增大精馏塔塔顶冷凝器中的冷却剂用量，可以（　　）塔顶压力。
A. 降低　　B. 提高　　C. 不改变　　D. 不一定
3. 回流比大对精馏塔操作的影响，下列错误的是（　　）。
A. 塔负荷高　　B. 分离效果变差　　C. 操作费用高　　D. 传质推动力增加
4. 浮阀的排列方式采用等腰三角形叉排时，t'可取为（　　）等几种尺寸。
A. 60mm、70mm　　B. 65mm、80mm、110mm
C. 50mm、60mm　　D. 110mm、120mm、130mm
5. 精馏操作中，其他条件不变，塔板压力降增大，预示可能（　　）。
A. 液泛　　B. 严重漏液　　C. 过量液沫夹带　　D. 降液管超负荷
6. 精馏塔内上升蒸气不足时将发生的不正常现象是（　　）。
A. 液泛　　B. 漏液　　C. 雾沫夹带　　D. 干板
7. 在精馏塔操作中，若出现淹塔时，可采取的处理方法有（　　）。
A. 调进料量，降釜温，停采出　　B. 降回流，增大采出量
C. 停车检修　　D. 以上三种方法
8. 下列判断不正确的是（　　）。
A. 上升气速过大引起漏液　　B. 上升气速过大造成过量雾沫夹带
C. 上升气速过大引起液泛　　D. 上升气速过大造成大量气泡夹带
9. 气液两相在筛板上接触，其分散相为液相的接触方式是（　　）。
A. 鼓泡接触　　B. 喷射接触　　C. 泡沫接触　　D. 以上三种都不对
10. 下列（　　）是产生塔板漏液的原因。
A. 上升蒸气量小　　B. 下降液体量大　　C. 进料量大　　D. 再沸器加热量大
11. 由于气体和液体流量过大两种原因共同造成的是（　　）现象。
A. 漏液　　B. 液沫夹带　　C. 气泡夹带　　D. 液泛
12. 在精馏塔操作中，若出现塔釜温度及压力不稳时，可采取的处理方法有（　　）。
A. 调整蒸气压力至稳定　　B. 停车检查泄漏处
C. 检查疏水器　　D. 以上三种方法

三、判断题

1. 增大回流比可以改善分离效果，因此回流比越大越好。(　　)
2. 设计一精馏塔时，回流比选得大，则所需塔板数也多。(　　)
3. 回流比的大小对精馏塔塔板数和进料位置的设计起着重要作用。(　　)
4. 板式塔设计时，液体在降液管内的停留时间必须大于3～5s，以减少气泡夹带。(　　)
5. 对于常压塔，开孔率 ϕ 一般控制在10%～20%之间。(　　)
6. 设计时空塔气速可超过 u_{max}，不会造成严重的雾沫夹带现象。(　　)
7. 设计时常取阀孔动能因素 $F_0=6～12$，因为此时塔的操作性能最好。(　　)
8. 板式塔内塔板上气、液两相的接触状态以鼓泡接触状态为最好。(　　)
9. 板式塔操作多数控制在泡沫接触状态。(　　)
10. 板式塔内塔板上由于液面落差存在将造成气体分布的不均匀。(　　)
11. 工程上规定，泄漏量不应当大于液体量的15%。(　　)

安全窗：动火作业安全规定（部分）

1. 动火作业是指在禁火区进行焊接与切割作业及在易燃易爆场所使用喷灯、电钻、砂轮等进行可能产生火焰、火花和炽热表面的临时性场所。

2. 要根据火灾危险程度及生产、维修工作的需要，在加油站内划分固定动火区和禁火区。

3. 固定动火区是允许从事焊接作业的区域，固定动火区应符合下列条件：

(1) 动火期间距动火点30m内不得排放各类可燃气体；距动火点15m内不得排放各类可燃液体；不得在动火点10m范围内及用火点下方同时进行可燃溶剂清洗或喷漆等作业。

(2) 室内固定动火区应与危险源隔开，门窗要向外开，道路要畅通。

(3) 固定动火区内要有明显标志，不准堆放易燃杂物，并配备一定数量的灭火器材。

(4) 固定动火区的划分，由站长批准。

4. 加油站除固定动火区外，其他均为禁火区，需在禁火区动火时，必须申请办理《动火安全作业证》。

5. 禁火区内动火，根据危险程度划分为三级。

(1) 特殊危险动火作业：在生产运行状态下的易燃易爆物品生产装置、运输管道、储罐、容器等部位上，及其他危险场所的动火作业。

(2) 一级动火区：易燃易爆的装置、设备、管道及其周围的动火。

(3) 二级动火区：特殊危险动火及一级动火范围以外的动火。

(4) 三级动火区：一般危险动火及一级、二级动火范围外的动火。

任务7　学习其他精馏方法

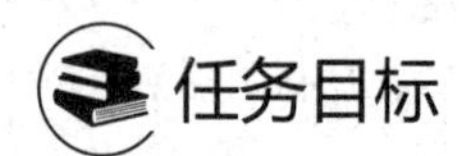

- 了解几种特殊的精馏方法；

- 了解恒沸精馏和萃取精馏在工业生产中的应用；
- 掌握多组分精馏的原理和工艺计算。

技能要求

- 能够理解恒沸精馏和萃取精馏的分离原理；
- 能够正确分析多组分精馏的工艺。

前面所介绍的精馏方法，是以液体混合物中各组分的相对挥发度差异为依据的，且组分间挥发度差别愈大愈容易分离，一般被称为普通精馏。但普通精馏不能分离像乙醇-水、硝酸-水等具有共沸组成的溶液。实践证明，当组分间的相对挥发度接近于1或形成恒沸物时，用普通的分离方法在经济上是极不合算的。例如丁烯的沸点为273.9K，丁烷的沸点为272.5K，两者的相对挥发度为1.012，如果将含50%丁烷的原料液分离，分离要求为馏出液和残液的纯度均是95%时，至少需要300块理论板才能完成分离任务，这在实际生产中是根本无法实现的。对于这类混合物的分离，必须采用特殊精馏方法。截至目前所开发出的特殊精馏方法有水蒸气蒸馏、恒沸精馏、萃取精馏、溶盐精馏、催化精馏、膜蒸馏等。这几种方法虽然各有各的特点，但恒沸精馏、萃取精馏和盐效应精馏的基本原理都是在被分离溶液中加入第三组分以加大原溶液中各组分间挥发度的差别，从而使其易于分离。本节仅介绍这三种特殊精馏的原理及应用。

一、水蒸气蒸馏

对于那些沸点较高或高温下易分解，且不溶于水的混合物，即可采用水蒸气蒸馏。水蒸气蒸馏的特点是将水蒸气直接通入蒸馏釜内的混合液中，这样可以降低混合液的沸点，避免混合液中各组分受热分解或采用高温热源，从而可以使混合液中的各组分得以分离的操作。故此操作常用于热敏性物料的蒸馏或高沸点物质与杂质的分离。

1. 水蒸气蒸馏的原理

完全互不相溶的液体混合物由于组分互不相溶，混合物便分为两层。当它们受热汽化时，其中各组分的蒸气压分别与在同温度下纯态时各自的蒸气压相等，并且，其大小仅与温度有关，而与混合物的组成无关。根据道尔顿分压定律，混合物上方的蒸气压等于该温度下各纯组分的饱和蒸气压之和。因混合液的平衡总压大于任一组分的蒸气压，因而其沸点比任一纯组分的都低，如101.3kPa下水的沸点100℃，苯的沸点80.1℃，而它们混合液的沸点仅为69.5℃。这样，如果在常压下采用水蒸气蒸馏，水和与其互不相溶的组分所组成的混合液，不管被分离组分的沸点有多高，混合液的沸点一定小于水的沸点。

2. 水蒸气蒸馏的应用

水蒸气蒸馏可以降低混合液的沸点，相应就降低了蒸馏所需的操作温度。它既可用于简单蒸馏，也适用于连续精馏。如在原油炼制的常、减压蒸馏塔中，常常采用从塔底通入水蒸气的方法来降低蒸馏的操作温度，并回收塔底中重油中的轻组分。此外，水蒸气蒸馏降低了操作温度，可防止热敏性物料的变质。但存在能耗高、设备负荷增大、传质效率降低、产品夹带水分等缺点，其中能耗大是水蒸气蒸馏的致命弱点。

两组分或多组分的液体混合物，在恒定压力下沸腾时，其组分与沸点均保持不变。

二、恒沸精馏

恒沸精馏又称共沸精馏，它的分离原理是在被分离的混合液中加入第三组分，该组分能与原料液中的一个或多个组分形成新的恒沸液（该恒沸物可以是最低恒沸点的塔顶产品，也可以是难挥发的塔底产品），使溶液变成"恒沸物-纯组分"的精馏，其相对挥发度大，从而使原料液能用普通精馏方法予以分离，这种精馏操作称为恒沸精馏。所使用的第三组分称为夹带剂或恒沸剂。

恒沸精馏适用于分离具有共沸组成的溶液或相对挥发度相近于1、用普通精馏方法难以实现分离的混合液，其中最具有工业价值的是从乙醇与水的混合液中分离出来无水酒精。

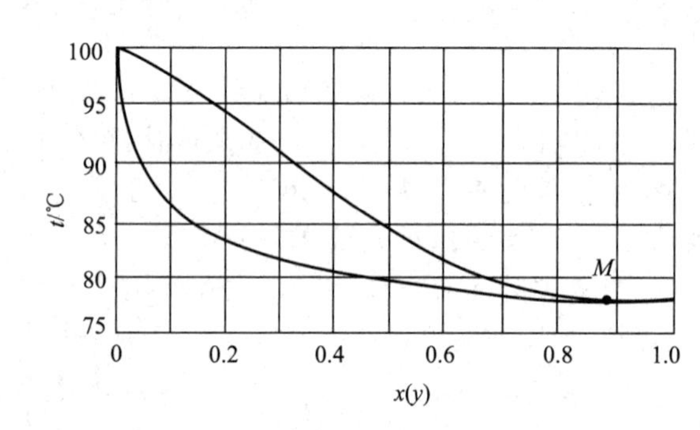

图 1-63 常压下乙醇-水的 t-x-y 图

1. 乙醇-水混合液的分离原理

前面介绍了理想溶液的气液相平衡，但在实际生产中还会经常遇到非理想物系。例如在常压下，乙醇-水溶液的 t-x-y 图如图 1-63 所示。由图可见，液相线和气相线在点 M 上重合，即在点 M 的两相组成（0.894，摩尔分数）相同，称为恒沸组成。点 M 的温度为 78.15℃，称为恒沸点，其溶液称为恒沸液。因点 M 的温度比任何组成下溶液的沸点低，故称这种溶液为具有最低恒沸点的溶液。若点 M 的温度比任何组成下溶液的沸点高，则称为具有最高恒沸点的溶液，如硝酸-水溶液就属于此类。

对于乙醇与水的混合液，如果采用普通精馏的方法即便将溶液全部蒸干也无法分离。但是如果在原料中加入适量的第三组分（夹带剂）苯，苯可以分别与乙醇和水形成新的二元或三元非均相恒沸液，其组成和沸点如表 1-11 所示。苯的加入量要使原料液中的水全部转入到恒沸液中。

表 1-11 乙醇、水、苯的恒沸物

恒沸物 \ 各组分的比例及恒沸点	乙醇（质量分数）/%	水（质量分数）/%	苯（质量分数）/%	恒沸点/℃
乙醇-水	95.57	4.43	—	78.15
苯-水	—	8.83	91.17	69.25
乙醇-苯	32.40	—	67.60	68.25
乙醇-水-苯	18.50	7.40	74.10	64.85

从表中可以看出，常压下，乙醇-水-苯三组分恒沸液的恒沸点最低，精馏时会从塔顶蒸出，并且，在三元恒沸物中乙醇的比例比原来乙醇-水恒沸物中的比例大大降低，而水所占的比例却增大了将近一倍。因此，只要苯的加入量适当，原料中的水就会几乎全部转移到新的恒沸物中去，在塔底得到的产品应为接近于纯的乙醇，即我们通常所说的无水酒精。

2. 制备无水酒精的生产工艺

工业上，用恒沸精馏的方法制备无水酒精的流程图如图 1-64 所示。

将工业酒精和苯（夹带剂）加入恒沸精馏塔中，由于常压下三元恒沸物的恒沸点为

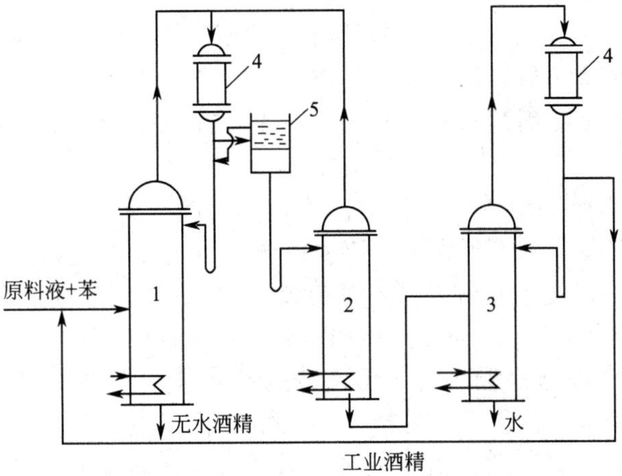

图 1-64　制备无水酒精的恒沸精馏流程示意图

1—恒沸精馏塔；2—苯回收塔；3—乙醇回收塔；4—冷凝器；5—分层器

64.85℃，故其先从塔顶蒸出来，当温度升到 68.25℃时，蒸出的是乙醇-苯二元恒沸物，随着温度的继续上升，苯-水和乙醇-水的二元恒沸物也先后蒸出。这些恒沸物把水从塔顶带出，塔底排出的是无水酒精。塔顶蒸气进入冷凝器中冷凝后一部分液相回流到塔内，余下的引入分层器中，经静置后分成轻、重两层液体，轻层中含苯的含量较多全部返回塔内作为补充回流液，重相中苯的含量较少送入苯回收塔的顶部以回收其中的苯。苯回收塔的蒸气由塔顶引出也进入冷凝器中，底部的产品为稀乙醇引入乙醇回收塔中。乙醇回收塔的塔顶产品为乙醇-水恒沸物，送回精馏塔作为补充原料，乙醇回收塔的塔底产品几乎为纯水。在操作中苯是循环使用的，但因有损耗，需定期补充。除苯外，夹带剂还可用戊烷、三氯乙烯等。

乙醇-水混合物恒沸精馏的优点是精馏时不需要将全部原料汽化，也不需要很大的回流比，只要能做到使新的恒沸物汽化就行，因此从设备规模和能量消耗看都是有益的。恒沸精馏的流程取决于夹带剂与原有组分所形成的恒沸液的性质。

3. 恒沸精馏中夹带剂的选择

在恒沸精馏中，选择适宜的夹带剂是十分重要的，它关系到能否分离及是否经济的问题。工业上对夹带剂的基本要求是：

① 夹带剂应能与被分离组分中的一个组分形成新的恒沸物，并且所形成恒沸物的恒沸点与纯组分的沸点差不小于 10℃；

② 夹带剂应与料液中含量较少的那个组分形成恒沸物，而且夹带组分的量要尽可能高，这样夹带剂用量较少，且能耗较低；

③ 新恒沸物所含夹带剂的量愈少愈好，以便减少夹带剂用量及汽化、回收时所需的能量；

④ 新形成的恒沸物要易于分离，最好为非均相混合物，以回收其中的夹带剂，如乙醇-水恒沸精馏中静置分层的办法；

⑤ 要满足一般的工业要求，如热稳定性、无毒、不腐蚀、来源容易、价格低廉等。

恒沸精馏也用于分离难分离的溶液，如以丙酮（或甲醇）为夹带剂，分离苯-环己烷溶液；以异丙醚为夹带剂，分离水-醋酸溶液等。

三、萃取精馏

萃取精馏和恒沸精馏相似，也是向原料液中加入第三组分（称为萃取剂或溶剂），以改变原有组分间的相对挥发度而达到分离要求的特殊精馏方法。但它也具有与恒沸精馏不同的特点，主要表现为：

① 萃取剂加入后并不与组分形成任何恒沸物，而是与混合物互溶，并可使其中某一组分的饱和蒸气压明显降低，从而加大了与原来组分之间的相对挥发度，使其容易分离。

② 萃取剂的沸点一般比要分离组分的沸点都要高，因此它基本上不会汽化，可以和混合物中的某一组分结合成难挥发组分从塔底排出，而不像恒沸精馏那样，夹带剂从塔顶蒸出。

③ 为了保证所有塔板上都能够有足够浓度的萃取剂，萃取剂在靠近塔顶处引入塔内，混合液在萃取剂入口处以下几块塔板另行引入。因此，萃取精馏塔分为三段：进料板以下的部分为提馏段，主要用于提馏回流液中的易挥发组分；进料板至萃取剂入口之间称为吸收段，主要是用萃取剂来吸收上升蒸气中的难挥发组分；萃取剂进口以上称为溶剂回收段，作用是为了回收萃取剂。萃取精馏往往采用饱和蒸气加料，以使精馏段和提馏段的萃取剂浓度基本相同。

萃取精馏主要用于分离各组分挥发度差别很小的溶液，其中最典型的操作是分离苯-环己烷的混合液。

1. 苯-环己烷混合液萃取精馏的分离原理

在常压下苯的沸点为80.1℃，环己烷的沸点为80.73℃，这两种组分的沸点相差很小，所以很难用普通精馏的方法将苯-环己烷混合液分离。若在苯-环己烷溶液中加入萃取剂（例如糠醛）之后，则混合液中两组分的相对挥发度将发生显著的变化，并且，萃取剂的用量越多，相对挥发度越大，如表1-12所示。

表1-12 糠醛对苯-环己烷相对挥发度的影响

溶液中糠醛的摩尔分数	0	0.2	0.4	0.5	0.6	0.7
相对挥发度 α	0.98	1.38	1.86	2.07	2.36	2.7

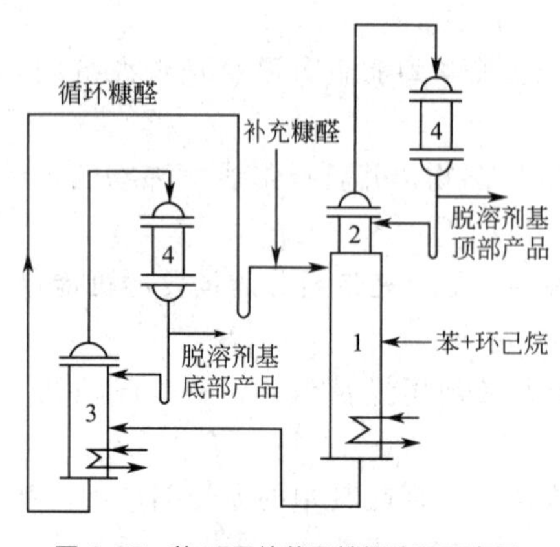

图1-65 苯-环己烷萃取精馏流程示意图
1—萃取精馏塔；2—萃取剂回收段；
3—苯分离塔；4—冷凝器

2. 苯-环己烷混合液萃取精馏的生产工艺

用萃取精馏的方法分离苯-环己烷混合液的流程如图1-65所示。

原料液从塔的中部进入萃取精馏塔中，萃取剂（糠醛）由萃取精馏塔顶部加入，以便在每层板上都与苯相结合，塔顶蒸气主要是环己烷。在萃取精馏塔上部设置回收段回收微量的糠醛蒸气（若萃取剂沸点很高，也可以不设回收段），糠醛和苯合成难挥发组分作塔底釜液从塔底引出，再将其送入苯回收塔中。由于常压下糠醛的沸点为161.7℃，比苯沸点高出很多，可以在苯分离塔中采用普通精馏的方法进行分离，釜液为糠醛，可送回萃取精馏塔中循环使用。

3. 萃取精馏中萃取剂的选择

萃取剂的选择对萃取精馏来说是至关重要的，只有采用高选择性的萃取剂才能使萃取精馏的操作成本和设备投资达到最小，因此，萃取剂的选择是萃取精馏技术的核心。

选择适宜萃取剂时，主要应考虑以下几个问题：

① 选择性强，应使原组分间相对挥发度发生显著的变化；

② 挥发度要远低于所需要分离物系中最高沸点组分的挥发度，从而使萃取剂的回收易于实现；

③ 相容性好，萃取剂须和被分离组分具有较大的溶解度，以避免分层，否则就会产生恒沸物而起不了萃取精馏的作用；

④ 毒性小，腐蚀性小，对环境的污染少；

⑤ 具有良好的热稳定性和化学稳定性；

⑥ 来源方便，价格低廉。

萃取精馏可应用于在化工、制药、精细化工等行业中普通精馏无法完成的共沸物系及相对挥发度极小的物系分离，且较恒沸精馏过程简单。但目前多采用间歇方式操作，间歇萃取精馏具备了间歇精馏与萃取精馏的很多优点，如设备简单、投资小、适用性强等。

四、溶盐精馏

在原料液中加入第三种组分——盐，使混合液中各组分的相对挥发度显著提高，从而可用普通精馏的方法使原来相对挥发度很小或形成恒沸物的体系分离，这种精馏方法称为溶盐精馏。其实质可看成是用可溶性固体盐类作为萃取剂的一种精馏方法，但其可得到比普通萃取精馏更好的分离效果。

由于溶解的盐是不挥发的，故在溶盐精馏中盐的加入方式可采用以下几种：

① 将固体盐加入到回流液中，使塔内每层塔板的液相都是含盐的三组分体系，这样在塔顶可以得高纯度的产品，塔底则为盐溶液。

② 将盐的溶液与回流液混合。由于盐溶液中含有重组分，会污染产品。

③ 将盐加入到再沸器中，起破坏共沸物的作用，它适用于盐效应很大或产品纯度要求不高的场合。

溶盐精馏的优点是：

① 第三组分是固体盐，盐类完全不挥发，只存在于液相，不像液体溶剂那样发生部分汽化和冷凝问题，因此能耗较少。

② 盐对相对挥发度影响比较显著，用量很少，可以节约设备投资和降低能耗。

③ 盐的选择范围比较广。

溶盐精馏的主要缺点是盐的回收比较困难，循环使用中固体盐的输送加料及盐结晶引起堵塞、腐蚀等问题，对塔体设备的材质要求高。因此限制了它在工业中的应用，目前主要用于制取无水乙醇。

近年来，人们开发了一种新型、高效的萃取精馏方法。把盐加入到萃取精馏的萃取剂中，既可以利用盐效应，提高待分离组分的相互挥发度，减少萃取剂循环量，又克服了溶盐精馏中盐循环、回收等困难问题。例如在乙二醇溶剂中加入氯化钙或乙酸钾等盐类形成混合萃取剂制备无水乙醇，取得了非常可喜的工业效果。

五、几种特殊精馏方法的比较

恒沸精馏，萃取精馏、溶盐精馏都是通过添加某种分离剂以提高被分离组分间的相对挥发度，但是它们又各有其特点。一些物系的分离既可用恒沸精馏也可用萃取精馏，如上述的乙醇-水混合物及苯-环己烷混合物。那么，在实际应用时究竟选择何种操作方式，需以下几个方面考虑：

① 恒沸精馏的夹带剂必须与被分离组分形成恒沸物，而萃取剂没有这点限制，因此萃取剂选择的范围比夹带剂要广。

② 恒沸精馏时，夹带剂从塔顶蒸出，但萃取精馏时萃取剂从塔的塔底排出，因此一般说来恒沸精馏的热量消耗比萃取精馏要大。

③ 在恒沸精馏中，一定总压下恒沸物的组成、温度是恒定的，因此夹带剂的选择和使用量有特定要求；而萃取精馏中，萃取剂的用量可在一定范围内变化，操作比较灵活，易控制。

④ 萃取精馏时，萃取剂必须从塔的上部不断加入；但恒沸精馏时，夹带剂既可从塔顶加入，也可与料液一起加入塔釜；既可用于大规模的连续生产，也可在实验室里进行间歇操作。

⑤ 恒沸精馏操作温度通常比萃取精馏要低，当有热敏性组分存在时，采用恒沸精馏更合适。

⑥ 溶盐精馏是萃取精馏的另一种形式，只要选择合适的溶盐，可取得较大的分离效果。

六、多组分精馏

前已述及，化工生产中经常遇到多组分精馏的操作问题。虽然多组分精馏在基本原理上与两组分精馏是相同的，比如分离的依据仍然是各组分挥发度的差异，计算基础仍然是气液平衡及物料衡算等。但由于多组分精馏中涉及的组分数目多，影响精馏操作的因素也会增多，因此要解决的问题就更为复杂。随着计算机应用技术的发展，对于多组分精馏计算也变得简单多了。

1. 多组分精馏流程方案的选择

在实际生产中，若分离小批量的多组分溶液，采用间歇精馏为宜，可用一个塔得到多个较纯的或一定沸点范围的馏分。但对于较大的生产规模需要连续精馏时，若用普通精馏塔（指仅分别有一个进料口、塔顶和塔底出料口的塔）将多组分溶液分离为纯组分，则需多个精馏塔。如分离三组分混合液时需要两个塔，分离流程有两个，如图 1-66 所示。当组分数增多时，除最后一个塔分离两组分混合液外，每个塔只能分离出一个高纯度的组分，故若要分离 n 个组分的混合液时，就需要 $n-1$ 个塔，同时分离流程数也随组分数的增多而急剧增加。

在这些流程中，一般说来，根据挥发度从大到小依次分出比较经济，因为每个塔的汽化量都只需馏出一个组分，如图 1-66(a) 方案 a 是按组分挥发度递降的顺序，各组分逐个从塔顶蒸出，仅最难挥发组分从最后一塔的塔釜分离出来。因此，在这种方案中，组分 A 和 B 都被汽化一次和冷凝一次，而组分 C 既没有被汽化也没有被冷凝。图 1-66(b) 方案 b 是按组分挥发度递增的顺序，各组分逐个从塔釜中分离出来，仅最易挥发组分 A 从最后一塔的塔顶蒸出。因此，在这种方案中，组分 A 被汽化和冷凝各两次，组分 B 被汽化和冷凝各一

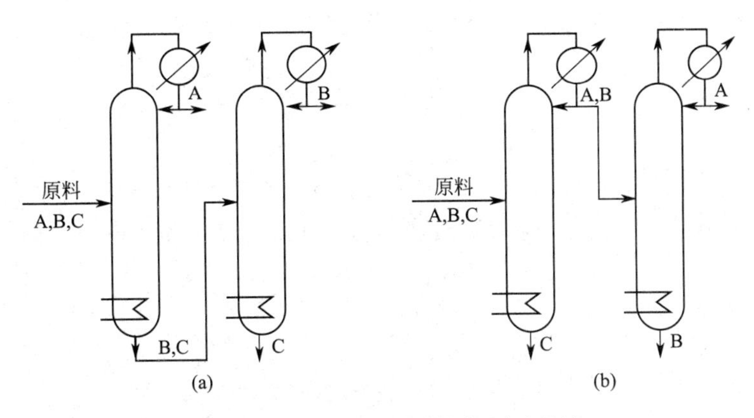

图 1-66 三组分溶液精馏流程方案比较

次，组分 C 没有被汽化和冷凝。比较方案 a 和 b 的可知，方案 b 中组分被汽化和冷凝的总次数较方案 a 的为多，因而加热和冷却介质消耗量大，即操作费用高。同时，方案 b 的上升蒸气量比方案 a 的要多，因此所需的塔径和再沸器及冷凝器的传热面积均较大，即投资费用也高。所以若从操作和投资费用来综合考虑，方案 a 优于方案 b。

另外，生产中若不要求将全部组分都分离为纯组分，或原料液中某些组分的性质及数量差异较大时，可以采用具有侧线出料口的塔。此时塔数可减少。例如石油炼制中的常压塔，如图 1-67 所示。它就是由一个主塔和一个侧塔组成的复合塔。它有几股侧线出料，每个侧线馏分都通过汽提塔，以逐出其中的轻组分，这些汽提塔叠在一起成为了一个侧塔。

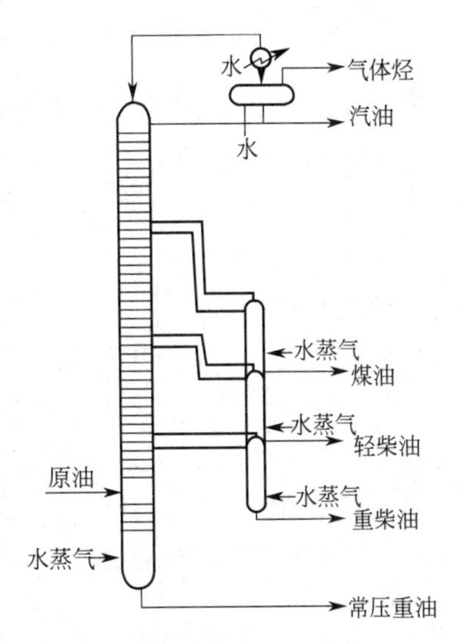

图 1-67 多组分混合液的侧线分馏

因此，对于多组分精馏过程，首先要确定其流程方案。一般较佳的方案应考虑以下因素：

（1）减少组分汽化次数，降低能耗 按混合物中组分沸点递升排序，轻组分依次从塔顶分离出去。

（2）保证产品质量，满足工艺要求 对于纯度要求较高的组分，由于固体杂质易存留在塔釜中，故应从塔顶分出；对于含有热敏性组分的混合液，为避免组分的分解或聚合，在流程中尽可能减少这种组分作为塔底产品出现的次数，优先分出；对有强腐蚀性的组分，为避免多个设备的腐蚀，也应优先分离。

（3）减少设备费和操作费 尽可能设备紧凑，流程短，易腐蚀、有毒的组分先分出去。

（4）操作管理方便。

应予指出，多组分精馏流程方案的确定是比较困难的，通常设计时可初选几个方案，通过分析、计算比较后，再从中择优选定。

2. 多组分物系泡点及露点的确定

与两组分精馏一样，气液平衡是多组分精馏计算的理论基础。由相律可知，对 n 个组分的物系，共有 n 个自由度，除了压力恒定外，还需知道 $n-1$ 个其他变量，才能确定此平衡物系。根据多组分精馏气液平衡关系的繁琐，可将多组分物系分为理想和非理想两种：理想物系指液相为理想溶液、气相为理想气体；凡是与理想物系有明显偏差的，就是非理想物系。

（1）理想物系的气液平衡　多组分溶液的气液平衡常用平衡常数法和相对挥发度法两种表示方法。

① 平衡常数法。在恒定的压力和温度下，气液两相达平衡时任意组分 i 在气相中的摩尔分率 y_i 与在液相中摩尔分率 x_i 之比，称为组分 i 在此温度、压力下的平衡常数，通常表示为：

$$k_i=\frac{y_i}{x_i} \tag{1-89}$$

式中，k_i 为相平衡常数；下标 i 为表示溶液中的任意组分。

式(1-89) 是表示气液平衡关系的通式，既适用于理想系统，也适用于非理想系统。相平衡常数 k_i 是平衡物系的温度、压力及组成的函数。可见，若已知 k_i，从 x_i 可计算出 y_i，反之已知 y_i 可计算出 x_i。

对于理想物系，比如在低压下，组分的物理化学性质（尤其是分子的化学结构）比较接近的物系，相平衡常数也可表示为：

$$k_i=\frac{y_i}{x_i}=\frac{p_i^0}{p} \tag{1-90}$$

由上式可以看出，理想物系中任意组分 i 的相平衡常数 k_i，仅与温度、压力有关，而与溶液的组成无关。通过指定温度下的饱和蒸汽压 p_i^0 和总压 p，即可算出相平衡常数。

② 相对挥发度法。在精馏塔中，由于各层板上的温度不相等，因此平衡常数也将随之改变，利用平衡常数法表达多组分溶液的平衡关系就比较麻烦。而相对挥发度不仅可以确定分离的难易程度，而且其随温度的变化比相平衡常数随温度的变化要小得多，当温度范围（混合物中最重组分和最轻组分的沸点差）变化不大时，可以近似地取常数，这样可使计算大为简化。

用相对挥发度法表示多组分溶液的平衡关系时，一般取较难挥发的组分 j 作为基准组分，根据相对挥发度定义，对于理想物系，就是蒸气压之比，即：

$$\alpha_{ij}=\frac{p_i^0}{p_j^0} \tag{1-91}$$

与式(1-89)、式(1-90) 联立，可得气液平衡组成与相对挥发度的关系如下：

因为
$$y_i=k_ix_i=\frac{p_i^0x_i}{p}$$

而
$$p=\sum p_i,p=p_1^0x_1+p_1^0x_2+\cdots\cdots+p_n^0x_n$$

所以
$$y_i=\frac{p_i^0x_i}{p_1^0x_1+p_2^0x_2+\cdots\cdots+p_n^0x_n}$$

上式等号右边的分子、分母同除以 p_j^0，并将式(1-94) 代入上式，可得

$$y_i=\frac{\alpha_{ij}x_i}{\alpha_{1j}x_1+\alpha_{2j}x_2+\cdots\cdots+\alpha_{nj}x_n}=\frac{\alpha_{ij}x_i}{\sum\limits_{i=1}^{n}\alpha_{ij}x_i} \tag{1-92}$$

同理可得：

$$x_i=\frac{y_i/\alpha_{ij}}{\sum_{i=1}^{n}y_i/\alpha_{ij}} \tag{1-93}$$

式(1-92)及式(1-93)均为用相对挥发度法表示的气液平衡关系。显然，只要求出各组分对基准组分的相对挥发度，就可利用上二式计算平衡时的汽相或液相组成。

上述两种气液平衡表示法，没有本质的差别。一般来说，若精馏塔中相对挥发度 α 变化不大，则用相对挥发度法计算平衡关系较为简便，若 α 变化较大，则用平衡常数法计算较为准确。

（2）非理想物系的气液平衡　非理想物系的气液平衡通常可分为三种情况。

① 气相是非理想气体，液相是理想溶液。若系统的压力较高，气相不能视为理想气体，但液相仍是理想溶液，此时需用逸度代替压力，修正的拉乌尔定律和道尔顿定律可分别表示为：

$$f_{iL}=f_{iL}^{0}x_i \text{ 及 } f_{iV}=f_{iV}^{0}y_i$$

式中　f_{iL}，f_{iV}——分别为液相和气相混合物中组分 i 的逸度，Pa；

f_{iL}^{0}，f_{iV}^{0}——分别为液态和气态的纯组分 i 在压强 p 及温度 t 下的逸度，Pa。

当两相达到平衡时 $f_{iL}=f_{iV}$，所以

$$k_i=\frac{y_i}{x_i}=\frac{f_{iL}^{0}}{f_{iV}^{0}} \tag{1-94}$$

可得

$$f_{iL}=f_{iL}^{0}x_i,x_i=\frac{f_{iL}}{f_{iL}^{0}}$$

$$f_{iV}=f_{iV}^{0}y_i,y_i=\frac{f_{iV}}{f_{iV}^{0}}$$

可见，当系统压力较高时，只要用逸度代替压力，就可以计算得到平衡常数。

② 气相为理想气体，液相为非理想溶液。非理想溶液遵循修正的拉乌尔定律，即：

$$p_i=\gamma_i p_i^{0}x_i \tag{1-95}$$

式中　γ_i——活度系数。

对理想溶液，活度系数等于 1；对非理想溶液，活度系数可大于 1 也可小于 1，分别称之为正确差或负偏差的非理想溶液。

理想气体遵循道尔顿定律，则得

$$p_i=py_i \tag{1-96}$$

将式(1-95)代入式(1-96)中　$py_i=\gamma_i p_i^{0}x_i$

$$k_i=\frac{y_i}{x_i}=\frac{\gamma_i p_i^{0}}{p} \tag{1-97}$$

活度系数随压力、温度及组成而变，但压力影响较小，一般可忽略，而组成的影响较大。活度系数的求法可参阅有关资料。

③ 两相均为非理想状态——气相为非理想气体，液相为非理想溶液

$$k_i=\frac{\gamma_i f_{iL}^{0}}{f_{iV}^{0}} \tag{1-98}$$

（3）列线图法确定平衡常数　对于石油化工和炼油中重要的轻烃组分，如由烷烃、烯

烃所构成的混合液，经过广泛的实验验测定和理论研究，得出了求平衡常数的一些近似图，称为 p-T-k 图。该图左侧为压力标尺，右侧为温度标尺，中间各曲线为烃类的 k 值标尺。

使用时，当已知压力和温度时，在图上即可找到代表平衡压力和温度的点，然后连成直线，再由此直线与某烃类曲线的交点，即能迅速查得平衡常数 k 值。由于仅考虑了 p、T 对 k_i 的影响，而忽略了组成的影响，查得的 k_i 表示了不同组成的平均值，与实验值有一定的偏差。如图 1-68、图 1-69 所示的是烃类在高温段和低温段时的温度、压力与平衡常数的关系图。而图 1-70 所示的是烃类的相平衡图，读者可根据需要自行选取。

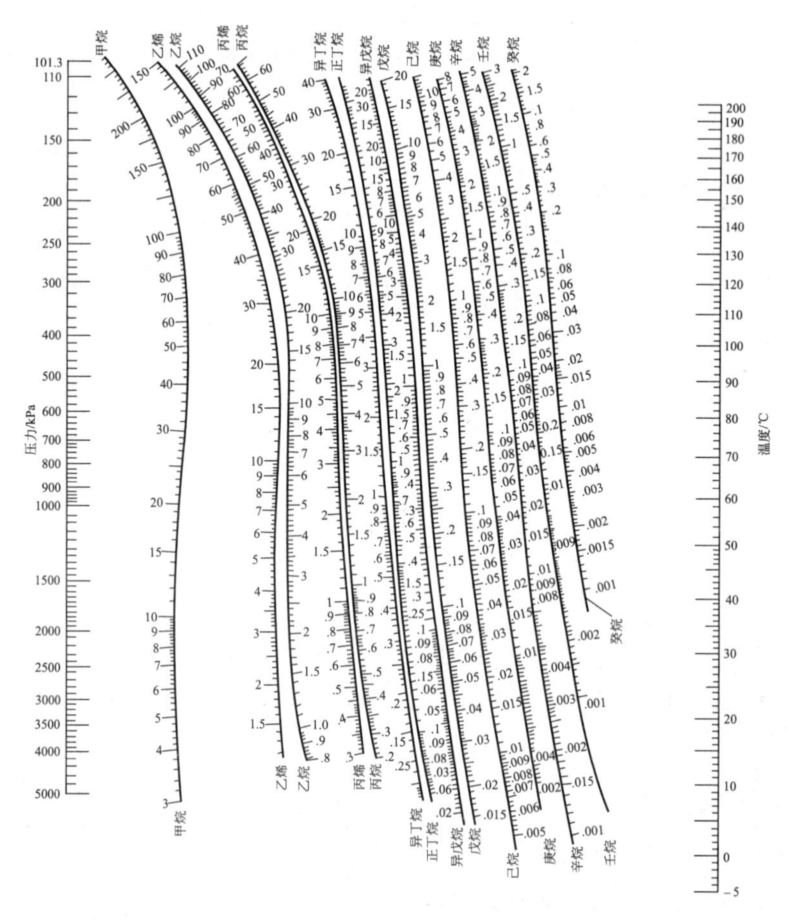

图 1-68　烃类的 p-T-k 图（高温段）

（4）泡点温度及平衡气相组成的确定　泡点是指液体在恒定的外压下，加热至开始出现第一个气泡时的温度。

因

$$y_1+y_2+\cdots+y_n=1$$

或

$$\sum_{i=1}^{n} y_i=1$$

将 $k_i=\dfrac{y_i}{x_i}$ 代入上式得

$$\sum_{i=1}^{n} k_i x_i=1 \tag{1-99}$$

利用式(1-99) 计算液体混合物的泡点和平衡汽相组成时，要应用试差法，即先假设泡点温度，根据已知的压力和所设的温度，求出平衡常数，再校核 $\sum y_i$ 是否等于1。若是，即

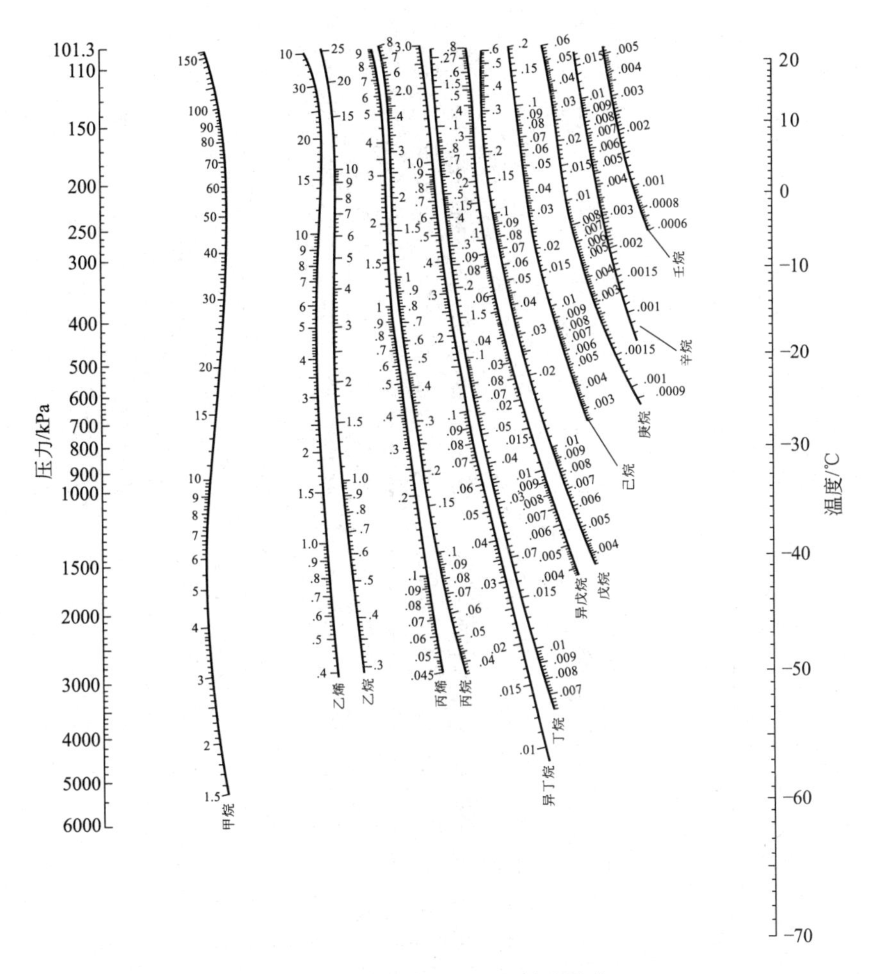

图 1-69 烃类的 p-T-k 图（低温段）

表示所设的泡点温度正确，否则应另设温度，重复上面的计算过程，直至$\sum y_i \approx 1$为止，此时的温度和气相组成即为所求。

（5）露点温度和平衡液相组成的确定　露点是指蒸气在恒定的外压下，冷却至开始出现第一个液滴时的温度。

因
$$x_1 + x_2 + \cdots\cdots + x_n = 1$$

或
$$\sum_{i=1}^{n} x_i = 1$$

将 $k_i = \dfrac{y_i}{x_i}$ 代入上式得
$$\sum_{i=1}^{n} \frac{y_i}{k_i} = 1 \tag{1-100}$$

利用式(1-100) 计算气相混合物的露点温度及平衡液相组成。计算时也应用试差法。试差原则与计算泡点温度时的完全相同。应予指出，利用相对挥发度进行上述的计算，可得到相近的结果。

（6）多组分溶液的部分汽化　将多组分溶液部分汽化后，两相的量和组成随压力及温度而变化，它们的定量关系可推导如下。

总物料
$$F = V + L$$

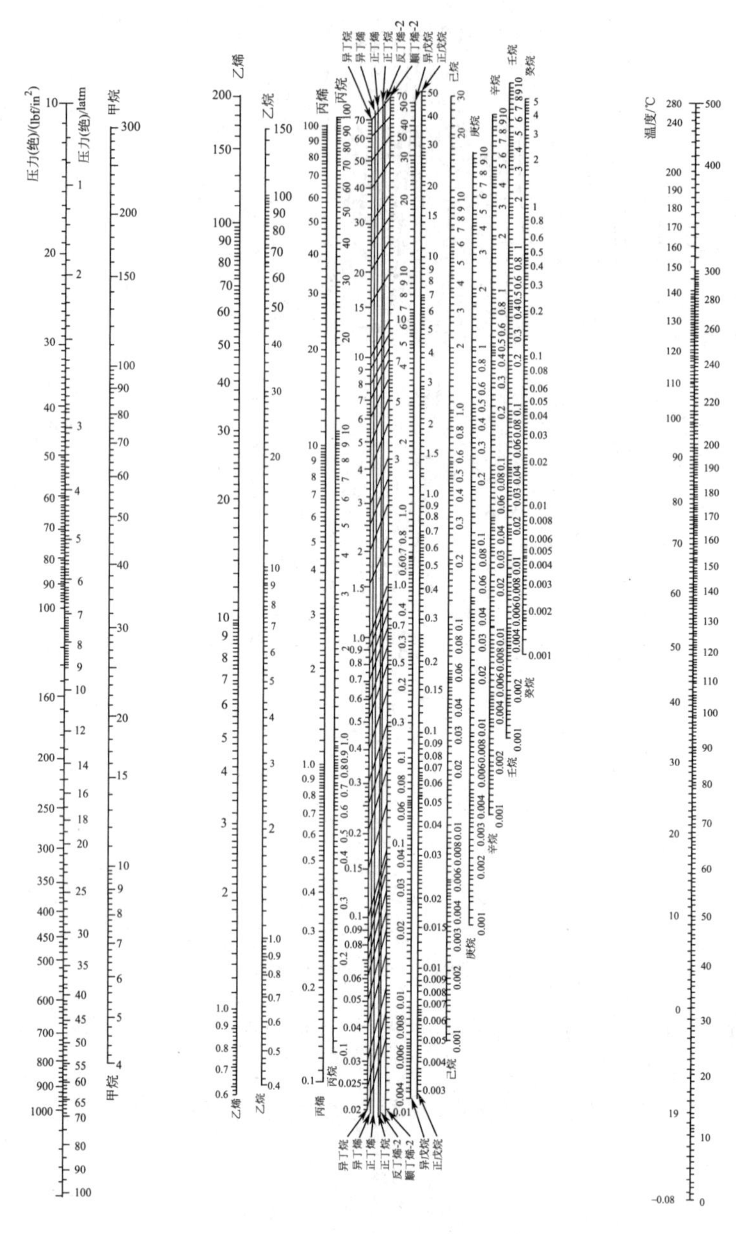

图 1-70 烃类相平衡图

任一组分
$$Fx_{Fi}=Vy_i+Lx_i$$

而
$$y_i=k_ix_i$$

则
$$Fx_{Fi}=Vy_i+L\frac{y_i}{k_i}$$

$$y_i=\frac{x_{Fi}}{\frac{V}{F}+\frac{L}{FK_i}}$$

将 $L=F-V$ 代入可得

$$y_i=\frac{x_{Fi}}{\frac{V}{F}\left(1-\frac{1}{K_i}\right)+\frac{1}{K_i}} \tag{1-101}$$

式中 $\frac{V}{F}$——汽化率；

x_{Fi}——液相混合物中任意组分 i 的摩尔分数；

x_i——部分汽化后液相中组分 i 的摩尔分数；

y_i——部分汽化后气相中组分 i 的摩尔分数。

当物系的温度和压力一定时，可用上式计算汽化率及相应的气液相组成。反之，当汽化率一定时，也可用上式计算汽化条件。

【案例 1-11】 某四组混合物，各组分的组成如下：

组分	乙烯	乙烷	丙烯	异丁烷
摩尔分数	0.3010	0.1050	0.0990	0.4950

试用 p-T-k 图计算压力为 4052kPa 下的泡点温度及平衡的气相组成。

解： 假设混合液的泡点温度为 58℃。由 p-T-k 图查得在 4052kPa 下各组分的平衡常数为：乙烯 $k_1=2.1$；乙烷 $k_2=1.5$；丙烯 $k_3=0.69$；异丁烷 $k_4=0.325$。

则
$$\begin{aligned}\sum_{i=1}^{n}y_i&=k_1x_1+k_2x_2+k_3x_3+k_4x_4\\&=2.1\times0.3010+1.5\times0.1050+0.69\times0.0990+0.325\times0.495\\&=1.018785\end{aligned}$$

误差较大，需要重新计算。

重设混合液的泡点温度为 57℃。再由 p-T-k 图查得在 4052kPa 下各组分的平衡常数为：乙烯 $k_1=2.08$；乙烷 $k_2=1.48$；丙烯 $k_3=0.66$；异丁烷 $k_4=0.308$。

则
$$\begin{aligned}\sum_{i=1}^{n}y_i&=2.08\times0.3010+1.48\times0.1050+0.66\times0.0990+0.308\times0.495\\&=0.99928\approx1\end{aligned}$$

所以泡点温度为 57℃。平衡的气相组成为：

乙烯 $y_1=k_1x_1=2.08\times0.3010=0.62608$

乙烷 $y_2=k_2x_2=1.48\times0.1050=0.1554$

丙烯 $y_3=k_3x_3=0.66\times0.0990=0.06534$

异丁烷 $y_4=k_4x_4=0.308\times0.4950=0.15246$

【案例 1-12】 将含乙烯、乙烷和丙烯的液体混合物送至压力为 0.81MPa，温度为 257K 的容器中部分汽化，求汽化率及平衡的气液相组成。已知混合物的组成及各组分在 0.81MPa、257K 时的相平衡常数如下表：

组分	乙烯	乙烷	丙烯
组成(摩尔分数)	0.2	0.4	0.4
相平衡常数 k_i	2.8	1.6	0.48

解： 假设汽化率为 0.72，代入式（1-104）中，计算结果列表如下：

组分	组成(摩尔分数)	相平衡常数 k_i	平衡的液相组成 x_i	平衡的气相组成 y_i
乙烯	0.2	2.8	0.0871	0.2439
乙烷	0.4	1.6	0.2725	0.4496
丙烯	0.4	0.48	0.6394	0.3069
Σ	1.0		0.9990	1.0004

计算结果表明，所假设的汽化率符合要求。但像本例试差计算过程往往需要反复计算才能满足，本例略去了中间试算过程。

3. 多组分精馏的简捷计算

对于多组分精馏由于过程复杂，要进行较为严格和准确的计算需用计算机操作才能完成。但是，当一些基础数据不完整或不够精确时，工业上也可采用简捷法进行近似计算，简捷法具有快速、方便的优点，能为初步设计选择方案、严格计算提供必要的初始条件等，因此至今还有不少应用。

简捷法计算主要是通过工艺要求按物料衡算求出塔顶、塔釜各物料量及组成；用芬斯克公式计算最少理论板数 $N_{\min}$；用恩德伍德公式计算最小回流比 $R_{\min}$，再按实际情况确定回流比 R；用吉利兰关联图求得理论板数 N。

（1）多组分精馏的物料衡算　可以从精馏塔的全塔物料衡算来了解多组分精馏的复杂性，进而确定各组分在塔顶和塔底产品中的预分配。在多组分精馏中，与两组分精馏相同，一般只能规定馏出液中某组分的含量不能高于某一限值，釜液中另一组分不能高于另一限值，而产品中其他组分的含量都不能任意规定。因此，为了简化计算，需引入关键组分的概念。

① 关键组分。在多组分精馏的简捷计算中，首先根据工艺条件选好关键组分，一般选取工艺中最关心的两个组分（通常是挥发度相邻的两个组分），规定它们在塔顶和塔底产品中的组成或回收率（即分离要求），这样在一定的分离任务下，所需的理论板层数和其他组分的组成也随之而定。由于所选定的两个组分对多组分溶液的分离起控制作用，故称它们为轻、重关键组分。

a. 轻关键组分。是指在塔釜液中该组分的浓度要有严格的限制，并在进料中比该组分还轻的组分（即挥发度更高的组分）及该组分的绝大部分应在塔顶馏出液中采出。

b. 重关键组分。是指在塔顶馏出液中该组分的浓度要有严格限制，并在进料中比该该组分还重的组分（即挥发度更低的组分）及该组分的绝大部分应在塔釜液中采出。一对轻重关键组分的相对挥发度一般是相邻的，也可不相邻。

例如，分离由组分 A、B、C、D（按挥发度降低的顺序排列）所组成的混合液，根据分离要求，规定 B 为轻关键组分，C 为重关键组分。因此，在馏出液中有组分 A、B 及限量的 C，而比 C 还要重的组分 D 在馏出液中，只有极微量或完全不出现。同样，在釜液中有组分 D、C 及限量的 B，比 B 还轻的组分 A 在釜液中含量极微或不出现。

关键组分确定后，还需规定轻关键组分的回收率（指轻关键组分在塔顶产品中的量占进料量的百分率），和重关键组分的回收率（指重关键组分在塔釜产品中的量占进料量的百分率）。回收率又称分离度，用 η 表示。

塔顶回收率　$$\eta_{顶}=\frac{Dx_{DLK}}{Fx_{FLK}}\times 100\% \tag{1-102}$$

塔底回收率　$$\eta_{釜}=\frac{Dx_{WHK}}{Fx_{FHK}}\times 100\% \tag{1-103}$$

下标 LK、HK 代表轻、重关键组分；F、D、W 表示进料、塔顶和塔釜产物量，kmol/h。

② 多组分精馏的物料衡算。引入关键组分概念后，对多组分精馏的简捷法可简化为重点处理这一对关键组分的精馏问题。在多组分精馏中，按工艺要求规定关键组分在塔顶与塔釜产品种的纯度或分离度后，各组分在塔顶与塔釜产品中的分配量还不能简单地确定，一般可按两种情况进行物料衡算。

a. 清晰分割。若两关键组分的挥发度相差较大，且两者为相邻组分，简单地认为比轻关键组分还轻的组分全部从塔顶馏出液中采出，认为比重关键组分还重的组分全部从塔釜液中排出。

清晰分割时，可将多组分溶液分离简化为一对关键组分的分离，物料衡算按清晰分割计算，求得塔顶和塔釜的流量和组成。

全塔总的物料衡算式为：

$$F=D+W$$

对组分 i 的物料衡算式为：

$$Fx_{\mathrm{F}i}=Dx_{\mathrm{D}i}+Wx_{\mathrm{W}i} \tag{1-104}$$

若原料中有 n 个组分，则可列出 $n-1$ 个独立的方程式，且：

$$\sum x_{\mathrm{D}i}=1 \tag{1-105}$$

$$\sum x_{\mathrm{W}i}=1 \tag{1-106}$$

式中 x_{F_i}——组分 i 在进料中的摩尔分数；

$x_{\mathrm{D}i}$——组分 i 在塔顶产品中的摩尔分数；

$x_{\mathrm{W}i}$——组分 i 在塔釜产品中的摩尔分率。

从上式可以看出，在已知的方程式中共有 $2n$ 个未知数（D、x_{D1}、x_{D2}、…、x_{DHK}、…、$x_{\mathrm{D}n}$ 和 W、x_{W1}、x_{W2}、…、x_{WHK}、…、$x_{\mathrm{W}n}$），很难求解。但在清晰分割假设的前提下可知塔顶馏出液中没有比重关键组分还重的组分，塔底釜液中没有比轻关键组分还轻的组分，将问题简化，使方程组可解。

【案例 1-13】 某混合物在精馏塔中进行分离，原料的进料量为 100kmol/h，其中含有乙烷 2%、丙烷 35%、正丁烷 30%、正戊烷 21%、正己烷 12%（均为摩尔分数，各组分按沸点升高的顺序排列），要求塔顶馏出液中正戊烷的浓度不高于 0.5%（摩尔分数），塔釜残液中的正丁烷浓度不高于 0.5%（摩尔分数）。假设馏出液中不含比正戊烷沸点更高的组分，釜液中不含比正丁烷沸点更低的组分。试确定馏出液和釜液的产物组成。

解： 分别以 A、B、C、D、E 代替乙烷、丙烷、正丁烷、正戊烷和正己烷。

根据本题的分离要求，选正丁烷为轻关键组分，它在釜液中的浓度为 $x_{\mathrm{WL}}=0.005$；选正戊烷为重关键组分，它在馏出液中的浓度为 $x_{\mathrm{DH}}=0.005$。

当进料为 100kmol/h 时，计算各组分在进料、馏出液和釜液的量：

（1）乙烷

进料中乙烷含量为：$F_{\mathrm{A}}=100\times0.02\mathrm{kmol/h}=2\mathrm{kmol/h}$

釜液中不含乙烷，故釜液中乙烷含量为：$W_{\mathrm{A}}=0$

进料中乙烷全部由塔顶蒸出，故馏出液中乙烷含量为：$D_{\mathrm{A}}=F_{\mathrm{A}}=2\mathrm{kmol/h}$

（2）丙烷

进料中丙烷含量为：$F_{\mathrm{B}}=100\times0.35\mathrm{kmol/h}=35\mathrm{kmol/h}$

釜液中不含丙烷，故釜液中丙烷含量为：$W_{\mathrm{B}}=0$

馏出液中丙烷含量为：$D_B = F_B = 35\text{kmol/h}$

（3）正丁烷

进料中正丁烷含量为：$F_C = 100 \times 0.30\text{kmol/h} = 30\text{kmol/h}$；

釜液中正丁烷含量为：$W_C = W x_{WL} = 0.005W$

馏出液中正丁烷含量为：$D_C = F_C - W_C = 30\text{kmol/h} - 0.005W$

（4）正戊烷

进料中正戊烷含量为：$F_D = 100 \times 0.21\text{kmol/h} = 21\text{kmol/h}$；

馏出液中正戊烷含量为：$D_D = D x_{DH} = 0.005D$

釜液中正戊烷含量为：$W_D = F_D - D_D = 21\text{kmol/h} - 0.005D$

（5）正己烷

进料中正己烷含量为：$F_E = 100 \times 0.12\text{kmol/h} = 12\text{kmol/h}$

馏出液中正己烷含量为：$D_E = 0$

釜液中正己烷含量为：$W_E = F_E = 12\text{kmol/h}$

根据前述的计算结果，将各组分在进料、馏出液及釜液中的量分别列于下表：

组分	进料量 F/(kmol/h)	馏出液量 D/(kmol/h)	釜液量 W/(kmol/h)
乙烷(A)	2	2	0
丙烷(B)	35	35	0
正丁烷(C)	30	$(30-0.005W)$	$0.005W$
正戊烷(D)	21	$0.005D$	$(21-0.005D)$
正己烷(E)	12	0	12
Σ	100	$67-0.005W+0.005D$	$33+0.005W-0.005D$

列方程组：

$$\begin{cases} 100\text{kmol/h} = D + W \\ D = 67\text{kmol/h} - 0.005W + 0.005D \end{cases} \quad 或 \quad \begin{cases} 100\text{kmol/h} = D + W \\ W = 33\text{kmol/h} + 0.005W - 0.005D \end{cases}$$

解得：$D = 67.17\text{kmol/h}$；$W = 100\text{kmol/h} - 67.17\text{kmol/h} = 32.83\text{kmol/h}$

求出的馏出液、釜液的量及组成分别列表如下：

组 分	馏 出 液		釜 液	
	流量/(kmol/h)	馏出液组成(摩尔分数)	流量/(kmol/h)	馏出液组成(摩尔分数)
乙烷(A)	2	0.03	0	0
丙烷(B)	35	0.521	0	0
正丁烷(C)	29.83	0.444	0.17	0.005
正戊烷(D)	0.34	0.005	20.66	0.629
正己烷(E)	0	0	12	0.366
Σ	67.17	1.000	32.83	1.000

物料分配当作清晰分割处理只是一种理想状态，特别是组分多、挥发度又接近的物系，以及在一对关键组分间尚有其他组分存在时，更不能按清晰分割处理。

b. 非清晰分割。若两关键组分不是相邻组分，则塔顶和塔底产品中必有中间组分，或若进料中非关键组分的相对挥发度与关键组分的相差不大，则比轻关键组分还轻的组分塔釜仍有微量存在，比重关键组分还重的组分塔顶仍有微量存在。

非清晰分割时，各组分在塔顶和塔底产品中的分配情况不能用上述的物料衡算求得，但可用芬斯克全回流公式进行估算。但在计算做需做以下两点假设：在任何回流比下操作时，各组分在塔顶和塔底产品中的分配情况与全回流操作时的相同；估算非关键组分在产品中的分配情况与关键组分的方法相同。

多组分精馏时，全回流操作下最少理论板数可用芬斯克方程式表示为：

$$N_{min}+1=\frac{\lg\left[\left(\frac{x_l}{x_h}\right)_D\left(\frac{x_h}{x_l}\right)_W\right]}{\lg\alpha_{lh}} \tag{1-107}$$

因 $$x_l=\frac{D_L}{D} \qquad x_h=\frac{D_h}{D}$$

故 $$\left(\frac{x_l}{x_h}\right)_D=\frac{D_l}{D_h} \text{ 及 } \left(\frac{x_h}{x_l}\right)_W=\frac{W_h}{W_l}$$

式中，下标 l、h 分别表示轻关键组分和重关键组分；

D_l、D_h 分别为馏出液中轻、重关键组分的流量，kmol/h；

W_l、W_h 分别为釜液中轻、重关键组分的流量，kmol/h。

将上式代入芬斯克方程，D_h、W_l 互换位置，得

$$N_{min}+1=\frac{\lg\left[\left(\frac{D_l}{D_h}\right)\left(\frac{W_h}{W_l}\right)\right]}{\lg\alpha_{lh}}=\frac{\lg\left[\left(\frac{D}{W}\right)_l\left(\frac{W}{D}\right)_h\right]}{\lg\alpha_{lh}} \tag{1-108}$$

上式表示全回流操作下，轻、重关键组分在塔顶和塔底产品中的分配关系。根据前述的假定，也适用于任意组分 i 和重关键组分之间的分配。

即 $$N_{min}+1=\frac{\lg\left[\left(\frac{D}{W}\right)_i\left(\frac{W}{D}\right)_h\right]}{\lg\alpha_{ih}}$$

由上式得：$$\frac{\lg\left[\left(\frac{D}{W}\right)_L\left(\frac{W}{D}\right)_h\right]}{\lg\alpha_{lh}}=\frac{\lg\left[\left(\frac{D}{W}\right)_i\left(\frac{W}{D}\right)_h\right]}{\lg\alpha_{ih}}$$

故 $\alpha_{hh}=1$，$\lg\alpha_{hh}=0$

$$\left(\frac{D}{W}\right)_l\left(\frac{W}{D}\right)_h=\left(\frac{D}{W}\right)_l\Big/\left(\frac{D}{W}\right)_h$$

$$\frac{\lg\left(\frac{D}{W}\right)_L-\log\left(\frac{D}{W}\right)_h}{\lg\alpha_{lh}-\lg\alpha_{hh}}=\frac{\lg\left(\frac{D}{W}\right)_i-\lg\left(\frac{D}{W}\right)_h}{\lg\alpha_{ih}-\lg\alpha_{hh}} \tag{1-109}$$

上式表示全回流下任意组分在两产品（塔顶与塔底产品）中的分配关系。根据前述的假设上式可用于估算任何回流比下各组分在两产品中的分配，这种方法称为亨斯特别克（Hengs tebeck）法。

（2）*简捷法确定理论板层数* 与两组分精馏一样，求理论板层数也是多组分精馏计算的一个重要问题。其方法很多，常用的有逐板计算法和简捷法，前者比较准确，但繁琐，适于计算机操作。用简捷法求时，基本原则是将多组分精馏简化为轻重关键组分的“两组分精馏”，需求出最少理论板层数 N_{min} 和最小回流比 R_{min} ，按实际情况确定回流比 R ；再用吉利兰关联图求得理论板层数 N 。

① 最小回流比。在多组分精馏计算中，不能像两组分那样直接利用图形求解，必须用解析法才能求得最小回流比。在最小回流比下操作时，塔内会出现恒浓区，多组分精馏由于进料中所有组分并非全部出现在塔顶或塔底产品中，所以恒浓区常常有两个，一个在进料板

以上某一位置，称为上恒浓区；另一个在进料板以下某一位置，称为下恒浓区。例如，比重关键组分还重的那些组分可能不出现在塔顶产品中，可能在加料口上部的几层塔板中被分离，其组成便达到无限低，而后其他组分才进入下恒浓区。若所有组分都出现在塔顶产品中，则上恒浓区接近于进料板；若所有组分都出现在塔底产品中，则下恒浓区接近于进料板；若所有组分同时出现在塔顶产品和塔底产品中，则上下恒浓区合二为一，即进料板附近为恒浓区。如图 1-70 所示。

计算最小回流比的关键是确定恒浓区的位置。显然，这种位置是不容易定出的，因此严格或精确地计算最小回流比就很困难。一般多采用简化公式估算，常用的是恩德伍德（Underwood）公式，推导恩德伍德公式时需做两点假设：塔内气相和液相均为恒摩尔流率；各组分的相对挥发度均为常数。

$$\sum \frac{\alpha_{ij} x_{Dij}}{\alpha_{ij} - \theta} = R_{min} + 1 \tag{1-110}$$

$$\sum \frac{\alpha_{ij} x_{Fij}}{\alpha_{ij} - \theta} = 1 - q \tag{1-111}$$

式中 α_{ij} ——组分 i 的相对挥发度；

q ——进料的液相分率

R_{min} ——最小回流比；

x_{Dij} ——馏出液中组分的 i 摩尔分数；

x_{Fij} ——进料混合物中组分 i 的摩尔分数；

θ ——方程组的根，对于有 n 个组分的系统有 n 个根，只取 $\alpha_{LK} > \theta > \alpha_{HK}$ 的那一个根。

【案例 1-14】 试计算下列条件下精馏塔的最小回流比。已知进料状态为饱和液相 $q=1.0$。本计算所用到的数据列表如下：（组成为摩尔分数）

组　分	α_i	$x_{i,F}$	$x_{i,D}$
A(LK)	1.5	0.50	0.988
B(HK)	1.0	0.30	0.012
C	0.5	0.20	0

解： 由于 $q=1.0$，故 $1.00<\theta<1.50$

用试差法计算，设 $\theta=1.15$，则由公式 $\sum \frac{\alpha_i x_{Fi}}{\alpha_i - \theta} = 1 - q$ 得

$$\sum \frac{\alpha_i x_{Fi}}{\alpha_i - \theta} = \frac{1.5 \times 0.5}{1.5 - \theta} + \frac{1.0 \times 0.3}{1.0 - \theta} + \frac{0.5 \times 0.2}{0.5 - \theta} = -0.011 \approx 0$$

$$R_{min} = \sum \frac{\alpha_i x_{Di}}{\alpha_i - \theta} - 1 = \frac{1.5 \times 0.988}{1.5 - 1.15} + \frac{1.0 \times 0.012}{1.0 - 1.15} - 1 = 3.15$$

② 确定理论板层数。简捷法求算理论层数的具体步骤如下：

a. 根据分离要求确定轻、重关键组分。

b. 进行物料衡算，初估各组分在塔顶产品和塔底产品中的组成，并计算各组分的相对挥发度。

c. 用芬斯克方程式计算最小理论板层数 N_{min} 。

d. 用恩德伍德公式确定最小回流比 R_{min} ，根据 $R=(1.1\sim2.0)R_{min}$ 确定操作回流比 R。

e. 利用吉利兰图求算理论板层数 N 。

f. 确定进料板位置。

【案例 1-15】 前案例 1-13 中，若已知关键组分的平均相对挥发度为 2.4，求最少理论板层数。

解： 已知 $\alpha_{lh}=2.4$，则

$$N_{min}+1=\frac{\lg\left[\left(\frac{D}{W}\right)_i\left(\frac{W}{D}\right)_h\right]}{\lg\alpha_{ih}}=\frac{\lg\left[\left(\frac{0.444}{0.005}\right)_i\left(\frac{0.629}{0.005}\right)_h\right]}{\lg 2.4}=10.65$$

$$N_{min}=10.65-1=9.65$$

知识窗：技术新动向——分子蒸馏技术

随着合作化学的发展，出现了越来越多的新物质。有些新物质很不稳定，如高分子物质的单体。对于这些物质用传统的蒸馏方法分离，很可能出现分解或聚合。使用分子蒸馏可以很好地解决上述问题。分子蒸馏属于高真空下的单程连续蒸馏技术。在高真空操作压力下，蒸发面和冷凝面的间距小于或等于被分离物质蒸汽分子平均自由程，由蒸发面逸出的分子毫无阻碍地趋向并凝集在冷凝面上。利用不同物质分子平均自由程不同，使其在液体表面蒸发速率不同，从而达到分离目的。分子蒸馏具有操作温度低（远低于沸点）、物料受热时间短等特点，因而适用于高分子量、高沸点、热稳定性差的物质蒸馏，特别是高分子有机化合物、热敏性物质、医药产品、塑料等物质的分离、提纯等。

 小结

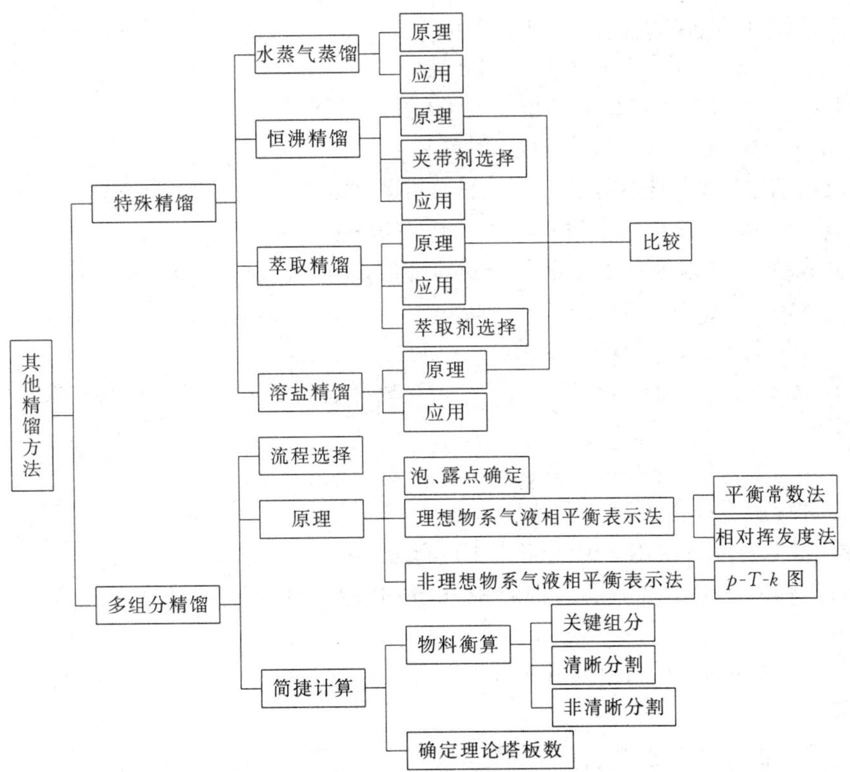

思考题

1. 什么是水蒸气蒸馏？在化工生产中有什么意义？
2. 什么是恒沸蒸馏？说明其分离原理。
3. 什么是萃取蒸馏？如何选择萃取剂？
4. 多组分精馏具有哪些特点？在化工生产中有何实际意义？
5. 在多组分精馏中，四个组分的分离有几种分离方案？画出按挥发度递增、递减排列的两种分离方案。
6. 如何确定多组分物系的泡点及露点温度？
7. 什么轻、重关键组分？为什么在多组分精馏计算中要选取关键组分？选取的原则是什么？
8. 什么是清晰分割？应用的条件是什么？

自测题

一、填空题

1. 相平衡常数 k_i 值的大小表明组分（　　）的大小。
2. 多组分精馏计算中，利用（　　）方程确定塔底温度；用（　　）方程确定塔顶温度。
3. 多组分精馏中关键组分是相对挥发度（　　）是轻关键组分，（　　）是重关键组分。
4. 常用的特殊精馏方法有（　　）、（　　）、（　　）、（　　）等。

二、选择题

1. 乙醇和水的分离可通过（　　）方法可以实现。

A. 精馏　B. 蒸馏　C. 恒沸蒸馏　D. 萃取蒸馏

2. 采用水蒸气蒸馏可以（　　）混合液的沸点。

A. 提高　B. 降低　C. 不变　D. 不一定

3. 乙醇-水混合液若采用恒沸蒸馏，常用的夹带剂是（　　）。

A. 乙醇　B. 水　C. 苯　D. 甲醇

4. 萃取精馏中，萃取剂必须从塔的（　　）不断加入。

A. 上部　B. 下部　C. 进料口　D. 灵敏板

5. 多组分精馏中，若要分离 5 个组分的混合液，一般需要（　　）个塔。

A. 3　B. 4　C. 5　D. 6

6. 多组分精馏中，最小回流比要用（　　）确定。

A. 芬斯克方程　B. 吉利兰关联图　C. 恩德伍德公式　D. 泡点方程

三、判断题

1. 在一定的条件下，混合物的露点温度一定高于泡点温度。（　　）
2. 精馏过程所需的塔板数一定满足 $N_{实际} > N_{理论} > N_{最少}$。（　　）
3. 乙醇-水混合液可以用普通蒸馏方法进行分离。（　　）
4. 混合液加入萃取剂之后会与混合液互溶，并能使其中某一组分的饱和蒸气压明显降低。（　　）
5. 对于多组分精馏，可以用芬斯克方程计算最少理论板层数。（　　）

四、计算题

1. 已知烃类混合液含乙烷 0.05，丙烷 0.25，正丁烷 0.52，正戊烷 0.18（以上均为摩尔分数)，操作压力为 1.013×10^3kPa 时，试求：

(1)混合液的泡点温度及平衡的气相组成。

(2)在 356K 下部分汽化的汽化率及气、液相组成。

2. 已知脱甲烷塔进料裂解气的流量和组成如下表：

组分 i	氢	甲烷	乙烯	乙烷	丙烯	丁烷	合　计
流量/(kmol/h)	18.30	29.93	31.72	10.30	7.90	2.65	100.80
摩尔分数 x_i	0.1815	0.2969	0.3147	0.1022	0.0784	0.0263	1.00

操作压力为 4.052MPa，要求乙烯回收率不小于 98%，塔釜液中甲烷流量不大于 0.051kmol/h，试用清晰分割计算塔顶馏出液和塔底釜液的流量及组成。

3. 某丙烯塔的进料组成及相对挥发度如下表：

组分 i	乙烷	丙烯	丙烷	异丁烷	合计
F_i/(kmol/h)	0.07	75.0	24.0	0.93	100
x_{Fi}(摩尔分数)	0.0007	0.75	0.24	0.0093	1.00
α_{ij}	5.31	2.27	2.03	1.00	

按分离要求在馏出液中丙烯的含量不少于 0.99 在釜液中丙烷的含量不少于 0.93（均为摩尔分数）。试用清晰分割方法计算①塔顶、塔底产品的流量及组成；②最少理论板层数。

4. 某多组分精馏塔进料中含正己烷 33%，正庚烷 33%，正辛烷 34%，饱和液体进料，要求馏出液中含正庚烷不大于 1%，釜液中含正己烷不大于 1%（以上均为摩尔百分数）。在平均温度下各组分的相对挥发度为 $\alpha_{正己烷}=5.25$，$\alpha_{正庚烷}=2.27$，$\alpha_{正辛烷}=1.00$。试求：

(1) 按清晰分割方法计算塔顶、塔底产品的流量及组成；

(2) 最小回流比及全回流时最少理论板层数。

5. 某丙烯塔的进料组成及在温度为 50～55℃，压力为 2.13×10^3kPa 下各组分的平衡常数度如下表：

组分 i	x_i(摩尔分数)	k_i(50℃)	k_i(51℃)	k_i(52℃)	k_i(53℃)	k_i(54℃)	k_i(55℃)
乙烷	0.0057						
丙烯	55.675	2.3	2.35	2.4	2.42	2.45	2.5
丙烷	43.900	0.98	0.99	1.0	1.04	1.06	1.1
正丁烷	0.313	0.88	0.89	0.9	0.92	0.94	1.0
异丁烯	0.106						

已知进料量为 52.05kmol/h，要求丙烯回收率为 99.5%，丙烷的回收率为 99%，试求：

(1) 按清晰分割确定关键组分，并确定塔顶、塔底产品的流量及组成；

(2) 若塔顶采用全凝器，压力为 2.13×10^3kPa，计算塔顶温度；

(3) 若全塔平均温度下的相对挥发度为 1.26，确定最少理论板层数。

名人窗：俄国化学家门捷列夫

门捷列夫，19 世纪俄国杰出化学家。门捷列夫的最大贡献是发现了化学元素周期律，今称门捷列夫周期律。1869 年，门捷列夫编制了一份包括当时已知的全部 63 种元素的周期表，并阐述了元素周期律的要点。1871 年门捷列夫又发表了《化学元素周期性的依赖关系》论文，对化学元素周期律做了进一步阐述。他还重新修订了化学元素周期表，把 1869 年竖排的表格改为横列，突出了元素族和周期的规律性；划分了主族和副族，使之基本上具备了现代元素周期表的形式。

元素周期律的发现激起了人们发现新元素和研究无机化学理论的热潮。元素周期律的发现在化学发展史上是一个重要的里程碑，它把几百年来关于各种元素的大量知识系统化起来，形成一个有内在联系的统一体系，进而使之上升为理论。

门捷列夫还曾研究气体和液体的体积与温度和压力的关系，于 1860 年发现气体的临界温度并提出了液体热膨胀的经验式。1865 年研究了溶液的性质，提出了溶液的水合物学说，为近代溶液学说奠定了基础。1872～1882 年，他和他的学生准确地测定了数种气体的压缩系数。

门捷列夫因发现周期律而获得英国皇家学会戴维奖章。他还曾获英国科普利奖章。1955 年科学家们为了纪念元素周期律的发现者门捷列夫，将 101 号元素命名为钔。门捷列夫运用元素性质周期性的观点写成《化学原理》一书，曾被译成英、法等多种文字。

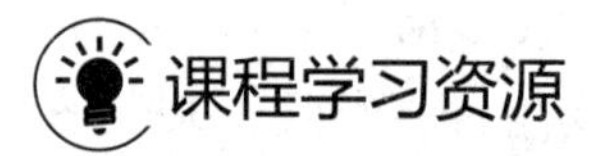

课程学习资源——精馏单元

序号	资源名称	资源类别	资源来源
1	导学	微课	网页：智慧职教→生物和化工大类→煤化工技术（国家级资源库）→素材中心→媒体类型：微课类→搜索栏→输入资源名称
2	挥发度的概念	微课	
3	蒸馏的概念与分类	微课	
4	简单蒸馏	微课	
5	简单蒸馏过程	微课	
6	平衡蒸馏	微课	
7	平衡蒸馏过程	微课	
8	塔板	微课	
9	浮舌塔板	微课	
10	舌型塔板	微课	
11	降液管和溢流堰	微课	
12	精馏操作工艺流程	微课	
13	t-x-y 相图用途	微课	
14	t-x-y 相图绘制	微课	
15	x-y 相图	微课	
16	x-y 相图意义	微课	
17	理论塔板和恒摩尔流假定	微课	
18	恒摩尔流假定	微课	
19	精馏操作的必要条件——回流	微课	
20	精馏全塔物料衡算	微课	
21	精馏段操作线	微课	
22	提馏段操作线	微课	
23	图解法求理论塔板数	微课	
24	最小回流比	微课	
25	塔板上气液两相接触状态	微课	
26	漏液和雾沫夹带	微课	
27	液泛	微课	

续表

序号	资源名称	资源类别	资源来源
28	精馏塔单元工艺流程说明	仿真	网页:智慧职教→生物和化工大类→煤化工技术(国家级资源库)→素材中心→媒体类型:虚拟仿真类→搜索栏→输入资源名称找
29	精馏塔冷态开车	仿真	
30	精馏塔正常停车	仿真	
31	精馏塔单元串级控制	仿真	
32	精馏塔单元分程控制	仿真	
33	精馏装置工艺流程	实训	网页:智慧职教→生物和化工大类→煤化工技术(国家级资源库)→典型工作任务→板式精馏塔的操作
34	精馏塔开车操作	实训	
35	精馏塔停车操作	实训	

本项目主要符号说明

x_A，x_B——液相中组分A和B的摩尔分数；

p_A，p_B——平衡时溶液上方组分A和B的蒸气分压，Pa；

v_A，v_B——溶液中组分A、B的挥发度；

α——溶液中组分A对组分B的相对挥发度；

V——精馏段上升蒸气的摩尔流量，kmol/h；

V'——提馏段上升蒸气的摩尔流量，kmol/h；

L——精馏段下降液体的摩尔流量，kmol/h；

L'——提馏段下降液体的摩尔流量，kmol/h；

V_S——操作条件下塔内上升蒸气的体积流量，m^3/s；

F——原料液的流量，kmol/h；

D——塔顶产品（馏出液）的流量，kmol/h；

W——塔底产品（残液）的流量，kmol/h；

x_F——原料液中易挥发组分的摩尔分数；

x_D——塔顶产品（馏出液）的摩尔分数；

x_W——塔底产品（残液）的摩尔分数；

R——回流比；

y_{n+1}——精馏段第$n+1$层板上升蒸气中易挥发组分的摩尔分数；

x_n——精馏段第n层板下降液体中易挥发组分的摩尔分数；

x'_m——提馏段第m层板下降液相中易挥发组分的摩尔分数；

y'_{m+1}——提馏段第$m+1$层板上升蒸气中易挥发组分的摩尔分数；

I_F——原料液焓，kJ/kmol；

I_V，I_V'——加料板上、下的饱和蒸气焓，kJ/kmol；

I_L，I_L'——加料板上、下的饱和液体焓，kJ/kmol；

q——进料热状况参数；

E_{MV}——汽相单板效率，%；

E_{ML}——液相单板效率，%；

E_T——全塔效率，%；

R_{min}——最小回流比；

N_T——理论板层数；

N_P——实际塔板层数；

N_{min}——全回流时的最小理论板数；

I_{VD}——塔顶上升蒸气的焓，kJ/kmol；

I_{LD}——塔顶馏出液的焓，kJ/kmol；

I_B——加热介质的焓，kJ/kg；

I_{VW}——再沸器中上升蒸气的焓，kJ/kmol；

I_{LW}——釜残液的焓，kJ/kmol；

I_{Lm}——提馏段底层塔板下降液体的焓，kJ/kmol；

r——加热蒸气的汽化热，kJ/kg；

Q_B——再沸器的热负荷，kJ/h；

Q_L——再沸器的热损失，kJ/h；
Q_C——全凝器的热负荷，kJ/h；
W_h——加热介质消耗量，kg/h；
W_c——冷却介质消耗量，kg/h；
C——负荷因子，m/s；
c_{pc}——冷却介质的比热容，kJ/(kg·℃)；
D——塔径，m；
H_z——塔有效高度，m；
H_T——塔板间距，m；
H_a——顶部空间高度，m；
H_b——底部空间高度，m；
H_s——裙座高度，m；
u——空塔速度，m/s；
u_{max}——最大允许气速，m/s；
h_L——板上液层高度，m；
h_w——堰高，m；
l_w——堰长，m；
h_{ow}——堰上液层高度，m；
E——液流收缩系数；
A_0——鼓泡区总面积，m^2；
N——阀孔数目，个；
F_0——阀孔动能因数；
ϕ——开孔率；
h_c——塔板本身的干板阻力，m；
h_1——塔板上充气液层的阻力，m；
h_σ——克服阀孔处液体表面张力的阻力，m；
h_p——气体通过塔板的压降，m；
h_0——降液管底隙高度，m；
Z_L——板上液体流径长度，m；
A_b——板上液流面积，m；
C_F——泛点负荷系数；
F_1——泛点率，%；
τ——液体在降液管内的停留时间，s；
k_i——相平衡常数；
f_{iL}，f_{iV}——液相和气相混合物中组分 i 的逸度，Pa；
γ_i——活度系数；
LK，HK——轻、重关键组分；
D_1，D_h——馏出液中轻、重关键组分的流量，kmol/h；
W_1，W_h——分别为釜液中轻、重关键组分的流量，kmol/h。

项目二
吸收技术

工业生产中常常会遇到均相气体混合物的分离问题。为了分离混合气体中的各组分，通常将混合气体与选择的某种液体相接触，气体中的一种或几种组分便溶解于液体内而形成溶液，不能溶解的组分则保留在气相中，从而实现了气体混合物分离的目的。这种利用各组分溶解度不同而分离气体混合物的单元操作称为吸收。吸收过程是溶质由气相转移到液相的相际传质过程，那么，溶质是如何在相际间转移的，转移的方向、速率如何；用什么设备实现吸收操作；影响吸收过程的因素有哪些；怎样对吸收设备进行正确的操作调节等等，这些问题将在这一部分进行讨论。

任务1　学习吸收操作入门知识

任务目标

- 认识常见的气液传质设备——填料塔；
- 了解填料塔的作用及主要结构；
- 掌握各种常见填料的类型及特征；
- 了解吸收装置工艺流程及主要附属设备。

技能要求

- 能从外观上认识填料塔，并能指出其附属设备；
- 能认识常见的填料类型，并能指出填料塔内部的主要构造；
- 能绘制并说明连续吸收操作的基本工艺流程。

一、概述

吸收是分离气体混合物典型的单元操作，它是利用气体混合物中各组分在液体中溶解度的差异，实现气相各组分的分离。例如，用水处理空气-氨混合物，由于氨在水中溶解度很大，而空气在水中溶解度很小，所以大部分氨从空气中转移到水中而与空气分离。可见，吸收操作是利用气体混合物各组分在液体溶剂中溶解度的差异来分离气体混合物的单元操作。

在气体吸收操作中所用的溶剂称为吸收剂，用S表示；气体中能溶于溶剂的组分称为溶质（或吸收质），用A表示；基本上不溶于溶剂的组分统称为惰性气体，用B表示。惰性气体可以是一种或多种组分。如用水吸收空气-氨混合气体时，水为吸收剂，氨为溶质，空气为惰性气体。

二、吸收操作工艺流程的描述

一个工业吸收过程一般包括吸收和解吸两个部分。解吸是吸收的逆过程，就是将溶质从吸收后的溶液中分离出来。通过解吸可以回收气体溶质，并实现吸收剂的再生循环使用。

1. 吸收操作的现场工艺流程

图 2-1 以合成氨生产中 CO_2 气体的净化为例，说明吸收与解吸联合操作的流程。

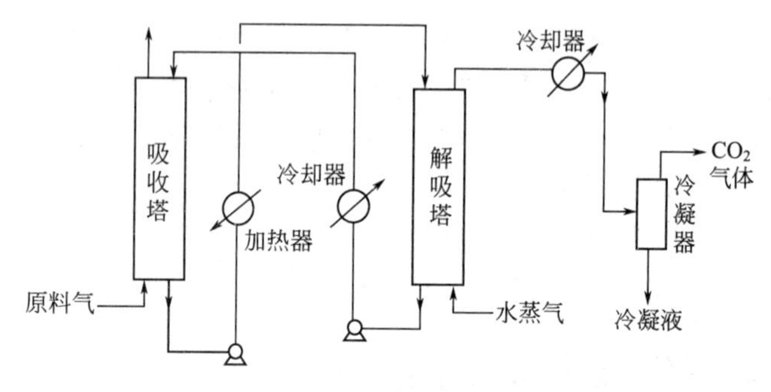

图 2-1　吸收与解吸流程

2. 工艺流程描述

合成氨原料气（含 CO_2 30%左右）从底部进入吸收塔，塔顶喷入乙醇胺溶液。气、液逆流接触传质，乙醇胺吸收了 CO_2 后从塔底排出，从塔顶排出的气体中 CO_2 含量可降至0.5%以下。将吸收塔底排出的含 CO_2 的乙醇胺溶液用泵送至加热器，加热到130℃左右后从解吸塔顶喷淋下来，与塔底送入的水蒸气逆流接触，CO_2 在高温、低压下自溶液中解吸出来。从解吸塔顶排出的气体经冷却、冷凝后得到可用的 CO_2。解吸塔底排出的含少量 CO_2 的乙醇胺溶液经冷却降温至50℃左右，经加压仍可作为吸收剂送入吸收塔循环使用。

由此可见，采用吸收操作实现气体混合物的分离必须解决以下问题：

① 选择合适的吸收剂，选择性地溶解某个（或某些）被分离组分；

② 选择适当的传质设备以实现气液两相接触，使溶质从气相转移至液相；

③ 吸收剂的再生和循环使用。

三、气体吸收的分类

吸收操作通常有以下分类方法：

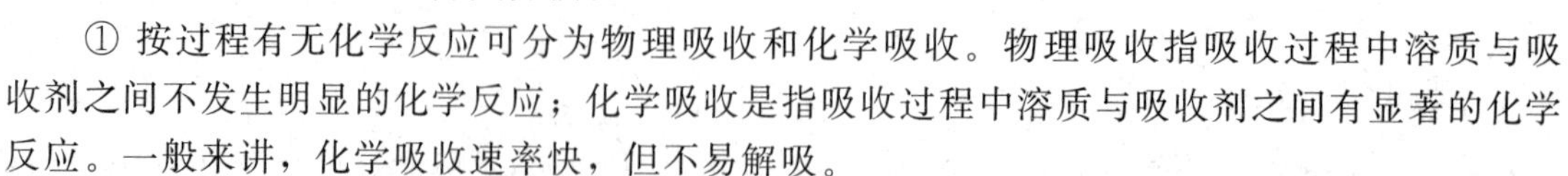

① 按过程有无化学反应可分为物理吸收和化学吸收。物理吸收指吸收过程中溶质与吸收剂之间不发生明显的化学反应；化学吸收是指吸收过程中溶质与吸收剂之间有显著的化学反应。一般来讲，化学吸收速率快，但不易解吸。

② 按被吸收的组分数目可分为单组分吸收和多组分吸收。若混合气体中只有一个组分（溶质）进入液相，其余组分皆可认为不溶解于吸收剂的吸收过程为单组分吸收；若混合气体中有两个或更多组分进入液相的吸收过程为多组分吸收。

③ 按吸收过程有无温度变化可分为等温吸收和非等温吸收。若吸收过程的热效应较小，或被吸收的组分在气相中浓度很低，而吸收剂用量相对较大时，温度升高不显著，则可认为是等温吸收；当气体溶解于液体时，常常伴随着热效应，当有化学反应时，还会有反应热，其结果是随吸收过程的进行，溶液温度会逐渐变化，则此过程为非等温吸收。

④ 按吸收过程的操作压强可分为常压吸收和加压吸收。当操作压力增大时，溶质在吸收剂中的溶解度将随之增加。

⑤ 按吸收质的浓度可分为低浓度吸收和高浓度吸收。

这里将以填料塔为例，着重讨论常压下单组分低浓度等温物理吸收过程。

四、吸收操作在化工生产中的应用

吸收操作在化工生产中的主要用途如下：

（1）净化或精制气体　例如，用水或碱液脱除合成氨原料气中的二氧化碳，用丙酮脱除石油裂解气中的乙炔等。

（2）制备某种气体的溶液　例如，用水吸收二氧化氮制造硝酸，用水吸收氯化氢制取盐酸，用水吸收甲醛制备福尔马林溶液。

（3）回收混合气体中的有用组分　例如，用硫酸处理焦炉气以回收其中的氨，用洗油处理焦炉气以回收其中的苯、二甲苯等，用液态烃处理石油裂解气以回收其中的乙烯、丙烯等。

（4）废气治理，保护环境　工业废气中含有 SO_2、NO、NO_2、H_2S 等有害气体，直接排入大气，对环境危害很大。可通过吸收操作使之净化，变废为宝，综合利用。

吸收过程通常在吸收塔中进行。为了使气液两相充分接触，可以采用板式塔和填料塔。

五、填料塔的主要结构

填料塔由塔体、填料、液体分布装置、填料压紧装置、填料支承装置、液体再分布装置等构成。如图 2-2 所示。

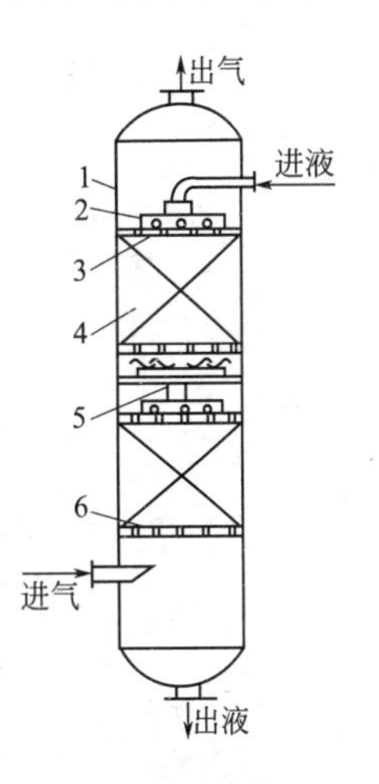

图 2-2　填料塔结构示意图

1—塔体；2—液体分布器；3—填料压紧装置；4—填料层；5—液体再分布器；6—支承装置

填料塔操作时，液体自塔上部进入，通过液体分布器均匀喷洒在塔截面上并沿填料表面呈膜状下流。当塔较高时，由于液体有向塔壁面偏流的倾向，使液体分布逐渐变得不均匀，因此经过一定高度的填料层以后，需要液体再分布装置，将液体重新均匀分布到下段填料层的截面上，最后液体经填料支承装置从塔下部排出。

气体自塔下部经气体分布装置送入，通过填料支承装置在填料缝隙中的自由空间上升并与下降的液体接触，最后从塔顶排出。为了除去排出气体中夹带的少量雾状液滴，在气体出口处常装有除沫器。

填料层内气液两相呈逆流接触，填料的润湿表面即为气液两相的主要传质表面，两相的组成沿塔高连续变化。

1. 塔体

塔体除用金属材料制作以外，还可以用陶瓷、塑料等非金属材料制作，或在金属壳体内壁衬以橡胶或搪瓷。金属或陶瓷塔体一般均为圆柱形，圆柱形塔体有利于气体和液体的均匀分布，但大型的耐酸石或耐酸砖塔则以砌成方形或多角形为便。

在选择塔体材料时，除考虑介质腐蚀性外，还应考虑操作温度及压力等因素。陶瓷塔体每分钟的温度变化不应超过8℃，否则可能导致塔体破裂，对搪瓷设备来说，温度升降也不宜过快。

当所处理的气体和液体具有强烈的腐蚀性时，应选择能耐腐蚀的材料制作。习惯上，塔径不大的塔，工作压力低时，多采用耐酸陶瓷制作塔体。大型塔可用耐酸石、砖或耐酸水泥制成。

塔体应具有一定的垂直度，以保证液体在塔截面上均匀分布。塔体还应有足够的强度和稳定性，以承受塔体自重和塔内液体的重量，并应考虑风载及地震因素的影响。

图 2-3 几种常见填料

2. 填料及其特性参数

填料是填料塔的核心部分，它提供了气液两相接触传质的界面，是决定填料塔性能的主要因素。对操作影响较大的填料特性有比表面积、空隙率、填料因子和单位堆积体积的填料数目。

（1）比表面积　单位体积填料层所具有的表面积称为填料的比表面积，以 δ 表示，其单位为 m^2/m^3。显然，填料应具有较大的比表面积，以增大塔内传质面积。同一种类的填料，尺寸越小，则其比表面积越大。

（2）空隙率　单位体积填料层所具有的空隙体积，称为填料的空隙率，以 ε 表示，其单位为 m^3/m^3。填料的空隙率大，气液通过能力大且气体流动阻力小。

（3）填料因子　将 δ 与 ε 组合成 δ/ε^3 的形式称为干填料因子，单位为 m^{-1}。填料因

子表示填料的流体力学性能。当填料被喷淋的液体润湿后，填料表面覆盖了一层液膜，δ 与 ε 均发生相应的变化，此时 δ/ε^3 称为湿填料因子，以 ϕ 表示。ϕ 值小则填料层阻力小，发生液泛时的气速提高，亦即流体力学性能好。

(4) 单位堆积体积的填料数目　对于同一种填料，单位堆积体积内所含填料的个数是由填料尺寸决定的。填料尺寸减小，填料数目可以增加，填料层的比表面积也增大，而空隙率减小，气体阻力亦相应增加，填料造价提高。反之，若填料尺寸过大，在靠近塔壁处，填料层空隙很大，将有大量气体由此短路流过。为控制气流分布不均匀现象，填料尺寸不应大于塔径 D 的 1/10～1/8。此外，从经济、实用及可靠的角度考虑，填料还应具有质量轻、造价低，坚固耐用，不易堵塞，耐腐蚀，有一定的机械强度等特性。各种填料往往不能完全具备上述各种条件，实际应用时，应依具体情况加以选择。

填料的种类很多，大致可分为散装填料和整砌填料两大类。散装填料是一粒粒具有一定几何形状和尺寸的颗粒体，一般以散装方式堆积在塔内。根据结构特点的不同，散装填料分为环形填料、鞍形填料、环鞍形填料及球形填料等。整砌填料是一种在塔内整齐的有规则排列的填料，根据其几何结构可以分为格栅填料、波纹填料、脉冲填料等。表 2-1 分别介绍几种常见的填料。

表 2-1　常见的填料

类型	结构	特点及应用
拉西环填料	外径与高度相等的圆环，如图 2-3(a)所示	拉西环形状简单，制造容易，操作时有严重的沟流和壁流现象，气液分布较差，传质效率低。填料层持液量大，气体通过填料层的阻力大，通量较低。拉西环是使用最早的一种填料，曾得到极为广泛的应用，目前拉西环工业应用日趋减少
鲍尔环填料	在拉西环的侧壁上开出两排长方形的窗孔，被切开的环壁一侧仍与壁面相连，另一侧向环内弯曲，形成内伸的舌叶，舌叶的侧边在环中心相搭，如图 2-3(b)所示	鲍尔环填料的比表面积与拉西环基本相当，气体流动阻力降低，液体分布比较均匀。同一材质、同种规格的拉西环与鲍尔环填料相比，鲍尔环的气体通量比拉西环增大 50%以上，传质效率增加 30%左右。鲍尔环填料以其优良的性能得到了广泛的工业应用
阶梯环填料	对鲍尔环填料进行改进，其形状如图 2-3(c)所示。阶梯环圆筒部分的高度仅为直径的一半，圆筒一端有向外翻卷的锥形边，其高度为全高的 1/5	是目前环形填料中性能最为良好的一种。填料的空隙率大，填料个体之间呈点接触，使液膜不断更新，压力降小，传质效率高
鞍形填料	是敞开型填料，包括弧鞍与矩鞍，其形状如图 2-3(d)和图 2-3(e)所示	弧鞍形填料是两面对称结构，有时在填料层中形成局部叠合或架空现象，且强度较差，容易破碎，影响传质效率。矩鞍形填料在塔内不会相互叠合而是处于相互勾连的状态，有较好的稳定性，填充密度及液体分布都较均匀，空隙率也有所提高，阻力较低，不易堵塞，制造比较简单，性能较好。是取代拉西环的理想填料
金属鞍环填料	如图 2-3(f)所示，采用极薄的金属板轧制，既有类似开孔环形填料的圆环、开孔和内伸的叶片，也有类似矩鞍形填料的侧面	综合了环形填料通量大及鞍形填料液体再分布性能好的优点而研制和发展起来的一种新型填料，敞开的侧壁有利于气体和液体通过，在填料层内极少产生滞留的死角，阻力减小，通量增大，传质效率提高，有良好的机械强度。金属鞍环填料性能优于目前常用的鲍尔环和矩鞍形填料
球形填料	一般采用塑料材质注塑而成，其结构有许多种，如图 2-3(g)和图 2-3(h)所示	球体为空心，可以允许气体、液体从内部通过。填料装填密度均匀，不易产生空穴和架桥，气液分散性能好。球形填料一般适用于某些特定场合，工程上应用较少

续表

类型	结构	特点及应用
波纹填料	由许多波纹薄板组成的圆盘状填料，波纹与水平方向成45°倾角，相邻两波纹板反向靠叠，使波纹倾斜方向相互垂直。各盘填料垂直叠放于塔内，相邻的两盘填料间交错90°排列。如图2-3(n)和图2-3(o)所示	优点是结构紧凑，比表面积大，传质效率高，填料阻力小，处理能力提高。其缺点是不适于处理黏度大、易聚合或有悬浮物的物料，填料装卸、清理较困难，造价也较高。金属丝网波纹填料特别适用于精密精馏及真空精馏装置，为难分离物系、热敏性物系的精馏提供了有效手段。金属孔板波纹填料特别适用于大直径蒸馏塔。金属压延孔板波纹填料主要用于分离要求高，物料不易堵塞的场合
脉冲填料	脉冲填料是由带缩颈的中空棱柱形单体，按一定方式拼装而成的一种整砌填料，如图2-3(p)所示	流道收缩、扩大的交替重复，实现了“脉冲”传质过程。脉冲填料的特点是处理量大、压力降小，是真空蒸馏的理想填料，因其优良的液体分布性能使放大效应减小，特别适用于大塔径的场合

无论散装填料还是整砌填料的材质均可用陶瓷、金属和塑料制造。陶瓷填料应用最早，其润湿性能好，但因较厚、空隙小、阻力大、气液分布不均匀导致效率较低，而且易破碎，故仅用于高温、强腐蚀的场合。金属填料强度高，壁薄，空隙率和比表面积大，故性能良好。不锈钢较贵，碳钢便宜但耐腐蚀性差，在无腐蚀场合广泛采用。塑料填料价格低廉，不易破碎，质轻耐蚀，加工方便，但润湿性能差。

填料性能的优劣通常根据效率、通量及压降来衡量。在相同的操作条件下，填料塔内气液分布越均匀，表面润湿性能越优良，则传质效率越高；填料的空隙率越大，结构越开放，则通量越大，压降也越低。国内学者对九种常用填料的性能进行了评价，用模糊数学方法得出了各种填料的评估值，结论如表2-2所示。

表2-2 几种填料综合性能评价

填料名称	评估值	评价	排序	填料名称	评估值	评价	排序
丝网波纹填料	0.86	很好	1	金属鲍尔环	0.51	一般好	6
孔板波纹填料	0.61	相当好	2	瓷鞍环填料	0.41	较好	7
金属鞍环填料	0.59	相当好	3	瓷鞍形填料	0.38	略好	8
金属鞍形填料	0.57	相当好	4	瓷拉西环	0.36		9
金属阶梯环	0.53	一般好	5				

填料塔的附件主要有填料支承装置、填料压紧装置、液体分布装置、液体再分布装置和除沫装置等。合理地选择和设计填料塔的附件，对保证填料塔的正常操作及良好的传质性能十分重要。

3. 填料支承装置

填料支承装置的作用是支承塔内填料及其持有的液体重量，故支承装置要有足够的强度。同时为使气液顺利通过，支承装置的自由截面积应大于填料层的自由截面积，否则当气速增大时，填料塔的液泛将首先在支承装置发生。

常用的填料支承装置有栅板型、孔管型、驼峰型等，如图2-4所示。选择哪种支承装

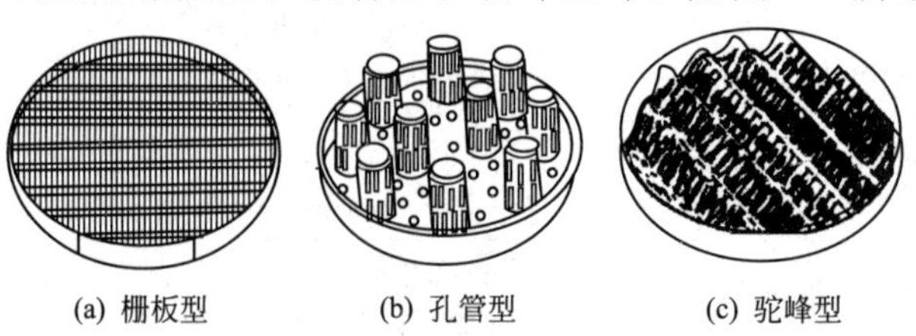

(a) 栅板型　(b) 孔管型　(c) 驼峰型

图2-4 填料支承装置

置，主要根据塔径、使用的填料种类及型号、塔体及填料的材质、气液流速等而定。

4. 填料压紧装置

为保持操作中填料床层高度恒定，防止在高压降、瞬时负荷波动等情况下填料床层发生松动和跳动，在填料装填后于其上方要安装填料压紧装置。

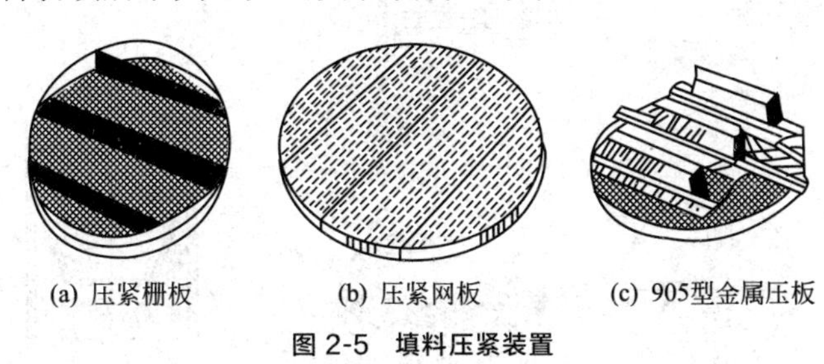

(a) 压紧栅板　(b) 压紧网板　(c) 905型金属压板

图 2-5　填料压紧装置

填料压紧装置分为填料压板和床层限制板两大类，每类又有不同的型式，图 2-5 列出了几种常用的填料压紧装置。填料压板自由放置于填料层上端，靠自身重量将填料压紧，它适用于陶瓷、石墨制的散装填料。当填料层发生破碎时，填料层空隙率下降，此时填料压板可随填料层一起下落，紧紧压住填料而不会形成填料的松动。床层限制板用于金属散装填料、塑料散装填料及所有规整填料。金属及塑料填料不易破碎，且有弹性，在装填正确时不会使填料下沉。床层限制板要固定在塔壁上，为不影响液体分布器的安装和使用，不能采用连续的塔圈固定，对于小塔可用螺钉固定于塔壁，而大塔则用支耳固定。

5. 液体分布装置

液体分布装置设在塔顶，为填料层提供足够数量并分布适当的喷淋点，以保证液体初始均匀地分布。液体分布装置对填料塔的性能影响很大，如果液体初始分布不均匀，则填料层内有效润湿面积会减小，并出现偏流和沟流现象，降低塔的传质分离效果。填料塔的直径越大，液体分布装置越重要。

常用的液体分布装置如图 2-6 所示。

莲蓬式喷洒器如图 2-6(a) 所示。结构简单，但因小孔容易堵塞，一般适用于处理清洁液体，且直径小于 600mm 的小塔。操作时液体压力必须维持恒定，否则会改变喷淋角和喷淋半径，影响液体分布的均匀性。

盘式分布器有盘式筛孔分布器、盘式溢流管分布器等形式。如图 2-6(b)、(c) 所示。液体加至分布盘上，经筛孔或溢流管流下。盘式分布器常用于直径较大的塔，能基本保证液体分布均匀，但其制造较麻烦。

管式分布器由不同结构形式的开孔管制成。如图 2-6(d)、(e) 其突出的特点是结构简单，气体阻力小，特别适用于液量小而气量大的填料塔。

槽式液体分布器通常是由分流槽（又称主槽或一级槽）、分布槽（又称副槽或二级槽）构成的。如图 2-6(f) 所示。这种分布器自由截面积大，不易堵塞，多用于气液负荷大及含有固体悬浮物、黏度大的液体分离场合。

6. 液体再分布装置

液体沿填料层向下流动时，有偏向塔壁流动的现象，这种现象称为壁流。壁流将导致填料层内气液分布不均，使传质效率下降。为减小壁流现象，可间隔一定高度在填料层内设置液体再分布装置。

最简单的液体再分布装置为截锥式再分布器。如图 2-7 所示。图 2-7(a) 是将截锥筒体焊在塔壁上。图 2-7(b) 是在截锥筒的上方加设支承板，截锥下面隔一段距离再装填料，以便于分段卸出填料。

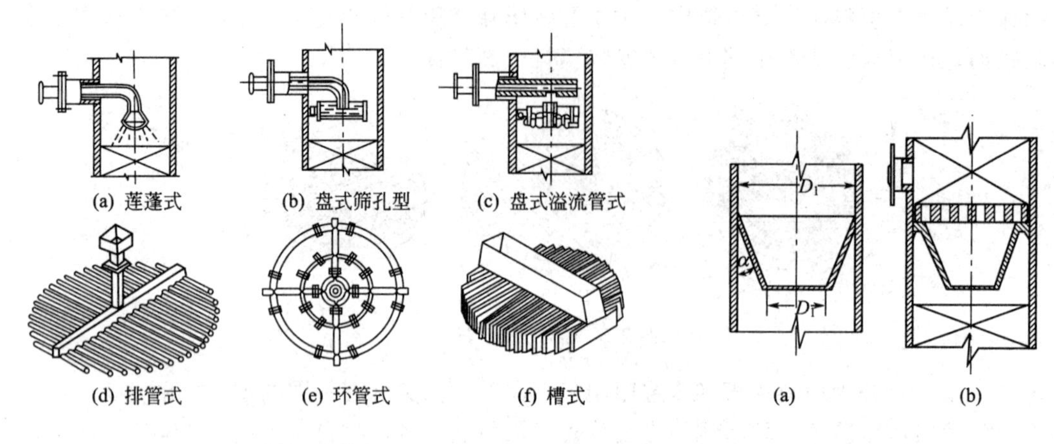

图 2-6 液体分布装置　　图 2-7 液体再分布装置

7. 除沫装置

气体出口既要保证气体流动畅通，又要清除气体中夹带的液体雾沫，因此常在液体分布器的上方安装除沫装置。常见的有折板除沫器、丝网除沫器及填料除沫器，如图 2-8(a)～(c) 所示。

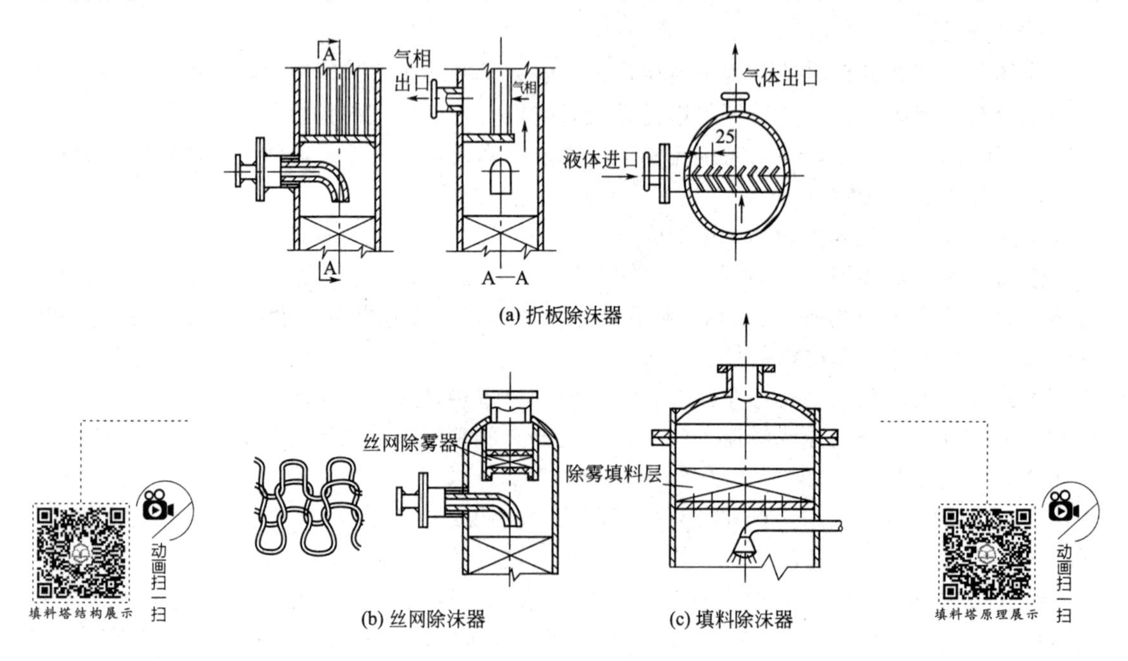

图 2-8 除沫器

六、填料塔的特点

与板式塔相比，填料塔具有以下特点：

(1) 结构简单，便于安装，小直径的填料塔造价低。

(2) 压力降较小，适合减压操作，且能耗低。

(3) 分离效率高，用于难分离的混合物，塔高较低。

(4) 适于易起泡物系的分离，因为填料对泡沫有限制和破碎作用。

(5) 适用于腐蚀性介质，因为可采用不同材质的耐腐蚀填料（如瓷质填料等）。

(6) 适用于热敏性物料，因为填料塔持液量低，物料在塔内停留时间短。

(7) 填料塔操作弹性较小，对液体负荷的变化特别敏感。当液体负荷较小时，填料表面不能很好地润湿，传质效果急剧下降；当液体负荷过大时，则易产生液泛。而设计良好的板式塔则有比填料塔大得多的操作范围。

(8) 填料塔不宜处理易聚合或含有固体悬浮物的物料。而某些板式塔（如大孔径筛板塔、泡罩塔等）则可以有效地处理这种物系。另外，板式塔的清洗也比填料塔方便。

(9) 当气、液接触过程中需要冷却以移除反应热或溶解热时，填料塔因涉及液体均匀分布问题而使结构复杂化，板式塔则可方便地在塔板上安装冷却盘管。同理，当有侧线出料时，填料塔也不如板式塔方便。

小结

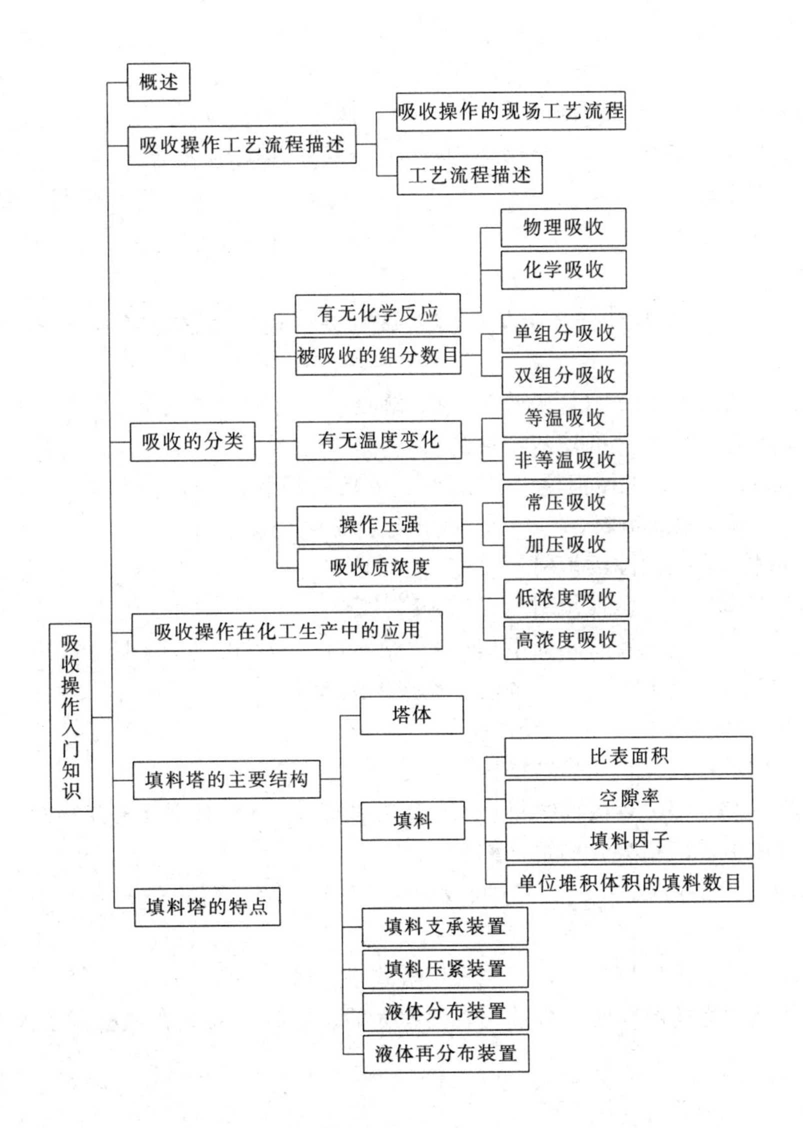

思考题

1. 简述填料吸收塔的构造以及主要部件的作用。
2. 填料的作用是什么?对吸收操作有较大影响的填料特性有哪些?
3. 评价填料性能的主要指标有哪些?
4. 吸收过程在化工生产中有哪些应用?
5. 吸收塔操作时，应先通入气体后进入喷淋液体还是先进入喷淋液体后通入气体?
6. 综合比较板式塔与填料塔的特点，说明板式塔和填料塔各适用于何种场合?

自测题

一、填空题

1. 吸收是分离（　　）的单元操作，它是利用气体混合物中各组分在溶液中的（　　）差异达到分离目的。

2. 填料塔主要由（　　）、（　　）、（　　）、（　　）、（　　）、（　　）、（　　）等部分组成。

3. 填料的特性参数主要包括（　　）、（　　）、（　　）、（　　）等。

4. 吸收过程是溶质从（　　）转移到（　　）的质量传递过程。

5. 散装填料主要有（　　）、（　　）、（　　）、（　　）等，规整填料主要有（　　）、（　　）、（　　）等。

二、选择题

1. 利用气体混合物各组分在液体中溶解度的差异而使气体中不同组分分离的操作称为（　　）。

A. 蒸馏　B. 萃取　C. 吸收　D. 解吸

2. 对吸收操作影响最大的填料特性是（　　）。

A. 比表面积　B. 机械强度　C. 对气体阻力要小　D. 空隙率

3. （　　）属于散装填料，（　　）属于规整填料。

A. 格栅填料　B. 波纹填料　C. 矩鞍填料

D. 鲍尔环填料　E. 脉冲填料　F. 弧鞍填料

4. 吸收时，气体进气管管端向下切成45°倾斜角，其目的是为了防止（　　）。

A. 气体被液体夹带出塔　B. 塔内下流液体进入管内

C. 气液传质不充分　D. 液泛

5. 在下列物系中，不宜用填料塔操作的是（　　）。

A. 易起泡物系　B. 热敏性物料　C. 腐蚀性物系　D. 有固体悬浮物的物系

6. 混合气体中被液相吸收的组分称为（　　）。

A. 吸收剂　B. 吸收液　C. 吸收质　D. 惰性气体

三、判断题

1. 吸收操作只能采用填料塔，不能采用板式塔。（　　）

2. 在选择吸收塔的填料时，应选比表面积大的、空隙率大的和填料因子大的填料才好。（　　）

3. 选用不同结构的填料时，填料提供的比表面积越大，越有利于吸收，不利于解吸。(　　)
4. 填料吸收塔的吸收面积，即为塔的截面积。(　　)
5. 选用不同填料时，填料提供的比表面积越大，相同条件下，所需填料层高度越低。(　　)

文化窗：中国石油的“铁人精神”

“铁人”是20世纪五六十年代社会送给石油工人王进喜的称号，而铁人精神是王进喜崇高思想、优秀品德的高度概括，也集中体现出我国石油工人的精神风貌。铁人精神内涵丰富，主要包括：“为国分忧、为民族争气”的爱国主义精神；“宁可少活20年，拼命也要拿下大油田”的忘我拼搏精神；“有条件要上，没有条件创造条件也要上”的艰苦奋斗精神；“干工作要经得起子孙万代检查”“为革命练一身硬功夫、真本事”的科学求实精神。铁人精神无论在过去、现在和将来都有着不朽的价值和永恒的生命力。

铁人精神具体表现为：始终如一，真诚坚定的马克思主义的精神信仰；矢志不渝，胸怀激烈的爱国主义情怀；积极向上，乐观负责的人生态度；坚韧不拔，无难不克的意志品格；积极刻苦，不怕牺牲的工作精神；严细认真，一丝不苟的工作作风；解放思想，实事求是的思想方法；奉献人民，自强不息的价值追求；感恩社会，挚爱大众的道德人格；艰苦奋斗，不知疲倦的生命活力。

党的十六大报告指出：民族精神是一个民族赖以生存和发展的精神支撑。一个民族，没有振奋的精神和高尚的品格，不可能自立于世界民族之林。民族是如此，企业也是这样。回顾大庆油田走过的历程，可以得出一个明确的结论：铁人精神是推进企业发展的不竭精神动力。“铁人精神”是一种力量，凸显了一种坚韧不拔创业的勇气。“铁人精神”是一种标志，凝缩着一个民族不畏困难的民族气概。这些精神能够激发大众在新时期发挥好工人阶级的先锋作用，在建设有中国特色社会主义大业中建功立业。

任务 2　吸收操作的理论知识

任务目标

- 掌握吸收的相平衡关系；
- 掌握吸收操作的传质机理。

技能要求

- 能正确选择吸收操作的条件；
- 能正确分析吸收的传质机理；
- 学会判断传质过程的方向。

对任何过程都需要解决两个基本问题：过程的极限和过程的速率。吸收是气液两相之间的传质过程，因此本节首先讨论吸收的气液相平衡关系以及传质的基本概念，以解决这两个基本问题。

一、吸收过程的相平衡关系

1. 亨利定律

在恒定温度与压力下，使某一定量混合气体与吸收剂接触，溶质便向液相中转移。直至液相中溶质达到饱和，浓度不再增加为止。此时并非没有溶质分子继续进入液相，而是任何瞬间内进入液相的溶质分子数与从液相逸出的溶质分子数恰好相抵，在宏观上传质过程就像停止了，这种状态称为相际动平衡，简称相平衡。

当总压不高时，在一定温度下气液两相达到平衡时，稀溶液上方气体溶质的平衡分压与溶质在液相中的摩尔分数成正比，这就是亨利定律。

其数学表达式为：

$$p^* = Ex \tag{2-1}$$

式中 p^*——溶质在气相中的平衡分压，kPa；

E——亨利系数，单位与压强单位一致；

x——溶质在液相中的摩尔分数。

亨利系数 E 的值随物系而变化。当物系一定时，E 随系统的温度而变化。通常，温度升高，E 值增大，即气体的溶解度随温度的升高而减小。亨利系数由实验测定，一般易溶气体的 E 值小，难溶气体的 E 值大。

由于气、液相组成表示方法不同，亨利定律也常表示为如下几种形式：

（1）溶质在液相中的浓度用摩尔浓度表示（$kmol/m^3$），在气相中的浓度用分压表示　此时，亨利定律表示为：

$$p^* = \frac{c}{H} \tag{2-2}$$

式中 H——溶解度系数，kmol/（m^3·kPa）；

c——溶质在液相中的摩尔浓度，$kmol/m^3$。

H 与 E 的关系为：

$$H = \frac{C}{E} \tag{2-3}$$

式中 C——溶液中各组分的总摩尔浓度，$kmol/m^3$。

溶解度系数 H 可视为在一定温度下溶质气体分压为 1kPa 时液相的平衡摩尔浓度，所以，H 值越大，溶解度越大。

（2）溶质在气液两相的浓度均用摩尔浓度表示　此时，亨利定律表示为：

$$y^* = mx \tag{2-4}$$

式中 m——相平衡常数，无因次；

y^*——相平衡时溶质在气相中的摩尔分数。

由理想气体分压定律知，$p^* = py^*$，代入式（2-1）得

$$p^* = py^* = Ex$$

即

$$y^* = \frac{E}{p}x$$

所以
$$m=\frac{E}{p} \tag{2-5}$$

式(2-5)说明，对于一定的物系，相平衡常数是温度和总压的函数。当总压 p 一定时，温度升高，E 值增大，m 值也随之增大；温度一定时，总压 p 增大，E 值不变而 m 值减小。温度降低，总压升高，都使 m 值减小，溶质在相同的气相摩尔分数下，其液相中的摩尔分数增大。可见降温和加压有利于吸收，升温和减压有利于解吸。

(3) *气液两相浓度均用摩尔比表示* 此时，在吸收计算中常可认为惰性组分不进入液相，溶剂也没有显著的汽化现象，因而在塔的各个横截面上，气相中惰性组分B的摩尔流量和液相中溶剂S的摩尔流量不变。若以B和S的量作为基准分别表示溶质A在气液两相中的浓度，对吸收的计算会带来一些方便。为此，常采用摩尔比 Y 和 X 分别表示气液两相的组成。摩尔比的定义如下：

$$X=\frac{\text{液相中溶质的摩尔数}}{\text{液相中溶剂的摩尔数}}=\frac{x}{1-x}$$

$$Y=\frac{\text{气相中溶质的摩尔数}}{\text{气相中惰性组分的摩尔数}}=\frac{y}{1-y}$$

所以
$$x=\frac{X}{1+X},\ y=\frac{Y}{1+Y}$$

将上述关系代入式(2-4)，整理得

$$Y^{*}=\frac{mX}{1+(1-m)X} \tag{2-6}$$

式中 Y^{*}——相平衡时，气相中溶质的摩尔数与惰性气体摩尔数的比；

X——相平衡时，液相中溶质的摩尔数与吸收剂摩尔数的比。

当溶液浓度很低时，式(2-6)分母趋近于1，于是该式可简化为：

$$Y^{*}=mX \tag{2-7}$$

上述亨利定律的各种表达式所表示的都是互成平衡的气、液两相组成间的关系，利用它们可根据液相组成计算平衡的气相组成，同样也可根据气相组成计算平衡的液相组成。

【案例 2-1】 某吸收塔在常压、25℃下操作，已知原料混合气体中含 CO_2 29%（体积分数），其余为 N_2、H_2 和 CO（可看作惰性组分），经吸收后，出塔气体中 CO_2 的含量为1%（体积分数），试分别计算以摩尔分数、摩尔比和物质的量浓度表示的原料混合气体和出塔气体中的 CO_2 组成。

解：系统可视为由溶质 CO_2 和惰性组分构成的双组分系统。以下标1、2分别表示入、出塔的气体状态。

① 原料混合气（入塔气体）

摩尔分数：理想气体的体积分数等于摩尔分数，所以 $y_1=0.29$

物质的量浓度：由分压定律知

$$p_{A1}=py_1=101.3\times0.29\text{kPa}=29.38\text{kPa}$$

所以
$$c_{A1}=\frac{p_{A1}}{RT}=\frac{29.38}{8.314\times298}\text{kmol/m}^3=0.0119\text{kmol/m}^3$$

摩尔比：
$$Y_1=\frac{y_1}{1-y_1}=\frac{0.29}{1-0.29}=0.408$$

② 出塔气体组成

摩尔分数： $y_2=0.01$

物质的量浓度：$c_{A2}=\frac{p_{A2}}{RT}=\frac{101.3\times0.01}{8.314\times298}\text{kmol/m}^3=4.09\times10^{-4}\text{kmol/m}^3$

摩尔比：
$$Y_2=\frac{y_2}{1-y_2}=\frac{0.01}{1-0.01}=0.0101$$

【案例 2-2】 氨水中氨的质量分数为 0.25，求氨水中氨的质量比、摩尔分数和摩尔比。

解： 已知氨的质量分数 $x_w=0.25$

质量比：
$$X_w=\frac{x_w}{1-x_w}=\frac{0.25}{1-0.25}=0.333$$

摩尔分数：氨的分子量 $M_A=17$，水的分子量 $M_B=18$，则
$$x=\frac{\frac{x_w}{M_A}}{\frac{x_w}{M_A}+\frac{1-x_w}{M_B}}=\frac{\frac{0.25}{17}}{\frac{0.25}{17}+\frac{0.75}{18}}=0.261$$

摩尔比：
$$X=\frac{x}{1-x}=\frac{0.261}{1-0.261}=0.353$$

【案例 2-3】 压强为 101.3kPa、温度为 20℃时，测出 100g 水中含氨 2g，此时溶液上方的平衡分压为 1.60kPa。试求 E、m、H。

解： 取 100g 水为基准，含氨为 2g，已知氨的分子量 $M_A=17$，水的分子量$M_S=18$，所以
$$x=\frac{\frac{2}{17}}{\frac{2}{17}+\frac{100}{18}}=0.0207$$

由 $p_A^*=Ex$，可得
$$E=p_A^*/x=\frac{1.60}{0.0207}\text{kPa}=77.3\text{ kPa}$$
$$m=\frac{E}{p}=\frac{77.3}{101.3}=0.763$$

由式(2-3) 知，$H=C/E$

溶液的总浓度 C 可用 1m^3 溶液为基准进行计算，即
$$C=\rho/M_m$$

式中 M_m——溶液的分子量，kg/kmol。

$M_m=M_Ax+M_S(1-x)=17\times0.0207+18\times(1-0.0207)=17.98\text{kg/kmol}$

若能查得溶液的密度就可求出溶液的总浓度 C。对于稀溶液，由于 x 很小，可近似按溶剂的密度 ρ_S 等于溶液的密度进行计算。所以
$$C=\rho/M_m\approx\rho_S/M_m=1000/17.98\text{kmol/m}^3=55.6\text{kmol/m}^3$$
$$H=C/E=55.6/77.3\text{kmol/(m}^3\cdot\text{kPa)}=0.719\text{kmol/(m}^3\cdot\text{kPa)}$$

此外，由计算知在溶液很稀时 $M_m\approx M_S$，所以对于稀溶液的总浓度也可按下式近似计算
$$C\approx\rho_S/M_S$$

读者可自行计算并进行比较。

【案例 2-4】 对案例 2-3 的溶液，若在 101.3kPa 下将温度升高至 50 ℃，测得此时氨水上方

氨的分压为 5.94 kPa，求此时的 E、m、H。

解： 由题知溶液中氨的浓度没有变化，但在新的温度下达到了新的平衡。

$$E=p_A^*/x=\frac{5.94}{0.0207}\text{kPa}=287.0\text{kPa}$$

$$m=\frac{E}{P}=\frac{287.0}{101.3}=2.83$$

$$H=\frac{C}{E}\approx\frac{\rho_S}{EM_S}=\frac{1000}{287.0\times18}\text{kmol/(m}^3\cdot\text{kPa)}=0.194\text{kmol/(m}^3\cdot\text{kPa)}$$

【案例 2-5】 对案例 2-3 中的平衡系统，若用充惰性气体的方式使总压增至 202.6 kPa，但系统的温度仍为 20℃，求此时的 E、m、H。

解： 由于总压的升高是加入惰性气体造成的，气相中氨的分压的数值并无变化，由公式 $E=p_A^*/x$ 和 $H=C/E$ 知，E 和 H 都不变化，即 E 和 H 仅是温度的函数，与总压无关。

但是，由于惰性气体加入，总压变化对 m 有影响。

$$m=\frac{E}{P}=\frac{77.3}{202.6}=0.382$$

这是因为气相中的平衡摩尔分数减小的缘故。

请读者分析温度和总压变化对 E、m、H 的影响，特别注意：①由加入惰性气体引起总压增大；②保持气相中溶质的摩尔分数不变而增大总压时两者的差别。

2. 相平衡关系在吸收过程中的应用

(1) 判别过程的方向　对于一切未达到相际平衡的系统，组分将由一相向另一相传递，其结果是使系统趋于相平衡。所以，传质的方向是使系统向达到平衡的方向变化。一定浓度的混合气体与某种溶液相接触，溶质是由液相向气相转移，还是由气相向液相转移？可以利用相平衡关系做出判断。下面举例说明。

【案例 2-6】 设在 101.3kPa、20℃下，稀氨水的相平衡方程为 $y^*=0.94x$，现将含氨摩尔分数为 10% 的混合气体与 $x=0.05$ 的氨水接触，试判断传质方向。若以含氨摩尔分数为 5% 的混合气体与 $x=0.10$ 的氨水接触，传质方向又如何？

解： 实际气相摩尔分数　$y=0.10$

根据相平衡关系与实际 $x=0.05$ 的溶液成平衡的气相摩尔分数 $y^*=0.94\times0.05=0.047$

由于 $y>y^*$ 故两相接触时将有部分氨自气相转入液相，即发生吸收过程。

同样，此吸收过程也可理解为实际液相摩尔分数 $x=0.05$，与实际气相摩尔分数 $y=0.10$ 成平衡的液相摩尔分数 $x^*=\frac{y}{m}=0.106$，$x^*>x$ 故两相接触时部分氨自气相转入液相。

反之，若以含氨 $y=0.05$ 的气相与 $x=0.10$ 的氨水接触，则因 $y<y^*$ 或 $x^*<x$，部分氨将由液相转入气相，即发生解吸。

(2) 指明过程的极限　将溶质摩尔分数为 y_1 的混合气体送入某吸收塔的底部，溶剂由塔顶淋入做逆流吸收，如图 2-9 所示。当气、液两相流量和温度、压力一定情况下，设塔高无限（即接触时间无限长），最终完成液相中溶质的极限浓度最大值是与气相进口摩尔分数 y_1 相平衡的液相组成 x_1^*，即

$$x_{1\max}=x_1^*=\frac{y_1}{m}$$

同理，混合气体尾气溶质含量 y_2 最小值是进塔吸收剂的溶质摩尔分数 x_2 相平衡的气相

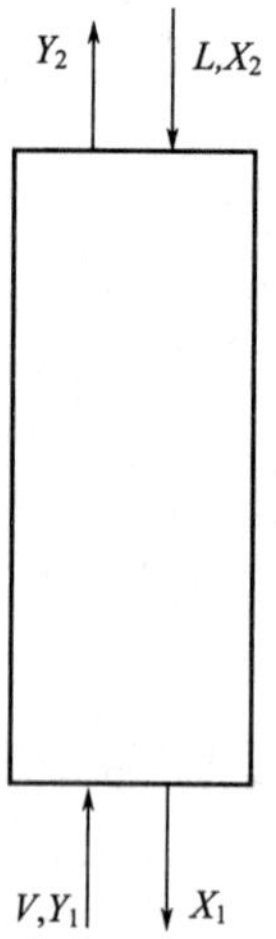

组成 y_2^*，即

$$y_{2\min}=y_2^*=mx_2$$

由此可见，相平衡关系限制了吸收剂出塔时的溶质最高含量和气体混合物离塔时的最低含量。

（3）*计算过程的推动力* 相平衡是过程的极限，不平衡的气液两相相互接触就会发生气体的吸收或解吸过程。吸收过程通常以实际浓度与平衡浓度的差值来表示吸收传质推动力的大小。推动力可用气相推动力或液相推动力表示，气相推动力表示为塔内任何一个截面上气相实际浓度 y 和与该截面上液相实际浓度 x 成平衡的 y^* 之差，即 $y-y^*$（其中 $y^*=mx$）。

液相推动力即以液相摩尔分数之差 x^*-x 表示吸收推动力，其中 $x^*=\frac{y}{m}$。

Y_2 L,X_2 V,Y_1 X_1

图 2-9 逆流吸收塔

【案例 2-7】 理想气体混合物中溶质 A 的含量为 0.06（体积分数），与溶质 A 含量为 0.012（摩尔比）的水溶液相接触，此系统的平衡关系为$Y^*=2.52X$。① 判断传质进行的方向；② 计算过程的传质推动力。

解： 已知 $y=0.06$，$X=0.012$，$Y^*=2.52X$

① $Y=\frac{y}{1-y}=\frac{0.06}{1-0.06}=0.0638$

由平衡关系：$Y^*=2.52X=2.52\times0.012=0.0302$

可知 $Y>Y^*$，故为吸收过程。

若用液相浓度差表示，则

$$X^*=\frac{Y}{2.52}=\frac{0.0638}{2.52}=0.0253$$

可得 $X^*>X$，故为吸收过程。

② 传质过程的推动力

以气相浓度差（摩尔比差）表示：

$$\Delta Y=Y-Y^*=0.0638-0.0302=0.0336$$

以液相浓度差（摩尔比差）表示：

$$\Delta X=X^*-X=0.0253-0.012=0.0133$$

3. 吸收剂的选择

在吸收操作中，吸收剂性能的优劣，常常是吸收操作是否良好的关键。在选择吸收剂时，应注意考虑以下几方面的问题：

（1）*溶解度* 吸收剂对于溶质组分应具有较大的溶解度，或者说，在一定温度与浓度下，溶质组分的气相平衡分压要低。这样从平衡的角度讲，处理一定量的混合气体所需的吸收剂数量较少，吸收尾气中溶质的极限残余浓度也可降低。就传质速率而言，溶解度越大、吸收速率越大，所需设备的尺寸就小。

（2）*选择性* 吸收剂要对溶质组分有良好的吸收能力的同时，对混合气体中的其他组分基本上不吸收或吸收甚微，否则不能实现有效的分离。选择性以选择性系数表示：

$$选择性系数=\frac{溶质组分的溶解度}{其余组分的溶解度}$$

（3）挥发度　在操作温度下吸收剂的挥发度要小，因为挥发度越大，则吸收剂损失量越大，分离后气体中含溶剂量也越大。

（4）黏度　在操作温度下吸收剂的黏度越小，在塔内流动性越好，有利于提高吸收速率，且有助于降低泵的输送功耗，吸收剂传热阻力亦减小。

（5）再生　吸收剂要易于再生。吸收质在吸收剂中的溶解度应对温度的变化比较敏感，即不仅低温下溶解度要大，而且随温度的升高，溶解度应迅速下降，这样才比较容易利用解吸操作使吸收剂再生。

（6）稳定性　化学稳定性好，以免在操作过程中发生变质。

（7）其他　要求无毒，无腐蚀性，不易燃，不易产生泡沫，冰点低，价廉易得。

工业上的气体吸收操作中，很多用水作吸收剂，只有对于难溶于水的吸收质，才采用特殊的吸收剂，如用清油吸收苯和二甲苯；有时为了提高吸收的效果，也常采用化学吸收，例如用铜氨溶液吸收一氧化碳和用碱液吸收二氧化碳等。总之，吸收剂的选用，应从生产的具体要求和条件出发，全面考虑各方面的因素，做出经济合理的选择。

二、吸收传质机理

1. 传质的基本方式

物质在单一相（气相或液相）中的传递是扩散作用。发生在流体中的扩散有分子扩散与涡流扩散两种：一般发生在静止或层流的流体里，凭借着流体分子的热运动而进行物质传递的是分子扩散；发生在湍流流体里，凭借流体质点的湍动和漩涡而传递物质的是涡流扩散。

（1）分子扩散　分子扩散是物质在一相内部有浓度差异的条件下，由流体分子的无规则热运动而引起的物质传递现象。习惯上常把分子扩散称为扩散。

分子扩散速率主要取决于扩散物质和流体的某些物理性质。根据菲克定律，当物质A在介质B中发生分子扩散时，分子扩散速率与其在扩散方向上的浓度梯度成正比。参照图2-10所示，这一关系可表示为：

$$N_A = -D\frac{dc_A}{dZ} \tag{2-8}$$

式中　N_A——组分A的分子扩散速率，kmol/（m^2·s）；

c_A——组分A的浓度，kmol/m^3；

Z——沿扩散方向的距离，m；

D——扩散系数，表示组分A在介质B中的扩散能力，m^2/s。

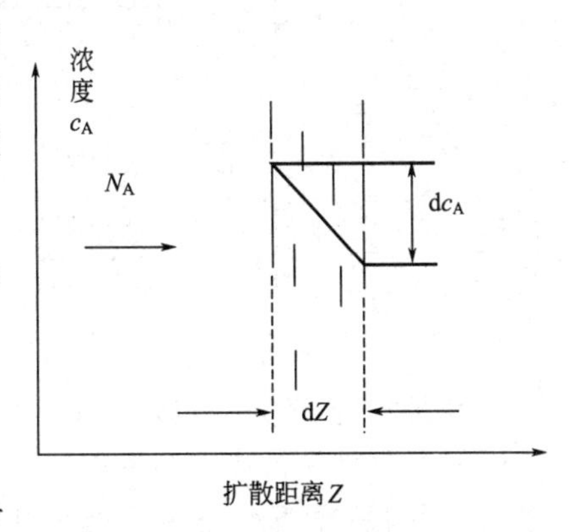

图2-10　分子扩散示意图

式中负号表示扩散方向与浓度梯度相反。

分子扩散系数D是物质的物理性质之一。扩散系数越大，表示分子扩散越快。对不太大的分子而言，在气相中的扩散系数值约为0.1～1cm^2/s的量级；在液体中约为在气体中的10^{-5}～10^{-4}。这主要是因为液体的密度比气体的密度大得多，其分子间距小，故而分子在液体中扩散速率要慢得多。扩散系数一般由实验方法求取，有时也可由物质的基础物性数据及状态参数估算。

（2）涡流扩散　在有浓度差异的条件下，物质通过湍流流体的传递过程称涡流扩散。涡流扩散时，扩散物质不仅靠分子本身的扩散作用，并且借助湍流流体的携带作用而转移，而且后一种作用是主要的。涡流扩散速率比分子扩散速率大得多。由于涡流扩散系数难于测定和计算，常将分子扩散与涡流扩散两种传质作用结合起来予以考虑即对流扩散过程。

（3）对流扩散　与传热过程中的对流传热相类似，对流扩散就是湍流主体与相界面之间的涡流扩散与分子扩散两种传质作用过程。由于对流扩散过程极为复杂，影响因素很多，所以对流扩散速率也采用类似对流传热的处理方法，依靠试验测定。对流扩散速率一般可用下式表达：

$$N_A = -(D + D_e)\frac{dc_A}{dZ} \tag{2-9}$$

式中　N_A——组分 A 的扩散速率，kmol/(m^2·s)；

c_A——组分 A 的浓度，kmol/m^3；

Z——沿扩散方向的距离，m；

D——分子扩散系数，m^2/s；

D_e——涡流扩散系数，m^2/s。

涡流扩散系数 D_e 不是物质的物性常数，它与湍动程度有关，且随位置不同而异。实验测定表明，对于多数气体涡流扩散系数比分子扩散系数高 100 倍，对于液体则涡流扩散系数比分子扩散系数高 100000 倍甚至更多。

2. 双膜理论

吸收过程是气液两相间的传质过程，关于这种相际间的传质过程的机理曾提出多种不同的理论，其中应用最广泛的是刘易斯和惠特曼在 20 世纪 20 年代提出的双膜理论，其模型如图 2-11 所示。

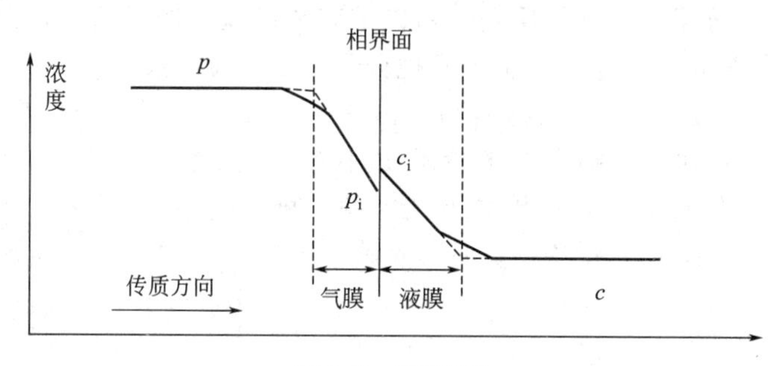

图 2-11　双膜理论

双膜理论的基本论点如下：

（1）在气液两流体相接触处，有一稳定的分界面，叫相界面。在相界面两侧附近各有一层稳定的气膜和液膜。这两层薄膜可以认为是由气液两流体的滞流层组成，即虚拟的层流膜层，吸收质以分子扩散方式通过这两个膜层。膜层的厚度随流体的流速而变，流速愈大膜层厚度愈小。

（2）在两膜层以外的气、液两相分别称为气相主体与液相主体。在气、液两相的主体中，由于流体的充分湍动，吸收质的浓度基本上是均匀的，即两相主体内浓度梯度皆为零，全部浓度变化集中在这两个膜层内，即阻力集中在两膜层之中。

（3）无论气、液两相主体中吸收质的浓度是否达到相平衡，而在相界面处，吸收质在气、液两相中的浓度达成平衡，即界面上没有阻力。

$$p_i = \frac{c_i}{H}$$

对于具有稳定相界面的系统以及流动速度不高的两流体间的传质，双膜理论与实际情况是相当符合的，根据这一理论的基本概念所确定的吸收过程的传质速率关系，至今仍是吸收设备设计的主要依据，这一理论对生产实际具有重要的指导意义。但是对于具有自由相界面的系统，尤其是高度湍动的两流体间的传质，双膜理论表现出它的局限性。针对这一局限性，后来相继提出了一些新的理论，如溶质渗透理论、表面更新理论、界面动力状态理论等。这些理论对于相际传质过程的界面状态及流体力学因素的影响等方面的研究和描述都有所前进，但由于其数学模型太复杂，目前应用于传质设备的计算或解决实际问题仍较困难。

双膜理论 动画扫一扫

三、气体吸收速率方程

由传质机理知，吸收过程的相际传质是由气相与界面的对流传质、界面上溶质组分的溶解、液相与界面的对流传质三个过程构成。仿照间壁两侧对流给热过程传热速率分析思路，现分析对流传质过程的传质速率 N_A 的表达式及传质阻力的控制。

1. 气相与界面的传质速率

$$N_A = k_G(p - p_i) \tag{2-10}$$

或

$$N_A = k_y(y - y_i) \tag{2-11}$$

式中 N_A——单位时间内组分 A 扩散通过单位面积的物质的量，即传质速率，kmol/(m^2·s)；

p、p_i——溶质 A 在气相主体与界面处的分压，kPa；

y、y_i——气相主体与界面处的摩尔分数；

k_G——以分压差表示推动力的气相传质系数，kmol/(s·m^2·kPa)；

k_y——以摩尔分数差表示推动力的气相传质系数，kmol/(s·m^2)。

2. 液相与界面的传质速率

$$N_A = k_L(c_i - c) \tag{2-12}$$

或

$$N_A = k_x(x_i - x) \tag{2-13}$$

式中 c、c_i——溶质 A 的液相主体浓度和界面浓度，kmol/m^3；

x、x_i——溶质 A 在液相主体与界面处的摩尔分数；

k_L——以摩尔浓度差表示推动力的液相传质系数，m/s；

k_x——以摩尔分数差表示推动力的液相传质系数，kmol/(s·m^2)。

相界面上的浓度 y_i、x_i，根据双膜理论成平衡关系，如图 2-11。但是无法测取。

以上用不同的推动力表达同一个传质速率，类似于传热中的牛顿冷却定律的形式，即传质速率正比于界面浓度与流体主体浓度之差。将其他所有影响对流传质的因素均包括在气相（或液相）传质系数之中。传质系数 k_G、k_y、k_L、k_x 的数据要根据具体操作条件由实验测取，它与流体流动状态和流体物性、扩散系数、密度、黏度、传质界面形状等因素有关。类似于传热中对流给热系数的研究方法。对流传质系数也有经验关联式，可查阅有关手册得到。

3. 相际传质速率方程——吸收总传质速率方程

气相和液相传质速率方程中均涉及相界面上的浓度（p_i、y_i、c_i、x_i），由于相界面是变化的，该参数很难获取。工程上常利用相际传质速率方程来表示吸收的速率方程。即

$$N_A = K_G(p - p^*) = \frac{p - p^*}{\frac{1}{K_G}} \tag{2-14}$$

$$N_A = K_Y(Y - Y^*) = \frac{Y - Y^*}{\frac{1}{K_Y}} \tag{2-15}$$

$$N_A = K_L(c^* - c) = \frac{c^* - c}{\frac{1}{K_L}} \tag{2-16}$$

$$N_A = K_X(X^* - X) = \frac{(X^* - X)}{\frac{1}{K_X}} \tag{2-17}$$

式中　c^*、X^*、p^*、Y^*——分别与液相主体或气相主体组成成平衡关系的浓度；

X、Y——用摩尔比表示的液相主体或气相主体浓度；

K_L——以液相浓度差为推动力的总传质系数，m/s；

K_G——以气相浓度差为推动力的总传质系数，kmol/(m^2·s·kPa)；

K_X——以液相摩尔比浓度差为推动力的总传质系数，kmol/(m^2·s)；

K_Y——以气相摩尔比浓度差为推动力的总传质系数，kmol/(m^2·s)。

采用与对流传热过程相类似的处理方法，气、液相传质系数与总传质系数之间的关系举例推导如下：

$$N_A = \frac{p - p_i}{\frac{1}{k_G}} = \frac{c_i - c}{\frac{1}{k_L}} = \frac{\frac{c_i}{H} - \frac{c}{H}}{\frac{1}{k_L H}} = \frac{p_i - p^*}{\frac{1}{k_L H}} = \frac{p - p_i + p_i - p^*}{\frac{1}{k_G} + \frac{1}{k_L H}} = \frac{p - p^*}{\frac{1}{k_G} + \frac{1}{k_L H}}$$

故

$$\frac{1}{K_G} = \frac{1}{k_G} + \frac{1}{H k_L} \tag{2-18}$$

$$N_A = \frac{p - p_i}{\frac{1}{k_G}} = \frac{Hp - Hp_i}{\frac{H}{k_G}} = \frac{c^* - c_i}{\frac{H}{k_G}} = \frac{c_i - c}{\frac{1}{k_l}} = \frac{c^* - c}{\frac{H}{k_G} + \frac{1}{k_L}}$$

故

$$\frac{1}{K_L} = \frac{1}{k_L} + \frac{H}{k_G} \tag{2-19}$$

可见，气、液两相相际传质总阻力等于分阻力之和，总推动力等于各层推动力之和。

4. 传质阻力的控制

对于难溶气体，H 值很小，在 k_G 和 k_L 数量级相同或接近的情况下，存在如下关系，即 $\frac{H}{k_G} \ll \frac{1}{k_L}$，此时吸收过程阻力的绝大部分存在于液膜之中，气膜阻力可以忽略，因而式（2-19）可以简化为 $\frac{1}{K_L} \approx \frac{1}{k_L}$ 或 $K_L \approx k_L$，意即液膜阻力控制着整个吸收过程，吸收总推动力的绝大部分用于克服液膜阻力，这种吸收称为液膜控制吸收。例如，用水吸收氧气、二氧化碳等过程。对于液膜控制的吸收过程，要强化传质过程，提高吸收速率，在选择设备型式及确定操作条件时，应特别注意减小液膜阻力。

对于易溶气体，H 值很大，在 k_G 和 k_L 数量级相同或接近的情况下，存在如下关系，即 $\frac{1}{Hk_L} \ll \frac{1}{k_G}$，此时吸收过程阻力的绝大部分存在于气膜之中，液膜阻力可以忽略，因而式（2-18）可以简化为 $\frac{1}{K_G} \approx \frac{1}{k_G}$ 或 $K_G \approx k_G$，意即气膜阻力控制着整个吸收过程，吸收总推动力的绝大部分用于克服气膜阻力，这种吸收称为气膜控制吸收。例如，用水吸收氨或氯化氢等过程。对于气膜控制的吸收过程，要强化传质过程，提高吸收速率，在选择设备型式及确定操作条件时，应特别注意减小气膜阻力。

对于具有中等溶解度的气体吸收过程，气膜阻力与液膜阻力均不可忽略。要提高吸收过程速率，必须兼顾气、液两膜阻力的降低，方能得到满意的效果。

【案例 2-8】 已知某常压吸收塔某截面上气相主体中溶质 A 的分压 $p_A = 10.13\text{kPa}$，液相水溶液中 $c_A = 2.78\times10^{-3}\text{kmol/m}^3$，而 $k_G = 5.0\times10^{-6}\text{kmol/(m}^2\cdot\text{s}\cdot\text{kPa)}$，$k_L = 1.5\times10^{-4}\text{m/s}$，相平衡关系为 $p_A^* = c_A/H$。当 $H = 0.667\text{kmol/(m}^3\cdot\text{kPa)}$ 时，求此条件下的 K_G、K_L 和 N_A。

解：① 按气相总传质系数计算：

$$\frac{1}{K_G}=\frac{1}{k_G}+\frac{1}{Hk_L}=\frac{1}{5\times10^{-6}}+\frac{1}{0.667\times1.5\times10^{-4}}=20\times10^4+10^4=21\times10^4$$

所以
$$K_G=4.76\times10^{-6}\text{kmol/(m}^2\cdot\text{s}\cdot\text{kPa)}$$

气膜阻力 $1/k_G$ 占总阻力 $1/K_G$ 的比例为

$$\frac{1/k_G}{1/K_G}=\frac{20\times10^4}{21\times10^4}=0.95$$

$$p_A^*=c_A/H=\frac{2.78\times10^{-3}}{0.667}\text{kPa}=4.17\times10^{-3}\text{kPa}$$

$$N_A=K_G(p_A-p_A^*)=4.76\times10^{-6}\times(10.13-4.17\times10^{-3})\text{kmol/(m}^2\cdot\text{s)}$$
$$=4.82\times10^{-5}\text{kmol/(m}^2\cdot\text{s)}$$

② 按液相总传质系数计算：

$$\frac{1}{K_L}=\frac{H}{k_G}+\frac{1}{k_L}=\frac{0.667}{5\times10^{-6}}+\frac{1}{1.5\times10^{-4}}=1.33\times10^5+0.667\times10^4=1.40\times10^5$$
$$K_L=7.14\times10^{-6}\text{m/s}$$

此时液膜阻力 H/k_L 占总阻力 $1/K_L$ 的比例为

$$\frac{H/k_G}{1/K_L}=\frac{1.33\times10^5}{1.40\times10^5}=0.95$$

$$c_A^*=Hp_A=0.667\times10.13\text{kmol/m}^3=6.76\text{kmol/m}^3$$

$$N_A=K_L(c_A^*-c_A)=7.14\times10^{-6}\times(6.76-2.78\times10^{-3})=4.82\times10^{-5}\text{kmol/(m}^2\cdot\text{s)}$$

上述计算表明：①对于一定的传质过程，无论用哪个传质方程式计算，传质速率值都是相同的；②当传质速率方程式不同时，气膜阻力（液膜阻力）的形式也不相同，但是气（液）膜阻力与总传质阻力之比是不变的；③本题属于气膜控制。

小结

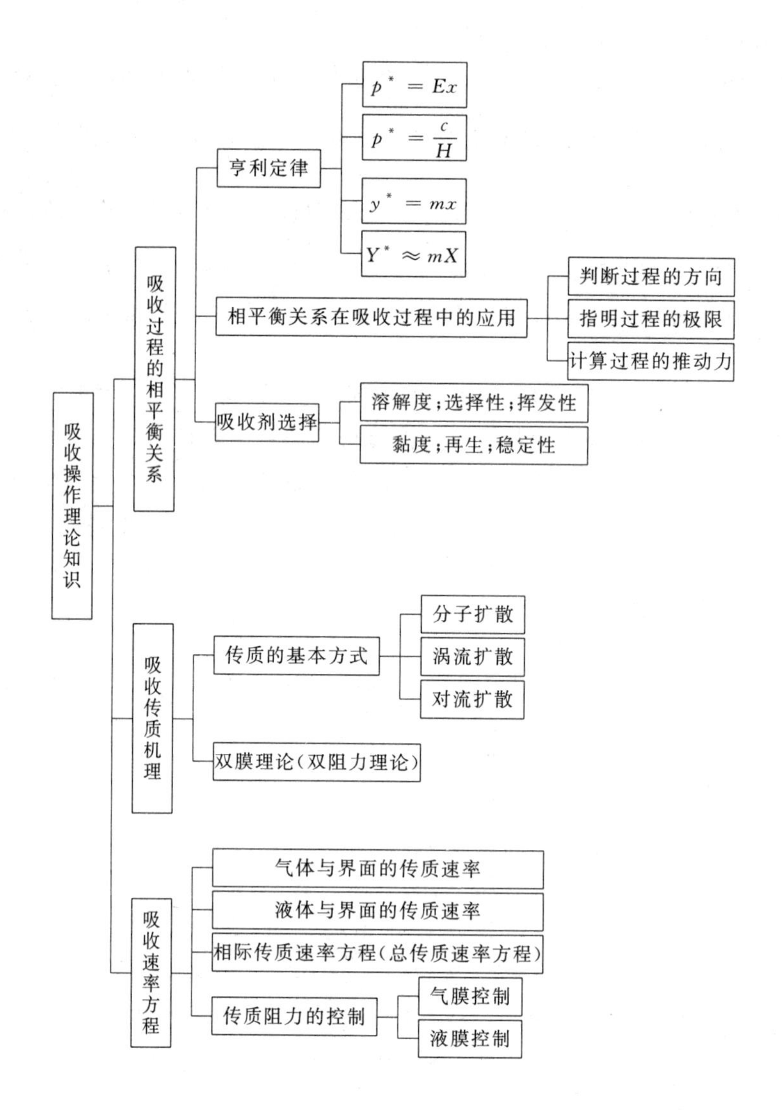

思考题

1. 吸收操作是怎么分类的？

2. 什么是亨利定律？为何具有不同的表达形式？

3. 温度和压力对吸收操作有何影响？

4. 摩尔比与摩尔分数有何不同，它们之间的关系如何？

5. 已知连续逆流吸收过程中的 y_1、x_2 和平衡常数 m，试用计算式表示出塔底出口溶液最大浓度和塔顶出口气体最低浓度。

6. 相同温度和浓度的两种稀溶液，对应的溶质平衡分压 $p_A > p'_A$，比较溶解度大小，哪种溶质更易溶？

7. 吸收剂如何选择？

8. 讨论吸收过程的机理的意义是什么？

9. 吸收速率方程为何具有不同的表达形式？

10. 什么是气膜控制和液膜控制？

自测题

一、填空题

1. 对于同一种溶质来说，溶解度随温度升高而（　　），因此升温对吸收（　　）。

2. 测得当含氢 20%（体积百分率）的气体混合物在 30℃及 10^5Pa 下与水接触，平衡时每 100kg 水溶解 3.007×10^{-7}g，求亨利系数 $E=$（　　），相平衡常数 $m=$（　　）及溶解度常数 $H=$（　　）。

3. 若要进行吸收，则 p^*（　　）p。

4. 双膜理论基本论点是（　　）。

5. 用水吸收氨，此过程为（　　）控制，为减少吸收阻力应（　　）。

6. 已知某低浓度气体吸收，平衡关系服从亨利定律，若 $k_G=2.74\times10^{-7}$kmol/(m^2·s·kPa)，$k_L=6.94\times10^{-5}$m/s，$H=1.5$kmol/(m^3·kPa)，则 $K_G=$（　　）kmol/(m^2·s·kPa)。

二、选择题

1. 对于吸收的有利条件是（　　）。

A. 高压、低温　　B. 高压、高温　　C. 低压、高温　　D. 低压、低温

2. 某气体混合物中，溶质的分压为 60mmHg，操作压强为 760mmHg，则溶质在气相的摩尔比 Y 为（　　）。

A. 0.079　　B. 0.0857　　C. 0.092　　D. 0.068

3. 吸收塔尾气超标，可能的原因是（　　）。

A. 塔压增大　　B. 吸收剂降温　　C. 吸收剂用量增大　　D. 吸收剂纯度下降

4. 对处理易溶气体的吸收，为较显著地提高吸收速率，应增大（　　）的流速。

A. 气相　　B. 液相　　C. 气液两相　　D. 不确定

5. 对于同种气体溶质来说，溶解度随温度升高而（　　）。

A. 升高　　B. 降低　　C. 不变　　D. 不能确定

6. 气体的亨利系数 E 值越大，表明气体（　　）。

A. 越易溶解　　B. 越难溶解　　C. 溶解度适中　　D. 不确定

7. 在吸收传质过程中，它的方向和限度将取决于吸收质在气液两相的平衡关系。若要进行吸收操作，则应控制（　　）。

A. $p_A>p_A^*$　　B. $p_A<p_A^*$　　C. $p_A=p_A^*$　　D. 不一定

8. 已知某温度、压力下，溶质 A 在气相中的分压为 10 kPa，平衡分压为 5 kPa，则传质方向为（　　）。

A. 气相→液相　　B. 液相→气相　　C. 无法确定

9. 只要组分在气相中的分压（　　）液相中该组分的平衡分压，吸收就会继续进行，直至达到一个新的平衡为止。

A. 大于　　B. 等于　　C. 小于　　D. 不等于

10. 分子扩散的推动力是（　　）。

A. 温度差　　B. 浓度差　　C. 压强差　　D. 高度差

11. 根据双膜理论，吸收质从气相主体转移到液相主体整个过程的阻力可归结为（　　）。

A. 两相界面存在的阻力　　　　B. 气液两相主体中的扩散阻力

C. 气膜和液膜中分子扩散的阻力

12. 在常压下用水逆流吸收空气中的二氧化碳，若将用水量增加，则出口气体中的二氧化碳含量将（　），气相总传质系数将（　　），出塔液体中二氧化碳浓度将（　　）。

A. 增加　　B. 减少　　C. 不变　　D. 无法确定

13. 吸收速率主要取决于通过双膜的扩散速度，要提高气液两流体的相对运动，提高吸收效果，则要（　　）。

A. 增加气膜厚度和减少液膜厚度　　B. 减少气膜和液膜厚度

C. 增加气膜和液膜厚度

14. 难溶气体吸收是受（　　）。

A. 气膜控制　　B. 液膜控制　　C. 双膜控制　　D. 相界面控制

15. 水吸收氨属于哪种控制的吸收过程。（　　）

A. 气膜控制　　B. 液膜控制　　C. 两膜控制　　D. 无法确定

16. 气膜控制常见于（　　）气体的吸收过程。

A. 难溶　　B. 易溶　　C. 高压　　D. 低压

17. 某吸收过程，若溶解度系数 H 很大，则该过程属（　　）。

A. 气膜控制　　B. 液膜控制　　C. 双膜控制　　D. 无法确定

18. 某吸收过程，已知 $k_y=4\times10^{-1}\text{kmol}/(\text{m}^2\cdot\text{s})$，$k_x=8\times10^{-4}\text{kmol}/(\text{m}^2\cdot\text{s})$，由此可知该过程为（　　）。

A. 液膜控制　　B. 气膜控制

C. 判断依据不足　　D. 液膜阻力和气膜阻力相差不大

19. 在（　　）情况下出现液膜控制的吸收操作。

A. 平衡线斜率很小　　B. 溶解度系数 H 很大

C. 系统符合亨利定律　　D. 亨利系数 E 很大

20. 对于具有中等溶解度的气体吸收过程，要提高吸收系数，应设法减小（　　）的阻力入手。

A. 气膜　　B. 气膜和液膜　　C. 液膜　　D. 相界面上

21. 对气膜控制的吸收过程，为提高气相总传质系数，应采取的措施是（　　）。

A. 提高气相湍动程度　　B. 提高液相湍动程度

C. 升温　　D. 同时提高气相和液相的湍动程度

三、判断题

1. 若某气体在水中的亨利系数 E 值很大，说明该气体为难溶气体。（　　）

2. 在进行吸收操作时，在塔内任一截面上，吸收质在气相中的分压总是高于其接触的液相平衡分压的，所以在 Y-X 图上，吸收操作线的位置总是位于平衡线的上方。（　　）

3. 按双膜理论，在相界面处，吸收质在气液两相中的浓度达平衡，即认为界面上没有阻力。（　　）

四、计算题

1. 一逆流吸收塔气体进口比摩尔分率为 $Y_1=0.05$，液体进口比摩尔分率为 0.002，平衡关系可写为 $Y=1.5X$，求可能的最大吸收率（即吸收的溶质量/进气中的溶质量）为多少？

2. 已知平衡关系为 $y=mx$，$k_y=1.389\times10^{-3}$ kmol/（$m^2\cdot s$），$k_x=1.1111\times10^{-2}$ kmol/（$m^2\cdot s$），当 $m=1$ 与 $m=1000$ 时，求总传质阻力中气膜传质阻力所占比例。

任务 3　吸收过程的计算

任务目标

- 掌握吸收操作的物料衡算以及操作线方程；
- 掌握吸收操作中吸收剂用量的确定方法；
- 掌握填料塔内填料层高度的几种计算方法。

技能要求

- 能利用物料衡算求尾气含量或吸收剂组成；
- 能计算吸收剂用量；
- 能计算吸收塔填料层的高度。

吸收过程既可采用板式塔又可采用填料塔。为了叙述方便，本章将主要结合连续接触的填料塔进行分析和讨论。

在填料塔内，气液两相可做逆流也可做并流流动。在两相进出口组成相同的情况下，逆流的平均推动力大于并流。逆流时下降至塔底的液体与刚刚进塔的混合气体接触，有利于提高出塔液体的组成，可以减少吸收剂的用量；上升至塔顶的气体与刚刚进塔的新鲜吸收剂接触，有利于降低出塔气体的含量，可提高溶质的吸收率。因此，逆流操作在工业生产中较为多见。

吸收塔计算的主要内容是根据给定的吸收任务，确定吸收剂用量、塔底排出液的浓度和填料塔设备尺寸（塔高、塔径）。

一、全塔物料衡算

图 2-12 所示为一个稳定操作下的逆流接触吸收塔。塔底截面用 1—1 表示，塔顶截面用 2—2 表示，塔中任一截面用 m—m 表示。图中各符号意义如下：

V——单位时间通过吸收塔的惰性气体量，kmol/s；

L——单位时间通过吸收塔的吸收剂量，kmol/s；

Y_1、Y_2——分别为进塔和出塔气体中溶质组分摩尔比；

X_1、X_2——分别为出塔和进塔液体中溶质组分的摩尔比。

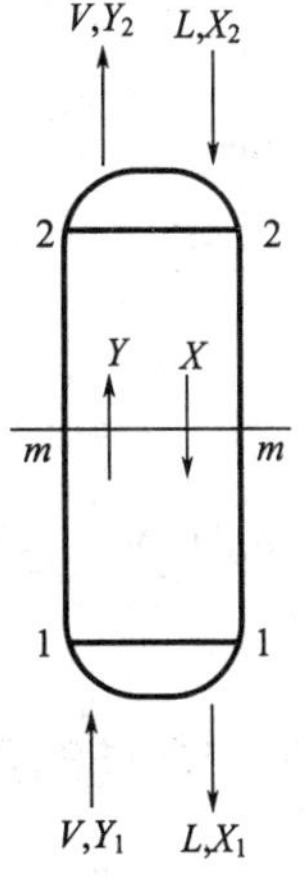

图 2-12　逆流吸收塔示意图

在稳定操作条件下，V 和 L 的量没有变化；气相从进塔到出塔，吸收质的浓度是逐渐减小的；而液相从进塔到出塔，吸收质的浓度是逐渐增大的。

在无物料损失时，单位时间进塔物料中溶质A的量等于出塔物料中A的量。或气相中溶质A减少的量等于液相中溶质增加的量，即

$$VY_1+LX_2=VY_2+LX_1$$

或
$$V(Y_1-Y_2)=L(X_1-X_2) \tag{2-20}$$

一般工程上，在吸收操作中进塔混合气的组成 Y_1 和惰性气体流量 V 是由吸收任务给定的。吸收剂初始浓度 X_2 和流量 L 往往根据生产工艺确定，如果溶质回收率 η 也确定，则气体离开塔组成 Y_2 也是定值，即

$$Y_2=Y_1(1-\eta) \tag{2-21}$$

式中　η——混合气体中溶质A被吸收的百分率，称为吸收率或回收率。

$$\eta=\frac{VY_1-VY_2}{VY_1}=\frac{Y_1-Y_2}{Y_1}=1-\frac{Y_2}{Y_1} \tag{2-22}$$

这样，通过全塔物料衡算式(2-20) 便可求得塔底排出吸收液的组成 X_1。

二、操作线方程

操作线方程，即描述塔内任一截面上气相组成 Y 和液相组成 X 之间关系的方程。

从塔底截面与任意截面 m—m 间做溶质组分的物料衡算，得

$$VY_1+LX=VY+LX_1$$

整理得
$$Y=\frac{L}{V}X+\left(Y_1-\frac{L}{V}X_1\right) \tag{2-23}$$

在塔顶截面与任意截面 m—m 间做溶质组分的物料衡算，得

$$VY+LX_2=VY_2+LX$$

整理得
$$Y=\frac{L}{V}X+\left(Y_2-\frac{L}{V}X_2\right) \tag{2-24}$$

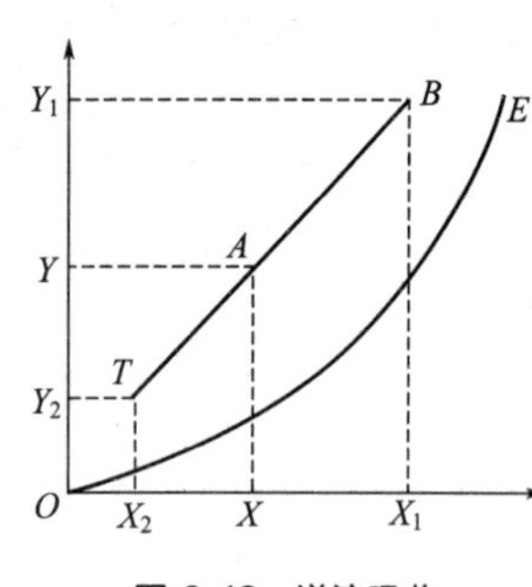

图 2-13　逆流吸收塔操作线示意图

式（2-23）和式（2-24）均表明塔内任一截面上气、液两相组成之间的关系是一直线关系，都是逆流吸收塔操作线方程。根据全塔物料衡算可以看出，两方程表示的是同一条直线。该直线斜率是 L/V，通过塔底 B（X_1，Y_1）及塔顶 T（X_2，Y_2）两点。

图 2-13 为逆流吸收塔操作线和平衡线示意图。曲线 OE 为平衡线，BT 为操作线。操作线与平衡线之间的距离决定吸收操作推动力的大小，操作线离平衡线越远，推动力越大。操作线上任意一点 A 代表塔内相应截面上的气、液相浓度 Y、X 之间的关系。在进行吸收操作时，塔内任一截面上，吸收质在气相中的浓度总是要大于与其接触的液相的气相平衡浓度，所以吸收过程操作线的位置在平衡线上方。

三、吸收剂用量

在吸收塔的计算中，需要处理的气体流量及气相的初浓度和终浓度均由生产任务所规定。吸收剂的入塔浓度则常由工艺条件决定或由设计者选定。但吸收剂的用量尚有待于选择。

1. 吸收剂用量对吸收操作的影响

如图 2-14 所示，当混合气体量 V、进口组成 Y_1、出口组成 Y_2 及液体进口浓度 X_2 一定的情况下，操作线 T 端一定，若吸收剂量 L 减少，操作线斜率变小，点 B 便沿水平线 $Y=Y_1$ 向右移动，其结果是使出塔吸收液组成增大，但此时吸收推动力变小，完成同样吸收任务所需的塔高增大，设备费用增大。当吸收剂用量减少到 B 点与平衡线 OE 相交时，即塔底流出液组成与刚进塔的混合气组成达到平衡。这是理论上吸收液所能达到的最高浓度，但此时吸收过程推动力为零，因而需要无限大相际接触面积，即需要无限高的塔。这在实际生产上是无法实现的，只能用来表示吸收达到一个极限的情况，此种状况下吸收操作线的斜率称为最小液气比，以 $(L/V)_{min}$ 表示；相应的吸收剂用量即为最小吸收剂用量，以 L_{min} 表示。

反之，若增大吸收剂用量，则点 B 将沿水平线向左移动，使操作线远离平衡线，吸收过程推动力增大，有利于吸收操作。但超过一定限度后，使吸收剂消耗量、输送及回收等操作费用急剧增加。

由以上分析可见，吸收剂用量的大小，从设备费用和操作费用两方面影响到吸收过程的经济性，应综合考虑，选择适宜的液气比，使两种费用之和最小。根据生产实践经验，一般情况下取吸收剂用量为最小用量的 1.1～2.0 倍是比较适宜的，即

$$\frac{L}{V}=(1.1\sim 2.0)\left(\frac{L}{V}\right)_{min}$$

或

$$L=(1.1\sim 2.0)L_{min} \tag{2-25}$$

2. 最小液气比 $(L/V)_{min}$

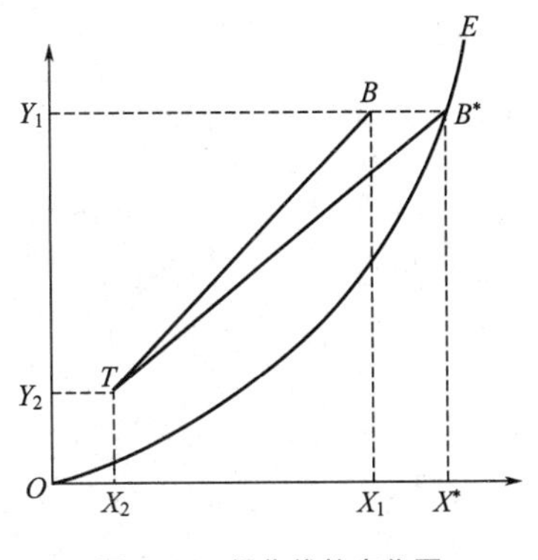

图 2-14 操作线的变化图

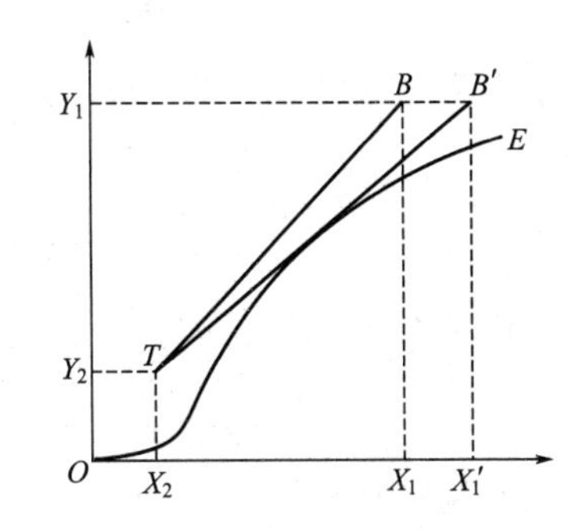

图 2-15 特殊的相平衡曲线

求取适宜的液气比，关键求取最小液气比。最小液气比可用图解法求得。平衡曲线符合如图 2-14 所示的情况，则需找到水平线 $Y=Y_1$ 与平衡线的交点 B^*，从而读出 $X_1{}^*$ 的数值，然后用下式计算最小液气比，即

$$\left(\frac{L}{V}\right)_{min}=\frac{Y_1-Y_2}{X_1{}^*-X_2} \tag{2-26}$$

若平衡曲线如图 2-15 所示时，最小液气比求取则应通过 T 作相平衡曲线的切线交 $Y=Y_1$ 直线于 B'，读出 B' 的横坐标 $X_1{}'$ 的值，用下式计算最小液气比：

$$\left(\frac{L}{V}\right)_{min}=\frac{Y_1-Y_2}{X_1{}'-X_2} \tag{2-27}$$

若平衡关系符合亨利定律，平衡曲线 OE 是直线，可用 $Y=mX$ 表示，则直接用下式计算最小液气比，即

$$\left(\frac{L}{V}\right)_{\min}=\frac{Y_1-Y_2}{\frac{Y_1}{m}-X_2} \tag{2-28}$$

若平衡关系符合亨利定律且用新鲜吸收剂吸收 $X_2=0$，则

$$\left(\frac{L}{V}\right)_{\min}=\frac{Y_1-Y_2}{\frac{Y_1}{m}}=m\eta \tag{2-29}$$

必须指出：为了保证填料表面能被液体充分润湿，还应考虑到单位塔截面上单位时间流下的液体量不得小于某一最低允许值。吸收剂最低用量要确保传质所需的填料层表面全部润湿。

在以上问题的处理过程以及以后吸收、解吸过程的计算中，均要明确物系的气液平衡关系。气液相平衡关系数据，可以查找有关的数据手册或用经验关联式进行计算。

【案例 2-9】 在一填料塔中，用洗油逆流吸收混合气体中的苯。已知混合气体的流量为 $1600\text{m}^3/\text{h}$，进塔气体中含苯 5%（摩尔分数，本题下同）要求吸收率为 90%，操作温度为 25℃，压力为 101.3kPa，洗油进塔浓度为 0.00015，相平衡关系为 $Y^*=26X$，操作液气比为最小液气比的 1.3 倍。试求吸收剂用量及出塔洗油中苯的含量。

解：先将摩尔分数换算为摩尔比

$$y_1=0.05$$

$$Y_1=\frac{y_1}{1-y_1}=\frac{0.05}{1-0.05}=0.0526$$

根据吸收率的定义 $Y_2=Y_1(1-\eta)=0.0526\times(1-0.90)=0.00526$

$$x_2=0.00015$$

$$X_2=\frac{x_2}{1-x_2}=\frac{0.00015}{1-0.00015}=0.00015$$

混合气体中惰性气体量为

$$V=\frac{1600}{22.4}\times\frac{273}{273+25}\times(1-0.05)=62.2\text{kmol/h}$$

由于气液相平衡关系 $Y^*=26X$，则

$$\left(\frac{L}{V}\right)_{\min}=\frac{Y_1-Y_2}{\frac{Y_1}{m}-X_2}=\frac{0.0526-0.00526}{\frac{0.0526}{26}-0.00015}=25.3$$

实际液气比为

$$\frac{L}{V}=1.3\left(\frac{L}{V}\right)_{\min}=1.3\times25.3=32.9$$

$$L=32.9V=32.9\times62.2\text{kmol/h}=2.05\times10^3\text{kmol/h}$$

出塔洗油苯的含量为

$$X_1=\frac{V(Y_1-Y_2)}{L}+X_2=\frac{62.2}{2.05\times10^3}\times(0.0526-0.00526)+0.00015=1.59\times10^{-3}$$

四、塔径的确定

填料塔的直径可按照圆形管道内流量公式计算，即

$$q_V = \frac{\pi}{4} D^2 u$$

$$D = \sqrt{\frac{4q_V}{\pi u}} \tag{2-30}$$

式中 D——吸收塔的直径，m；

q_V——操作条件下混合气体的体积流量，m^3/s；

u——空塔气速，即按空塔截面积计算的混合气体的流速，m/s。

在吸收操作中，由于溶质不断被吸收，混合气体从进塔到出塔其体积流量逐渐减小，计算塔径时，一般以进塔气体量为依据，以保证有一定裕度。

计算塔径的关键是确定适宜的空塔气速，空塔气速应小于泛点气速，一般取泛点气速的50%～80%，即

$$u = (0.5 \sim 0.8) u_f \tag{2-31}$$

式中 u_f——泛点气速，m/s。

由式(2-30) 可知填料塔的直径是由气体的体积流量与空塔气速决定的。气体的体积流量由生产任务规定，而空塔气速是设计时选取的。选择较小的气速，则压降小，动力消耗小，操作费用低，但塔径增大，设备费用提高，同时低气速不利于气液两相接触，分离效率低；相反，气速大则塔径小，设备费用降低，但压降大，操作费用较高。若选用气速太接近泛点气速，则生产条件稍有波动，就有可能操作失控。所以适宜空塔气速的选择是一个技术经济问题，有时需要反复计算才能确定。

计算出的塔径，需要根据塔径公称标准圆整，同时还应验算塔内的喷淋密度是否大于最小喷淋密度。因为若喷淋密度过小，填料表面不能充分润湿，使气液两相有效接触面积降低，造成传质效率下降，此时可采用在许可范围内减小塔径，或液体部分循环以加大液体流量，或适当增加填料层高度进行补偿。

喷淋密度是指单位塔截面积上，单位时间内喷淋的液体体积，以 U 表示，单位为 $m^3/(m^2 \cdot s)$。最小喷淋密度以 U_{min} 表示，通常采用下式计算：

$$U_{min} = (L_W)_{min} \delta \tag{2-32}$$

式中 U_{min}——最小喷淋密度，$m^3/(m^2 \cdot s)$；

$(L_W)_{min}$——最小润湿速率，$m^3/(m \cdot s)$；

δ——填料的比表面积，m^2/m^3。

最小润湿速率指在塔的截面上，单位长度填料周边的最小液体体积流量。填料层的周边长度在数值上等于单位体积填料层的表面积，即干填料的比表面积。$(L_W)_{min}$ 可由经验公式计算，也可采用一些经验值。对于直径不超过 75mm 的散装填料，可取最小润湿速率为 $2.2 \times 10^{-5} m^3/(m \cdot s)$；对于直径大于 75mm 的散装填料，可取最小润湿速率为 $3.3 \times 10^{-5} m^3/(m \cdot s)$。

最后为保证填料均匀润湿，避免壁流现象，需要对塔径与填料直径之比做校核。对拉西环要求 $D/d > 20$，鲍尔环 $D/d > 10$，鞍形填料 $D/d > 15$。

五、填料层高度

在许多工业吸收中，当进塔混合气中的溶质含量不高，如小于 10%时，通常称为低浓度气体吸收。因被吸收的溶质量很少，所以，流经全塔的混合气体量与液体量变化不大；由溶质的溶解热而引起塔内液体温度升高不显著，吸收可认为是在等温下进行，因而可以不做

热量衡算；因气、液两相在塔内的流量变化不大，全塔流动状态基本相同，传质分系数 k_G、k_L 在全塔为常数；若在操作范围内，亨利系数、相平衡常数变化不大，平衡线的斜率变化就不大，传质总系数 K_X、K_Y 也认为是常数。这些特点使低浓度气体吸收计算大为简化。

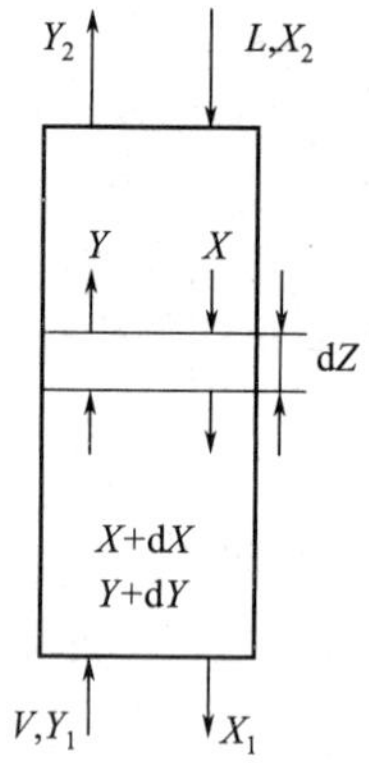

图 2-16 塔段微元示意图

1. 填料层高度的基本计算式

为了使填料吸收塔出口气体达到一定的工艺要求，就需要塔内装填一定高度的填料层以提供足够的气、液两相接触面积。若在塔径已经被确定的前提下，填料层高度则仅取决于完成规定生产任务所需的总吸收面积和每立方米填料层所能提供的气、液接触面。其关系如下：

$$Z=\frac{\text{填料层体积}\ V_P}{\text{塔截面积}\ \Omega}=\frac{\text{总吸收面积}\ F}{\alpha\Omega}=\frac{\text{气液两相接触面积}\ F}{\alpha\Omega} \tag{2-33}$$

式中 Z——填料层高度，m；

V_P——填料层体积，m^3；

F——总吸收面积，m^2；

Ω——塔的截面积，m^2；

α——单位体积填料层提供的有效比表面积，m^2/m^3。

总吸收面积 F 可表示为：

$$F=\frac{\text{吸收负荷}\ G_A}{\text{吸收速率}\ N_A} \tag{2-34}$$

塔的吸收负荷可依据全塔物料衡算关系求出，而吸收速率则要依据全塔吸收速率方程求得。前面所介绍的吸收速率方程描述的都是塔某一截面的吸收速率，不能直接用于全塔。为了解决填料层高度的计算问题，下面采用在填料塔中任取一段高度为 dZ 的微元填料层来讨论。

如图 2-16 所示，在微元高度 dZ 内有气液传质面积 dA，气、液两相在此接触后，气相浓度从 $Y+dY$ 降低到 Y，液相浓度从 X 增浓到 $X+dX$。在单位时间内，从气相转移到液相的吸收质量为 dG_A(kmol/s)，在此微元高度内的吸收速率为 $N_A=\frac{dG_A}{dF}$[kmol/(m² · s)]。

则

$$dG_A=N_A dF=N_A\alpha dV_P=N_A\alpha\Omega dZ=K_Y(Y-Y^*)\alpha\Omega dZ \tag{2-35}$$

对此微元填料层做吸收质 A 的物料衡算得：

$$dG_A=VdY=LdX \tag{2-36}$$

由式（2-35）和式（2-36）可得：

$$VdY=K_Y(Y-Y^*)\alpha\Omega dZ$$

当操作条件、填料、设备一定时，则 α、Ω、V、L 一定，若为低浓度吸收，则 K_Y、K_X 为常数，分离变量积分，得：

$$\int_{Y_2}^{Y_1}\frac{dY}{Y-Y^*}=\int_0^Z\frac{K_Y\alpha\Omega dZ}{V}$$

整理可得：

$$Z=\frac{V}{K_Y\alpha\Omega}\int_{Y_2}^{Y_1}\frac{dY}{Y-Y^*}=H_{OG}N_{OG} \tag{2-37}$$

同理，从以液相浓度差表示的吸收总速率方程和物料衡算出发，可导出填料层的基本计算式为：

$$Z=\frac{L}{K_X\alpha\Omega}\int_{X_2}^{X_1}\frac{\mathrm{d}X}{X^*-X}=H_{OL}N_{OL} \tag{2-38}$$

$H_{OG}=\frac{V}{K_Y\alpha\Omega}$ 称为气相总传质单元高度，$H_{OL}=\frac{L}{K_X\alpha\Omega}$ 称为液相总传质单元高度，单位为 m，可以理解为一个传质单元所需要的填料层高度，是吸收设备效能高低的反映，与操作气液流动情况、物料性质及设备结构有关。在填料塔设计计算中，选用分离能力强的高效填料及适宜的操作条件以提高传质系数，增加有效气液接触面积，从而减小 H_{OG}（H_{OL}）。

$N_{OG}=\int_{Y_2}^{Y_1}\frac{\mathrm{d}Y}{Y-Y^*}$ 称为气相总传质单元数（$N_{OL}=\int_{X_2}^{X_1}\frac{\mathrm{d}X}{X^*-X}$ 称为液相总传质单元数），无单位。它与气相进出口浓度及平衡关系有关，反映吸收任务的难易程度。当分离要求越高或吸收平均推动力越小时，均会使 N_{OG}（N_{OL}）越大，相应的填料层高度也增加。在填料塔设计计算中，可用改变吸收剂的种类、降低操作温度或提高操作压力、增大吸收剂用量、减小吸收剂入口浓度等方法，以增大吸收过程的传质推动力，达到减小 N_{OG}（N_{OL}）的目的。

$K_Y\alpha$（$K_X\alpha$）称为体积吸收总系数，单位为 kmol/（m^3 · s）。其物理意义为：在推动力为一个单位的情况下，单位时间单位体积填料层内所吸收的溶质的量。一般通过实验测取，也可根据经验公式计算。

2. 传质单元数的求法

计算填料层的高度关键是计算传质单元数。传质单元数的求法有解析法（适用于相平衡关系服从亨利定律的情况）、对数平均推动力法（适用于相平衡关系是直线关系的情况）、图解积分法（适用于各种相平衡关系），这里以 N_{OG} 的计算为例，介绍解析法和对数平均推动力法，其他方法可查阅《化学工程手册》。

（1）解析法

因为
$$N_{OG}=\int_{Y_2}^{Y_1}\frac{\mathrm{d}Y}{Y-Y^*}=\int_{Y_2}^{Y_1}\frac{\mathrm{d}Y}{Y-mX}$$

逆流时的吸收操作线方程可整理为 $X=X_2+\frac{V}{L}(Y-Y_2)$

联立二式积分整理可得：

$$N_{OG}=\frac{1}{1-\frac{mV}{L}}\ln\left[\left(1-\frac{mV}{L}\right)\frac{Y_1-mX_2}{Y_2-mX_2}+\frac{mV}{L}\right]$$

令 $S=\frac{mV}{L}$，称为脱吸因数，是平衡线斜率与操作线斜率的比值，无单位。

$$N_{OG}=\frac{1}{1-S}\ln\left[(1-S)\frac{Y_1-mX_2}{Y_2-mX_2}+S\right] \tag{2-39}$$

（2）对数平均推动力法　若操作线和相平衡线均为直线，则吸收塔任意一截面上的推动力（$Y-Y^*$）对 Y 必有直线关系，此时全塔的平均推动力可由数学方法推得为吸收塔填料层上、下两端推动力的对数平均值，其计算式为：

$$\Delta Y_m=\frac{\Delta Y_1-\Delta Y_2}{\ln\frac{\Delta Y_1}{\Delta Y_2}}=\frac{(Y_1-Y_1^*)-(Y_2-Y_2^*)}{\ln\frac{Y_1-Y_1^*}{Y_2-Y_2^*}} \tag{2-40}$$

同理
$$\Delta X_m=\frac{\Delta X_1-\Delta X_2}{\ln\dfrac{\Delta X_1}{\Delta X_2}}=\frac{(X_1^*-X_1)-(X_2^*-X_2)}{\ln\dfrac{X_1^*-X_1}{X_2^*-X_2}} \tag{2-41}$$

当$\dfrac{\Delta Y_1}{\Delta Y_2}<2$时
$$\Delta Y_m=\frac{\Delta Y_1+\Delta Y_2}{2}$$

当$\dfrac{\Delta X_1}{\Delta X_2}<2$时
$$\Delta X_m\approx\frac{\Delta X_1+\Delta X_2}{2}$$

全塔平均推动力已推出为ΔY_m或ΔX_m，而低浓度气体吸收时，每个截面的K_Y、K_X相差很小，即K_Y、K_X基本保持不变，则全塔总吸收速率方程为：
$$N_A=K_Y\Delta Y_m$$
或
$$N_A=K_X\Delta X_m$$
而整个填料层的总吸收负荷为：
$$G_A=N_AF=K_Y\Delta Y_m\alpha\Omega Z=V(Y_1-Y_2)$$
则
$$Z=\frac{V}{K_Y\alpha\Omega}\frac{Y_1-Y_2}{\Delta Y_m}$$
与填料层的基本计算式比较得：
$$N_{OG}=\int_{Y_2}^{Y_1}\frac{dY}{Y-Y^*}=\frac{Y_1-Y_2}{\Delta Y_m} \tag{2-42}$$
同理
$$N_{OL}=\int_{X_2}^{X_1}\frac{dX}{X^*-X}=\frac{X_1-X_2}{\Delta X_m} \tag{2-43}$$

【案例 2-10】 某蒸馏塔顶出来的气体中含有3.90%（体积分数）的H_2S，其余为烃类化合物，可视为惰性组分。用三乙醇胺水溶液吸收H_2S，要求吸收率为95%。操作温度为300K，压力为101.3kPa，平衡关系为$Y^*=2X$。进塔吸收剂中不含H_2S，吸收剂用量为最小用量的1.4倍。已知单位塔截面上流过的惰性气体量为0.015kmol/（$m^2\cdot s$），气体体积吸收系数K_Ya为0.040kmol/（$m^3\cdot s$），求所需的填料层高度。

解：由于相平衡关系为$Y^*=2X$，故可用解析法和对数平均推动力法求N_{OG}。
$$y_1=0.039, Y_1=\frac{y_1}{1-y_1}=\frac{0.039}{1-0.039}=0.0406$$
$$Y_2=Y_1(1-\eta)=0.0406\times(1-0.95)=2.03\times10^{-3}$$
$$X_2=0$$

惰性气体量
$$\frac{V}{\Omega}=0.015\text{kmol/(m}^2\cdot\text{s)}$$

最小液气比
$$\left(\frac{L}{V}\right)_{min}=\frac{Y_1-Y_2}{\dfrac{Y_1}{m}-X_2}=m\eta=2\times0.95=1.9$$

液气比
$$\frac{L}{V}=1.4\times\left(\frac{L}{V}\right)_{min}=1.4\times1.9=2.66$$

吸收剂量
$$\frac{L}{\Omega}=2.66\times\frac{V}{\Omega}=2.66\times0.015\text{kmol/(m}^2\cdot\text{s)}=0.0399\text{kmol/(m}^2\cdot\text{s)}$$

气相总传质单元高度
$$H_{OG}=\frac{V}{K_Y\alpha\Omega}=\frac{0.015}{0.040}\text{m}=0.375\text{m}$$

(1) 解析法

脱吸因数
$$S=\frac{mV}{L}=\frac{2}{2.66}=0.752$$

$$\frac{Y_1-mX_2}{Y_2-mX_2}=\frac{0.0406}{2.03\times10^{-3}}=20$$

气相总传质单元数

$$N_{OG}=\frac{1}{1-S}\ln\left[(1-S)\frac{Y_1-mX_2}{Y_2-mX_2}+S\right]=\frac{1}{1-0.752}\ln[(1-0.752)\times20+0.752]=7.03$$

(2) 对数平均推动力法　液体出塔浓度 X_1 为:

$$X_1=\frac{V(Y_1-Y_2)}{L}+X_2=\frac{1}{2.66}\times(0.0406-0.00203)=0.0145$$

$$\Delta Y_1=Y_1-Y_1^*=Y_1-mX_1=0.0406-2\times0.0145=0.0116$$

$$\Delta Y_2=Y_2-Y_2^*=Y_2-mX_2=Y_2=0.00203$$

$$\Delta Y_m=\frac{\Delta Y_1-\Delta Y_2}{\ln\frac{\Delta Y_1}{\Delta Y_2}}=\frac{0.0116-0.00203}{\ln\frac{0.0116}{0.00203}}=0.00549$$

$$N_{OG}=\frac{Y_1-Y_2}{\Delta Y_m}=\frac{0.0406-0.00203}{0.00549}=7.03$$

填料层高度
$$Z=H_{OG}N_{OG}=0.375\times7.03\ \text{m}=2.64\text{m}$$

两种算法结果基本相同。

【案例 2-11】 用纯吸收剂吸收惰性气体中的溶质 A。入塔混合气体量为 0.0323kmol/s，溶质的浓度为 0.0476（摩尔分数，下同），要求吸收率为 95%。已知塔径为 1.4m，相平衡关系 $Y^*=0.95X$，$K_Y\alpha=4\times10^2$ kmol/（$m^3\cdot s$），要求出塔液体中含溶质不低于 0.0476，试计算塔的填料高度。

解:

$$Y_1=\frac{y_1}{1-y_1}=\frac{0.0476}{1-0.0476}=0.0500$$

$$Y_2=Y_1(1-\eta)=0.050\times(1-0.95)=0.0025$$

$$X_1=\frac{x_1}{1-x_1}=\frac{0.0476}{1-0.0476}=0.0500$$

$$X_2=0$$

$$V=0.0323\times(1-0.0476)\ \text{kmol/s}=0.0308\text{kmol/s}$$

$$\frac{L}{V}=\frac{Y_1-Y_2}{X_1-X_2}=\frac{0.05-0.0025}{0.05}=0.95$$

$$L=0.95\times0.0308\ \text{kmol/s}=0.0293\text{kmol/s}$$

$$S=\frac{m}{L/V}=\frac{0.95}{0.95}=1\text{（不能用解析法计算）}$$

$S=1$，说明操作线与平衡线平行，平均推动力等于操作线上任一点处的推动力。故

$$\Delta Y_m=\Delta Y_1=\Delta Y_2=Y_2-mX_2=Y_2=0.0025$$

$$N_{OG}=\frac{Y_1-Y_2}{\Delta Y_m}=\frac{0.05-0.0025}{0.0025}=19$$

$$H_{OG}=\frac{V}{KY\alpha\Omega}=\frac{0.0308}{4\times10^2\times\frac{\pi}{4}\times1.4^2}\ \text{m}=0.50\text{m}$$

$$Z=H_{OG}N_{OG}=0.5\times19\ \mathrm{m}=9.50\mathrm{m}$$

传质单元数也可以根据定积分的几何意义采用图解积分法求得，由于纸上作图结果不易准确，很少采用。但随着数字技术的普及，借助作图软件也能够获得很精确的传质单元数的值。

以上计算填料层高度的计算可归结为吸收塔的设计型命题，下面是实际生产中，吸收塔的操作型计算。

【案例 2-12】 某吸收塔用纯溶剂吸收混合气体中的可溶组分。气体入塔组成为 0.06（摩尔比，本题下同），要求吸收率为 90%。操作条件下相平衡关系 $Y^*=1.5X$，操作液气比 $L/V=2.0$，填料高度为 4m。试求：若操作时由于解吸不良导致入塔吸收剂中浓度为 0.001，其他条件均不变，计算：①前后不同工况下，出塔液相组成 X_1、X_1'；②此时的吸收率为多少?

解：①正常操作时：

$$Y_1=0.06$$

$$Y_2=Y_1(1-\eta)=0.06\times(1-0.90)=0.006$$

$$X_2=0$$

$$S=\frac{m}{L/V}=\frac{1.5}{2.0}=0.75$$

$$\frac{Y_1-mX_2}{Y_2-mX_2}=\frac{Y_1}{Y_2}=\frac{0.06}{0.006}=10$$

$$N_{OG}=\frac{1}{1-S}\ln\left[(1-S)\frac{Y_1-mX_2}{Y_2-mX_2}+S\right]=\frac{1}{1-0.75}\ln[(1-0.75)\times10+0.75]=4.72$$

$$H_{OG}=\frac{Z}{N_{OG}}=\frac{4}{4.72}\mathrm{m}=0.847\mathrm{m}$$

$$X_1=\frac{V(Y_1-Y_2)}{L}+X_2=\frac{0.06-0.006}{2.0}=0.027$$

新工况：

$$X_2'=0.001$$

由于气液量均不变，故 H_{OG} 不变，因为填料层高度 Z 一定，所以该塔所提供的 N_{OG} 也不变。$N_{OG}=f\left(S,\ \frac{Y_1-mX_2'}{Y_2'-mX_2'}\right)$，由于 S 不变，故按逻辑推理必有

$$\frac{Y_1-mX_2'}{Y_2'-mX_2'}=\frac{Y_1-mX_2}{Y_2-mX_2}=10$$

$$Y_2'=\frac{Y_1+9mX_2'}{10}=\frac{0.06+9\times1.5\times0.001}{10}=7.35\times10^{-3}$$

$$X_1'=\frac{Y_1-Y_2'}{L/V}+X_2'=\frac{0.06-7.35\times10^{-3}}{2.0}+0.001=0.0273$$

②

$$\eta'=\frac{Y_1-Y_2'}{Y_1}=\frac{0.06-7.35\times10^{-3}}{0.06}=0.878$$

操作线如附图所示。1 为正常操作时，2 为新工况。

【案例 2-13】 在上例中，由于解吸不良吸收剂入口浓度增大使吸收率降低。如果工艺要求必须保证吸收率不变，试计算液气比应提高至多少?（设液气比变化时 H_{OG} 基本不变）

解：现 $X_2'=0.001$，要求 $\eta=0.90$，即 Y_2 不变。可利用增大操作液气比的方法完成任务。

由于 Z 不变，且假设 H_{OG} 不变，所以该塔所提供的 N_{OG} 也不变，即 $N_{OG}=4.72$。但此时：

$$\frac{Y_1-mX_2'}{Y_2-mX_2'}=\frac{0.06-1.5\times0.001}{0.006-1.5\times0.001}=13$$

可利用 N_{OG} 的计算公式求出 S。

$$N_{OG}=\frac{1}{1-S}\ln\left[(1-S)\frac{Y_1-mX_2'}{Y_2-mX_2'}+S\right]$$

即

$$4.72=\frac{1}{1-S}\ln[(1-S)\times13+S]$$

试差法求得：$S=0.652$

$$\frac{L}{V}=\frac{m}{S}=\frac{1.5}{0.652}=2.30$$

$$X_1=\frac{Y_1-Y_2}{L/V}+X_2'=\frac{0.06-0.006}{2.3}+0.001=0.0245$$

操作线如附图中虚线 3 所示。

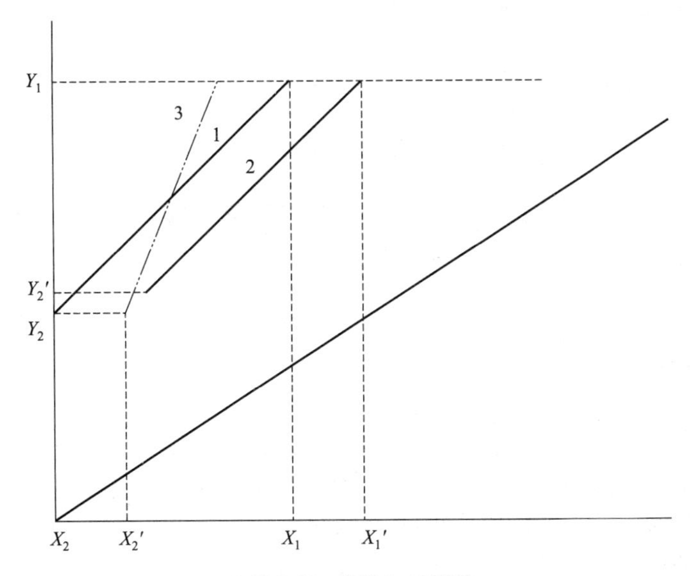

案例 2-12、案例 2-13 附图

由以上两案例可得出以下结论。

① 操作性问题往往采用前后工况对比的方法进行逻辑推理，以判断某一条件变化引起哪些量变化，哪些量不变化，从而解出未知量。

② 当 $X_2\uparrow$ 时，$\eta\downarrow$（或 Y_2）$\uparrow$，$X_1\uparrow$。

③ 提高液气比是常用的提高吸收率的操作方法，但出口液体浓度降低。若系统为液膜控制，提高液气比不仅可提高传质推动力，同时也可以提高传质系数。

【案例 2-14】 用纯溶剂吸收某惰性气体中的溶质。已知该系统为易溶气体吸收，即气膜控制。平衡线和操作线如附图中线 1 和线 2 所示。若气液流量和入塔组成不变，但操作压强降低，试分析气液两相出口浓度如何变化？并粗略绘出新条件下的操作线和平衡线。

解： 当系统温度不变时，由于操作压力降低，会使相平衡常数（$m=E/p$）增大。新条件下的平衡线如附图中线 3 所示。

对于气膜控制系统，气液量不变，则 $K_Y\alpha\approx k_Y\alpha$，可近似认为不随压强而变；故 H_{OG} 不变。

填料层高度一定，所以提供的传质单元数 N_{OG} 也不变。

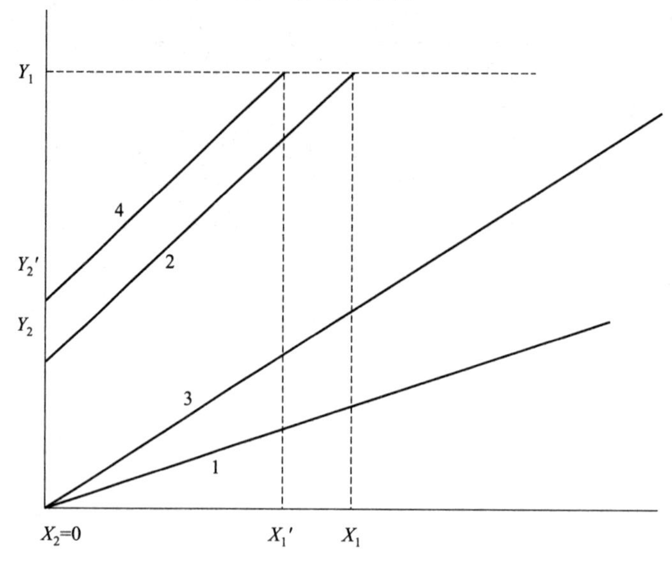

案例 2-14 附图

但是，由于 m 增大，使脱吸因数 S 增大而对吸收不利。根据公式 $N_{OG}=\frac{1}{1-S}\ln\left[(1-S)\frac{Y_1-mX_2}{Y_2-mX_2}+S\right]$ 可知，S 增大，$\frac{Y_1-mX_2}{Y_2'-mX_2}=\frac{Y_1}{Y_2}$ 将减小，即气体出口浓度 Y_2' 增大（大于 Y_2），吸收率降低。

由物料衡算方程 $X_1'=\frac{Y_1-Y_2'}{L/V}+X_2$ 知，Y_2' 增大使 X_1' 减小。由于 L/V 不变，所以新工况下的操作线（附图中线 4 所示）必与原操作线平行且上移，其两端点仍分别落在 $X_2=0$ 的垂线和 $Y=Y_1$ 的水平线上。

相平衡关系对传质过程的推动力和传质系数均有影响，分析时要全面考虑相平衡常数变化对 H_{OG}、N_{OG} 的影响，并视具体情况给予简化。但是，对于一定的吸收塔，提高压强和降低温度均可提高吸收率，这也是常用的操作调节手段之一。

3. 理论板当量高度

填料层高度也可以用理论板当量高度法（HETP）计算，即：

$$h=H_TN_T \tag{2-44}$$

式中 H_T——理论板当量高度，m；

N_T——理论板数。

其中，理论板数可以通过吸收塔的模拟计算求得，也可以利用图解法确定，特别是对于低浓度气体吸收，当气液相平衡关系符合亨利定律时，理论板数可以用下式求得：

当 $A\neq 1$ 时

$$N_T=\frac{1}{\ln A}\ln\left[\left(1-\frac{1}{A}\right)\frac{Y_1-mX_2}{Y_2-mX_2}+\frac{1}{A}\right] \tag{2-45}$$

当 $A=1$ 时

$$N_T=\frac{Y_1-mX_2}{Y_2-mX_2}-1 \tag{2-46}$$

其中：$A=\frac{1}{S}$，称为吸收因数。

理论板当量高度的值与填料塔内的物系性质、气液流动状态、填料的特性等多种因素有关，一般来源于实测数据或由经验关联式进行估算。

填料塔的高度除了填料层高度外，还包括塔的附属空间高度。塔的附属空间高度包括塔的上部空间高度、安装液体分布器和液体再分布器（包括液体收集器）所需的空间高度、塔的底部空间高度以及塔的裙座高度。

塔上部空间高度是指填料层以上应有足够空间高度，以便随气流携带的液滴能够从气相中分离出来，该高度一般取1.2～1.5m。安装液体再分布器所需的塔空间高度，依据所用分布器的形式而定，一般需要1～1.5m的空间高度。塔的底部空间高度是指塔底最下一块塔板到塔底封头之间的垂直距离。和精馏塔一样，该空间高度含釜液所占高度及釜液面上方的气液分离高度两部分。

小结

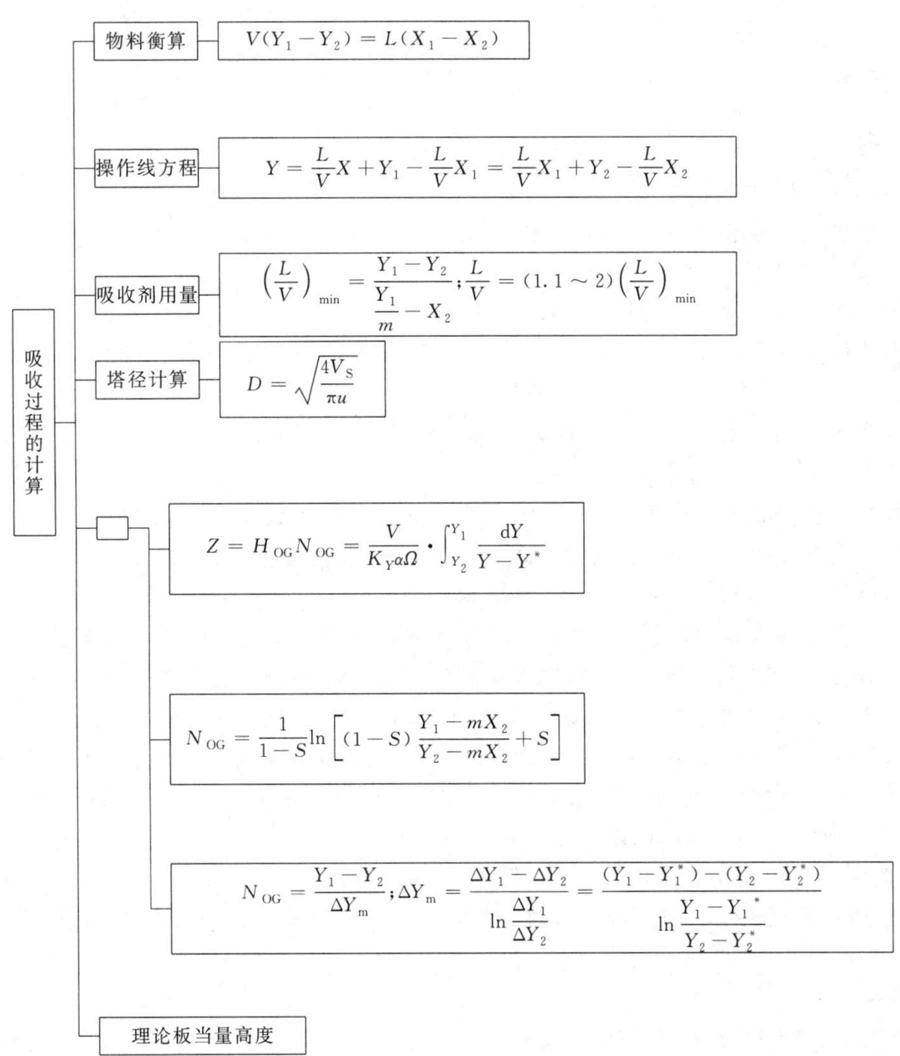

思考题

1. 物料衡算式中用气体或液体总摩尔流量可以吗？

2. 能求出并流吸收的操作线方程吗？

3. 什么是液气比？吸收剂的用量如何确定？

4. 操作液气比如果小于吸收剂最小用量对吸收过程会有什么影响？

5. 若混合气体组成一定，采用逆流吸收，减少吸收剂用量，完成液出塔时吸收质浓度会上升还是下降？极限值如何计算？若无限增大吸收剂用量，即使在无限高的塔内，吸收尾气中吸收质浓度会降为零吗？最低极限值如何计算？

6. 某逆流吸收塔，用纯溶剂吸收惰性气体中的溶质组分。若 L_S、V_B、T、P 等不变，进口气体溶质含量 Y_1 增大。问：（1）N_{OG}、Y_2、X_1、η 如何变化？（2）采取何种措施可使 Y_2 达到原工艺要求？

7. 若吸收过程为气膜控制，在操作过程中，若入口气量增加，其他操作条件不变，问 N_{OG}、Y_2、X_1 将如何变化？

8. 传质单元高度和传质单元数各有何物理意义？

自测题

一、填空题

1. 已知 $V=100$kmol/h，$Y_1=0.1$，$Y_2=0.01$，$X_1=0.003$，$X_2=0.0001$，求 $L=$（　　）。

2. 低浓度逆流吸收塔设计中，若气体流量、进出口组成及液体进口组成一定，减小吸收剂用量，传质推动力将（　　），设备费用将（　　）。

3. 增加吸收剂用量，操作线的斜率（　　），吸收推动力（　　）。

4. 低浓度逆流吸收操作中，现其他条件不变而吸收剂用量 L 增加，试判断下列参数变化情况。H_{OG}（　　），ΔY_m（　　），出塔液体 x_1（　　），出塔气体 y_2（　　），回收率（　　）。

5. 入塔吸收剂的浓度为 0.005（摩尔分率），吸收的相平衡关系为 $y=1.2x$，若填料层无限高，则气体出塔的最低浓度为（　　）。

6. 低浓度逆流吸收操作中，当吸收剂温度降低而其他条件不变时，试判断下列参数变化情况。相平衡常数（　　），推动力 ΔY_m（　　），回收率（　　），出塔 y_2（　　），出塔 x_1（　　）。

7. 吸收在逆流操作中，其他条件不变，只减小吸收剂用量（能正常操作），将引起操作线斜率（　　），塔底溶液出口浓度（　　），尾气浓度（　　），吸收推动力（　　）。

8. 传质单元高度反映了（　　）好坏，传质单元数反映了（　　）程度。

9. 低浓度逆流吸收操作中，吸收剂中不含溶质，当气体进口含量 y_1 下降而其他条件不变时，试判断下列参数变化情况。气体出塔 y_2（　　），液体出塔 x_1（　　），被吸收溶质总量（　　），回收率（　　），推动力 ΔY_m（　　），N_{OL}（　　）。

10. 脱吸因数的定义式为（　　），它表示（　　）之比。

11. 吸收塔尾气超标，可能引起的原因是塔压（　　），吸收剂用量（　　），吸收剂浓度（　　）。

12. 体积吸收系数的物理意义是（　　）。

二、选择题

1. 在吸收过程中，吸收操作线的斜率为（　　）。

A. 操作液气比 L/V　B. 最小液气比$(L/V)_{min}$；　C. 气液比 V/L　D. 不能确定

2. 吸收操作，当液气比增大时，则吸收推动力（　）。

A. 减小　B. 增大　C. 不变　D. 不能确定

3. 吸收在逆流操作中，其他条件不变，只减小吸收剂用量（能正常操作），将引起（　）。

A. 操作线斜率增大　B. 塔底溶液出口浓度降低

C. 尾气浓度减小　D. 吸收推动力减小。

4. 在吸收操作中，下列各项数值的变化不影响吸收系数的是（　）。

A. 传质单元数　B. 气液流量　C. 塔的结构尺寸　D. 不确定

5. 在填料吸收塔中，用纯溶剂吸收混合气中的溶质，逆流操作。在操作条件下平衡关系符合亨利定律。若入塔气体中溶质的浓度增加，保持其他操作条件不变，则出口气体中溶质的浓度和吸收率的变化为（　）。

A. $y_2\uparrow$，$\eta\downarrow$　B. $y_2\downarrow$，$\eta\uparrow$　C. $y_2\uparrow$，η 不变　D. $y_2\uparrow$，η 变化不确定

6. 在填料吸收操作中，保持其他条件不变，适当增大液体流量，可以使得被吸组分的回收率（　）。

A. 增大　B. 减小　C. 不变　D. 不确定

7. 气体吸收操作中，若适当增加吸收剂用量，其他条件不变，则该传质过程的平均推动力 Δy_m（　）。

A. 增加　B. 减小　C. 不变　D. 无法判断

8. 通常所讨论的吸收操作中，当吸收剂用量趋于最小用量时（　）。

A. 回收率趋向最高　B. 吸收推动力趋向最大

C. 操作最为经济　D. 填料层高度趋向无穷大

9. 正常操作的吸收塔，若因某种原因使液体量减少至液气比小于原定的最小液气比，下列（　）情况将发生。

A. 出塔液体浓度增加，回收率增加　B. 出塔气体浓度增加，出塔液体浓度减小

C. 出塔气体浓度增加，出塔液体浓度增加　D. 在塔的下部将发生解吸现象

10. 对于逆流操作的吸收塔，其他条件不变，当吸收剂用量趋于最小用量时，则（　）。

A. 吸收推动力最大　B. 吸收率最高

C. 出塔气浓度最低　D. 吸收液浓度趋于最高

11.（　）反映吸收过程进行的难易程度的因数。

A. 传质单元高度　B. 液气比数　C. 传质单元数　D. 脱吸因数

12. 低浓度的气膜控制系统，在逆流吸收操作中，若其他条件不变，但入口液体组成增高时，则气相总传质单元高度将（　）。

A. 增加　B. 减少　C. 不变　D. 不定

13. 低浓度的气膜控制系统，在逆流吸收操作中，若其他条件不变，但入口液体组成增高时，则气相总传质单元数将（　）。

A. 增加　B. 减少　C. 不变　D. 不定

14. 在填料塔中，低浓度难溶气体逆流吸收时，若其他条件不变，但入口气量增加，则出口液体组成（　）。

A. 增加　B. 减少　C. 不变　D. 不定

15. 低浓度的气膜控制系统，在逆流吸收操作中，若其他条件不变，但入口液体组成增高时，则气相出口组成将（　　）。

A. 增加　　B. 减少　　C. 不变　　D. 不定

16. 低浓度的气膜控制系统，在逆流吸收操作中，若其他条件不变，但入口液体组成增高时，则液相出口组成将（　　）。

A. 增加　　B. 减少　　C. 不变　　D. 不定

17. 在填料塔中，低浓度难溶气体逆流吸收时，若其他条件不变，但入口气量增加，则出口气体组成将（　　）。

A. 增加　　B. 减少　　C. 不变　　D. 不定

三、判断题

1. 增加液气比，吸收液中溶质浓度降低，而回收率增加。（　　）

2. 吸收中，当操作线与平衡线相切或相交时所用的吸收剂最少，此时推动力也最小。（　　）

3. 吸收操作线的方程式，斜率是 L/V。（　　）

4. 对于逆流操作的填料吸收塔，当气速一定时，增大吸收剂的液气比，则出塔溶液浓度降低，吸收推动力增大。（　　）

四、计算题

1. 某逆流吸收塔用纯溶剂吸收混合气体中的可溶组分，气体入塔组成为 0.06（摩尔比），要求吸收率为 90%，操作液气比 2，求出塔溶液的组成。

2. 在吸收塔中用清水吸收空气中含氨的混合气体，逆流操作，气体流量（标准）为 $5000m^3/h$，其中氨含量 10%（体积分率）。回收率 95%，操作温度 293k，压力 101.33kPa。已知操作液气比为最小液气比的 1.5 倍，操作范围内 $Y^*=26.7X$，求用水量为多少？

3. 某逆流吸收过程的相平衡关系 $Y^*=1.2X$，$Y_1=0.1$，$X_2=0.01$。试求：①当吸收率为 80%时，最小液气比为多少？②若将吸收率提高至 85%，最小液气比又为多少？由此得出什么结论？

4. 用清水逆流吸收混合气体中的溶质 A。混合气体的处理量为 52.62kmol/h，其中 A 的摩尔分率为 0.03，要求 A 的吸收率为 95%。操作条件下的平衡关系为：$Y^*=0.65X$。若取溶剂用量为最小用量 1.4 倍，求：①每小时送入吸收塔顶的清水量 L 及吸收液浓度 X_1；②写出操作线方程。

5. 在吸收塔中用清水吸收空气中含丙酮的混合气体，逆流操作，进塔气体中丙酮含量 5%（摩尔比）。回收率 95%，操作温度 293k，压力 101.33kPa。已知操作范围内 $Y^*=2X$，操作液气比 L/V 为 2，求所需的气相总传质单元数 N_{OG}。

6. 流量为 1.26kg/s 的空气中含氨 0.02（摩尔比，下同），拟用塔径 1m 的吸收塔回收其中 90%的氨。塔顶淋入摩尔比为 4×10^{-4} 的稀氨水。已知操作液气比为最小液气比的 1.5 倍，操作范围内 $Y^*=1.2X$，$K_Y\alpha=0.052kmol/(m^3\cdot s)$。求所需的填料层高度。

7. 在压力为 101.3kPa、温度为 30℃的操作条件下，在某填料吸收塔中用清水逆流吸收混合气中的 NH_3。已知入塔混合气体的流量为 220kmol/h，其中含 NH_3 为 1.2%（摩尔分数）。操作条件下的平衡关系为 $Y=1.2X$（X、Y 均为摩尔比），空塔气速为 1.25m/s；气相总体积吸收系数为 $0.06kmol/(m^3\cdot s)$；水的用量为最小用量的 1.5 倍；要求 NH_3 的回收率为 95%。试求：①水的用量；②填料塔的直径和填料层高度。

名人窗：中国稀土之父——徐光宪

徐光宪(1920.11.7—2015.4.28)，浙江省上虞县(今绍兴市上虞市)人，物理化学家、无机化学家、教育家，2008年度“国家最高科学技术奖”获得者，被誉为“中国稀土之父”。1944年，徐光宪毕业于交通大学化学系；1951年3月，获美国哥伦比亚大学博士学位；1957年9月，任北京大学技术物理系副主任兼核燃料化学教研室主任；1980年12月，当选为中国科学院学部委员(院士)。1986年2月，任国家自然科学基金委员会化学学部主任；1991年，被选为亚洲化学联合会主席。

徐光宪长期从事物理化学和无机化学的教学和研究，涉及量子化学、化学键理论、配位化学、萃取化学、核燃料化学和稀土科学等领域。20世纪50年代，徐光宪提出了配合物平衡的吸附理论；60年代，他改进和提出了几种测量萃取常数的方法；70年代，提出最优化串级萃取设计方案，建立了新的串级萃取理论；80年代，提出原子价的新定义及其量子化学定义，并首次合成了一系列有特殊结构和性能的四核双氧基稀土配合物。他发现了稀土溶剂萃取体系具有“恒定混合萃取比”基本规律，提出了适于稀土溶剂萃取分离的串级萃取理论，可以“一步放大”，直接应用于生产实际，引导稀土分离技术的全面革新，促进了中国从稀土资源大国向高纯稀土生产大国的飞跃。

任务4 吸收塔的实验操作训练

任务目标

- 了解填料吸收塔的构造与工艺流程；
- 掌握填料吸收塔的操作；
- 观察填料塔的流体力学状况，并测定压降与气速的关系曲线；
- 测定不同操作条件下的吸收总体积传质系数 $K_y\alpha$ 和吸收率 η。

技能要求

- 操作技能

(1)能独立地进行吸收系统的开、停车(包括开车前的准备、电源的接通、风机的使用、进气量水量的控制、温度的控制等)；

(2)能进行实际操作，并达到规定的工艺要求和质量指标(包括尾气的浓度分析)；

(3)能及时地发现、报告并处理系统的异常现象与事故，能进行紧急停车。

- 设备的使用与维护

(1)能正确使用仪器、仪表；

(2)能掌握设备的运行情况、能判别工艺故障及进行适当的处理。

一、实验任务

本实验是用清水吸收空气-氨气混合气中的氨气，惰性气体为空气，气体进口中氨浓度 $y_1<10\%$，属于低浓度气体吸收。

本实验填料塔内径和填料层的高度已知，需要测定空气、氨气、水的体积流量，并根据实验条件（温度和压力）和有关公式换算成摩尔流量，得到 G 和 L，并算出 y_1，再测出尾气组成 y_2，然后根据物料衡算算出 x_1，进而可以计算吸收总体积传质系数 $K_{y}\alpha$ 和吸收率。

二、实训装置示意

如图 2-17 为吸收实训设备流程图。空气由风机 1 供给，阀 2 用于调节空气流量（放空法）。在气管中空气与氨（或 CO_2）混合入塔，经吸收后排出，出口处有尾气调压阀 9，这个阀在不同的流量下能自动维持一定的尾气压力，作为尾气通过分析器的推动力。

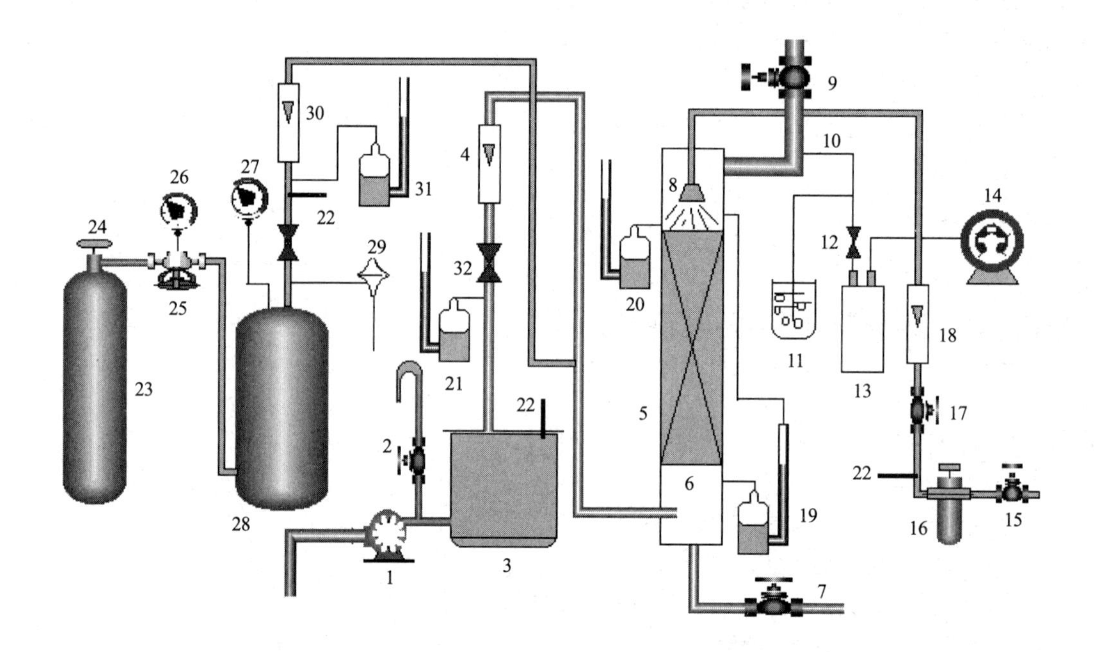

图 2-17 吸收装置流程图

1—风机；2—空气调节阀；3—油分离器；4—空气流量计；5—填料塔；6—栅板；7—排液管；8—莲蓬头；9—尾气调节阀；10—尾气取样管；11—稳压瓶；12—旋塞；13—吸收盒；14—湿式气体流量计；15—总阀；16—水过滤减压阀；17—水调节阀；18—水流量计；19—压差计；20—塔顶表压计；21—表压计；22—温度计；23—氨（或 CO_2）瓶；24—氨（或 CO_2）瓶阀；25—氨（或 CO_2）自动减压阀；26—氨（或 CO_2）压力表；27—氨（或 CO_2）压力表；28—缓冲罐；29—膜式安全阀；30—转子流量计；31—表压计；32—空气进口阀

三、填料塔内气、液两相存在状态

1. 填料上气、液两相的接触状态

吸收经常在填料塔内进行，在填料塔内装有填料。填料是作为塔内气、液两相的分散体。

填料以整砌或乱堆的方式放置。液体从塔上部进入，通过塔顶液体分布器均匀喷洒到填料的上层表面。液体分布于填料表面形成液膜，靠重力作用自上而下地流动，从塔底流出；气体靠压差的作用流经全塔，逆流时气体从塔底经气体分布器（即填料支承板）进入填料层后，在压差的作用下自下而上通过填料间隙从塔顶引出，并流时则相反。因为在相同的吸收条件下，逆流可获得较大的传质推动力，因而能有效提高传质速率；而且逆流时可以减小吸收剂的用量和提高溶质的吸收率，所以吸收塔通常采用逆流操作。

气体在填料间隙所形成的曲折通道中流过，提高了湍动程度。液体在不规则的填料表面上流动，通过填料间的接触点从一个填料流向另一个填料，这对液体的湍动和表面更新非常有利。但液体在填料层向下流动过程中，由于靠近塔壁处空隙大，流动阻力小，液体有偏向塔壁流动的现象，这种现象称为壁流。壁流将导致填料层内气、液分布不均，使传质效率下降。所以，当填料层较高时，填料层需分段，段间设置液体再分布器，将靠近塔壁处的液体收集后再重新分布。

填料塔中气液两相间的传质主要是在填料表面流动的液膜上进行的。严格地说，液体自动成膜的条件是：

$$\delta_{LS}+\delta_{GL}<\delta_{GS}$$

式中 δ_{LS}、δ_{GL} 及 δ_{GS} 分别是液固、气液及气固间的界面张力。适当选择填料的材质和表面性能，液体将具有较大的铺展能力，可使用较少的液体而获得较大的润湿表面。如果填料的材质选择不当，液体将不呈膜状而呈细流下降，使气液传质面积大大减少。

在填料塔内，气、液两相连续接触，两相组成沿塔高连续变化，一般情况下，液相为分散相，气相为连续相。

2. 气体通过填料塔的压降

在逆流操作的填料塔中，液膜与填料表面的摩擦及液膜与上升气体的摩擦构成了液膜流动的阻力，形成了填料层的压降。实践证明，填料层的压降与液体喷淋量及空塔气速有关，在一定的空塔气速下，液体喷淋量愈大，压降愈大；在一定的液体喷淋量下，空塔气速愈大，压降也愈大。将不同喷淋量下的单位高度填料层的压力降 $\frac{\Delta p}{Z}$ 与空塔气速 u 的对应关系标绘在对数坐标纸上，可得如图 2-18 所示的线簇。

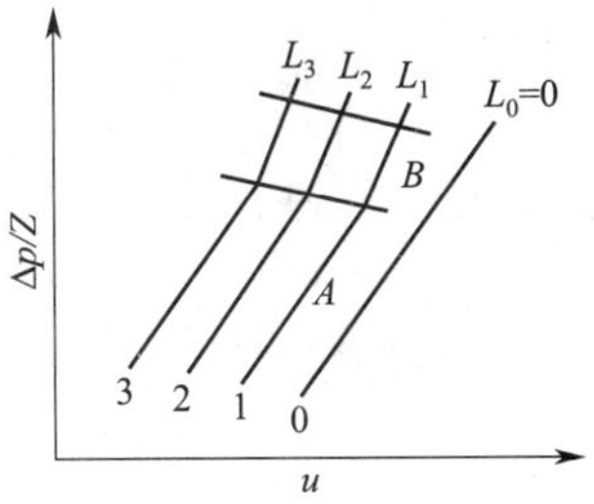

图 2-18 中，直线 0 表示无液体喷淋即喷淋量 $L_0=0$ 时干填料层的 $\lg\frac{\Delta p}{Z}$ 与 $\lg u$ 呈直线关系，称为干填料压降线；曲线 1、2、3 表示不同液体喷淋量下填料层的 $\lg\frac{\Delta p}{Z}$-$\lg u$ 的关系，称为填料操作压降线。从图中可看出，填料操作压降线成折线，并存在两个转折点，下转折点称为“载点”，上转折点称为“泛点”。这两个转折点将 $\lg\frac{\Delta p}{Z}$-$\lg u$ 的关系线分为三个区段：

图 2-18 填料层的 $\lg\frac{\Delta p}{Z}$-$\lg u$ 关系

(1) 恒持液量区 当气速低于 A 点时，气速较小，液膜受气体流动的曳力很小，液体在填料层内向下流动几乎与气速无关。在恒定的喷淋量下，填料表面上覆盖的液膜厚度基本不变，因而填料层的持液量不变（填料层的持液量是指在一定的操作条件下，在单位体积填料内所积存的液体体积），所以该区域称为恒持液量区。此区域的 $\lg\frac{\Delta p}{Z}$-$\lg u$ 关系线为一直线，位于干填料压降线的左侧，且基本上与干填料压降线平行，斜率为1.8～2.0。

（2）载液区　当气速超过A点时，下降液膜受向上流动气体的曳力较大，开始阻碍液体的顺利下流，使液膜增厚，填料层的持液量开始随气速的增加而增大，此种现象称为拦液现象。开始发生拦液现象的空塔气速称为载点气速。超过载点气速后，$\lg \frac{\Delta p}{Z}$-$\lg u$关系线的斜率大于2。

（3）液泛区　如果气速持续增大，到达B点时，由于液体不能顺利下流，使填料层的持液量不断增加，填料层内几乎充满液体。气速增加很小便会引起压降的急剧升高，出现液泛现象。达到泛点时的空塔气速称为液泛气速或泛点气速。

从载点到泛点的区域称为载液区，泛点以上的区域称为液泛区。液泛区的$\lg \frac{\Delta p}{Z}$-$\lg u$关系线的斜率可达10以上。

在同样的气液负荷下，不同填料的$\lg \frac{\Delta p}{Z}$-$\lg u$关系线有所差异，但基本形状相近。对于某些填料，载点和泛点并不明显，所以上述三个区域间并无截然的界限。

3. 液泛

当操作气速超过泛点气速时，持液量的增大使液相由分散相变为连续相，液体充满填料层的空隙；而气相则由连续相变为分散相，气体只能以气泡形式通过液层。此时，气流出现脉动，液体被气流大量带出塔顶，填料塔的操作极不稳定，甚至会被破坏，这种情况称为液泛。

实践表明，当空塔气速在载点气速和泛点气速之间时，气、液相的湍动加剧，气、液相接触良好，传质效果提高。泛点气速是填料塔操作的最大极限气速，填料塔的适宜操作气速通常依据泛点气速来确定，可取泛点气速的60%～80%。因此正确求取泛点气速对填料塔的设计和操作都是非常重要的。

填料塔最重要的流体流动现象和参数是液泛现象和泛点气速。影响泛点气速的因素很多，如填料的特性、流体的物性及操作的液气比等。通常人们是根据大量的实验数据得到的一些关联式或关联图来获得泛点气速，然后根据泛点气速确定操作气速，以此作为设计填料塔的结构尺寸的依据。常用的一种关联图是埃克特通用关联图，如图2-19所示。

填料特性集中体现在填料因子上。实践表明，填料因子值愈小，泛点气速愈大，愈不易发生液泛。

流体物性的影响主要体现在气体密度、液体的密度及黏度上。气体密度愈小，液体密度愈大，液体黏度愈小，则泛点气速愈大。

操作的液气比愈大，则在一定气速下液体喷淋量愈大，填料层的持液量增加而空隙率减小，所以泛点气速愈小。

泛点气速可以通过实验确定。由实验测得填料塔在一定喷淋量下，$\lg \frac{\Delta p}{Z}$-$\lg u$关系曲线。发生液泛时，填料塔的$\lg \frac{\Delta p}{Z}$-$\lg u$曲线将发生非常明显的转折，所以，可用$\lg \frac{\Delta p}{Z}$-$\lg u$曲线的转折点来确定“泛点气速”。发生液泛时，塔内将出现明显的液体积累现象，所以也可以通过观察塔内的操作状况来确定“泛点气速”。

填料塔液泛

动画扫一扫

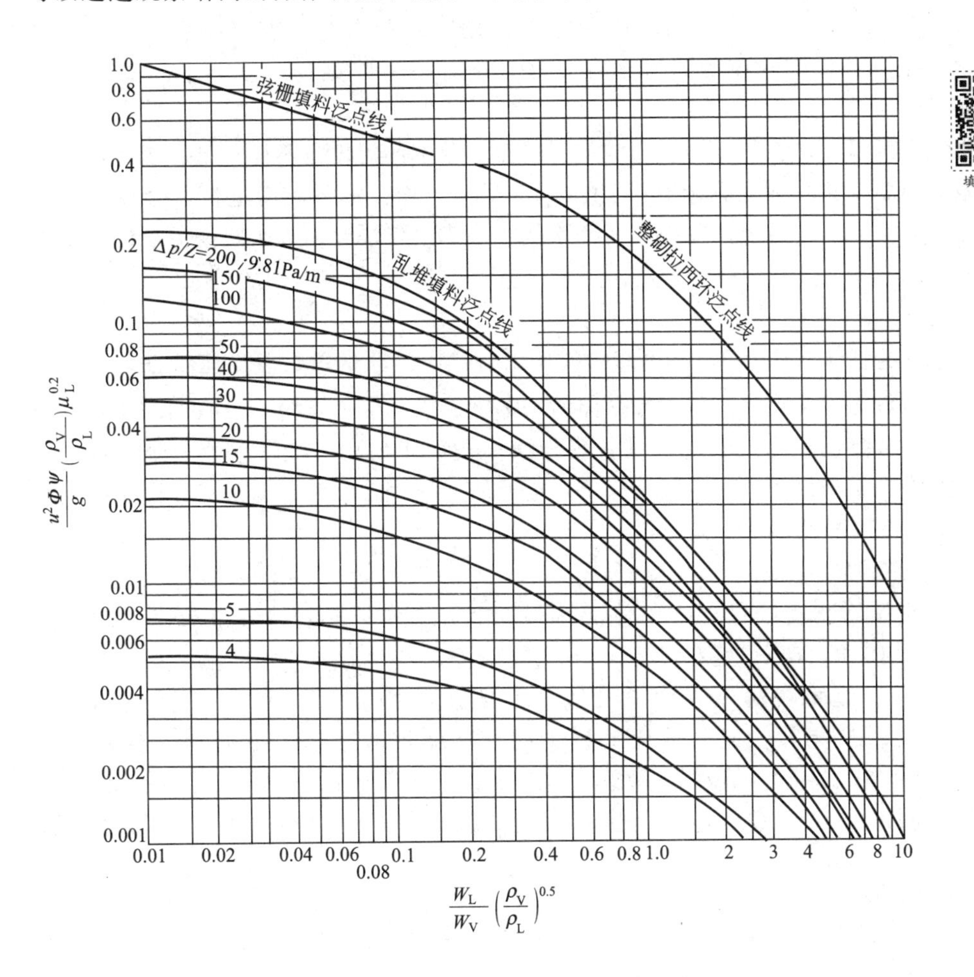

$$\frac{u^2\Phi\Psi}{g}\left(\frac{\rho_V}{\rho_L}\right)\mu_L^{0.2}$$

$$\frac{W_L}{W_V}\left(\frac{\rho_V}{\rho_L}\right)^{0.5}$$

图 2-19　埃克特通用关联图

W_L、W_V—液相、气相的质量流量，kg/s；ρ_L，ρ_V—液相、气相的密度，kg/m^3；
u—泛点气速，m^2/s；Φ—填料因子，m^{-1}；Ψ—液体密度校正系数，$\Psi=\rho_水/\rho_L$；
μ_L—液体黏度，mPa·s

四、吸收操作过程工艺指标的控制与调节

对于一定的吸收塔来说，吸收操作的控制指标是出塔气体的组成，或是溶质的吸收率。吸收的好坏，不仅与吸收塔的结构、尺寸有关，还与吸收时的操作条件有关。影响吸收操作的因素有温度、压力、气液相的流量及组成等。

1. 温度的调节

吸收操作温度对吸收速率有很大影响。温度越低，气体溶解度越大，传质推动力越大，吸收速率越高，吸收率越高；反之，温度越高，吸收率下降，将不利于吸收操作。

吸收操作温度主要由吸收剂的入塔温度来调节控制，吸收剂的入塔温度对吸收过程影响甚大，是控制和调节吸收操作的一个重要因素。由于气体吸收大多数是放热过程，

当热效应较大时，吸收剂在塔内由塔顶流到塔底的过程中，温度会有较大的升高。所以必须控制吸收剂的入塔温度，尤其当吸收剂循环使用时，再次进入吸收塔之前，必须经过冷却器用冷却剂（如冷却水或冷冻盐水等）将其冷却，吸收剂的温度可通过调节冷却剂的流量来调节。

虽然降低吸收剂温度，有利于提高吸收率，但是吸收剂的温度也不能过低，因为温度过低就要过多地消耗冷却剂用量，使操作费用增加。另一方面，液体温度过低，会使黏度增大，造成阻力损失增大，并且液体在塔内流动不畅，会影响传质。所以吸收剂温度的调节要综合考虑。

2. 压力的调节

对于比较难溶的气体（如 CO_2），提高操作压力有利于吸收的进行。加压一方面可以增加吸收推动力，提高气体吸收率；另一方面能增加溶液的吸收能力，减少吸收剂的用量。但加压吸收需要配置压缩机和耐压设备，设备费和操作费都比较高。所以对于一般的吸收系统，是否采用加压，要全面考虑。多数情况下，塔的压力很少是可调的，一般在操作中主要是维持塔压，使之不要降低。

3. 塔内气体流速的调节

气体流速会直接影响吸收过程，气体流速很低时，会使填料层持液量太少，两相传质主要靠分子扩散传质，吸收速率很低，分离效果差。气体流速大，增大了气液两相的湍动程度，使气、液膜变薄，减少了气体向液体扩散的阻力，有利于气体的吸收，也提高了吸收塔的生产能力。但气体流速过大时，液体不能顺畅向下流动，造成气液接触不良、雾沫夹带，甚至造成液泛现象，分离效果下降。因此，要选择一个最佳的气体流速，保证吸收操作高效、稳定地进行。稳定操作流速，是吸收高效、平稳操作的可靠保证。

4. 吸收剂流量的调节

吸收剂流量对吸收率的影响很大，改变吸收剂流量是吸收过程进行调节的最常用方法。如果吸收剂流量过小，填料表面润湿不充分，造成气液两相接触不良，尾气浓度会明显增大，吸收率下降。增大吸收剂流量，吸收速率增大，溶质吸收量增加，气体的出口浓度减小，吸收率增大，即增大吸收剂流量对吸收分离是有利的。当在操作中发现吸收塔中尾气的浓度增大，或进气量增大，应增大吸收剂流量，但绝不能误认为吸收剂流量越大越好，因为增大吸收剂量就增大了操作费用，并且当塔底液体作为产品时还会影响产品浓度，而且吸收剂用量的增大有时要受到吸收塔内流体力学性能的制约（如流量过大会引起压降增大，甚至造成液泛等）。因此需要全面地权衡相应的指标。

5. 吸收剂进口浓度的调节

吸收剂进口浓度是控制和调节吸收操作的又一个重要因素。降低吸收剂进口浓度，液相进口处的推动力增大，全塔平均推动力也随之增大，而有利于气体出口浓度的降低和吸收率的提高。本实验采用清水为吸收剂，溶质浓度为 0，有利于吸收操作。

总之，在吸收操作中根据组成的变化和生产负荷的波动，及时进行工艺调整，发现问题及时解决，是吸收操作中不可缺少的工作。

小结

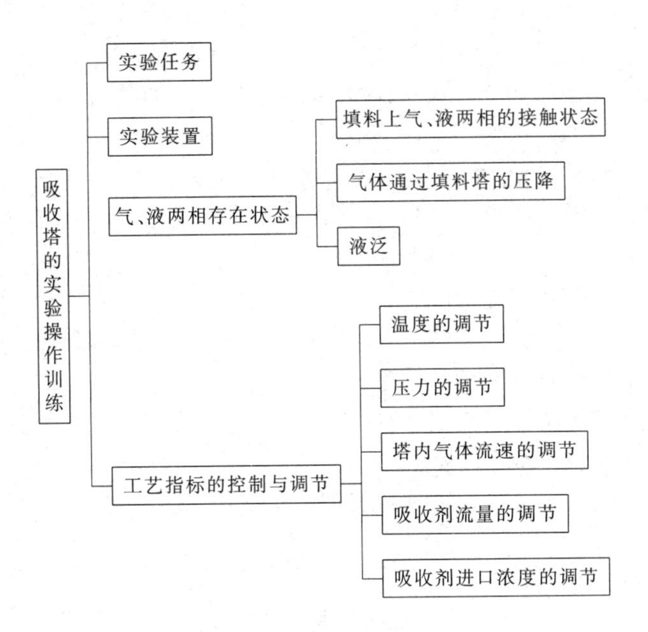

思考题

1. 综合班上几组的数据来看，你认为以水吸收空气中的氨气过程，是气膜控制还是液膜控制?为什么?

2. 要提高氨水浓度有什么办法（不改变进气浓度）?这时又会带来什么问题?

3. 气体流速与压强降关系中有无明显的折点?意味着什么?

4. 当气体温度与吸收剂温度不同时，应按哪种温度计算亨利系数?

5. 试比较精馏装置与吸收装置异同。

6. 填料吸收塔塔底为什么必须有液封装置?

7. 从实验结果分析 $K_y\alpha$ 的变化，确定本吸收过程的控制环节。

8. 气、液流量对填料塔操作有什么影响?

9. 本实验中怎样才能提高体积吸收系数的数值?

10. 吸收岗位的操作是在高压、低温的条件下进行的，为什么说这样的操作条件对吸收过程的进行有利?那么解吸在什么样的条件下有利?

自测题

一、填空题

1. 填料塔是（　　）接触传质设备，传质面积是（　　）。正常操作时，（　　）相是连续相，（　　）相是分散相。

2. 在填料塔的 $\lg\dfrac{\Delta p}{Z}$-$\lg u$ 曲线图上，有（　　）和（　　）两个折点，该两个折点将曲线分为三个区，它们分别是（　　）、（　　）、（　　）；塔的操作应在（　　）。

3. 在测定湿填料压力降前，要先慢慢加大气速进行（　　），目的是使填料全面润湿。

4. 低浓度易溶气体吸收，若入塔气量增加，尾气浓度（　　），吸收液出口浓度（　　），吸收率（　　）。

5. 对于脱吸过程，压力（　　）和温度（　　）都有利于过程的进行。

6. 吸收解吸与蒸馏操作一样是属于气-液两相操作，目的是（　　）。

二、判断题

1. 当气体温度与吸收剂温度不同时，应按吸收剂温度来查取亨利常数。（　　）

2. 用尾气分析仪分析尾气中氨的浓度，吸收到终点时，吸收液颜色由红色变成蓝色。（　　）

3. 操作中注意维持塔内的温度、压力、气液流量稳定，维持塔釜恒定的液封高度。（　　）

4. 实验完毕后，关闭氨气系统的顺序是：关计前阀，关减压阀，再关总阀。（　　）

5. 开风机时，要首先全开风机的旁路阀，然后再启动风机，否则风机一开动，系统内气速突然上升可能碰坏空气转子流量计。（　　）

6. 吸收操作的依据是根据混合物的挥发度的不同而达到分离的目的。（　　）

三、选择题

1. 总体上，吸收塔开车时应（　　）。

A. 先进吸收剂，再进空气，待其流量稳定后，再将氨气送入塔中

B. 先进空气，再进吸收剂，待其流量稳定后，再将氨气送入塔中

C. 先进氨气，再进空气，待其流量稳定后，再将吸收剂送入塔中

D. 先进氨气，再进吸收剂，待其流量稳定后，再将空气送入塔中

2. 从实验数据分析水吸收氨是（　　）。

A. 气膜控制　　　　B. 液膜控制

C. 气、液膜共同控制　　　　D. 不一定

3. 实验完毕后，应（　　）。

A. 先关闭水系统，然后关闭氨气系统，过一段时间关闭空气系统

B. 先关闭空气系统，然后关闭氨气系统，过一段时间关闭水系统

C. 先关闭氨气系统，然后关闭水系统，过一段时间关闭空气系统

D. 先关闭水系统，然后关闭空气系统，过一段时间关闭空气系统

4. 在填料塔中用清水吸收混合气中的氨气，当水泵发生故障使水量减少，则吸收液出口浓度（　　），尾气浓度（　　）。

A. 不变　　B. 增加　　C. 减少　　D. 不一定

5. 吸收操作过程中，在塔的负荷范围内，当混合气处理量增大时，为保持回收率不变，可采取的措施有（　　）。

A. 降低操作温度　　　　B. 减少吸收剂用量

C. 降低填料层高度　　　　D. 减少操作压力

安全窗：电气作业安全管理规定（部分）

电气作业的一般安全要求

1. 电气作业人员应根据作业要求正确穿戴劳动防护用品。

2. 在有监护要求的场所进行作业时，电气作业人员应不少于两人，应指定专人进行监护。

3. 严禁在雨雪天气进行露天带电的电气作业。

4. 严禁手上潮湿时进行送电和拉闸作业。

5. 电气作业人员严禁在作业过程中佩戴金属饰品。

6. 工作前应检查确认工具、测量仪器和绝缘用具是否灵敏可靠。

7. 电气设备检修和线路施工，应严格按送电规定的程序进行。

8. 电气设备未经验电，一律视为有电，不应用手触及。

9. 工作临时中断后或每班工作前，应重新检查安全措施，验明无电后方可继续工作。

10. 不应带负荷进行拉闸操作。凡校验及修理电气设备时应切断电源，取下熔断器并断开闸刀，挂上“有人工作，禁止合闸”的警告牌，停电警告牌应严格执行“谁挂谁取”的原则。

11. 不应带电作业。遇有特殊情况不能停电时，在有经验的电工监护下，划出危险区域，采取严格的安全隔离措施后方可操作。

12. 用电产品因停电而停止动作或故障等情况导致开关跳闸后，应仔细检查有关线路和设备，查明原因，排除故障后方可合上开关，不应强行送电。

13. 调换熔断器，一般应切断电源，若需要带电操作时，须切断负载，戴好绝缘手套。进行熔断器调换作业的，应先切断用电负载，作业人员戴好绝缘手套后方可进行调换作业，必要时使用绝缘夹钳，站在绝缘垫上。熔断器的容量应与设备和线路容量相适应，不应使用超容量的熔断器和其他导体代替熔断丝（熔断器）。

任务 5　吸收塔的仿真操作训练

任务目标

- 掌握吸收解吸的工作原理和工艺流程；
- 熟练掌握吸收解吸过程的冷态开车；
- 熟练掌握吸收解吸过程的正常停车；
- 熟练掌握吸收解吸过程的正常操作调节；
- 进行常见异常故障的识别与事故处理。

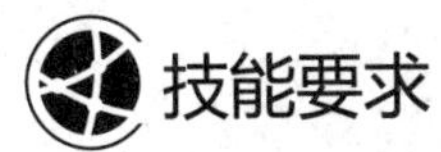

技能要求

- 能够独立进行吸收解吸的冷态开车、正常停车、正常操作；
- 了解吸收解吸过程的控制系统，能熟练使用调节器，能将工艺参数调整到正常指标范围内；
- 能够判断工艺、设备、仪表等的工作状态是否正常，并能熟练调节；

- 对于该单元中出现的一些故障能尽快分析原因，掌握故障处理操作；
- 了解吸收过程的动态特性。

一、实训任务及目的

通过吸收仿真实习，能使学生更深入地了解吸收生产装置的工艺过程，理解理论与生产实际相结合的作用，提高操作水平，为企业培养高水平的人才；让学生熟练掌握一些常见事故的处理方法，减少突发性事故和误操作；可以方便地让学生掌握吸收岗位的生产运行操作技能，达到吸收岗位的生产操作要求，提升学生的全面生产操作技能。

二、工艺流程说明

该单元以 C_6 油为吸收剂，分离气体混合物中的 C_4 组分（吸收质）。

从界区外来的富气从底部进入吸收塔 T-101。界区外来的纯 C_6 油吸收剂贮存于 C_6 油贮罐 D-101 中，由 C_6 油泵 P-101A/B 送入吸收塔 T-101 的顶部，C_6 流量由 FRC103 控制。吸收剂 C_6 油在吸收塔 T-101 中自上而下与富气逆向接触，富气中 C_4 组分被溶解在 C_6 油中。不溶解的贫气自 T-101 顶部排出，经盐水冷却器 E-101 被－4℃的盐水冷却至 2℃进入尾气分离罐 D-102。吸收了 C4 组分的富油（C_4：8.2%，C_6：91.8%）从吸收塔底部排出，经贫富油换热器 E-103 预热至 80℃进入解吸塔 T-102。

来自吸收塔顶部的贫气在尾气分离罐 D-102 中回收冷凝的 C_4，C_6 后，不凝气在 D-102 压力控制器 PIC103（表压 1.2MPa）控制下排入放空总管进入大气。回收的冷凝液（C_4，C_6）与吸收塔釜排出的富油一起进入解吸塔 T-102。

预热后的富油进入解吸塔 T-102 进行解吸分离。塔顶气相出料（C_4：95%）经全冷器 E-104 换热降温至 40℃全部冷凝进入塔顶回流罐 D-103，其中一部分冷凝液由 P-102A/B 泵打回流至解吸塔顶部，回流量 8.0t/h，由 FIC106 控制，其他部分作为 C_4 产品在液位控制（LIC105）下由 P-102A/B 泵抽出。塔釜 C_6 油在液位控制（LIC104）下，经贫富油换热器 E-103 和盐水冷却器 E-102 降温至 5℃返回至 C_6 油贮罐 D-101 再利用，返回温度由温度控制器 TIC103 通过调节 E-102 循环冷却水流量控制。

T-102 塔釜温度由 TIC104 和 FIC108 通过调节塔釜再沸器 E-105 的蒸气流量串级控制，控制温度 102℃。塔顶压力由 PIC-105 通过调节塔顶冷凝器 E-104 的冷却水流量控制，另有一塔顶压力保护控制器 PIC-104，在塔顶有凝气压力高时通过调节 D-103 放空量降压。

因为塔顶 C_4 产品中含有部分 C_6 油及其他 C_6 油损失，所以随着生产的进行，要定期观察 C_6 油贮罐 D-101 的液位，补充新鲜 C_6 油。

仿真界面如图 2-20～图 2-23 所示。

三、操作要点及注意事项

（1）*熟悉工艺流程，熟悉开车规程* 熟悉工艺流程的快速入门是读懂带指示仪表和控制点的工艺流程图。熟悉开车规程不应当死记硬背，而应当在理解的基础上加以记忆，仿真开车时往往还要根据具体情况灵活处理。

（2）*注意操作顺序* 有些操作步骤之间有较强的顺序关系，操作前后顺序不能随意变

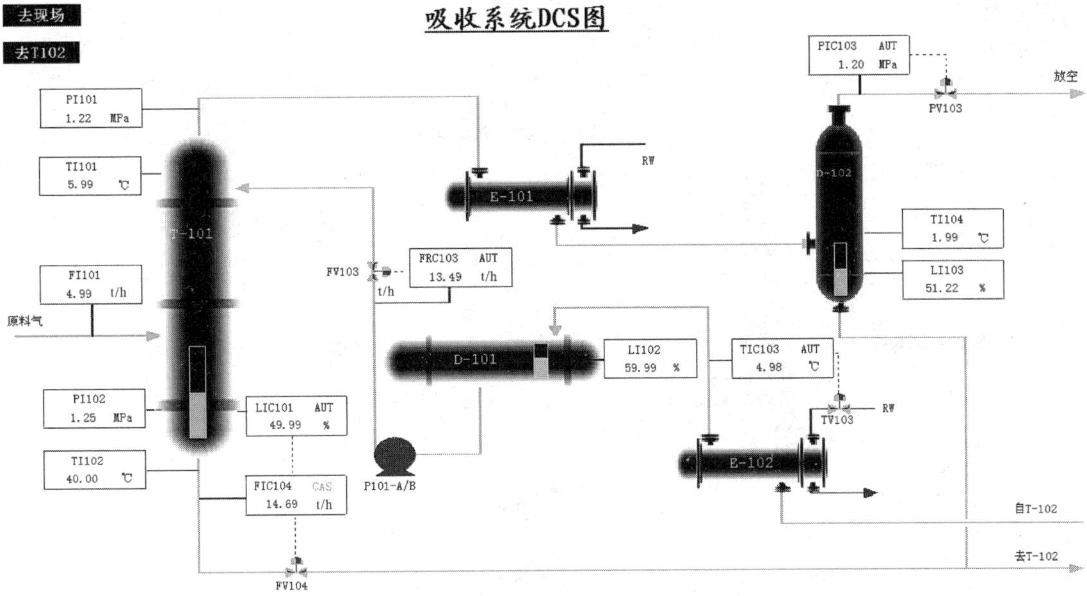

图 2-20 吸收系统 DCS 界面

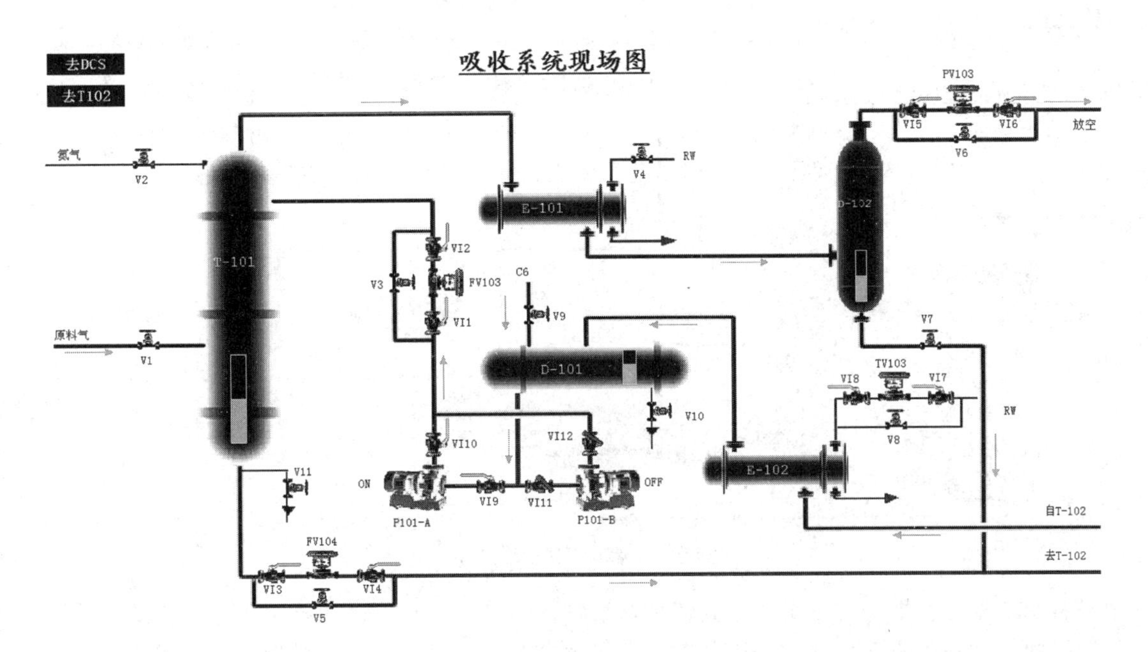

图 2-21 吸收系统现场界面

动。要求顺序性操作步骤的原因主要有两个：第一是生产安全的要求，如果不按顺序操作可能会引发事故；第二是由于工艺过程的自身规律，不按顺序操作就进行不下去。

（3）操作时切忌大起大落 大型化工装置无论是流量、物位、压力、温度或组成的变化，都呈现较大的惯性和滞后特性。初学者或经验不足的操作人员经常出现的操作失误就是工况的大起大落。这种反复的大起大落形成了被调变量在高、低两个极端位置的反复振荡，

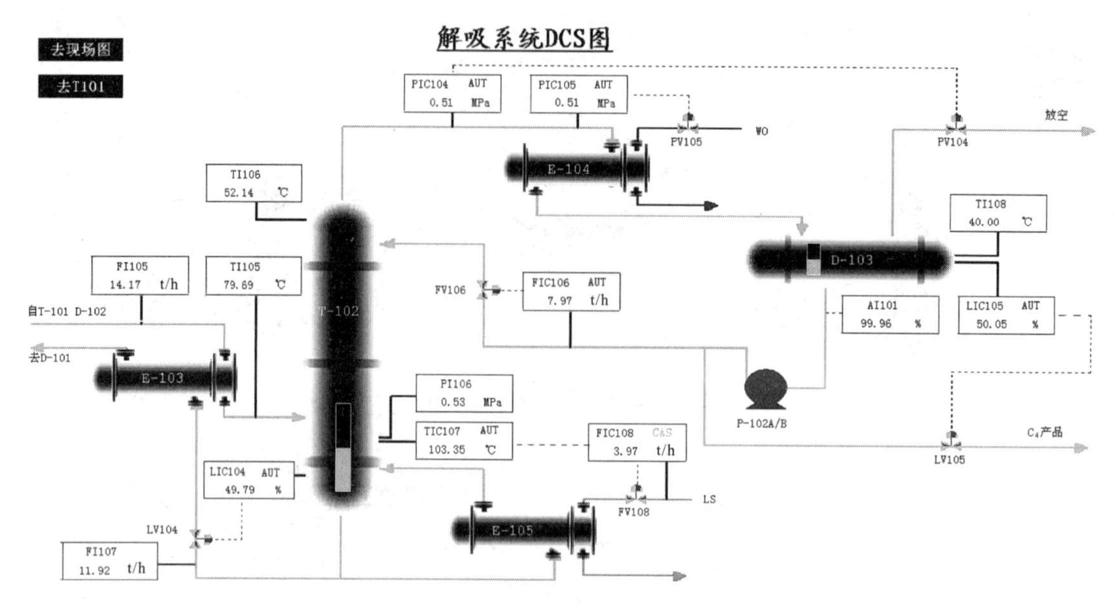

图 2-22　解吸系统 DCS 界面

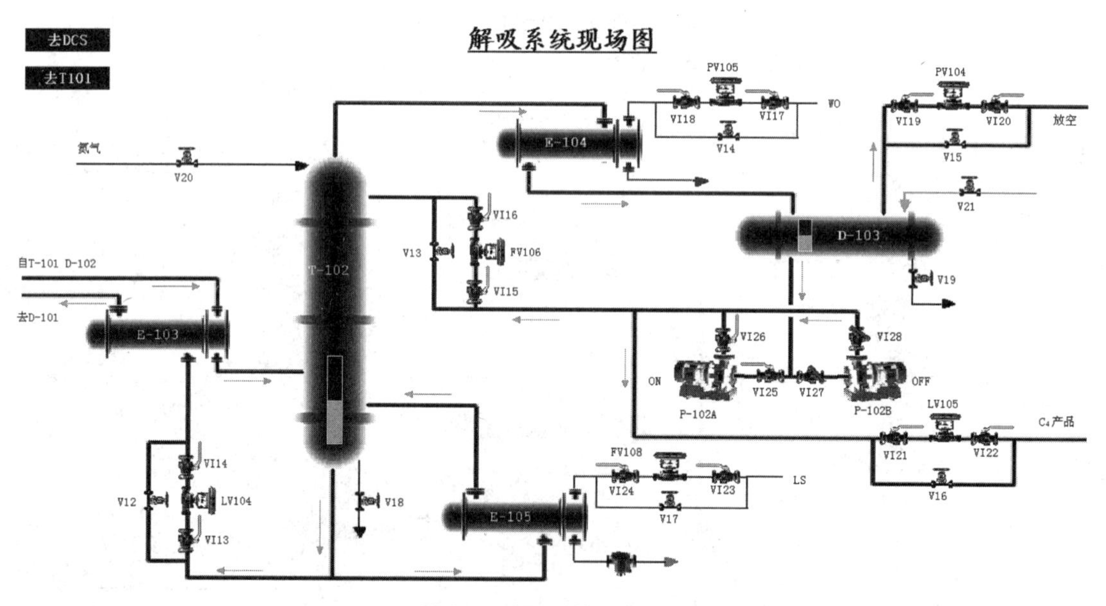

图 2-23　解吸系统现场界面

很难将系统稳定在期望的工况上。为避免这种情况，应当每进行一次阀门操作，应适当等待一段时间，观察是否达到新的动态平衡。越接近期望值，越应做小量操作。这种操作方法看似缓慢，实则是稳定工况的最快途径。

（4）注意关联类操作　吸收系统有多处属于此类的情况。例如，吸收系统冷却器 E-102 的温度控制 TIC103 与原料气进料阀 V1 关联。因为温度越低，越有利于吸收。如果 TIC103 温度控制过高，吸收塔吸收效率低，C_4 吸收不下来，导致塔压升高，大量从塔顶放空降压又不允许，结果使进料压差减小，所以只开大阀 V1 难于提升到正常负荷。当然以上情况是假定贫液 C_6 油是充足的。

(5) 吸收系统的富气进料部分，如果塔压过高，只靠开大进料阀 V1 想提升进气量是有限的，因为压差小推动力小；如果适当降低塔压，V1 的开度不变，富气进料量也有所加大，这是压差增大所致。

小结

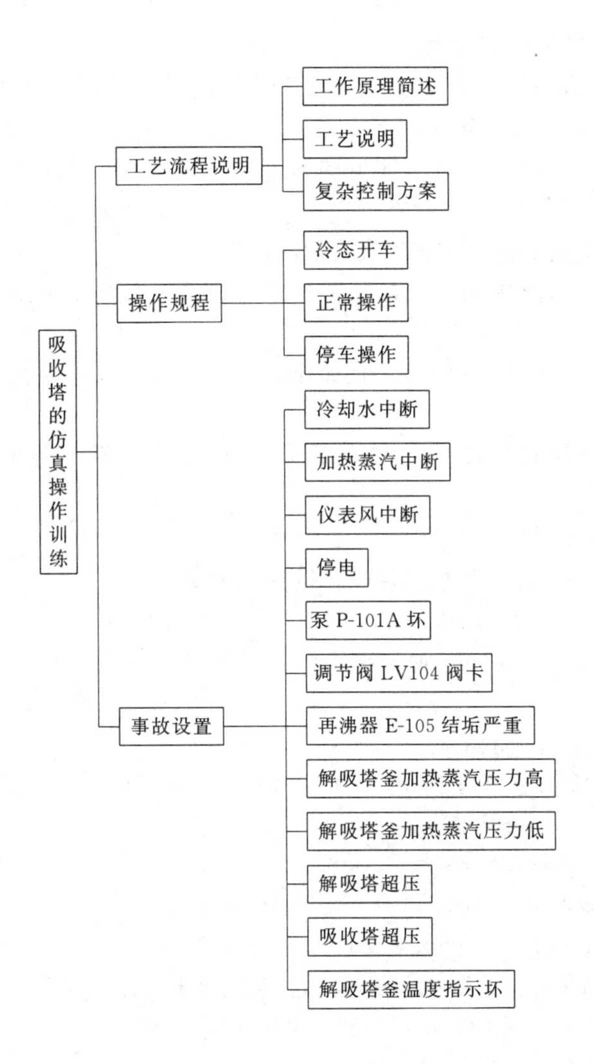

思考题

1. 请从节能的角度对换热器 E-103 在本单元的作用做出评价?

2. 操作时若发现富油无法进入解吸塔，会有哪些原因导致?应如何调整?

3. C_6 油贮罐进料阀为一手操阀，有没有必要在此设一个调节阀，使进料操作自动化，为什么?

4. 假如本单元的操作已经平稳，这时吸收塔的进料富气温度突然升高，分析会导致什么现象?如果造成系统不稳定，吸收塔的塔顶压力上升（塔顶 C_4 增加），有几种手段将系统调节正常?

5. 操作时，如果解吸塔塔釜加热蒸汽压力低，应如何处理?

6. 系统中充氮气的目的是什么？

自测题

一、填空题

1. 冷态开车首先要进行的过程是（　　）。

2. 控制仪表 FIC 表示的意义是（　　），TRC 表示的意义是（　　）。

3. 吸收解吸正常停车时首先应做（　　）。

4. 吸收塔 T-101 塔顶压力 PI101 报警的高报值是（　　），低报值是（　　）。

二、判断题

1. T-102 塔釜温度主要由加热蒸汽流量控制。（　　）

2. 打开泵 P101A 的操作顺序：打开泵前阀 VI9、打开泵 P101A、打开泵后阀 VI10。（　　）

3. 从吸收塔底部输出的吸收了 C_4 的富油，经换热器 E-103 预热后，其温度可达到约 102℃。（　　）

4. 当加热蒸汽中断时事故的主要现象是解吸塔温度降低和加热蒸汽入口流量为零。（　　）

三、选择题

1. 当系统压力过高，用于泄压起保护作用的阀门是（　　）。

A. 截止阀　　B. 减压阀　　C. 安全阀　　D. 止逆阀

2. 正常运行时要定期观察 C_6 油储罐 D-101 的液位，当液位低于（　　）时要打开阀 V9 补充 C_6 油。

A. 50%　　B. 40%　　C. 30%　　D. 20%

3. 生产中当 D-102 的液位高于（　　）时需打开 V7 阀向解吸塔排液。

A. 60%　　B. 70%　　C. 80%　　D. 90%

4. 关闭泵 P101A 的操作顺序是（　　）。

A. 关闭泵前阀 VI9、关闭泵 P101A、关闭泵后阀 VI10

B. 关闭泵后阀 VI10、关闭泵 P101A、关闭泵前阀 VI9

C. 关闭泵前阀 VI9、关闭泵后阀 VI10、关闭泵 P101A

D. 关闭泵 P101A、关闭泵前阀 VI9、关闭泵后阀 VI10

5. 打开调节阀 FV103 的操作顺序是（　　）。

A. 打开前阀 VI1、打开调节阀 FV103、打开后阀 VI2

B. 打开后阀 VI2、打开调节阀 FV103、打开前阀 VI1

C. 打开前阀 VI1、打开后阀 VI2、打开调节阀 FV103

D. 打开调节阀 FV103、打开前阀 VI1、打开后阀 VI2

6. 吸收解吸与蒸馏操作一样是属于气-液两相操作，目的是（　　）。

A. 分离均相混合物　　B. 分离气相混合物

C. 分离气液混合物　　D. 分离部分互溶的液体混合物

7. 当加热蒸汽中断时事故的主要现象是（　　）。

A. 解吸塔温度降低　　B. 解吸塔压力升高

C. 加热蒸汽入口流量为零　　　　D. 解吸塔温度升高

8. 冷态开车首先要进行的过程是（　　）。

A. 进吸收油　　B. 充压　　C. 进富气　　D. C_6 油冷循环

9. 从吸收塔底部输出的吸收了 C_4 的富油，经换热器 E-103 预热后，其温度可达到约（　　）。

A. 40℃　　B. 51℃　　C. 80℃　　D. 102℃

10. 吸收解吸正常停车时首先应做（　　）。

A. 停 C_6 油进料　　B. 吸收塔系统泄油　　C. 停解吸塔系统　　D. 停富气进料

11. T-102 塔釜温度主要由（　　）控制。

A. 富油流量　　B. 加热蒸汽流量　　C. E-104 冷却水流量　　D. 解吸塔回流液流量

12. 以下操作有利于溶质吸收的是（　　）。

A. 提高温度　　B. 提高压力　　C. 降低温度　　D. 降低压力

13. 打开泵 P101A 的操作顺序是（　　）。

A. 打开泵前阀 VI9、打开泵 P101A、打开泵后阀 VI10

B. 打开泵后阀 VI10、打开泵 P101A、打开泵前阀 VI9

C. 打开泵前阀 VI9、打开泵后阀 VI10、打开泵 P101A

D. 打开泵 P101A、打开泵前阀 VI9、打开泵后阀 VI10

任务 6　学习吸收过程的工艺设计方法

任务目标

- 掌握吸收操作中吸收剂用量的确定方法；
- 掌握填料塔内填料层高度的计算方法；
- 掌握填料塔塔径的确定原则。

技能要求

- 学会填料塔主要构件——填料的选择方法；
- 能根据生产任务要求设计填料塔；
- 能进行简单吸收装置的设计。

实际生产中，吸收过程所用的吸收剂常需回收利用，故一般来说，完整的吸收过程应包括吸收和解吸两部分，因而在设计上应将两部分综合考虑，才能得到较为理想的设计结果，所以下面将吸收和解吸两部分作为一个完整的单元过程综合考虑其工艺设计，以期提高综合处理工程问题的能力。作为吸收过程的工艺设计，其一般性问题是在给定混合气体处理量、混合气体组成、温度、压力以及分离要求的条件下，完成以下工作：

① 根据给定的分离任务，确定吸收方案；

② 根据流程进行过程的物料和热量衡算，确定工艺参数；

③ 依据物料和热量衡算进行过程的设备选型或设备设计；

④ 绘制工艺流程图及主要设备的工艺条件图；

⑤ 编写工艺设计说明书。

一、吸收过程工艺设计的基本原则与内容

填料塔的种类繁多，其设计的原则大体相同，一般来说，填料塔的设计程序有：①依据给定的设计条件，合理地选择吸收剂（请参照任务 2），合理地选择填料；②计算塔径、填料层高度等工艺尺寸；③计算填料层的压降；④进行填料塔的结构设计，包括塔体设计及塔内件设计两部分。

1. 填料的选择

前已述及，填料是填料塔的核心，其性能优劣是影响填料塔能否正常操作的主要因素。填料应根据分离工艺要求进行选择，对填料的品种、规格和材质进行综合考虑。应尽量使选定的填料既能满足生产工艺要求，又能使设备的投资和操作费最低。填料的选择包括填料种类、规格及材质等选择内容。

（1）填料种类的选择　各类填料的选择通常根据分离工艺的要求，从以下几个方面进行考虑。

① 填料的传质效率。传质效率高即分离效率高，它有两种表示方法：一是以每个理论级当量填料层高度表示，即 HETP 值；另一是以每个传质单元相当的填料层高度表示，即 HTU 值。对于大多数填料，其 HETP 值或 HTU 值可从有关手册中查到，也可通过一些经验公式来估算。

② 填料的通量。在同样的液体负荷下，填料的泛点气速越高或气相动能因子越大则通量越大，塔的处理能力也越大。因此，选择填料种类时，在保证具有较高传质效率的前提下应选择具有较高泛点气速或气相动能因子的填料。填料的泛点气速或气相动能因子可由经验公式计算，也可由图表查取。

③ 填料层的压降。填料层压降越低，塔的动力消耗越低，操作费越小。比较填料层压降的方法有两种：一是比较填料层单位高度的压降 $\Delta p/Z$；另一是比较填料层单位理论级的压降 $\Delta p/N_{\mathrm{T}}$。填料层的压力降可由经验公式计算，也可从有关图表中查出。

④ 填料的使用性能。即填料的抗污垢、堵塞性能及是否方便拆装与检修。

（2）填料规格的选择　填料规格是指填料的公称尺寸或比表面积。

① 散装填料规格的选择。工业塔常用的散装填料主要有 DN16、DN25、DN38、DN50、DN76 等几种规格。同类填料，尺寸越小，分离效率越高，但阻力增加，通量减少。填料投资费用也增加很多。而大尺寸的填料应用于小直径塔中，又会产生液体分布不良及严重的壁流现象，使塔的分离效率降低。因此，对塔径与填料尺寸的比值要有一规定，一般塔径与填料公称直径的比值 D/d 应大于 8。

② 规整填料规格的选择。工业上常用规整填料的型号和规格的表示方法很多，有用峰高值或波距值表示的，也有用比表面积值表示的。国内习惯用比表面积值表示，主要有 125、150、250、350、500、700 等几种规格，同种类型的规整填料，其比表面积越大，传质效率越高，但阻力增加，通量减少，填料投资费用也明显增加。选用时应从分离要求、通

量要求、场地条件、物料性质及设备投资、操作费用等方面综合考虑，使所选填料既能满足技术要求，又具有经济合理性。

（3）填料材质的选择　填料的材质分为陶瓷、金属和塑料三大类。

① 陶瓷填料。陶瓷填料具有很好的耐腐蚀性，一般能耐氢氟酸以外的常见的无机酸、有机酸及各种有机溶剂的腐蚀。陶瓷填料可在低温、高温下工作，但质脆、易碎是陶瓷填料的最大缺点。陶瓷填料价格便宜，具有很好的表面润湿性能，在气体吸收、气体洗涤、液体萃取等过程中应用较为普遍。

② 金属填料。金属填料可用多种材质制成，金属材质的选择主要根据物系的腐蚀性及金属材质耐腐蚀性来综合考虑。碳钢填料造价低，且具有良好的表面润湿性能，对于无腐蚀或低腐蚀性物系应优先考虑使用；不锈钢填料耐腐蚀性强，但其造价较高，且表面润湿性能较差。在某些特殊场合（如极低喷淋密度下的减压精馏过程），需对其表面进行处理才能取得良好的使用效果；钛材、特种合金钢等材质制成的填料造价很高，一般只在某些腐蚀性极强的物系下使用。

一般来说，金属填料可制成薄壁结构，它的通量大、气体阻力小，且具有很高的抗冲击性能，能在高温、高压、高冲击强度下使用，应用范围最为广泛。

③ 塑料填料。塑料填料的材质主要包括聚丙烯（PP）、聚乙烯（PE）及聚氯乙烯（PVC）等，国内一般多采用聚丙烯材质。塑料填料的耐腐蚀性能较好，可耐一般的无机酸、碱和有机溶剂的腐蚀。其耐温性良好，可长期在100℃以下使用。

塑料填料质轻、价廉，具有良好的韧性，耐冲击、不易碎，可以制成薄壁结构。它的通量大、压降低，多用于吸收、解吸、萃取、除尘等装置中。塑料填料的缺点是表面润湿性能差，为改善塑料表面润湿性能，可进行表面处理，一般能取得明显的效果。

2. 填料塔的工艺尺寸计算原则

（1）塔径计算　填料塔直径计算可采用式 $D=\sqrt{\dfrac{4q_V}{\pi u}}$ 计算，求出塔径后要圆整，圆整后再对空塔气速进行校正。

（2）填料层高度计算　传质单元法的基本公式：

$$Z=H_{OG}N_{OG}$$

（3）填料层压降的计算　填料层压降，根据填料填充类型采用计算方法不同。散装填料压降可从有关填料手册中的实测数据查取，也可由埃克特通用联图来计算。整装填料可通过关联公式计算，也可查填料手册。

3. 填料塔结构设计

填料塔的结构设计包括塔体设计及塔内件设计两部分。有关填料塔结构设计的方法可参考有关专门书籍。

应予指出，填料塔可广泛地应用于吸收、萃取、精馏等单元操作过程中，各种单元操作中填料塔的设计方法有所不同，上述设计过程只是一般原则。

二、设计方案的确定

1. 吸收过程的工艺流程

吸收流程是指吸收过程中气、液两相的流向。这里有两层意思：一是指一个塔内气、液两相的流向；二是指整个系统（多个吸收塔串联或吸收-解吸联合操作）内设备的布置及气、液两相的流向。设计者应将这两个方面的问题均作为流程设计问题加以考虑。

根据工业生产过程的特点和具体要求，常见的吸收流程大致有以下几种：

（1）*逆流吸收与并流吸收* 在填料吸收塔内，气、液两相可呈逆流也可呈并流流动。在两相进口浓度相同的情况下，逆流时的对数平均推动力必大于并流。因此，就吸收过程本身而言，逆流优于并流。而就吸收设备而言，逆流操作时液体的下流受到上升气体的阻力。当阻力过大时会妨碍液体的顺利流下，因而限制了吸收塔所允许的液体流量和气体流量，这又是逆流的缺点。工程上，如无特别需要，一般均采用逆流吸收流程。

（2）*一步吸收流程和两步吸收流程* 一步吸收流程一般用于混合气体溶质浓度较低，同时过程的分离要求不高，选用一种吸收剂即可完成吸收任务的情况。若混合气体中溶质浓度较高且吸收要求也高，难以用一步吸收达到规定的吸收要求，或虽能达到分离要求，但过程的操作费用较高，从经济的角度分析不适宜时，可以考虑采用两步吸收流程，见图 2-24。

（3）*单塔吸收流程和多塔吸收流程* 单塔吸收流程是吸收过程中最常用的流程，如过程无特别需要，则一般采用单塔吸收流程。若过程的分离要求较高，使用单塔操作时，计算所需塔的高度过高，或从塔底流出的溶液温度太高，不能保证塔在适宜的温度下操作时，可将一个大塔分成几个小塔串联起来使用，组成吸收塔串联的流程。

操作时，用泵将液体由一个吸收塔送至另一个吸收塔，吸收剂不循环使用。气体和液体在每个塔内和在整个流程中均成逆流流动。

在吸收塔串联流程中，可根据操作的需要，在塔间的液体管路上（有时也在气体管路上）设置冷却器，或使整个系统或系统中的一部分采取带吸收剂部分循环的操作。

生产过程中，如果处理的气量较多，或所需塔径过大，也可考虑由几个较小的塔并联操作。有的生产企业还采用如下一些串联方法：气体通路串联，液体通路并联；或气体通路并联，液体通路串联。以此来满足生产的要求。

如图 2-25 是一个典型的双塔吸收流程。

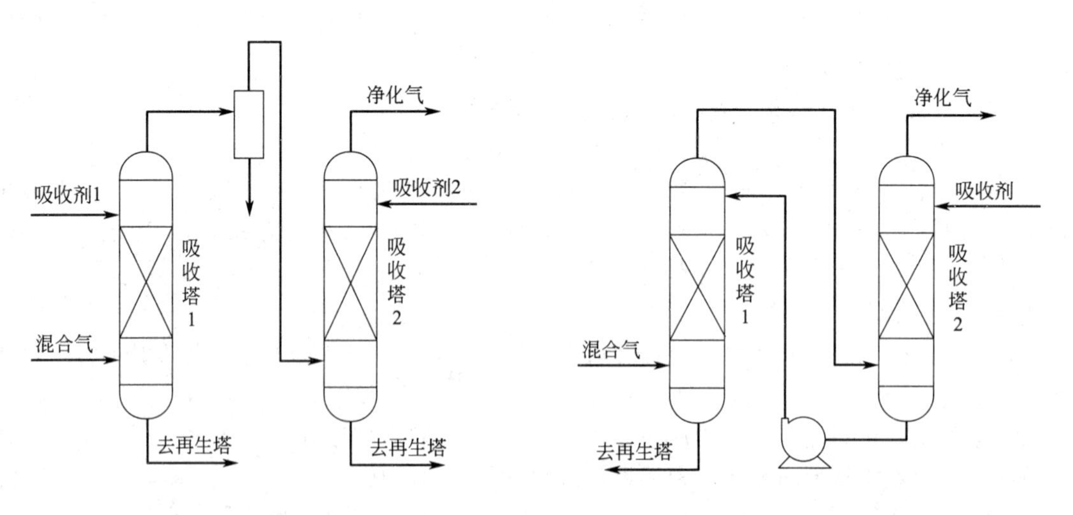

图 2-24 两步吸收流程图　　图 2-25 双塔吸收流程

（4）*部分吸收液循环流程* 当吸收剂喷淋密度很小，不能保证填料的充分润湿，或者塔内需要排除的热量很大时，常采用部分溶剂循环的吸收流程。

图 2-26 为部分吸收液循环的吸收流程。此系统的操作方法是用泵 2 从吸收塔 1 抽出吸

收剂，一部分作为取出的吸收剂，另一部分经冷却器 3 降温后再从塔顶送入原塔，同时加入部分新鲜吸收剂，其流量等于引出的吸收剂量。

在这种流程中，由于部分吸收剂循环使用，吸收剂入塔浓度较高，使过程推动力减小，降低了吸收率；另外，部分吸收剂的循环需额外的动力消耗。但这种流程可以在不增加吸收剂用量的情况下增大喷淋密度；另外，可用循环的吸收剂将塔内的热量带入冷却器而除去，减少了塔内升温。

（5）吸收与解吸联合操作　实际生产中，吸收与解吸常常联合进行。这样，既可得到较纯净的吸收质又可回收吸收剂。

图 2-27 所示为部分吸收剂循环的吸收和解吸联合操作流程。在此流程中，每一个吸收塔都有部分吸收剂的循环。吸收剂从最后的吸收塔（按照液体流程）经热交换器加热后进入解吸塔，在这里脱出所吸收的气体组分。经解吸后的吸收剂由解吸塔底流出，用泵送至热交换器放出部分热量后再经冷却器冷却后回到第一个吸收塔（按液体流程）。

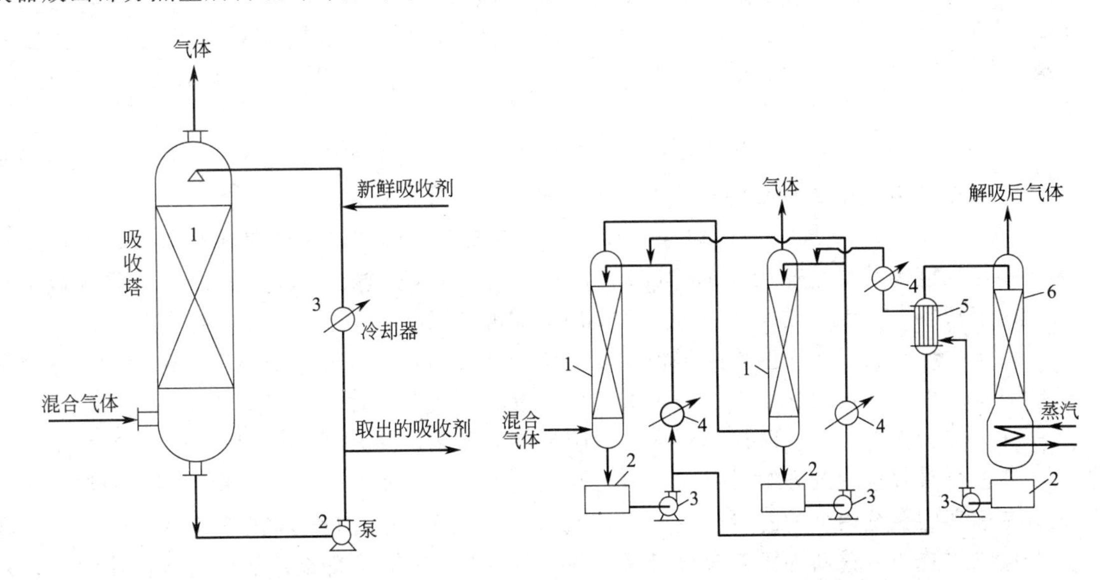

图 2-26　部分吸收液循环的吸收流程

图 2-27　带部分吸收液循环的吸收和解吸联合流程

1—吸收塔；2—贮槽；3—泵；
4—冷却器；5—换热器；6—解吸塔

2. 吸收剂再生方法选择

依据所用的吸收剂不同可以采取不同的再生方法，工业上常用的吸收剂再生方法主要有减压再生、加热再生及气提再生等。（请参照任务 7）

3. 塔设备的选择

对于吸收过程，能够完成其分离任务的塔设备有多种，如何从众多的塔设备中选择合适的类型是进行工艺设计的首要工作。而进行这一项工作需对吸收过程进行充分的研究后，并经多方案对比方能得到较满意的结果。一般而言，吸收用塔设备和精馏用塔设备具有相同的原则要求，即用较小直径的塔设备完成规定的处理量，塔板或填料层阻力要小，具有良好的传质性能，具有合理的操作弹性，结构简单，造价低，易于制造、安装、操作和维修等。

但作为吸收过程，一般具有操作液气比大的特点，因而更适用于填料塔。此外，填料塔阻力小，效率高，有利于过程节能，所以对于吸收过程来说，以采用填料塔居多。但在液体流量较小难以充分润湿填料，或塔径过大，使用填料塔不很经济的情况下，采用板式塔。下面的讨论，仅就填料吸收塔为例。

4. 操作参数的选择

吸收过程的参数主要包括压力和温度。这些参数的选择应充分考虑前后工序的工艺条件，从整个过程的安全性、可靠性、经济性出发，利用过程的模拟计算，经过多方案对比优化得出过程参数。

（1）*操作压力的选择* 对于物理吸收，加压操作一方面有利于提高吸收过程的传质推动力，进而提高过程的传质速率；另一方面，也可以减小气体的体积流量，进而减小吸收塔径。所以对于物理吸收，加压操作十分有利。但在工程上，专门为吸收操作而为气体加压，从经济上考虑不太合理。若处理气体的前一道工序本身带压，一般以前一道工序的压力作为吸收单元的操作压力。

对于化学吸收，若过程由传质过程控制，则提高操作压力有利；若过程由化学反应过程控制，则操作压力对过程的影响不大。这时可以完全根据前后工序的压力参数确定吸收操作压力，但加大吸收压力依然可以减小气相的体积流量，对减小塔径仍然是有利的。

对于减压再生操作，其操作压力应以吸收剂的再生要求而定，逐次或一次从吸收压力减至再生操作压力，逐次减压再生效果一般要优于一次减压效果。

（2）*操作温度选择* 对于物理吸收而言，降低操作温度，一般对吸收有利。但低于环境的操作温度因其要消耗大量的制冷动力而一般是不可取的，所以一般情况下采取常温吸收。对于特殊条件的吸收操作可采用低于环境的温度操作。

对于化学吸收，操作温度应根据化学反应的性质而定，既要考虑温度对化学反应速度常数的影响，也要考虑对化学平衡的影响，使吸收反应具有适宜的反应速度。

对于解吸操作，较高的操作温度可以降低溶质的溶解度，因而有利于吸收剂的再生。

在进行吸收过程的方案设计时，为提高系统的能量利用率，降低过程的能量消耗，必须充分考虑利用系统内部的能量，一般应遵循以下原则：尽量保持气体吸收前后压力一致，尽量避免气体减压后重新加压；应尽量减小各部分的阻力损失，即减小吸收过程的压力降，减少气体输送过程的能量消耗；吸收系统内部如果有较高品位的能量，如热效应较大的吸收过程（热能）、加压吸收（压力能）等，可考虑回收利用。

三、填料吸收塔典型物系的设计练习

进行填料吸收塔课程设计的主要任务和设计的大致步骤如下：

① 根据生产任务和工艺要求确定流程；

② 选择合适的填料；

③ 确定物系的气、液平衡关系；

④ 选择合适的吸收剂并计算其耗用量；

⑤ 传质系数的计算或选定；

⑥ 填料塔主要工艺尺寸和结构尺寸的计算与确定；

⑦ 塔内流体阻力的计算；

⑧ 喷淋量的校核；

⑨ 动力消耗计算与输送机械的选择；

⑩ 主要附属设备的选型与计算。

对于不同的课题，设计任务的侧重点也不同。用水吸收混合气体中的氨或丙酮等是很多化工企业处理废气的一种吸收装置，流程中一般不考虑溶剂水的循环使用。因此，可基本上按照上述步骤进行设计，而不必考虑溶剂的再生（解吸）系统。对于用洗油吸收煤气中苯的吸收操作，工艺要求往往要回收纯苯并循环使用洗油。此时，除进行吸收塔设计外，还应进行解吸塔的设计。对于这种类型的课题，可侧重于系统的流程布置及两个塔的工艺设计计算。

【案例 2-15】 现拟用一吸收过程处理空气与丙酮的混合气体，设计条件如下：混合气体的处理量为：5100m^3/h（标态）；混合气体的组成：空气 0.96，丙酮 0.04（均为摩尔分率）；要求丙酮回收率为 0.98；混合气体温度 25℃，压力 0.11MPa。试设计吸收装置。［已知气相体积吸收总系数 $k_y\alpha=0.105kmol/(m^3\cdot s)$］

解：

1. 设计方案

（1）吸收剂的选择　根据所要处理的混合气体，可采用水为吸收剂，其价廉易得，物理化学性能稳定，选择性好，符合吸收过程对吸收剂的基本要求。

（2）吸收流程　该吸收过程可采用简单的一步吸收流程，同时考虑到资源的有效利用，应对吸收后的水进行再生处理，考虑到混合气体的温度和压力情况，以采用混合气体原有的状态 25℃和 0.11MPa 条件下进行吸收为宜。综合考虑以上因素，拟采用如图 2-28 所示的原则流程。

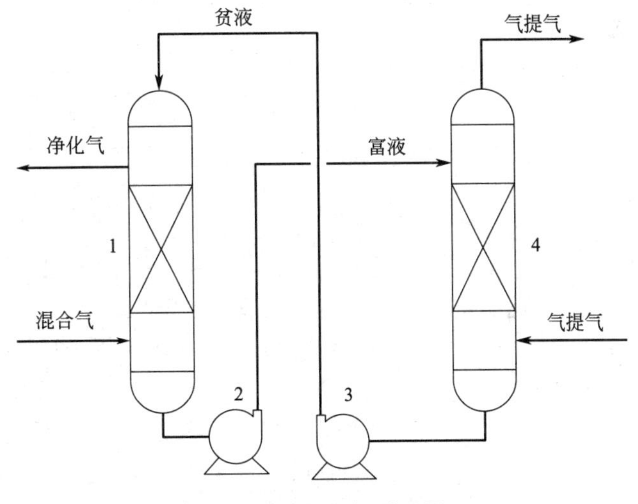

图 2-28　吸收过程流程图

1—吸收塔；2—富液泵；3—贫液泵；4—解吸塔

混合气体进入吸收塔，与水逆流接触后，得到净化排放，吸收丙酮后的水，经富液泵送入再生塔顶，用燃料气进行气提解吸操作，解吸后的水经贫液泵送回吸收塔顶，循环使用，气提气则进入燃料处理系统。

（3）吸收塔设备及填料选择　该过程处理量不大，所以所用的塔直径不会太大，采用填料塔较为适宜，并选用 38mm 金属阶梯环填料，其主要性能参数：

比表面积　$154.3m^2/m^3$

孔隙率　0.94

泛点填料因子　$160\ \frac{1}{m}$

2. 吸收塔的工艺设计

（1）吸收剂用量　吸收剂用量可以根据过程的物料衡算，依据最小液气比确定。依据混合气的组成情况可知吸收塔的气相进出口组成如下：

$$y_1=0.04 \qquad Y_1=\frac{y_1}{1-y_1}=0.0417$$

$$y_2=(1-0.98)\times0.04=0.0008=8\times10^{-4} \qquad Y_2=\frac{y_2}{1-y_2}=8.01\times10^{-4}$$

吸收塔液相进口的组成应低于其平衡浓度，该系统的相平衡关系可以表示为：

$$y=1.75x(\text{或}\ Y=1.75X)$$

于是可得吸收塔进口液相的平衡浓度：

$$x_2^*=\frac{y_2}{1.75}=\frac{8\times10^{-4}}{1.75}=4.57\times10^{-4}$$

吸收剂入口浓度应低于 4.57×10^{-4}，其值的确定应同时考虑吸收和解吸操作，兼顾两者，经优化计算后方能确定，这里取：

$$x_2=2.00\times10^{-4} \qquad X_2=\frac{x_2}{1-x_2}=2.00\times10^{-4}$$

惰性气体的流量：

$$V=\frac{5100}{22.4}\times\frac{298}{273}\times\frac{101.3\times10^3}{0.11\times10^6}\times(1-0.04)\text{kmol/h}=219.8\text{kmol/h}$$

依据式（2-26）得：

$$\left(\frac{L}{V}\right)_{\min}=\frac{0.0417-8.01\times10^{-4}}{\dfrac{0.0417}{1.75}-2\times10^{-4}}=1.73$$

取实际液气比为最小液气比的 1.5 倍，则可以得到吸收剂用量为：

$$\frac{L}{V}=1.5\left(\frac{L}{V}\right)_{\min}=1.5\times1.73=2.60$$

$$L=2.60V=2.60\times219.8\text{kmol/h}=571.48\text{kmol/h}$$

（2）填料塔塔径计算　考虑到填料塔的压力降，可以取塔的操作压力为 0.1015MPa，依此可以计算出混合气体的密度。已知 $M_{\text{空气}}=29\text{kg/kmol}$，$M_{\text{丙酮}}=58\text{kg/kmol}$，则气体混合物的平均相对分子质量：

$$\overline{M}=0.04\times58\text{kg/kmol}+0.96\times29\text{kg/kmol}=30.16\text{kg/kmol}$$

$$\rho_G=\frac{p\overline{M}}{RT}=\frac{0.1015\times10^6\times30.16\times10^{-3}\text{kg/m}^3}{8.314\times298}=1.24\text{kg/m}^3$$

液相密度可以近似取为

$$\rho_L=1000\text{kg/mol}$$

利用填料塔泛点和压降的通用关联图（项目二任务 4 中）计算泛点气速：

$$W_L=L\times(1+x_2)\times M_{\text{水}}=571.48\times(1+0.0002)\times18\text{kg/h}=10289\text{kg/h}$$

$$W_G=VM_{\text{空气}}+VY_1M_{\text{丙酮}}=219.8\times29\text{kg/h}+219.8\times0.0417\times58\text{kg/h}=6906\text{kg/h}$$

$$\text{横坐标}=\frac{W_L}{W_G}\left(\frac{\rho_G}{\rho_L}\right)^{\frac{1}{2}}=\frac{10289}{6906}\times\left(\frac{1.235}{1000}\right)^{0.5}=0.0522$$

查项目二任务 4 中埃克特通用关联图得　纵坐标 $=\dfrac{u_f^2\phi\psi}{g}\left(\dfrac{\rho_G}{\rho_L}\right)\mu_L^{0.2}=0.17$

液相物性可近似按照水的来查取、计算，由上式得泛点气速 $u_f=2.82\text{m/s}$

取 $u=0.6u_f=0.6\times2.82\text{m/s}=1.70\text{m/s}$

$$q_V=\frac{6906}{1.24\times3600}\text{m}^3/\text{s}=1.55\text{m}^3/\text{s}$$

$$D=\sqrt{\frac{4\times1.55}{3.14\times1.70}}\text{m}=1.08\text{m}$$

圆整后取 $D=1.0\text{m}$，则操作气速：

$$u=\frac{q_V}{\frac{\pi}{4}D^2}=\frac{1.55}{0.785\times1.0^2}\text{m/s}=1.97\text{m/s}$$

塔的总截面积为

$$\Omega=\frac{\pi}{4}\times1.0^2\text{m}^2=0.785\text{m}^2$$

（3）填料层高度计算　传质单元高度计算

$$H_{OG}=\frac{V}{K_Ya\Omega}=\frac{219.8}{3600\times0.15\times0.785}\text{m}=0.741\text{m}$$

传质单元数的计算

由全塔物料衡算　$V(Y_1-Y_2)=L(X_1-X_2)$得

$$X_1=\frac{V}{L}(Y_1-Y_2)+X_2=0.0157$$

根据对数平均推动力法：

$$\Delta Y_m=\frac{\Delta Y_1-\Delta Y_2}{\ln\frac{\Delta Y_1}{\Delta Y_2}}=3.78\times10^3$$

$$N_{OG}=\frac{Y_1-Y_2}{\Delta Y_m}=10.4$$

填料层高度：

$$Z=H_{OG}N_{OG}=0.741\times10.4\text{m}=7.71\text{m}$$

实际填料层高度取为 8m，可将填料层分为两段设置，每段 4m，两段间设置一个液体再分布器。

（4）填料塔附属高度　塔上部空间高度可取为 1.2m，液体再分布器的空间高度约为 1m，塔底液相停留时间按 5min 考虑，则塔釜液所占空间高度为：

$$h_1=\frac{5\times60\times\frac{W_L}{3600\times\rho_L}}{\Omega}=\frac{5\times60\times\frac{10289}{3600\times1000}}{0.785}\text{m}=1.09\text{m}$$

考虑到气相接管所占空间高度，底部空间高度可取 1.5m，所以塔的附属空间高度可以取为 3.7m。

（5）填料塔的附件　填料塔的填料支承装置、填料压紧装置、液体分布装置、液体再分布装置和除沫装置等附件的尺寸设计计算从略。

（6）吸收填料塔流体力学参数计算

① 填料吸收塔的压力降为：

$$\Delta p_f=\Delta p_1+\Delta p_2+\Delta p_3+\sum\Delta p$$

取气体进出口接管的内径为 360mm，则气体的进出口流速近似为 15.18m/s。

气体进口压力降 Δp_1：

$$\Delta p_1=\frac{1}{2}\times\rho u^2=0.5\times1.235\times15.18^2\text{Pa}=142\text{Pa}$$

气体出口压力降 Δp_2：

$$\Delta p_2=0.5\times\frac{1}{2}\times\rho u^2=0.5\times1.235\times15.18^2\text{Pa}=71.15\text{Pa}$$

气体通过填料层的压力降采用项目二任务 4 中埃克特通用关联图计算。

$$横坐标=\frac{W_L}{W_G}\left(\frac{\rho_G}{\rho_L}\right)^{\frac{1}{2}}=\frac{10226}{6868}\times\left(\frac{1.235}{1000}\right)^{0.5}=0.0522$$ ，

$$纵坐标=\frac{u^2\Phi\psi}{g}\left(\frac{\rho_G}{\rho_L}\right)\mu_L^{0.2}=0.0563$$

由此纵、横坐标的数值即可在图中找到相对应的点，从此点所在的线读出每米乱堆填料层的压降 $\Delta p/Z$ 值为 390Pa/m，所以填料层的压力降为：

$$\Delta p_3=390\times8\text{Pa}=3120\text{Pa}$$

其他塔内件的压力降 $\sum\Delta p$ 可以忽略。所以吸收塔的总压降为：

$$\Delta p_f=\Delta p_1+\Delta p_2+\Delta p_3+\sum\Delta p=142\text{Pa}+71.1\text{Pa}+3120\text{Pa}=3333\text{Pa}$$

② 吸收塔的泛点率。吸收塔的操作气速为 1.96m/s，泛点气速为 2.82m/s，所以泛点率为：

$$f=\frac{1.96}{2.82}=0.695$$

该塔的泛点率合适。

③ 气体动能因子。吸收塔内气体动能因子为：

$$F=u\sqrt{\rho_G}=1.96\times\sqrt{1.235}=2.2$$

气体动能因子也在常用的范围内。

从以上的各项指标分析，该吸收塔的设计合理，可以满足吸收操作的工艺要求。

3. 解吸塔设计

再生塔的处理条件：水处理量为 10289kg/h；水中丙酮的摩尔比为 0.0153；再生后水中丙酮的摩尔比为 0.0002；所用的气提气入口丙酮含量近似为 0。

（1）再生气提气用量　与吸收塔设计一样，首先要确定最小气提气用量，依据物料衡算方程，求取最小气液比：

$$\left(\frac{V}{L}\right)_{\min}=\frac{X_2-X_1}{Y_2^*-Y_1}=\frac{X_2-X_1}{mX_2-Y_1}=\frac{0.0153-0.0002}{1.75\times0.0153-0}=0.564$$

取 $\left(\frac{V}{L}\right)=1.5\times\left(\frac{V}{L}\right)_{\min}=0.846$

则气提气的实际用量为：

$$V=\left(\frac{V}{L}\right)\times L=483.5\text{kmol/h}$$

（2）气提塔的工艺设计　气提塔的工艺设计与吸收塔完全相同。

其他附属设备的设计、管路设计及泵的选择可参照本书项目一中精馏过程的工艺设计的方法进行。

4. 过程的工艺流程图

（1）工艺流程图　按照工艺流程图绘制的要求，绘制该过程的工艺流程图，如图 2-29 所示。

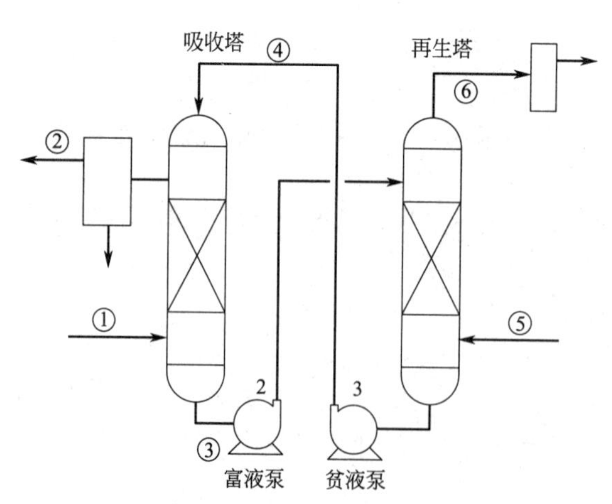

图 2-29　丙酮吸收过程流程图

（2）物流表　依据物料衡算及吸收过程的工艺计算，计算流程图中主要流股的流量，将计算所得主要物流信息在物流表（表 2-3）中表示出来。

表 2-3　吸收过程物料平衡表

项目		①	②	③	④	⑤	⑥
组成	空气(摩尔分数)/%	0.96	0.992				
	丙酮(摩尔分数)/%	0.04	0.0008	0.0151	0.0002		
	水(摩尔分数)/%			0.9849	0.9998		
	气提气(摩尔分数)/%					1	
温度/℃		25	25	25	25	25	25
压力/MPa		0.11	0.1067	0.11	0.11	0.12	0.11
流量/(kmol/h)		228	222	553	544.7	483.5	491.8
流量/(kg/h)		6876	6397	10289	9809		

附：填料吸收塔的计算机辅助设计

应用计算机对填料吸收塔进行模拟计算，可以提高计算速度及精度。计算软件的设计必须具备下列条件：①模拟计算过程所需的全部数据，主要包括气液物性数据、气液平衡数据、化学反应速度常数、操作温度、压力、气液负荷等。②建立吸收过程的数学模型，物料平衡方程、热量平衡方程、反应平衡方程、传质速率方程及压降计算模型等。③确定目标函数，同时选定计算收敛方法及计算精度，绘制计算框图，编制可运行的软件。计算结果应与工业生产装置数据或实验数据进行对比，修改计算精度直至达到要求。

目前使用的不但有通用化工系统模拟软件，还有一些针对某一吸收过程的专用软件。由各高校设计编制的这类软件很多，板式塔的更多。

小结

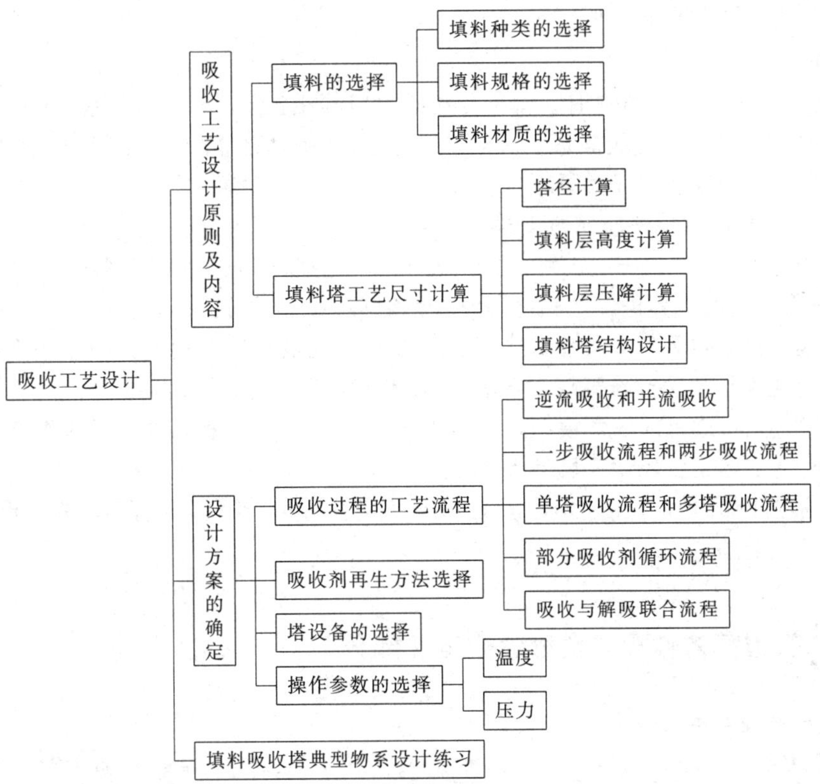

思考题

1. 填料的材质分为陶瓷、金属和塑料三大类，各自的优缺点是什么？
2. 根据工业生产过程的特点和具体要求，常见的吸收流程大致有哪几种？
3. 和精馏相比较，吸收用塔设备有什么特点？应如何选择？
4. 吸收过程的操作压力如何选择？
5. 吸收过程的操作温度如何选择？

自测题

一、填空题

1. 各类填料的选择通常根据分离工艺的要求，从以下几个方面进行考虑：（　　）、（　　）、（　　）和（　　）。

2. 填料操作压降线大致可分为三个区域，即（　　）、（　　）和（　　）。填料塔操作时应控制在（　　）区域。

3. 在填料塔设备中，空塔气速一般取（　　）气速的50%～80%。若填料层较高，为了有效地润湿填料，塔内应设（　　）装置。

4. 填料吸收塔的设计计算内容包括（　　）、（　　）、（　　）、（　　）、（　　）、（　　）。

5. 同类填料，尺寸越小，分高效率越（　　），但阻力（　　），通量（　　），填料投资费用也（　　）。

6. 同种类型的规整填料，其比表面积越大，传质效率越（　　），但阻力（　　），通量（　　），填料投资费用也明显（　　）。

二、选择题

1. 一定液体喷淋量的填料时，流量与流经填料的压强差△P呈何关系。（　　）

A. 在对数坐标呈直线关系　　B. 在对数坐标呈折线关系

C. 在对数坐标呈曲线关系　　D. 没有关系

2. （　　）材质的填料应用范围最为广泛。

A. 陶瓷　　B. 金属　　C. 塑料　　D. 木材

3. 填料吸收塔的计算机辅助软件的设计必须具备的条件是（　　）。

A. 模拟计算过程所需的全部数据，主要包括气液物性数据、气液平衡数据、化学反应速度常数、操作温度、压力、气液负荷等

B. 建立吸收过程的数学模型，物料平衡方程、热量平衡方程、反应平衡方程、传质速率方程及压降计算模型等

C. 确定目标函数，同时选定计算收敛方法及计算精度，绘制计算框图，编制可运行的软件

D. 以上全部

安全窗：有害气体作业安全管理规定（部分）

有害气体作业的基本要求：

1. 凡有害气体（如：城市煤气、城市燃气、氨气、二氧化硫等）的工艺、设备、管网

及附属安全装置等的设计方案、安全技术要求必须符合国家标准、规范的要求。

2. 有害气体工艺、设备、管网施工工程必须制定安全措施，做到无措施、无计划不准许施工。

3. 施工必须按设计进行。如有修改应经设计单位书面同意。施工完毕应由施工单位编制竣工说明书及竣工图交付使用单位存档。

4. 新建、改建和扩建有害气体工艺、设备、管网必须做到劳动安全设施与主体工程同时设计、同时施工、同时投产使用（即“三同时”），并经装备部、生产部、武装保卫部会审。竣工后经验收合格方可投产。

5. 有害气体的生产、使用、操作、检修和维护的岗位必须有完善、健全的规章制度，做到有章可循。

6. 有害气体的生产和使用的各单位人员必须进行专业安全培训和教育，经考试合格后方可持证上岗工作。

7. 有害气体管网压力必须保持稳定，严禁超压运行，严禁设备管网带病运行。

8. 有害气体的生产和使用单位应严格服从生产部动力调度的统一指挥，不经同意不准随意停送。

9. 有害气体危险区（地下室、加压站、地沟及各设施附近）的作业环境有害气体浓度，要做到定期或不定期检测，并符合国家标准要求。

10. 未经有关专业部门批准，任何单位或个人不得私接私用有害气体。凡有“有害气体设施”的单位，必须进行定期或不定期地巡回检查，发现隐患及时处理，在未处理前应制定防范措施。

11. 凡有“有害气体设施”排水的沟、坑、暗井等易发生事故的部位都必须设置明显的警示标志。

12. 凡有“有害气体设施”的单位，必须设有专（兼）职的管理人员。

任务 7　学习其他吸收与解吸方法

任务目标

- 掌握多组分吸收的原理及其过程特点；
- 了解化学吸收以及解吸的原理及其过程特点。

技能要求

- 理解关键组分在多组分吸收的分析和计算中的作用；
- 能理解化学吸收的特点；
- 学会解吸过程的工艺流程。

前面讨论了低浓度单组分的等温物理吸收的原理与计算。在此基础上，本任务将对多组分吸收、伴有化学反应的吸收以及解吸过程分别做概略的介绍。

一、多组分吸收

前面所述的吸收过程，都是指混合气体里仅有一个组分在溶剂中有显著溶解度的情况，即所谓单组分吸收。但是实际生产中的许多吸收操作，其混合气中具有显著溶解度的组分不止一个，这样的吸收便属于多组分吸收。例如，用挥发度极低的液态烃吸收石油裂解气中的多种烃类组分，使之与甲烷、氢气分开，以及用洗油吸收焦炉气中的苯、甲苯、二甲苯都属于多组分吸收。

多组分吸收的计算远较单组分的复杂。这主要因为在多组分吸收中，其他组分的存在使得各溶质在气液两相中的平衡关系有所改变。但是，对于某些溶剂用量很大的低浓度气体吸收，所得稀溶液的平衡关系可认为服从亨利定律，而且各组分的平衡关系互不影响，因而可分别对各溶质组分予以单独考虑。例如对于混合气中溶质组分 i 可写出如下平衡关系：

$$Y_i^* = m_i X_i$$

式中 X_i——液相中 i 组分的摩尔比；

Y_i^*——与液相成平衡的气相中 i 组分的摩尔比；

m_i——溶质组分 i 的相平衡常数。

各溶质组分的相平衡常数 m 值互不相同，因此，每一溶质组分都有自己的一条平衡线。同时，在进出吸收设备的气体中，各组分的浓度各不相同，因而每一溶质组分都有自己的操作线方程及相应的一条操作线。例如对于溶质 i，可写出如下操作线方程式：

$$Y_i = \frac{L}{V}X_i + \left(Y_{i2} - \frac{L}{V}X_{i2}\right)$$

式中溶剂与惰性气体的摩尔流量之比（液气比 $\frac{L}{V}$）为常数，所以，各溶质组分的操作线应具有相同的斜率，即各操作线互相平行，如图 2-30。

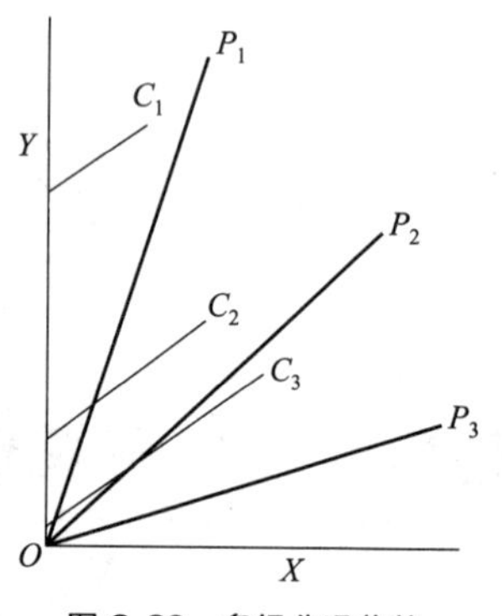

图 2-30 多组分吸收的操作线与平衡线

多组分吸收的计算，常需首先规定某一溶质组分的吸收率或出塔时的浓度，据以求出所需的填料层高度（或理论塔板数）。再根据确定的填料层高度（或理论塔板数），计算出其他各溶质组分的吸收率及出塔气体组成。这个首先被规定了分离要求的组分，称为“关键组分”，它应是在该吸收操作中具有关键意义因而必须保证其吸收率达到预定指标的组分。例如处理石油裂解气的油吸收塔，其主要目的是回收裂解气中的乙烯，因此乙烯为关键组分，一般要求乙烯的吸收率达到 98%～99%。多组分吸收中的关键组分与多组分精馏中的关键组分地位相当。但应注意，多组分精馏操作中的关键组分有轻、重两个，而多组分吸收操作中的关键组分只有一个。

在单组分吸收过程中，若惰性气体也稍有溶解，实际上也是多组分吸收过程。例如，合成氨厂以加压吸收的方法从变换气中脱除二氧化碳时，氮、氢等气体也稍有溶解，造成了氮、氢气损失以及回收的二氧化碳纯度不高。这些问题有时可利用多级减压解吸的方法解决。由于难溶组分的亨利系数 E 值大，在减压脱吸时优先释放，故可设置中压解吸装置以回收氮、氢气体，然后在低压下解吸回收二氧化碳气体。

二、化学吸收

在实际生产中，多数吸收过程都伴有化学反应。伴有显著化学反应的吸收过程称为化学吸收。例如用 NaOH 或 $NaCO_3$、NH_4OH 等水溶液吸收 CO_2 或 SO_2、H_2S 以及用硫酸吸收氨等等，都属于化学吸收。

溶质首先由气相主体扩散至气液界面，随后在由界面向液相主体扩散的过程中，与吸收剂或液相中的其他某种活泼组分发生化学反应。因此，溶质的浓度沿扩散途径的变化情况不仅与其自身的扩散速率有关，而且与液相中活泼组分的反向扩散速率、化学反应速率以及反应产物的扩散速率等因素有关。这就使得化学吸收的速率关系十分复杂。总的来说，由于化学反应消耗了进入液相中的溶质，使溶质的有效溶解度增大而平衡分压降低，增大了吸收过程的推动力；同时，由于溶质在液膜内扩散中途即因化学反应而消耗，使传质阻力减小，吸收系数相应增大。所以，发生化学反应总会使吸收速率得到不同程度的提高。但是，提高的程度又依不同情况而有很大差异。

当液体中活泼组分的浓度足够大，而且发生的是快速不可逆反应时，若溶质组分进入液相后立即反应而被消耗掉，则界面上的溶质分压为零，吸收过程速率为气膜中的扩散阻力所控制，可按气膜控制的物理吸收计算。例如硫酸吸收氨的过程即属此种情况。

当反应速率较低致使反应主要在液相主体中进行时，吸收过程中气液两膜的扩散阻力均未有所变化，仅在液相主体中因化学反应而使溶质浓度降低，过程的总推动力较单纯物理吸收的大。用碳酸钠水溶液吸收二氧化碳的过程即属此种情况。

当情况介于上述二者之间时的吸收速率计算，目前仍无可靠的一般方法，设计时往往依靠实测数据。

综上所述，化学吸收与物理吸收相比具有以下特点：

① 选择性大。

② 吸收过程的推动力增大。

③ 传质系数有所提高。以上特点使化学吸收特别适用于难溶气体的吸收（即液膜控制系统）。

④ 吸收剂用量较小。化学吸收中单位体积吸收剂往往能吸收大量的溶质，故能有效地减少吸收剂的用量或循环量，从而降低能耗及某些有价值的惰性气体的溶解损失。

但是，化学吸收的优点并非绝对，主要在于化学反应虽有利于吸收，但往往不利于解吸。如果反应不可逆，吸收剂就不能循环使用；此外，反应速度的快慢也会影响吸收的效果。所以，化学吸收剂的选择要注意有较快的反应速度和反应的可逆性。

三、高浓度气体吸收

高浓度气体吸收，溶质在气液两相中的含量均较高，并且在吸收过程中溶质从气相向液相的转移量也较大，和低浓度气体吸收相比，有以下几个特点：

1. 气液两相的摩尔流量沿塔高有较大的变化

在高浓度气体吸收过程中，由于溶质从气相向液相转移的数量较大，气相摩尔流量和液相摩尔流量沿塔高都有显著的变化。但是惰性气体的摩尔流量沿塔高基本不变，如不考虑吸收剂的汽化，纯吸收剂的摩尔流量也基本不变。

2. 吸收过程有显著的热效应

吸收过程总是伴有热效应的。对于物理吸收，当溶质与吸收剂形成理想溶液时，吸收热即为溶质的汽化潜热；当溶质与吸收剂形成非理想溶液时，吸收热等于溶质的汽化潜热及溶质与吸收剂的混合热之和。对于有化学反应的吸收过程，吸收热还应包括化学反应热。

对于高浓度气体吸收，由于溶质被吸收的量较大，产生的热量也较多。若吸收过程的液气比较小或者吸收塔的散热效果不好，将会使吸收液温度明显升高，这时气体吸收为非等温吸收。但若溶质的溶解热不大、吸收的液气比较大或吸收塔的散热效果较好，此时吸收仍可视为等温吸收。

3. 吸收系数沿塔高不再是常数

高浓度气体吸收中，从塔底至塔顶，由于气相流量不断减小，流速也不断减小，所以气膜吸收系数不断降低，计算时必须加以考虑。

同理，液膜吸收系数也随液相摩尔流量和组成的变化而变化，但变化很小，一般可认为液膜吸收系数为常数。

总吸收系数与气膜吸收系数以及液膜吸收系数均有关系，它的变化更加复杂。因此，在高浓度气体吸收的计算中，往往以气膜或液膜计算吸收速率。

四、非等温吸收

1. 温度升高对吸收过程的影响

温度升高对吸收过程的影响主要有两个方面：

（1）改变了气液平衡关系　当温度升高时，气体的溶解度降低，改变了气液平衡关系，对吸收过程不利，因此，对溶解热很大的吸收过程，比如用水吸收氯化氢等，就必须采取措施移出热量，以控制系统温度。工业生产中常采用的措施有：

① 吸收塔内设置冷却元件。如在板式塔的塔板上安装冷却蛇管或在板间设置冷却器。

② 将液相引至塔外冷却。对于填料塔不方便在塔内设置冷却元件，一般将温度升高的液相在中途引出塔外，冷却后再送入塔内继续进行吸收。

③ 采用边吸收边冷却的吸收装置。例如氯化氢的吸收，常采用类似于管壳式换热器的装置，吸收过程在管内进行，同时在壳方通入冷却剂以移出大量的溶解热。

④ 加大液相的喷淋密度。吸收时采用大的喷淋密度操作，可使吸收过程释放的热量以显热的形式被大量的吸收剂带走。

（2）改变吸收速率　吸收系统温度的升高，对气膜吸收系数和液膜吸收系数影响的程度是不同的，因此，温度变化对不同吸收过程吸收速率的影响也是不同的。

一般而言，温度升高使气膜吸收系数下降，故对某些由气膜控制的吸收过程，应尽可能在较低的温度下操作。

对于液膜控制的吸收过程，温度的升高将有利于吸收过程的进行。因为，温度升高，液体的黏度减小，扩散系数增大，因此液膜吸收系数增大。

一般情况下，温度对液膜吸收系数的影响程度要比气膜吸收系数大得多，而且对于化学吸收，温度升高还可加快反应速度，所以对于某些由液膜控制的吸收过程及化学吸收，适当提高吸收系统的温度，对吸收速率的提高是有利的。

2. 实际平衡线的确定

吸收塔内液体温度是在沿塔下流中逐渐上升的，特别流到近塔低处，气体浓度大、吸收速率快，温度的上升也最明显，使平衡曲线越来越陡。因此，在热效应较大时，吸收塔内的实际平衡曲线不应按塔顶、底的平均温度条件下来计算，而应当从塔顶到塔底，逐步地由液体浓度变化的热效应算出其温度，再作出实际平衡线。

如图 2-31 所示为用水绝热吸收氨气时由于系统温度升高而使平衡曲线位置逐渐变化的情况。水在进入塔顶时温度为 20℃，在沿填料表面下降的过程中不断吸收氨气，其组成和温度互相对应的逐渐升高。由氨在水中的溶解热数据便可确定某液相组成下的液相温度，进而可确定该条件下的平衡点，再将各点连接起来即可得到变温情况下的平衡曲线。如图 2-31 中曲线 0E 所示。

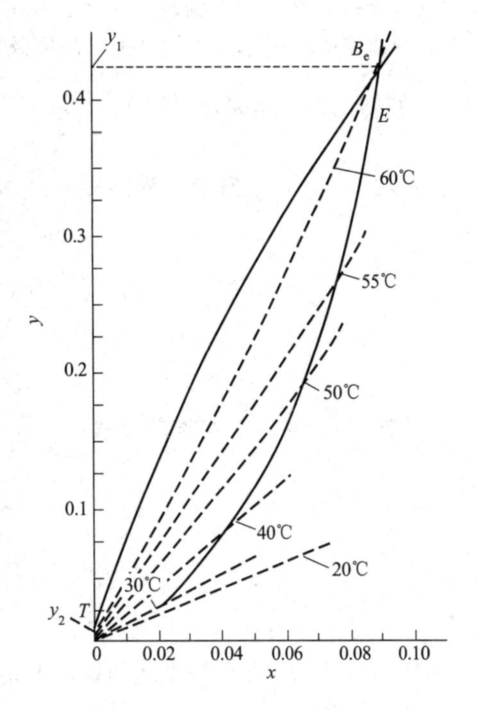

图 2-31 非等温吸收的平衡线及最小液气比时的操作线

五、解吸

使溶解于液相中的气体释放出来的操作称为解吸（或脱吸）。解吸是吸收的逆过程，其操作方法通常是使溶液与惰性气体或蒸汽逆流接触。溶液自塔顶引入，在其下流过程中与来自塔底的惰性气体或蒸汽相遇，气体溶质逐渐从液相释出，于塔底收取较纯净的溶剂，而塔顶则得到所释出的溶质组分与惰性气体或蒸汽的混合物。

解吸过程的目的有两个：一是把溶解在吸收剂中的溶质释放出来，获得高纯度的吸收质气体；二是吸收剂释放出吸收质后可返回吸收塔循环使用，即吸收剂的再生，可节省操作费用。

一般来说，应用惰性气体的解吸过程适用于溶剂的回收，不能直接得到纯净的溶质组分；应用蒸汽的解吸过程，若原溶质组分不溶于水，则可用将塔顶所得混合气体冷凝并由凝液中分离出水层的方法，得到纯净的原溶质组分。用洗油吸收焦炉气中的芳烃后，即可用此法获取芳烃，并使溶剂洗油得到再生，如图 2-32 所示。

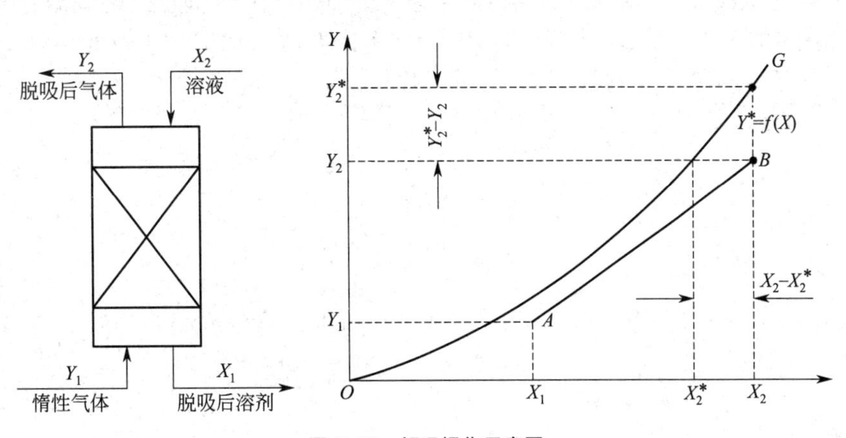

图 2-32 解吸操作示意图

1. 解吸的计算

适用于吸收操作的设备同样适用于解吸操作，前面所述关于吸收的理论与计算方法也适用于解吸。但解吸过程中，溶质组分在液相中的实际浓度总是大于与气相成平衡的浓度，因而解吸过程的操作线总是位于平衡线的下方。换言之，解吸过程的推动力应是吸收推动力的相反值。所以，只需将吸收速率式中推动力（浓度差）的前后项调换，所得计算公式便可用于解吸。

例如，当平衡关系可用 $Y^*=mX$ 表达时，对于吸收过程，曾由 $N_{OG}=\int_{Y_2}^{Y_1}\frac{dY}{Y-Y^*}$ 推导出式（2-39），对于解吸过程同样可由 $N_{OL}=\int_{X_1}^{X_2}\frac{dX}{X-X^*}$ 推导出：

$$N_{OL}=\frac{1}{1-A}\ln\left[(1-A)\frac{X_1-\frac{Y_2}{m}}{X_2-\frac{Y_2}{m}}+A\right] \tag{2-47}$$

同样的，对数平均推动力法：

$$N_{OL}=\frac{X_1-X_2}{\Delta X_m}=\frac{X_1-X_2}{\dfrac{\left(X_1-\frac{Y_1}{m}\right)-\left(X_2-\frac{Y_2}{m}\right)}{\ln\dfrac{X_1-\frac{Y_1}{m}}{X_2-\frac{Y_2}{m}}}} \tag{2-48}$$

式中下标 1、2 仍分别代表塔底及塔顶两截面。但须注意，对于解吸过程，塔底为稀端，而塔顶为浓端。

$$H_{OL}=\frac{L}{K_X\alpha\Omega}$$

$$则：Z=H_{OL}N_{OL}$$

【案例 2-16】 含苯 0.02（摩尔比，下同）的煤气在填料塔中用洗油逆流吸收其中的 95% 的苯。煤气的流量为 39.1kmol/h。要求塔顶进入的洗油含苯不超过 0.00503，操作液气比为 0.179。吸收后的富油经加热后被送入解吸塔顶，在解吸塔底送入过热蒸汽使洗油脱苯，达到要求后经冷却器再进入吸收塔使用。蒸汽的耗用量为最小用量的 1.4 倍。解吸塔的操作温度为 120℃，平衡关系为 $Y'^*=3.16X$，液相体积总传质系数 $K_X\alpha=0.01\text{kmol}/(\text{m}^3\cdot\text{s})$，塔径 0.7m，求解吸塔所需的蒸汽用量和填料层高度。流程见附图。

解： ① 吸收塔

$$Y_1=0.02$$

$$Y_2=Y_1(1-\eta)=0.02\times(1-0.95)=0.001$$

$$X_2=0.00503$$

$$L/V=0.179$$

$$L=0.179V=0.179\times39.1\text{kmol/h}=7.00\text{kmol/h}$$

$$X_1=\frac{Y_1-Y_2}{L/V}+X_2=\frac{0.02-0.001}{0.179}+0.00503=0.111$$

② 解吸塔

蒸汽中不含苯，$Y_2'=0$

$$\left(\frac{V'}{L}\right)_{\min}=\frac{X_1-X_2}{Y_1'^*-Y_2'}=\frac{X_1-X_2}{mX_1}=\frac{0.111-0.00503}{3.16\times0.111}=0.302$$

$$\frac{V'}{L}=1.4\left(\frac{V'}{L}\right)_{\min}=1.4\times0.302=0.423$$

解吸所需的蒸汽用量

$$V'=0.423L=0.423\times7.00\text{kmol/h}=2.96\text{kmol/h}$$

$$Y_1'=\frac{L}{V'}(X_1-X_2)+Y_2'=\frac{0.111-0.00503}{0.423}=0.251$$

$$H_{OL}=\frac{L}{K_X\alpha\Omega}=\frac{7.0/3600}{0.01\times\frac{\pi}{4}\times0.7^2}\text{m}=0.506\text{m}$$

$$\Delta X_m=\frac{(X_1-X_1'^*)-(X_2-X_2'^*)}{\ln\frac{X_1-X_1'^*}{X_2-X_2'^*}}=\frac{\left(0.111-\frac{0.251}{3.16}\right)-(0.00503-0)}{\ln\frac{0.111-0.251/3.16}{0.00503}}=0.0145$$

$$N_{OL}=\frac{X_1-X_2}{\Delta X_m}=\frac{0.111-0.00503}{0.0145}=7.31$$

$$Z=H_{OL}N_{OL}=0.506\times7.31\text{m}=3.70\text{m}$$

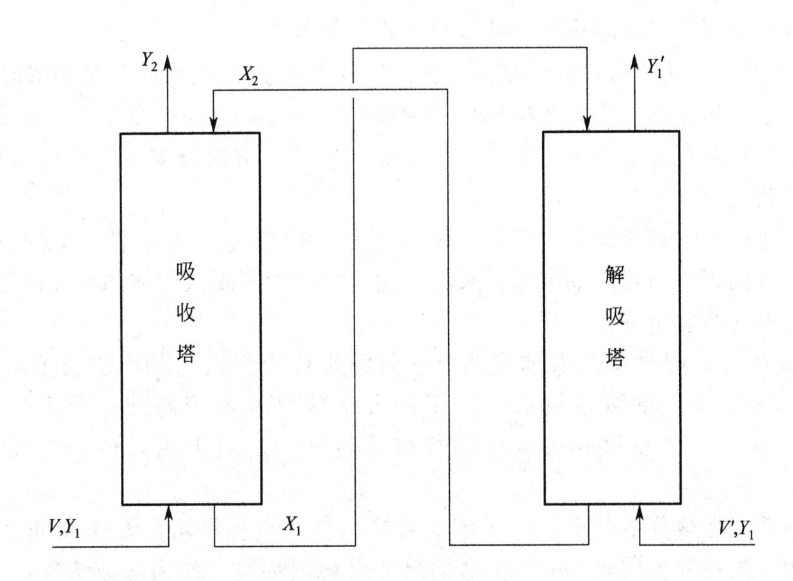

案例 2-16 附图

在吸收-解吸联合操作系统中，解吸效果的好坏直接影响到吸收的分离效果。例如，解吸不良会使吸收剂入塔浓度上升；解吸后的吸收剂冷却不足，吸收剂温度将升高，这些都会给吸收操作带来不利的影响。提高吸收剂用量时也要考虑吸收塔的生产能力。另外，吸收剂在吸收设备与解吸设备间的循环，以及中间的加热、冷却、加压等都会消耗较多的能量并引起吸收剂的损失。这些问题在选择吸收剂及确定操作条件时都要给予充分的考虑。

2. 解吸与吸收的区别

① 吸收过程是气体吸收质从气相转入液相吸收剂并溶解其中；解吸过程则是气体吸收

质从液相返回气相遇吸收剂分开的过程。

② 吸收的必要条件是气相中吸收质实际分压 p 必须大于液相中吸收质浓度相对应的平衡分压 p^*，吸收推动力为（$p-p^*$），用液相浓度表示时则溶液实际浓度 x 应低于与气相浓度相对应的平衡浓度 x^*，推动力为（x^*-x），其操作线应在平衡线上方；解吸过程正好相反，解吸的必要条件是气相中吸收质实际分压 p 必须小于液相中吸收质浓度相对应的平衡分压 p^*，解吸推动力为（p^*-p）或（$x-x^*$），操作线在平衡线下方。

③ 在吸收塔中吸收剂一般从塔顶进入，随着操作的进行，溶液浓度逐渐增加，最后从塔底排出；在解吸操作中，溶液从塔顶进入，随着操作的进行溶液的浓度不断减小。

④ 由于解吸是吸收的反过程，因此不利于吸收的因素均有利于解吸。

温度升高，气体溶解度减小，对吸收不利，而有利于解吸，所以在解吸过程中常常将溶液加热以利于吸收质的释放。

操作压强越低，吸收质的分压也越低，气体溶解度减小，对吸收不利，而有利于解吸，因此，工业生产上为了使吸收质更快地解吸，常常在减压下进行。

3. 工业解吸方法

常见的解吸过程有气提解吸、加热解吸和减压解吸等。

（1）*气提解吸* 又称为载气解吸法，其过程类似于逆流吸收，只是解吸时溶质由液相传递到气相。塔顶为浓端，塔底为稀端。所用载气一般为不含（或含极少）溶质的惰性气体或溶剂蒸气，其作用在于提供与吸收液不相平衡的气相。根据分离工艺的特性和具体要求，可选用不同的载气。

以空气、氮气、二氧化碳做载气，又称为惰性气体气提。该法适用于脱除少量溶质以净化液体或使吸收剂再生为目的的解吸。有时也用于溶质为可凝性气体的情况，通过冷凝分离可得到较为纯净的溶质组分。

以蒸汽做载气，同时又兼做加热热源的解吸常称为汽提。若溶质为不凝性气体，或溶质冷凝液不溶于水，则可通过蒸汽冷凝的方法获得纯度较高的溶质组分；若溶质冷凝液与水发生互溶，要想得到较为纯净的溶质组分，还应采用其他的分离方法，如精馏等。

以吸收剂蒸汽做载气的解吸。这种解吸方法与精馏塔提馏段的操作相同，因此也称提馏。解吸后的贫液被解吸塔底部的再沸器加热产生溶剂蒸气（作为解吸载气），其在上升的过程中与沿塔而下的吸收液逆流接触，液相中的溶质将不断地被解吸出来。该法多用于以水为溶剂的解吸。

（2）*减压解吸* 对于在加压情况下获得的吸收液，可采用一次或多次减压的方法，使溶质从吸收液中解吸出来。溶质被解吸的程度取决于操作的最终压力和温度。

（3）*加热解吸* 当气体溶质的溶解度随温度的升高而显著降低时，可采用加热解吸。

（4）*加热-减压解吸* 将吸收液先升高温度再减压，加热和减压的结合，能显著提高解吸操作的推动力，从而提高溶质被解吸的程度。

工业中很少采用单一的解吸方法，往往是先升温再减压，最后再采用气提解吸。

知识窗：技术新动向——相变吸收捕集烟气中 CO_2 技术

二氧化碳捕集与封存技术被认为是短期内实现集中排放源 CO_2 减排的关键技术。其主要捕集方式有化学吸收法、物理吸附法、膜分离法以及低温蒸馏法等，其中化学吸收法是目前应用最广泛的 CO_2 捕集技术。现有 CO_2 吸收富液主要采用热解吸方式来实现吸收剂的再生，解吸能耗过大，相应的设备腐蚀会导致捕集成本进一步增加，从而使其工业化受到限制。相变吸收剂是由于在吸收过程中出现吸收剂-吸收产物的分相而得名。相比于传统的有机胺或醇胺，相变吸收剂的优势在于吸收剂在一定的 CO_2 负荷范围内能够发生吸收富相和贫相的分相，因此仅需解吸富相便可实现溶剂的再生循环，以此来达到降低解吸能耗的目的，这类吸收剂在现有应用中较为广泛，是发展前景较好的一种吸收剂。

小结

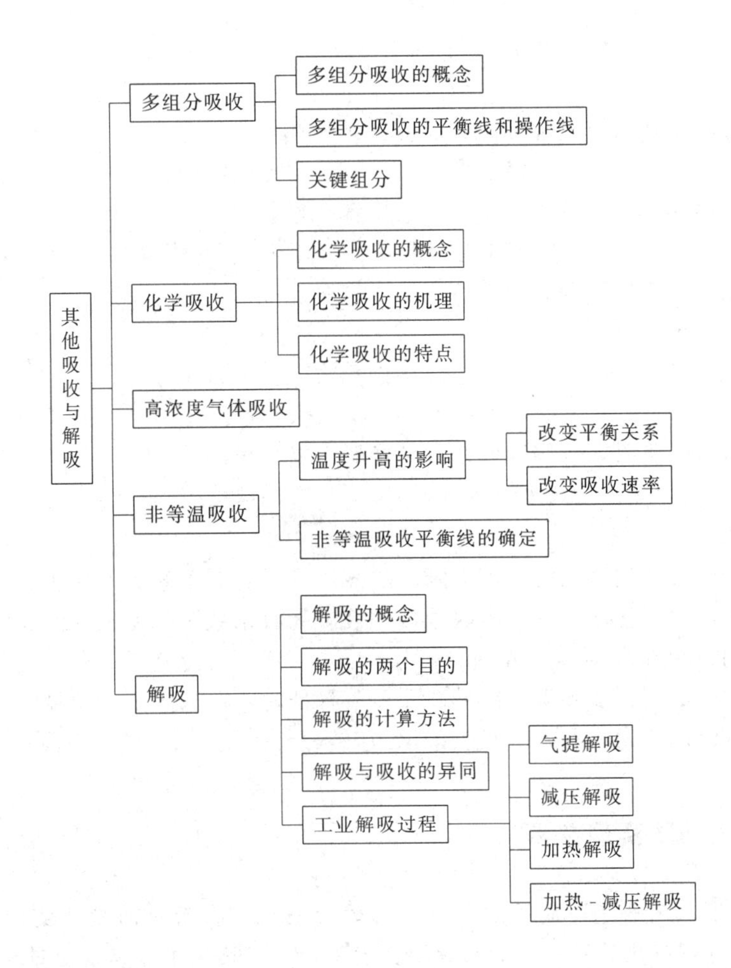

思考题

1. 什么是多组分吸收中的关键组分？
2. 化学反应对吸收过程有何影响？

3. 什么是解吸?工业上常用的解吸操作方法有哪些?
4. 高浓度气体吸收和低浓度气体吸收相比，有哪些特点?
5. 吸收操作中温度变化会产生什么影响?

自测题

一、填空题

1. 多组分吸收中各溶质组分的操作线互相（　　），原因是（　　）。
2. 与物理吸收相比较，化学吸收的优点是（　　）、（　　）、（　　）、（　　），缺点是（　　）。
3. 吸收或脱吸操作，当 $Y^{*}>Y$ 时的操作为（　　）操作，$Y^{*}<Y$ 时为（　　）操作。
4. 解吸的目的有两个，一个是（　　），一个是（　　）。
5. 温度（　　）、压力（　　）对解吸有利。
6. 工业上，常见的解吸过程有（　　）、（　　）和（　　）。

二、选择题

1. 在吸收过程中，若有明显的化学反应，则称此吸收过程为（　　）。
A. 物理吸收　B. 化学吸收　C. 恒温吸收　D. 变温吸收
2. 用洗油分离焦炉气中的苯、甲苯、二甲苯等操作属于（　　）。
A. 单组分吸收　B. 多组分吸收　C. 两组分精馏　D. 多组分精馏
3. 多组分吸收操作中的关键组分有（　　）个。
A. 一个　B. 两个　C. 多个　D. 不一定
4. 化学吸收与物理吸收相比吸收过程的推动力（　　）。
A. 减少　B. 增大　C. 不变　D. 不一定
5. 高浓度气体吸收时，气膜吸收系数从塔底至塔顶不断（　　）。
A. 减少　B. 增大　C. 不变　D. 不一定

三、判断题

1. 减压和升温，使气体的溶解度下降，故减压升温有利于解吸操作。（　　）
2. 吸收操作温度变化，对气膜吸收系数和液膜吸收系数影响是相同的。（　　）
3. 解吸推动力为（$p-p^{*}$）或（$x-x^{*}$）。（　　）
4. 当气体溶质的溶解度随温度的升高而显著降低时，可采用加压解吸。（　　）
5. 不利于吸收的因素均利于解吸。（　　）

文化窗：融入团队实现共赢

在企业运作中，几乎每个成员都会有自己的价值观，在面对问题冲突时，大家各执己见，使问题难以得到解决。一个人的力量毕竟有限，从长远来看，只有通过合作才能实现共赢。那么对我们来说，如何实现合作共赢呢?

一、富有团队合作意识

团队合作意识非常重要，几乎没有人能够独立且高效地完成一项工作。只有在合作的过程中一直贯穿团队合作意识，才能促使每个人尽心尽力地做好本职工作，以达到共赢的目的。

二、培养良好的心态

每个人都有自己的优势劣势以及独特的个性，这些特点以单个个体评价时可能是熠熠发光的优势，但当突然要融入到一个团队同伙伴合作时，那独特的个性很可能成为劣势和问题。所以想要实现合作共赢，每个团队成员都要培养自己良好的心态，收敛自己，同每个合作伙伴良性互动。

三、诚实并敢于负责任

诚实与负责任是每个人都应该具有的品质。诚实地面对自己的缺点以及工作中出现的问题，并且对发生的事情勇敢地承担责任，不推诿、敢面对才是一名员工应该做的。

四、认真进行批评与自我批评

获取进步的第一步就是要接受批评，在批评中改进才能不断完善。每位员工都应该对自己进行正确的定位，不要因为情面、身份或者私心而不敢提出批评。如果合作伙伴之间只是互相客气和掩饰，那这个团队不会长久，更不会达到共赢。

五、敬业，全心全意做好本职工作

工作没有高低贵贱之分，在团队合作中，要敬业，全心全意地做好自己的本职工作，不要越级，每个人发挥好自己的本分，就是最大的成功。

六、取长补短，发挥各自优势的指导作用

之所以合作能达到共赢，是因为在这个过程中各自发挥自己的优势，取长补短，能够很好地规避风险。所以对自己在某方面的优势，要充分发挥，倾囊相授，同时互相学习别人的优势，弥补自己的缺陷。

七、各司其职，做好监督

监督在团队合作中起着很重要的作用，监督能够指出错误，督促改正。人无完人金无足赤，所以每个团队成员在做好自己本职工作时，要互相监督而不是包庇和掩饰。

八、不断学习，共同进步

社会发展瞬息万变，更新速度远远超出了我们的想象，没有一项技能能够用一辈子。现在早已没有铁饭碗之说，所以要不断地学习，积极适应社会发展趋势。

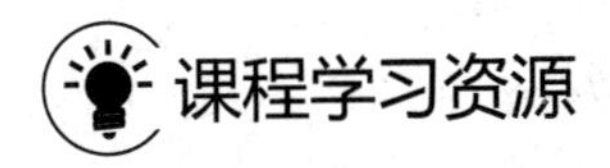

课程学习资源

课程学习资源——吸收解吸单元

序号	资源名称	资源类别	资源来源
1	导学	微课	网页：智慧职教→生物和化工大类→煤化工技术（国家级资源库）→素材中心→媒体类型：微课类→搜索栏→输入资源名称
2	吸收概念	微课	
3	吸收解吸装置过程	动画	
4	填料塔的结构	微课	
5	扁环填料	动画	
6	鲍尔环填料	动画	
7	填料支撑装置、压紧装置、除沫器	微课	
8	填料压盖	动画	
9	填料支撑	动画	

续表

序号	资源名称	资源类别	资源来源
10	驼峰支撑	动画	网页：智慧职教→生物和化工大类→煤化工技术（国家级资源库）→素材中心→媒体类型：微课类→搜索栏→输入资源名称
11	液体分布器与再分布器	微课	
12	槽式液体分布器	动画	
13	传质方向极限的判断	微课	
14	分子扩散	动画	
15	涡流扩散	动画	
16	双膜理论	微课	
17	吸收全塔物料衡算	微课	
18	逆流吸收操作线	微课	
19	最小吸收剂用量	微课	
20	载点气速和泛点气速演示	微课	
21	填料塔的异常操作现象——液泛	微课	网页：智慧职教→生物和化工大类→煤化工技术（国家级资源库）→典型工作任务→板式精馏塔的操作
22	气体通过填料塔的压降	微课	
23	吸收装置操作3D仿真	仿真	
24	吸收解吸单元开车	仿真	
25	吸收解吸单元停车	仿真	
26	吸收解吸单元工艺流程说明	仿真	
27	吸收解吸单元事故处理	仿真	

本项目主要符号说明

p^*——溶质在气相中的平衡分压，kPa；

E——亨利系数，单位与压强单位一致；

x——溶质在液相中的摩尔分数；

H——溶解度系数，$kmol/(m^3 \cdot kPa)$；

c——溶质在液相中的摩尔浓度，$kmol/m^3$；

C——溶质与溶剂在液相中的总摩尔浓度，$kmol/m^3$；

m——相平衡常数，无因次；

y^*——相平衡时溶质在气相中的摩尔分数；

Y^*——相平衡时，气体溶质的物质的量与惰性气体物质的量的比；

X——气体溶质的物质的量与吸收剂物质的量的比；

N_A——组分A的分子扩散速率，$kmol/(m^2 \cdot s)$；

c_A——组分A的浓度，$kmol/m^3$；

Z——沿扩散方向的距离，m；

D——扩散系数，表示组分A在介质B中的扩散能力，m^2/s；

D_e——涡流扩散系数，m^2/s；

p，p_i——溶质A在气相主体与界面处的分压，kPa；

y，y_i——气相主体与界面处的摩尔分数；

k_G——以分压差表示推动力的气相传质系数，$kmol/(s \cdot m^2 \cdot kPa)$；

k_y——以摩尔分数差表示推动力的气相传质系数，$kmol/(s \cdot m^2)$；

c，c_i——溶质A的液相主体浓度和界面浓度，$kmol/m^3$；

x，x_i——溶质A在液相主体与界面处的摩尔分数；

k_L——以浓度差表示推动力的液相传质系数，m/s；

k_x——以摩尔分数差表示推动力的液相传质系数，kmol/(s·m^2)；

K_L——以液相浓度差为推动力的总传质系数，m/s；

K_G——以气相浓度差为推动力的总传质系数，kmol/(m^2·s·kN/m^2)；

K_X——以液相摩尔比浓度差为推动力的总传质系数，kmol/(m^2·s)；

K_Y——以气相摩尔比浓度差为推动力的总传质系数，kmol/(m^2·s)；

V——单位时间通过吸收塔的惰性气体量，kmol/s；

L——单位时间通过吸收塔的吸收剂量，kmol/s；

Y_1，Y_2——分别为进塔和出塔气体中溶质组分摩尔比；

X_1，X_2——分别为出塔和进塔液体中溶质组分的摩尔比；

η——吸收率；

D——吸收塔的直径，m；

V_S——操作条件下混合气体的体积流量，m^3/s；

u——空塔气速，即按空塔截面积计算的混合气体的线速度，m/s；

Z——填料层高度，m；

V_P——填料层体积，m^3；

F——总吸收面积，m^2；

Ω——塔的截面积，m^2；

α——单位体积填料层提供的有效比表面积，m^2/m^3；

δ——填料的比表面积，m^2/m^3；

H_{OG}——气相传质单元高度，m；

N_{OG}——气相传质单元数；

H_{OL}——液相传质单元高度，m；

N_{OL}——液相传质单元数；

S——脱吸因数，无单位；

u_f——泛点气速，m/s；

U_{min}——最小喷淋密度，m^3/(m^2·s)；

$(L_W)_{min}$——最小润湿速率，m^3/(m·s)；

g——重力加速度，m/s^2；

Φ——湿填料因子，1/m；

ψ——液体密度校正系数，等于水的密度与液体密度的比；

μ_L——液体的黏度，mPa·s；

ρ_L，ρ_G——分别为液体、气体密度，kg/m^3；

W_L，W_G——分别为液体、气体的质量流量，kg/s。

项目三

液-液萃取技术

对于液体混合物的分离，除采用前面项目一中的方法外，还可以仿照项目二的方法，即在液体混合物中加入某一与混合物不相混溶的液体，使混合物变成两相，然后利用混合物中的各组分在两个液相之间的不同分配关系来分离，这就是液-液萃取，简称萃取或抽提。液-液萃取作为分离和提取物质的重要的单元操作之一，在石油、化工、湿法冶金、核能、医药、生物及环保领域中得到越来越广泛的应用。

任务1　学习液-液萃取技术入门知识

任务目标

- 了解液-液萃取技术的基本概念；
- 了解常见萃取设备的结构及特点；
- 了解萃取技术在化工生产中的应用。

技能要求

- 能认识常见的萃取设备，并能指出其附属设备，能根据实际生产条件和要求选择萃取设备；
- 能掌握不同萃取设备的优缺点和使用范围。

一、概述

萃取，也称液-液萃取、溶剂萃取或溶剂抽提。它利用液体混合物中各组分在所选定的溶剂中溶解度的差异来达到各组分分离的目的。在这一点上与吸收相类似，即需要使用外来的质量分离剂——萃取剂，区别在于萃取操作涉及的是液-液两相间的传质过程。

1. 液-液萃取原理

双组分或多组分待分离的均相混合液可以看成是液体溶质组分与溶剂（称为原溶剂）构成的。为使其得到一定程度的分离，可选用另一种溶剂S作为萃取剂。萃取剂必须具备的条件是：①萃取剂S应与原料液互不相溶或只能在某些情况下部分互溶；②料液中的溶质组分在原溶剂与萃取剂S中有不同的溶解度，且其溶解度的差异愈大愈好。这里，主要讨论双组分均相液体混合液（A+B）的萃取过程。若A为待萃取组分，B对A来说是原溶剂。

将一定量的萃取剂 S 与原料液（A+B）加至混合器中，如图 3-1 所示，若萃取剂与混合液间不互溶或部分互溶，则器内存在两个液相。通过搅拌可使其中的一个液相以小液滴的形式分散于另一液相中，从而造成很大的相际接触面积。若 A 在 S 中的溶解度比在 B 中大得多，则 A 将由 B 向 S 中进行扩散。在两相充分接触之后，A 在 S 与 B 之间进行重新分配，然后停止搅拌并放入澄清器内，依靠两相的密度差进行沉降分层。上层称为轻相，通常以萃取剂 S 为主，其中溶入大量的 A 和少量的 B，称为萃取相，用 E 表示；下层称为重相，通常以原溶剂 B 为主，其中含有剩余的 A 和溶入少量 S，称为萃余相，用 R 表示。自然也有轻相为萃余相而重相为萃取相的情况。

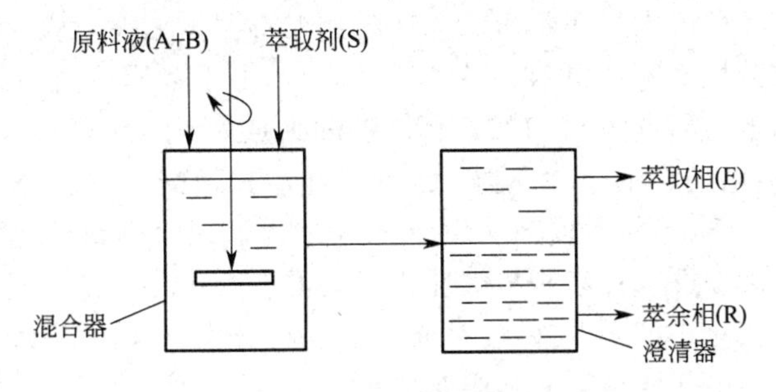

图 3-1 萃取过程原理图

经过混合、澄清分离后的 E 和 R 相都是由 A、B、S 组成的均相混合液，只是得到的 E 相中的 A、B 两组分组成之比$\frac{w_{EA}}{w_{EB}}$比 R 相中的 A、B 两组分组成之比$\frac{w_{RA}}{w_{RB}}$要大，即

$$\frac{w_{EA}}{w_{EB}}>\frac{w_{RA}}{w_{RB}} \quad \text{或} \quad \frac{w_{EA}}{w_{RA}}>\frac{w_{EB}}{w_{RB}}$$

其中，w_{ij} 表示组分 j 在物流 i 中的质量分数，例如 w_{EA} 表示组分 A 在萃取相 E 中的质量分数。

若将 E 和 R 中的萃取剂 S 设法除去，可得相应的萃取液 E′和萃余液 R′，这样就实现了原料液的部分分离。

本章着重讨论双组分原料液（A+B），在 S 和 B 部分互溶条件下的萃取分离过程。

2. 液-液两相的接触方式

萃取操作依原料液和萃取剂的接触方式可分为两类。

（1）*级式接触萃取* 图 3-1 所示的为一单级接触式萃取流程。如前所述，原料液（A+B）和萃取剂 S 加入混合器中，在搅拌作用下，一相被分散成液滴均布于另一相中进行相际传质，然后在澄清器中分层得到萃取相 E 和萃余相 R。若单级萃取得到的萃余相中还有部分溶质需进一步提取，可采用多级接触式萃取流程。多级萃取按物流流动方式主要分为多级错流萃取与多级逆流萃取，最终离开的萃取相 E 和萃余相 R 可分别送到萃取剂回收分离系统，以回收萃取剂并使 A、B 得到较充分的分离。

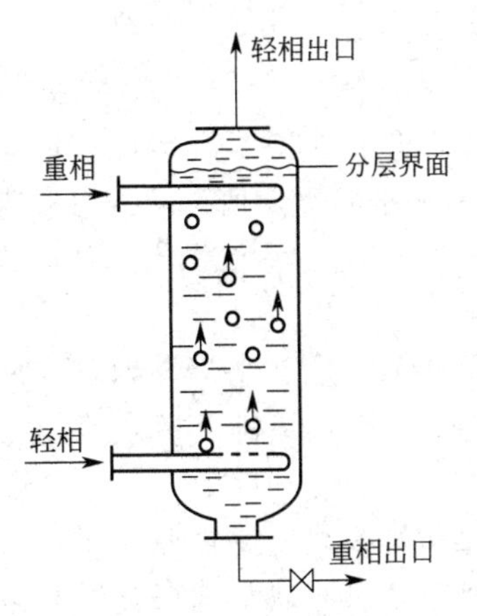

图 3-2 喷洒萃取塔

（2）*微分接触萃取* 如图 3-2 所示的喷洒萃取塔，原料液或萃取剂中的重相自塔顶加入，图中重相是以连续相的形式

下流至塔底排出；轻相则由塔底进入，经分布器分散成液滴自由上浮，并与重相（连续相）间进行物质传递，液滴上升至塔顶后凝聚成液层自塔顶排出。在塔中轻相与重相呈逆流接触，依靠轻相分散成小液滴以增大相际传质面积。

3. 液-液萃取的工业应用

液-液萃取操作于20世纪初才工业化，1903年用于液态SO_2萃取芳烃精制灯用煤油；1930年又用于精制润滑油；20世纪40年代后期，由于生产核燃料的需要，促进了萃取操作的研究开发。现今液-液萃取已在石油、化工、医药、有色金属冶炼等工业中得到广泛应用，在环保（污水处理）方面也显示出其优越性。其应用范围介绍如下。

（1）*分离沸点相近或形成恒沸物的混合液* 如在石油化工中，从催化重整和烃类裂解得到的汽油中回收轻质芳烃（苯、甲苯、各种二甲苯），由于轻质芳烃与相近碳原子数的非芳烃沸点相差很小（如苯的沸点为80.1℃，环己烷的沸点为80.74℃，2，2，3-三甲基丁烷的沸点为80.88℃），有时还会形成共沸物，因此不能用普通精馏方法分离。此时可采用二乙二醇醚（二甘醇）、环丁砜等作萃取剂，用液-液萃取方法回收得到纯度很高的芳烃。

（2）*分离热敏性混合液* 对某些热敏性物料的混合液，用普通蒸馏方法容易受热分解、聚合或发生其他化学变化，可采取液-液萃取方法进行分离。如制药生产中用液态丙烷在高压下从植物油或动物油中萃取维生素和脂肪酸等。

（3）*稀溶液中溶质的回收或含量极少的贵重物质的回收* 从稀溶液特别是水溶液中回收溶质，若采用蒸馏或蒸发过程，耗热很大，极不经济，因此常选用液-液萃取。如用苯作萃取剂从苯甲酸水溶液中萃取苯甲酸：用苯、二甲苯、醋酸丁酯、二烷基乙酰胺等作萃取剂来处理焦化厂、染化厂的含酚废水；又如铀化物的提取与天然香精的提取等。

（4）*多种离子的分离* 如矿物浸取液的分离和净制；锆和铪、钽和铌等性质相近、极难分离的金属离子混合物的分离等。

（5）*高沸点有机物的分离* 有些有机物的沸点很高，若采用高真空蒸馏方法，其技术要求高，能耗也大，因此可选用萃取方法分离。如用乙酸萃取植物油中的油酸。

对于不同情况下的液体混合物分离，是采用蒸馏还是液-液萃取，往往要进行详细的技术经济比较。这是因为采用质量分离剂时，质量分离剂（萃取操作中为萃取剂）的再生与溶质的进一步分离都需额外增加设备投资和消耗能量。

4. 萃取操作的特点

萃取操作具有以下几个特点。

① 液-液萃取过程的依据是混合液中各组分在所选萃取剂中溶解度的差异。因此萃取剂选择是否适宜，是萃取过程能否采用的关键之一。也就是说，萃取剂必须对所萃取的溶质有较大的溶解能力，而对原料液中其他组分的溶解能力必须很小，才能通过萃取操作达到混合液分离的目的。

② 液-液萃取过程是溶质从一个液相转移到另一液相的相际传质过程，所以萃取剂与原溶剂必须在操作条件下互不相溶或部分互溶，且应有一定的密度差，以利于相对流动与分层。

③ 液-液萃取中使用的萃取剂量一般较大，所以萃取剂应是价廉易得、易回收循环使用的。萃取剂的回收往往是萃取操作不可缺少的部分。回收溶剂的方法，通常采用蒸发和蒸馏，这两个单元操作耗能都很大，所以应尽可能选择易于回收且回收费用较低的萃取剂，以降低萃取过程的成本。

5. 萃取理论级

若原料液与萃取剂在混合器中经充分的液-液相际接触传质，然后在澄清器中分层得到相互平衡的萃取相和萃余相，这样的过程称为经过一个萃取理论级。可见，萃取理论级的概念与蒸馏中的理论板类似。萃取理论级也是一种理想状态，因为要使液-液两相充分混合接触、传质达到平衡，又使混合两相彻底分离，理论上均需无限长的时间；在实际生产中是达不到的。应用理论级的概念也是为了便于对过程进行分析，并用理论级作为萃取设备操作效率的比较标准。在设计计算时，可先求出所需的理论级数，再根据实际经验得出的级效率（如同板式塔中的板效率）或当量理论级高度（相当于填料塔中的等板高度），求取所需的实际萃取级数。

二、液-液萃取设备

液-液萃取操作是两液相间的传质过程。与气液间的传质过程（如吸收与蒸馏）类似，为获得较高的相际传质效果，首先要使不平衡两相密切接触、充分混合，再使传质后的两相互相彻底分离。在萃取设备中，通常是使一相分散成液滴状态分布于另一作为连续相的液相中，液滴的大小对萃取有重要影响。如液滴过大，则传质表面积减少，对传质不利；但如液滴过小，虽然传质面积增加，但分散液滴的凝集速度随之下降，有时甚至会发生乳化，同时液相间的密度差较气液相间的密度差要小得多，这些因素都会使混合后两液相的重新分层发生困难。因此要根据物系性质选择适宜的萃取设备及其结构尺寸。在很多情况下，萃取后两液相能否顺利分层会成为是否选用萃取操作的一个重要制约因素。

液-液传质设备类型很多。按两相接触方式有分级接触式和微分接触式；按操作方式有间歇式和连续式；按设备和操作级数有单级和多级；按有无外加机械能量以及外加能量的方式和设备结构形式又可分为许多种。这里扼要介绍一些较常用的萃取设备。

1. 混合澄清器

它是使用最早、目前仍应用广泛的一种分级接触式萃取设备，结构形式亦有多种。混合器中装有搅拌装置以促进液滴的破碎和均匀混合，澄清器是水平截面积较大的空室，主要依靠重力，使分散相（液滴）凝集分层，如图 3-3 所示。

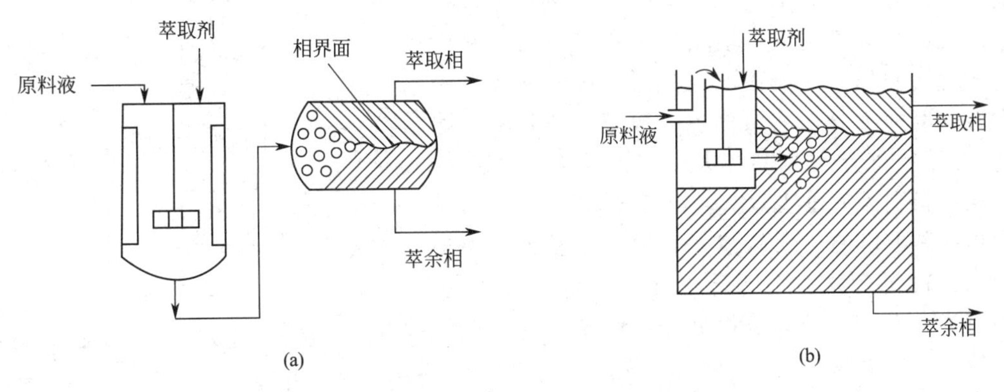

图 3-3 混合澄清器

根据分离要求，混合澄清器可以单级使用，也可组合成多级错流或多级逆流流程；可以间歇操作，也可连续操作。

这类设备的主要优点如下。

① 传质效率较高。这是由于在混合器内依靠外加搅拌能量使两相接触面积增大，湍动

程度增加。澄清器的水平截面积也较大，分层效果较好。通常离开澄清器的两相可基本上接近平衡状态。

② 结构简单。

③ 操作方便灵活。液体的分散状况和停留时间均可适当调节，级数也可根据需要增减。

④ 流量允许变化范围大，可适应各种生产规模，也能处理含固体的悬浮物料。

主要缺点如下。

① 采用多级混合澄清器作水平排列时，占地面积大。为减少占地面积，可采用厢式或立式混合澄清器，但结构要复杂一些。

② 设备尺寸较大，且各级均设有搅拌，级间液体流动一般也需用泵输送，故设备费用和操作费用较高。

③ 由于设备内持液量大，当萃取剂较贵或有可燃性时不宜采用。

④ 整体搅拌混合一般会降低传质平均推动力。

2. 萃取塔

用于萃取的塔设备有填料塔、筛板塔、转盘塔、脉动塔和振动板塔等。塔体都是直立圆筒，轻相自塔底进入，由塔顶溢出；重相自塔顶加入，由塔底导出；两相在塔内做逆流流动。除筛板塔外，萃取塔大都属于微分接触传质设备，塔的中部为萃取操作的工作段，两端分别用于分散相液滴的凝集分层和连续相中夹带的分散相微细液滴的分离。下面介绍几种常用的萃取塔。

（1）填料萃取塔　其结构与气-液传质系统的填料塔基本相同，填料类型也基本相同，依靠两相的密度差在塔内发生相对运动。分散相可为轻相或重相，由入口处的分散装置产生。

填料塔内液-液两相的传质表面积实际上就是分散相的表面积，它与填料表面积基本无关。填料的作用是：①使分散相液滴不断破裂与再生，使液滴表面不断更新；②减少连续相的纵向混合，并使连续相在塔截面上的速度分布较为均匀。为避免分散相液体在填料表面大量黏附而凝聚，填料应选用能被连续相优先润湿的材料制作。在操作前应先用连续相液体对填料预润湿后再通入分散相液体。一般瓷质填料易被水溶液优先润湿，塑料填料易被大部分有机液体优先润湿，而金属填料则需通过实验来确定其润湿能力。

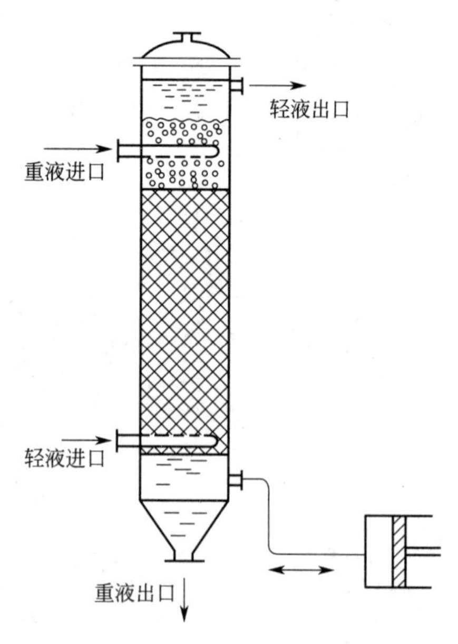

图 3-4　脉冲填料塔

填料萃取塔的主要缺点是：级效率较低，不能处理含固体的悬浮液，两相通过能力有限。其优点是：结构简单，操作方便，造价低廉，适宜处理腐蚀性液体。故对处理量较小、要求理论级数不多（小于 3 级）时，在工业上仍有应用。

为增大塔内液体的湍动，防止分散相液滴的凝聚，也可在填料塔外附设脉动发生装置。如图 3-4 所示的脉冲填料塔，它借助活塞的往复运动使塔内液体产生脉冲运动，即周期性的变速，由于轻相惯性小加速容易，故两相间的相对速度增大，扰动增加，液滴尺寸随之减小，两相传质速率有所提高。

（2）筛板萃取塔　其结构与气液传质设备中的筛板塔类似，轻重两相依靠密度差在塔内做总体的逆流流动，而在每块板上两相呈错流接触，故属分级接触式设备。

① 若分散相为轻相，则如图 3-5（a）所示。轻相由塔底加入，自下而上通过筛板的筛孔被分散成细液滴向上运动，重相作为连续相沿板面横向流过，与分散相接触并由降液管流至下层塔板。液滴穿过重相液层后，在每层板的上层空间发生凝集形成清液层，在密度差作用下继续穿过上层筛板，被筛孔再次分散于重相中，直至塔顶分层后排出。而重相则由各板降液管依次下流，直至塔底排出。可见，每一块筛板及板上空间的作用相当于一级混合澄清器。

为使液滴较小，一般筛孔也较小，通常为 3～6mm。对于液-液系统，降液管内的液滴夹带现象比气-液系统中的气泡夹带更易于发生，影响更大。为避免出现严重的液滴夹带，通常在降液管前的狭长区域不开孔，且降液管面积要足够大，使管内连续相的流速小于某一允许直径的液滴（例如 0.8mm）的沉降速度。由于板上连续相的液层较厚，一般可不设出口堰。

② 若分散相为重相，其结构如图 3-5（b）所示，将降液管改为升液管，轻相送到板间的上半部空间并横向流过，与经上板筛孔分散后下降的重相液滴呈错流接触，在板间下半部重相液滴凝集成层，再经下板筛孔分散下降，轻相则继续沿升液管上升。

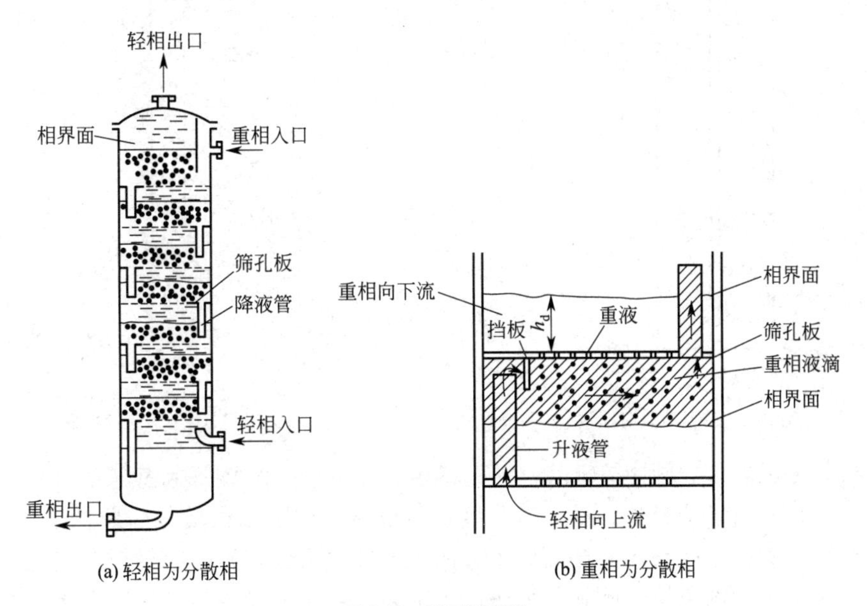

图 3-5　筛板萃取塔

与填料萃取塔相比，在筛板塔内，分散相液体的分散与凝集多次发生，筛板的存在又可抑制塔内的轴向返混，故筛板塔萃取级效率相对较高，板数愈多，相当于接触级愈多。

筛板塔的结构也较简单、造价低、生产能力大，工业上应用较广。筛板塔也可采用塔外脉动发生装置，以强化两相间的接触传质。

（3）转盘萃取塔　如图 3-6 所示，其结构是在塔体内壁按一定高度间距安装一组环形板（称为固定环），而在中心旋转轴上，在两固定环的中间以同样间距安装若干圆形转盘。环形板将塔内分隔出若干小的空间，每个分隔空

间中心的转盘相当于一个搅拌器，因而可以增大分散程度和相际接触面积以及湍动程度。固定环板则起到抑制塔内纵向（轴向）返混的作用。因此，转盘塔的萃取效率较高。两相在垂直方向上的流动仍依靠密度差为推动力，在塔的上下端分别为轻相和重相的分层区，因此转盘塔本质上属于微分接触式设备。

为了便于安装和维修，转盘的直径应略小于固定环的内径。转盘和固定环的尺寸、固定环间距、转盘转速以及两相的流量比等均对塔的生产能力和萃取效率有一定的影响。

转盘塔操作方便，传质效率高，结构也不甚复杂，处理量与操作弹性大，在石油炼制和石油化工等行业中被广泛应用。

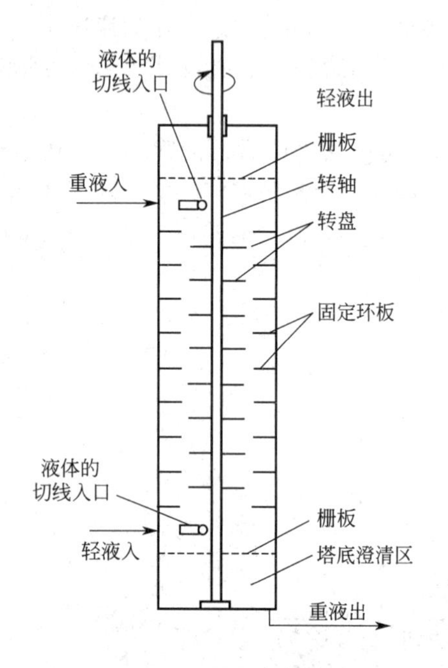

图 3-6 转盘萃取塔

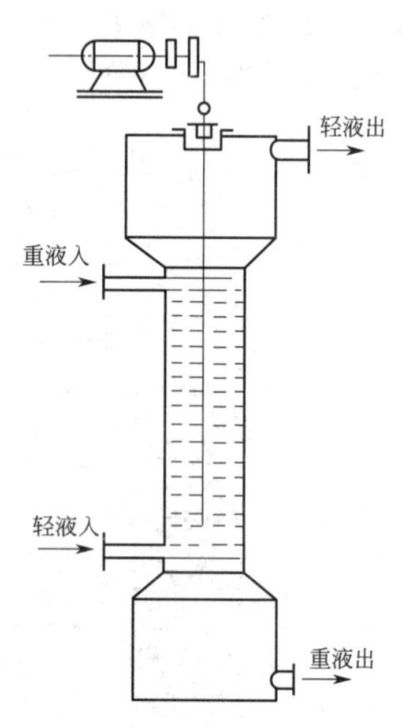

图 3-7 振动筛板塔

（4）振动筛板塔 如图 3-7 所示，它是将多层筛板按一定板间距固定在中心轴上，筛板上不设溢流管且不与塔体相连，属于微分接触式设备。中心轴由塔外的曲柄连杆机构驱动，操作时带动筛板以一定的频率和振幅做垂直的上下往复运动，产生机械搅拌作用。当筛板向上运动时，筛板上侧的液体经筛孔分散并向下喷射；当筛板向下运动时，筛板下侧液体向上喷射，从而增加相际接触面积及湍动程度。

振动筛板上的筛孔比前述的筛板萃取塔的孔径要大些，开孔率达 50%左右，故流体阻力较小。由于筛板要随中心轴做上下运动，筛板与塔内壁间要保持一定的间隙。

振动筛板塔的操作维修方便，结构简单可靠，通量大，传质效率高，可用于处理易乳化、含固体物质及腐蚀性强的物系，是一种性能较好的液-液传质设备，在化工生产中的应用日益广泛。但其机械传动要求较高，塔的放大也有一定限制。

3. 离心萃取器

萃取专用的离心机是利用高速旋转所产生的离心力，使轻、重两相以很大的相对速度逆流流动，同时又使液滴的沉降分离加速，因而特别适用于两相密度差很小，要求接触时间短、物料滞留量小以及两相易产生乳化、难于分离的物系。如抗生素的生产，为了保持产品的稳定性，萃取时间就要求很短。

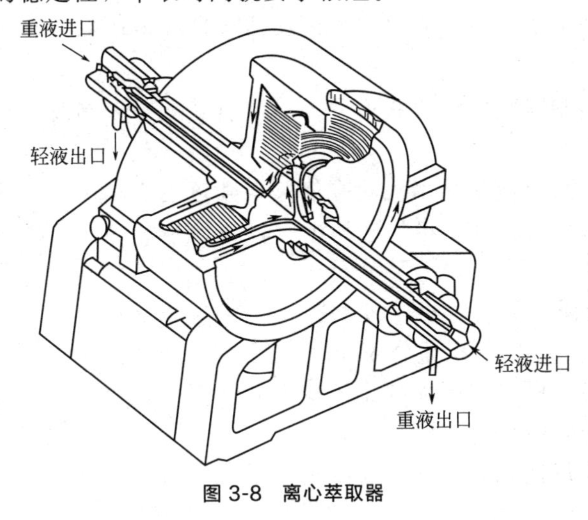

图 3-8 离心萃取器

离心萃取器按两相接触方式也分为逐级接触和连续微分接触两类，并有许多结构类型。连续接触式的离心萃取器中的两相接触方式和在连续接触萃取塔中类似。图 3-8 为其一种类型。主要由一水平转轴和一随轴高速旋转的圆柱形转鼓以及固定外壳组成。转鼓内包含有许多层带筛孔的同心圆筒，其转速一般为 2000～5000 r/min（依所处理的物系而定），产生的离心力为重力的几百至几千倍。操作时两相在压强作用下分别通过带机械密封装置的套管式空心转轴的一端进入，重相引入转鼓内侧，轻相则引至转鼓外侧，在离心力场作用下，轻相由外向内、重相由内向外，两相沿径向逆流通过各层圆筒的筛孔分散并进行相际的密切接触和传质。得到的萃取相和萃余相，又分别引到套管式空心转轴的另一端流出。

离心萃取器的结构紧凑，物料停留时间短，处理能力大；但其构造复杂、制造困难、造价与维修费用高、能耗大，故其应用受到一定限制。主要用于制药、染料、石油化工、冶金及特种废水处理、核工业等处理量不高但物料的经济价值或分离的社会效益很高的场合。

4. 液-液萃取设备的选用

萃取设备的类型多，必须根据具体对象、分离要求和客观实际条件来选用。

（1）萃取设备选用时的考虑因素

① 物系的基本性质（密度差、界面张力和黏度）。物系的物理和物理化学性质对设备的选择非常重要。对于无外能输入的情况，液滴的大小及其运动情况和相间界面张力 σ 与两相密度差 $\Delta\rho$ 的比值 $\sigma/\Delta\rho$ 有关。若 $\sigma/\Delta\rho$ 较大，则液滴变大，使传质速率降低，故宜选用有外能输入的设备；而对 $\sigma/\Delta\rho$ 较小的物系可选用无外能输入的设备，以降低操作费用。如界面张力过小，液层易发生乳化时，则可考虑采用离心萃取器，而不宜采用一般有外能输入的设备。物系的黏度对液滴大小和湍动程度也有影响，故当黏度较大时，也应选用有外能输入的设备。

② 物系的其他特殊性质

a. 当物系有较强腐蚀性时，可选用结构简单的填料塔或脉冲填料塔。

b. 对含固体悬浮物或易生成沉淀的物系，为避免堵塞，应选用混合澄清器和转盘塔，也可用脉冲塔或振动筛板塔（它们有一定的自清洗能力），而不宜用填料塔和离心萃取器。

c. 对物系稳定性差，要求停留时间短的物系，可选用离心萃取器。对要求停留时间较长的物系，宜选用混合澄清器。

③ 所需的萃取理论级数。若分离需要的理论级数不多（≤3 级），各种萃取设备均可选用；当理论级数较多时，可选用转盘、脉冲或振动筛板塔；当理论级数要求更多时一般只能

选用多级混合澄清器。

④ 生产能力。对于中、小生产能力，可用填料塔、脉冲塔；处理量较大时，可选用转盘塔、筛板塔、振动筛板塔；混合澄清器则可适用于各种生产能力。

⑤ 能源供应情况。在能源供应紧张的地区，应优先考虑节电，即尽量选用依靠自身重力流动的设备。

⑥ 场地限制。若对厂房面积有一定限制时宜选用立式设备；对厂房高度有限制时可选用混合澄清器。

（2）分散相的选择　在液-液萃取中，两相流量比由液液平衡关系和分离要求决定，但在设备内用哪一相作为分散相是可以选择的，而分散相的选择也对设备结构和操作产生影响。选择时可参考下列原则。

① 为增加相际接触面积，一般应选流量较大的一相作为分散相。

② 若两相流量相差很大，此时可选流量小的一相为分散相。

③ 为增加设备的通过能力，减小塔径，可将黏度大的流体作为分散相。因为连续相液体的黏度愈小，液滴在塔内的下降或浮升速度愈大。

④ 对于填料塔、筛板塔等设备，连续相优先润湿填料或筛板是很重要的。此时应将润湿性差的液体作为分散相。

到目前为止，萃取过程的应用日益广泛，但由于物系的多样性与过程的复杂性，萃取设备的选择和设计还带有很大的经验性，往往要先经过实验室和中间试验进行萃取剂与萃取方案的筛选，并与其他液体混合物的分离方法进行技术经济比较，才能得出适宜的结论，并将设备放大到工业规模。

小结

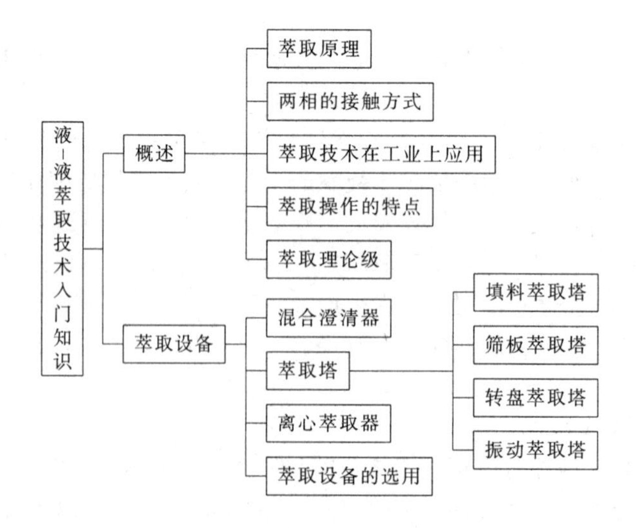

思考题

1. 常用的液-液萃取设备有哪些?各自有什么特点?

2. 试将下列萃取设备按所属接触方式、操作方式以及有无外加能量进行分类：混合澄清器、填料萃取塔、筛板萃取塔、转盘萃取塔、振动筛板塔、离心萃取器。

3. 萃取设备分类的依据是什么？
4. 选取萃取设备时通常要考虑哪些因素？
5. 若分离的是腐蚀性物料，怎样选择萃取设备？
6. 萃取操作中，分散相的选择原则是什么？
7. 影响液-液传质设备处理能力的主要因素有哪些？
8. 液-液萃取与精馏相比有什么优点？
9. 多级逆流萃取和单级萃取相比有什么优缺点？
10. 液-液萃取在工业上有何应用？

自测题

一、填空题

1. 液-液萃取可分为（　　）萃取过程和（　　）萃取过程，其中（　　）过程又可分为（　　）萃取和（　　）萃取。

2. 液-液萃取设备按气液接触情况可分为（　　）式和（　　）式，其中板式塔属于（　　），填料塔属于（　　）。

3. 液-液萃取是利用液体混合物中各组分在所选定的溶剂中（　　）的差异来达到各组分分离的目的。

4. 填料萃取塔是典型的（　　）式萃取设备。

5. 萃取后两液相能否（　　）是使用萃取操作的一个重要因素。

二、选择题

1. 利用液体混合物各组分在液体中溶解度的差异而使不同组分分离的操作称为（　　）。
A. 蒸馏　B. 萃取　C. 吸收　D. 解吸

2. 萃取操作是（　　）相间的传质过程。
A. 气-液　B. 液-液　C. 气-固　D. 液-固

3. 液-液萃取操作也称为（　　）。
A. 萃取精馏　B. 汽提　C. 抽提　D. 解吸

4. 在萃取过程中，所用的溶剂称为（　　）。
A. 萃取剂　B. 稀释剂　C. 溶质　D. 溶剂

三、判断题

1. 填料塔中为使流向塔壁的液体能重新流回塔中心部位，一般在液体流过一定高度的填料层后装置一个液体再分布器。（　　）

2. 降液管是液体自上一层塔板流至其下一层塔板的通道。降液管横截面有弓形与圆形两种。（　　）

3. 板式塔中的倾向性漏液指液体刚流进塔板时因液层最厚，该部位的筛孔在操作中产生的漏液现象。（　　）

4. 萃取技术的理论基础是相平衡关系。（　　）

5. 在萃取操作是无相变过程。（　　）

6. 萃取操作中，当两相流量比相差较大时，选择流量小的作为分散相比较有利。（　　）

文化窗：中海石油宁波大榭/舟山石化有限公司的企业文化

公司介绍：中海石油宁波大榭石化有限公司，前身为成立于2001年12月的宁波大榭利万石化有限公司，2004年7月加盟中国海油；中海石油舟山石化有限公司，前身为成立于2005年11月的浙江和邦化学有限公司，2009年7月加盟中国海油。2009年，中国海洋石油集团通过股权并购重组形式，让中海石油宁波大榭石化有限公司、中海石油舟山石化有限公司两家企业走在了一起。

企业文化：中国海洋石油总公司标识是以公司英文字母CNOOC为基本设计元素，蓝色外圈和波纹象征中国海洋，英文大写字母CNOOC组成的红色图案有海上钻井平台托一轮朝阳的意象，寓意中国海洋石油事业欣欣向荣。

公司精神：创业思进　质朴求实

公司发展理念：建设成为具有持续竞争力的现代化石化企业

核心经营理念：安全立企　规范治企　效益强企　多赢固企

公司核心价值观：

诚实守信　简单务实　精耕细作　秉承匠心

开放包容　团结合作　公平公正　关爱员工

安全生产目标：零事故、零伤害、零污染

安全核心理念：员工生命至高无上　员工健康高于一切

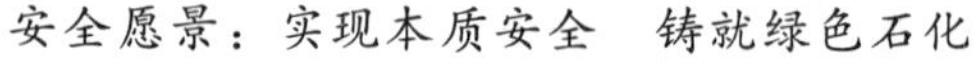

安全愿景：实现本质安全　铸就绿色石化

安全行为准则：遵守操作规程　干预违章行为

干预文化：安全面前没有特权、不分上下级、不分甲乙方，公司为敢干预者“容错免责”。

任务2　学习液-液萃取技术的理论知识

任务目标

- 了解三角相图的表示方法和理论依据；
- 理解部分互溶物系的相平衡；
- 了解萃取剂的选择原则。

技能要求

- 能正确读出三角相图上各点的组成；
- 能熟知萃取剂的选择条件和方法。

萃取过程的极限是达到液-液相际平衡。同时，传质推动力的计算也要通过相平衡组成来表达。因此，同吸收、蒸馏一样，必须先熟悉萃取过程相平衡关系的表达和计算方法。

在萃取过程中至少涉及三个组分，即溶质A、原溶剂B和萃取剂S，通常S与B是部分互溶的，因而将遇到三元混合液问题。三元物系的相平衡关系可用三角形相图来表达。

一、三角形相图

三角形相图可以采用等边三角形、等腰直角三角形和不等腰直角三角形，用来在平面上表示三个组成的坐标系。本书主要介绍等腰直角三角形坐标图。

1. 溶液组成的表示方法

三元混合液的组成可以用质量分数、体积分数和摩尔分数表示。常用的为质量分数，如图3-9所示。

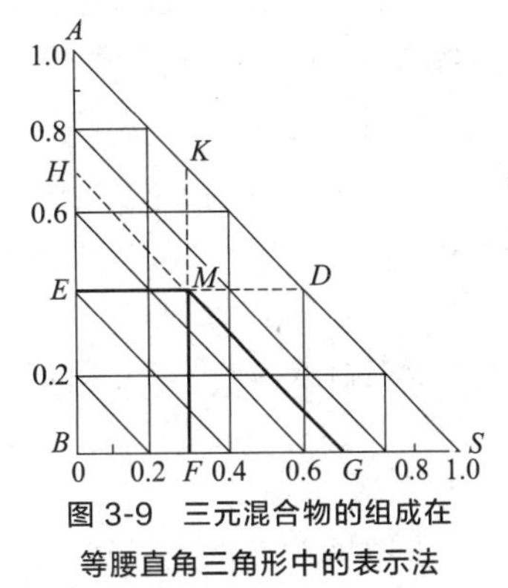

图3-9 三元混合物的组成在等腰直角三角形中的表示法

(1) 三角形相图上的三个顶点 A、B、S 点分别表示三元物系中的纯溶质、纯原溶剂和纯萃取剂，即其质量分数各自为1.0。习惯上 A 点在三角形的上顶点，而 B 点在直角边的下端点。

(2) 三角形各边上的任意点 表示一种二元混合物的组成，此时第三组分的含量为零。如 AB 边上的 H 点，表示只含A与B组分的二元混合液，而不含S。三个边上分别按其总长度（相当于纯数1）作等分刻度，则图示中 H 点的组成为：

$$w_{HA}=\frac{\overline{BH}}{\overline{AB}}=0.7$$

$$w_{HB}=\frac{\overline{AH}}{\overline{AB}}=0.3$$

故
$$w_{HA}+w_{HB}=\overline{BH}+\overline{AH}=1.0$$

w_{HA}、w_{HB} 分别表示溶质A和原溶剂B在溶液H中的质量分数。图中 K 点、G 点代表的组成类似。

(3) 三角形内的任意点 表示某三元混合液的总组成。对图3-9中的 M 点，如由 M 点分别作与三个坐标轴的平行线 $\overline{HMG}$、$\overline{EMD}$、$\overline{KMF}$。点 E、D 在 $\overline{EMD}$ 线上，它们都代表组分A的质量分数，$\frac{\overline{BE}}{\overline{AB}}=w_{EA}=\frac{\overline{SD}}{\overline{SA}}=w_{DA}=0.4$，故 M 点的 $w_{MA}=0.4$；同样，点 H、G 在 $\overline{HMG}$ 线上，它们都代表组分B的质量分数，$\frac{\overline{AH}}{\overline{AB}}=w_{HB}=\frac{\overline{SG}}{\overline{SB}}=w_{GB}=0.3$，故 M 点的 $w_{MB}=0.3$；同理有 $\frac{\overline{AK}}{\overline{AS}}=w_{HS}=\frac{\overline{BF}}{\overline{BS}}=w_{FS}=0.3$；所以 $w_{MS}=0.3$，且有

$$w_{MA}+w_{MB}+w_{MS}=0.4+0.3+0.3=1.0$$

故三角形相图上任一点的总组成必满足组成归一性方程。

换言之，M 点的组分A的组成 w_{MA} 可由 $\overline{AB}$ 边上的 E 点或 $\overline{AS}$ 边上的 D 点读出；

w_{MB} 可由 $\overline{AB}$ 边上的 H 点或 $\overline{SB}$ 边上的 G 点读出；w_{MS} 可由 $\overline{AS}$ 边上的 K 点或 $\overline{BS}$ 边上的 F 点读出。

更简单一些，可由 M 点分别作 $\overline{AB}$ 与 $\overline{BS}$ 边的垂直线 $\overline{ME}$ 与 $\overline{MF}$，则由 E 点读出 w_{MA}，由 F 点读出 w_{MS}，然后由归一性方程求出：$w_{MB}=1-w_{MA}-w_{MS}$。

若在萃取计算中，遇到溶质含量很低，或相图中各线较密集时，可采用不等腰直角三角形来表达，即将其中一个直角边的刻度放大，以提高示值的准确度，便于作图和读数，但此时三条边长仍分别代表纯数 1。

2. 物料衡算与杠杆定律

在图 3-10 的三角形相图中，设有总组成为 w_{RA}、w_{RB}、w_{RS} 的溶液 R(kg)（即图中的 R 点）与总组成为 w_{EA}、w_{EB}、w_{ES} 的溶液 E(kg)（即图中的 E 点）相混合。混合液的总量为

$$M=R+E \tag{3-1}$$

设混合液 M 点的总组成为 w_{MA}、w_{MB}、w_{MS}，根据总物料衡算式（3-1），做组分 A 的衡算得

$$Mw_{MA}=Rw_{RA}+Ew_{EA} \tag{3-2}$$

再做组分 S 的衡算得

$$Mw_{MS}=Rw_{RS}+Ew_{ES} \tag{3-3}$$

由式（3-1）～式（3-3）可推得

$$\frac{E}{R}=\frac{w_{MA}-w_{RA}}{w_{EA}-w_{MA}}=\frac{w_{MS}-w_{RS}}{w_{ES}-w_{MS}} \tag{3-4}$$

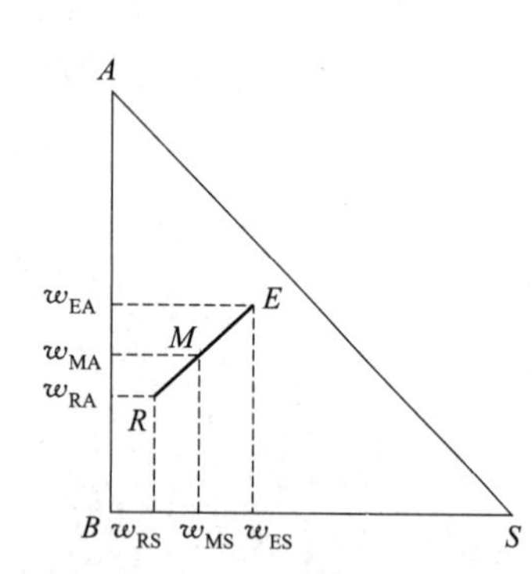

图 3-10　三角形相图中的物料衡算与杠杆定律

式（3-4）表示混合液的总组成点 M 必在 R 点与 E 点的联线上，且线段 $\overline{RM}$ 与 $\overline{ME}$ 在 $\overline{BS}$ 上的投影为（$w_{MS}-w_{RS}$）与（$w_{ES}-w_{MS}$），在 $\overline{AB}$ 上的投影为（$w_{MA}-w_{RA}$）与（$w_{EA}-w_{MA}$），故有

$$\frac{E}{R}=\frac{\overline{RM}}{\overline{EM}} \tag{3-5}$$

式（3-5）说明，物料衡算在等分的三角形坐标系中的表述满足杠杆定律，并可在图上直接读出它们的量与组成间的相互关系。

同样也可推导出 $\frac{R}{M}$ 或 $\frac{E}{M}$ 与组成的关系表达式。

3. 杠杆定律在三角形相图中的应用

（1）*混合物的和点*　当在原料液量（即由 A、B 组成的双组分溶液）F 中加入纯萃取剂量 S 后，混合物的组成点 M 必在 F、S 的联线上。根据杠杆定律可得萃取剂与原料液的相对量为

$$\frac{S}{F}=\frac{\overline{FM}}{\overline{MS}} \tag{3-6}$$

显然，当 F 量一定时，M 点的位置取决于加入的萃取剂量 S。图中随 S 量的增加，混合物的组成点沿 $\overline{FS}$ 移动，如 M、M_1、M_2 点等（见图 3-11）。

对S和B部分互溶物系，当将原料液量 F 与纯萃取剂量 S 加入混合器进行萃取后，此混合的两液相的总组成点为 M，在澄清器中分层得到的萃取相E和萃余相R，它们都是均相的三元溶液，其组成点 E 和 R 应落在三角形内。它们之间的数量关系为：$M=F+S$，$M=E+R$，称 M 点为 F 与 S 的和点，也是 E 与 R 的和点。

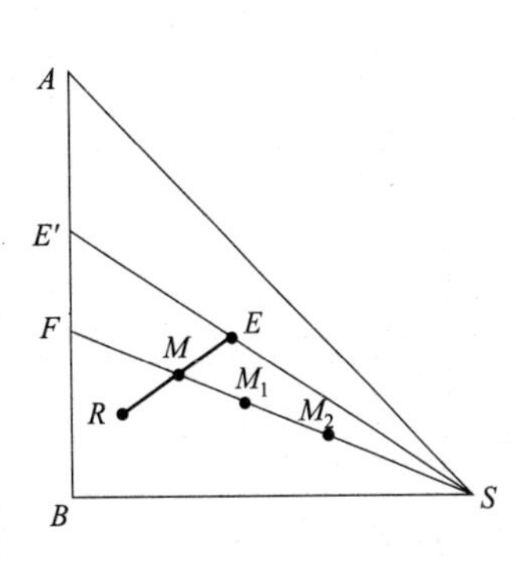

图 3-11 混合物的和点与差点

（2）**混合物的差点** 图3-11中的 E 点表示萃取相的组成，当将其中的萃取剂S完全除去时可得只含A和B的萃取液E′。根据物料衡算与杠杆定律，萃取液的组成点 E' 应在 S 与 E 的连线的延长线和 $\overline{AB}$ 边的交点上，称 E' 为 E 与 S 的差点，其数量关系必满足 $E'=E-S$。

由组分A衡算可得：

$$\frac{E'}{E}=\frac{\overline{ES}}{\overline{E'S}} \tag{3-7}$$

【案例3-1】 如案例附图所示，试求：①K、N、M 点的组成；②若组成为 C 和 D 的三元溶液的和点为 M，质量为90kg，求 C 与 D 各为多少千克？

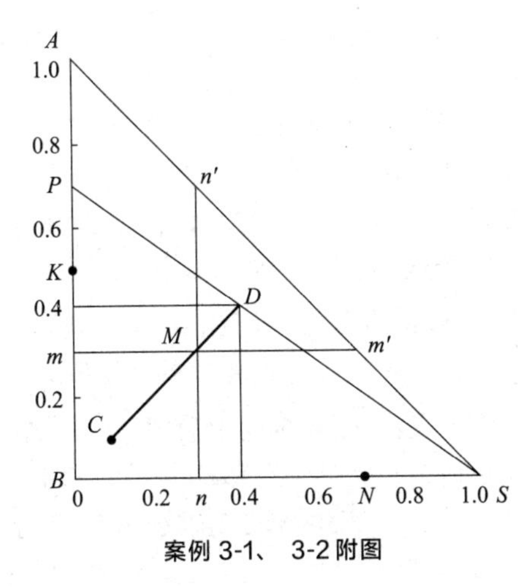

案例 3-1、 3-2 附图

解：① 由附图可知，K 点在 $\overline{AB}$ 边上，故 K 点表示由A、B组成的双组分混合液，其中 $w_{KA}=0.5$，则 $w_{KB}=1-w_{KA}=0.5$。

同理，N 点在 $\overline{BS}$ 边上，表示由B、S组成的双组分混合液，其中 $w_{NS}=0.7$，所以 $w_{NB}=1-w_{NS}=0.3$。

M 点在三角形内，它是由A、B、S组成的三元混合液。过 M 点作 $\overline{BS}$ 边的平行线，分别与 $\overline{AB}$ 和 $\overline{AS}$ 边交于 m、m' 点，可得 $w_{MA}=0.3$；再过 M 点作 $\overline{AB}$ 边的平行线，分别与 $\overline{BS}$ 和 $\overline{AS}$ 边交于 n、n' 点，可得 $w_{MS}=0.3$，则 $w_{MB}=1-w_{MA}-w_{MS}=0.4$。

② 由附图可以量得 $\overline{CM}=2\overline{MD}$，根据杠杆定律可得

$$\frac{C}{D}=\frac{\overline{MD}}{\overline{CM}}=\frac{\overline{MD}}{2\overline{MD}}=\frac{1}{2}$$

而

$$M=C+D=90\text{kg}$$

联立上两式可得：

$$C=30\text{kg} \qquad D=60\text{kg}$$

【案例3-2】 已知三元均相混合液D的组成如附图所示，质量为60kg，其中 $w_{DA}=0.4$，$w_{DS}=0.4$，$w_{DB}=0.2$（均为质量分数），若将D中的萃取剂S全部脱除，问可得到只含（A+B）的双组分溶液的量和组成各为多少？

解：联结 S、D 并延长交于 $\overline{AB}$ 边的 P 点，按杠杆定律知 P 点为 D 与 S 的差点，即可得：

$$P=D-S=60\text{kg}-S$$

量线段长度比可得：

$$\frac{P}{S}=\frac{\overline{DS}}{\overline{PD}}=\frac{0.6}{0.4}=\frac{3}{2}$$

联立上两式可得：

$$P=36\mathrm{kg}$$

P 点表示脱除 S 以后的（A+B）混合液，由于其中 A 和 B 的比例并没有发生变化，仍为：

$$\frac{w_{PA}}{w_{PB}}=\frac{w_{DA}}{w_{DB}}=\frac{0.4}{0.2}=2$$

因此，P 点的 A、B 组成为

$$w_{PA}=2w_{PB}$$

且有

$$w_{PA}+w_{PB}=1$$

联立以上两式可得：$w_{PA}=0.667$　　$w_{PB}=0.333$

二、部分互溶物系的相平衡

在物料衡算中，只涉及物料量和组成的关系，而不涉及其他独立状态参数，如 t、p 等。在液-液相平衡时，根据相律，系统的温度和压强必影响液-液相平衡状态和平衡组成。压强 p 的影响通常比较小，而温度 t 的影响较大。

本节所讨论的部分互溶物系只是指溶质 A 能完全溶于 B 和 S 中，但 B 与 S 是部分互溶的情况，这种物系在工业萃取过程中较为普遍。当在一定压强和温度下达到液-液相平衡时，系统可能是单一液相，也可能是两个液相，由具体物系和组成而定。此外，还有 A 和 S 也是部分互溶的物系，情况就要复杂得多。

1. 溶解度曲线、平衡联结线及临界混溶点

部分互溶的三元（A、B、S）物系的相平衡关系用溶解度曲线来表示，溶解度曲线在恒定压强和温度下由实验测得。溶解度曲线与联结线相图示例如图 3-12 所示。

若有由 B、S 组成的部分互溶的混合液 H，达到平衡后分为两液层，其组成点分别为 D 和 Q，D 中的 S 组分较少而 B 组分较多，Q 则相反。当向此混合液 H 中加入少量 A 后，按和点的规律，总组成点将沿 $\overline{HA}$ 线移动至 H_1 点，达到平衡后也将分成两液相 R_1 与 E_1。由图 3-12 可见，A 在此两相中的分配也并不相同；继续依次加入 A，可得到相应的 H_2、R_2、E_2、H_3、R_3、E_3，…，说明，随 A 量的增加（表现为 H_i 点沿 $\overline{HA}$ 线向上移动），R_i 中 S 量增加（表现为 R_i 点向右移动），而 E_i 中 B 量增加（表现为 E_i 点向左移动），即 B 与 S 间的互溶度增加了：直至 A 加到某一定量（即图中 P 点）时，两液相组成无限趋近而变为一相，分层现象消失。再加入 A，混合液将继续保持单一液相状态。

联结 D、R_1、R_2、R_3、…、P、…、E_3、E_2、E_1、Q 各点得到的曲线称为该三元物系的溶解度曲线；各互成平衡的两液相 R_i 和 E_i 称为共轭相；其相应的组成称为共轭相组成；R_i 和 E_i 点的联线称为平衡联结线（或称共轭线）；P 点称为临界混溶点。

由以上结果可得如下结论。

① 溶解度曲线把三角形相图分成两个区域：曲线与底边（$\overline{BS}$ 边）所围成的区域为两相区（即曲线内的任意点均分离为平衡的两液相）；曲线以外的区域为单相区。

② 在两相区内可作出无数条平衡联结线，当压强与温度一定时，其共轭相组成是一一对应的；在同一条联结线上的任一总组成点，其对应的平衡两相 R 与 E 的相组成一定，但 R 与 E 的量可以不同，其相对量可由杠杆定律确定；换言之，平衡的 R、E 两相所对应的混合组成（总组成）点必在 RE 联线上。联结线对 $\overline{BS}$ 边的倾斜方向与斜率随物料与温度而变化，它也反映 R_i 相中与 E_i 相中溶质 A 含量的差别。除少数物系（如吡啶-氯苯-水系统）

外，同一物系的联结线的倾斜方向一般相同。根据相律，对三组分两相系统，$f=3-2+2=3$，因此，在两相区内只要温度、压强和一个平衡相组成已知，这个系统的状态即可完全被确定。

③ 临界混溶点是在一定溶质含量下两共轭相变为一相的临界点，其位置一般并不在溶解度曲线的最高点，常偏于曲线的一侧，它将溶解度曲线分为左右两支。显然，三元混合物在临界混溶点只存在单相，不能再用萃取方法分离。

常见物系的共轭相组成的实验数据可在有关书籍及手册中查取。

2. 平衡联结线的内插——辅助曲线

用实验方法通常只能得到有限的一些平衡联结线数据。要想了解该物系任一对共轭相组成时，可应用辅助曲线图解内插求取。具体作法如图 3-13 所示。若已知四条联结线 $\overline{E_1R_1}$、$\overline{E_2R_2}$、$\overline{E_3R_3}$ 和 $\overline{E_4R_4}$，过 E_1、E_2、E_3、E_4 作 $\overline{AB}$ 边的平行线，过 R_1、R_2、R_3、R_4 作 $\overline{BS}$ 边的平行线，由此可得到相应的四个交点 K_1、K_2、K_3、K_4，联结这些交点 K_i 及 P、Q 两点得到的曲线称辅助曲线。

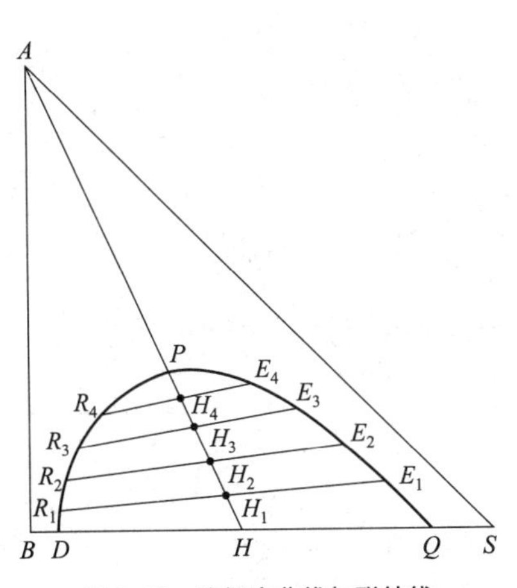

图 3-12 溶解度曲线与联结线

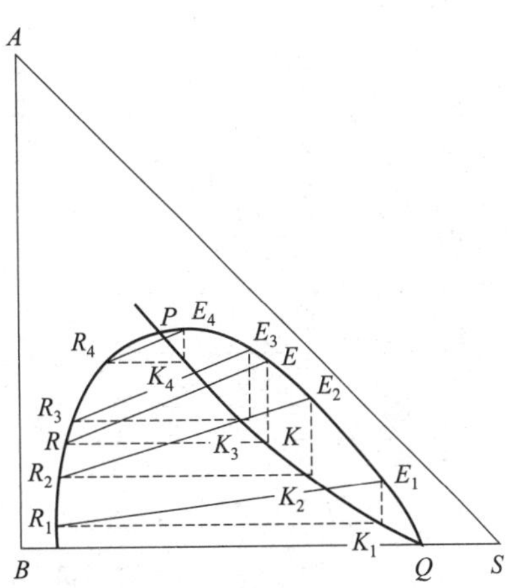

图 3-13 辅助线的作法及其应用

借助辅助曲线，便可从已知的 E 相（或 R 相）组成，用图解内插法求出与该相平衡的另一相组成。例如，已知 R 点求其相对应的 E 点：可通过 R 点作平行于 $\overline{BS}$ 边的水平线交辅助线于 K 点，再由 K 点作平行于 AB 边的垂直线与溶解度曲线相交即可得到 E 点，$\overline{RE}$ 线即为内插的联结线。

三、分配系数和分配曲线

1. 分配系数

为了表达在一定温度条件下，溶质 A 在平衡的两液相中的分配关系，将溶质组分 A 在两个液相中的组成之比，称为分配系数，即

$$k_A=\frac{\text{组分 A 在 E 相中的组成}}{\text{组分 A 在 R 相中的组成}}=\frac{w_{EA}}{w_{RA}}=\frac{y}{x} \tag{3-8}$$

k_A 值愈大，则每次萃取的分离效果愈好。一般情况下，k_A 不是常数。不同物系具有不同的 k_A 值；同一物系的 k_A 既随温度而变，又随平衡两相的组成而变化，但如组成变化范围不大时，k_A 可视为常数，其值由实验确定。

对S和B部分互溶的物系，由图3-12可知，k_A值的大小实际上随平衡联结线的斜率而变化。当$k_A=1$时，即$y=x$，故联结线为水平线，即与底边$\overline{BS}$平行，其斜率为零，$w_{EA}=w_{RA}$；若是$k_A>1$，则$y>x$，联结线的斜率大于1；若$k_A<1$，则$y<x$，联结线的斜率小于1。显然，联结线的斜率愈大，则k_A愈大，溶质转入萃取相中愈多。

对于B组分也可写出其分配系数k_B的表达式：

$$k_B=\frac{\text{组分 B 在 E 相中的组成}}{\text{组分 B 在 R 相中的组成}}=\frac{w_{EB}}{w_{RB}}$$

2. 分配曲线

若将三角形相图上各联结线两端点的对应组成w_{EA}（y_i）、w_{RA}（x_i）值转移到$x-y$的直角坐标上，如图3-14所示，可得到相应的坐标点N_i。对于临界混溶点，其$y=x$。将各N_i点和P点联结成的曲线称为分配曲线，它能比较清楚地反映分配系数的变化情况，也可以利用分配曲线进行内插求取三角形相图中的其他对应的联结线。更重要的是，分配曲线反映了所关心的溶质A在平衡两相中的组成关系，即相平衡关系。

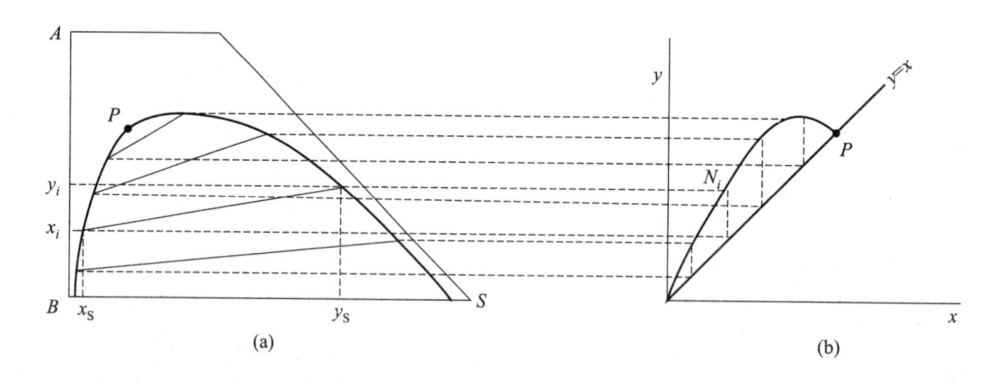

图 3-14 平衡联结线与分配曲线（$k_A>1$）

N_i点在对角线以上且与对角线间的距离愈远，说明y愈大于x，愈容易分离。

四、萃取剂的选择

选择适宜的萃取剂，是萃取操作能否合理、经济地进行的关键。一般选择时应考虑下列因素。

1. 萃取剂的选择性

要求萃取剂S对被萃取溶质组分A的溶解能力要大，而对B的溶解能力要小；同时要求对A的分配系数愈大愈好。选择性好的萃取剂，可减少萃取剂用量，降低其回收费用。

萃取剂的选择性可用选择性系数β来表示

$$\beta=\frac{\text{A 在 E 相中的质量分数/B 在 E 相中的质量分数}}{\text{A 在 R 相中的质量分数/B 在 R 相中的质量分数}}=\frac{w_{EA}/w_{EB}}{w_{RA}/w_{RB}}=\frac{w_{EA}/w_{RA}}{w_{EB}/w_{RB}} \tag{3-9}$$

由式（3-9）可知，选择性系数β与分配系数k_A的关系为：

$$\beta=k_A\frac{w_{RB}}{w_{EB}}=\frac{k_A}{k_B}$$

即三元系统萃取剂的选择性系数β是A与B的分配系数之比。

一般情况下，萃余相R中B的含量比萃取相E中的要高，即$w_{RB}/w_{EB}>1$。所以k_A增加，β也随之增加。β反映了A在两相间的分配系数与B的分配系数之比，在这个意义上，β与蒸馏中的相对挥发度α相类似。当$\beta=1$时，萃取液和萃余液中A与B具有同样的组成，原溶液将无法用萃取操作进行分离；β的大小反映了萃取剂对原溶液中各组分分离能力的大小，β值愈大，愈有利于A和B的分离。

2. 萃取剂S与原溶剂B的互溶度

实际上，S与B的互溶性也可通过B的分配系数k_B的大小来反映。

若采用S和S′两种萃取剂对（A+B）混合液在相同温度下进行萃取。得到如图3-15所示的两个形状相似的相图，其中图3-15（a）表明B-S互溶度小，两相区大，由求差点可知，此时能得到较高的y'_{max}；图3-15（b）表示B-S互溶度大，两相区小，故所能得到的y'_{max}小。不仅如此，互溶性增加，将使萃取液与萃余液中各组分分离更加困难。因此，应当选择对原溶剂B的互溶度小的萃取剂。

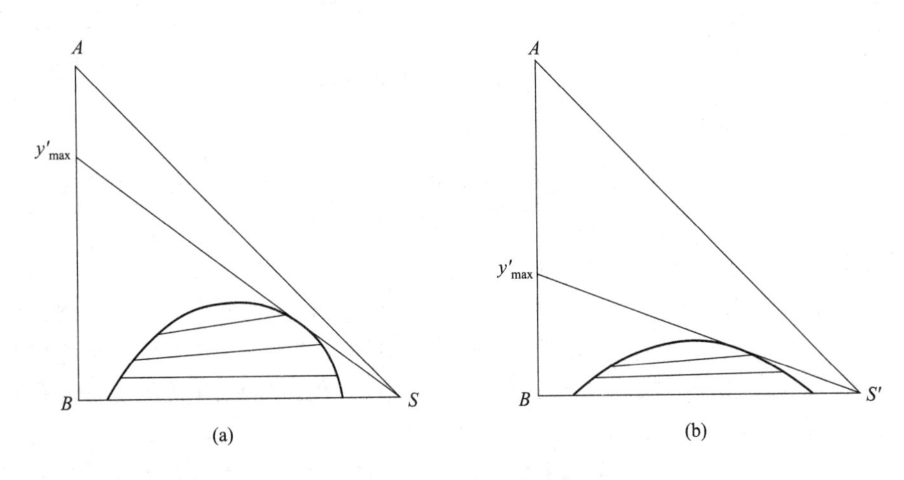

图3-15 萃取剂与原溶剂互溶度的影响

对同一物系，当温度降低时，S与B的互溶度减小，即两相区增加，对萃取有利，如图3-16所示；但温度降低会使溶液黏度增加，不利于两相间的分散、混合和分离，因此萃取操作温度应做适当的选择。

3. 萃取剂的其他有关性质

（1）*密度* 萃取过程要求两液相能相互充分接触，又要求在接触传质之后迅速分层，这就要求两相间有较大的密度差，以提高设备的生产能力。对于依靠密度差使两相发生分散、混合和相对运动的萃取设备（如填料塔和筛板塔），密度差的增大也有利于传质，故在选择萃取剂时，应考虑与原溶剂间有适宜的密度差。

（2）*界面张力* 两液层间的界面张力同时取决于两种液体的物性，物系的界面张力愈大，细小液滴愈易于聚结，有利于两液相分层；但两相间的分散需要消耗更多的能量，且使分散相的液滴增大，单位体积液体内相际传质面积减小，不利于传质。反之，若界面张力过小，分散相液滴减小，而且物料（特别是存在微量表面活性物质的条件下）易产生乳化现象而形成乳状液，导致分层困难。因此，界面张力引起的影响在工程上是相互矛盾的。实际生产中，从提高设备的生产能力考虑（要求液滴易聚结而分层快），一般不宜选择与原料液间

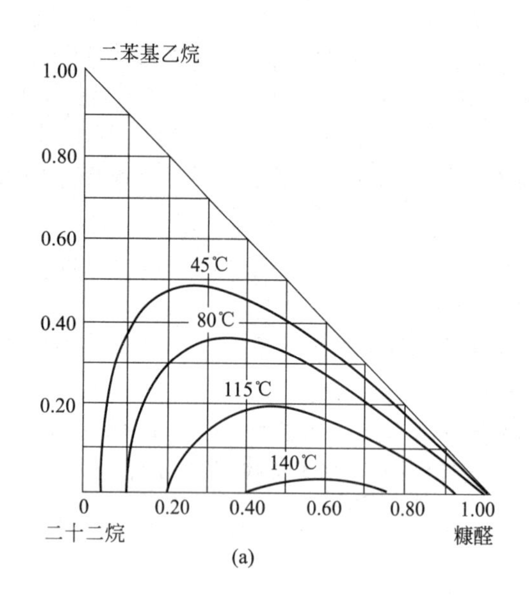

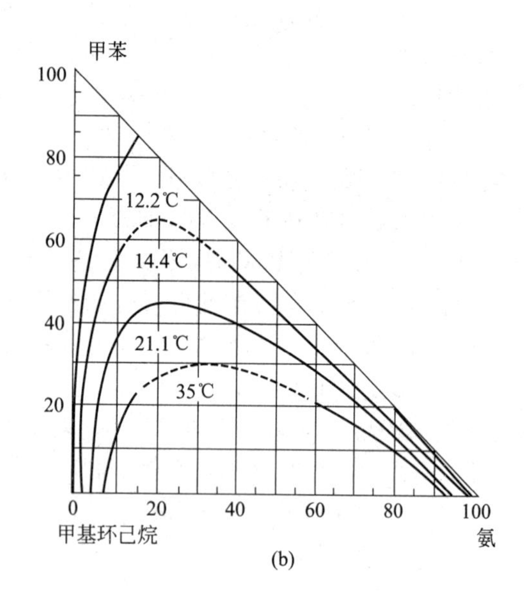

图 3-16 温度对互溶度的影响

界面张力过小的萃取剂。

（3）黏度 萃取剂的黏度低，有利于两相的混合传质和分离，也便于输送和贮存。因此，也应当考虑萃取剂的黏度与温度的关系，以便选择适宜的操作温度。

4. 萃取剂的回收

萃取剂通常需回收后循环使用，萃取剂回收的难易直接影响萃取的操作费用。用蒸馏方法回收萃取剂时，萃取剂与其他被分离组分间的相对挥发度要大，并且不应形成恒沸物。若被萃取的溶质 A 是不挥发的或挥发度很低的物质，可采用蒸发或闪蒸方法回收萃取剂，此时希望萃取剂的比汽化焓较低，以减少热量消耗。

此外，所选用的萃取剂还应满足化学稳定性好，腐蚀性小，无毒，不易燃易爆，价廉易得，蒸气压低（以减小汽化损失）等要求。这些也和选择吸收剂的要求类似，应根据实际物系的情况、分离要求和技术经济比较来做出合理的选择。

【案例 3-3】 丙酮和醋酸乙酯的混合液具有恒沸点，用一般蒸馏方法不能达到较完全的分离。由于丙酮易溶于水，故可用萃取方法进行分离，且选择的萃取剂——水最价廉易得。物系在 30℃下的相平衡数据如表 3-1 所示。试求与各对平衡数据相应的分配系数和选择性系数，并对此萃取剂（水）做出评价。

解： 以序号 2 为例

按式（3-8），$k_A=\dfrac{y}{x}=\dfrac{3.2}{4.8}=0.667$

$$k_B=\frac{w_{EB}}{w_{RB}}=\frac{8.3}{91.0}=0.0912$$

则 $$\beta=k_A\frac{w_{RB}}{w_{EB}}=\frac{k_A}{k_B}=\frac{0.667}{0.0912}=7.31$$

依次得出计算结果如表 3-2 所列。

表 3-1 丙酮(A)-醋酸乙酯(B)-水(S)在 30℃下的相平衡数据（质量分数）

序号	R 相(醋酸乙酯相)			E 相(水相)		
	A(x)/%	B/%	S/%	A(y)/%	B/%	S/%
1	0	96.5	3.5	0	7.4	92.6
2	4.8	91.0	4.2	3.2	8.3	88.5
3	9.4	85.6	5.0	6.0	8.0	86.0
4	13.5	80.5	6.0	9.5	8.3	82.2
5	16.6	77.2	6.2	12.8	9.2	78.0
6	20.0	73.2	7.0	14.8	9.8	75.4
7	22.4	70.0	7.6	17.5	10.2	72.3
8	26.0	65.0	9.0	19.8	12.2	68.0
9	27.8	62.0	10.2	21.2	11.8	67.0
10	32.6	54.0	13.4	26.4	15.0	58.6

表 3-2 例 3-3 计算结果

序号	1	2	3	4	5	6	7	8	9	10
k_A	0	0.667	0.638	0.704	0.771	0.740	0.781	0.762	0.763	0.810
β	0	7.31	6.83	6.83	6.47	5.51	5.36	4.06	4.01	2.91

由以上计算结果可知，β 值均比 1 大得多，从选择性来看，可以用水作为萃取剂从醋酸乙酯溶液中萃取丙酮，但各种平衡组成下 k_A 均小于 1，即用水只能将部分丙酮萃取出来，而且水与醋酸乙酯的互溶性较好，因而醋酸乙酯在水相中的损失相当大，这说明对此物系，水并不是一个最佳萃取剂，考虑到水较价廉易得，因此也可作为一种待选的萃取剂。

小结

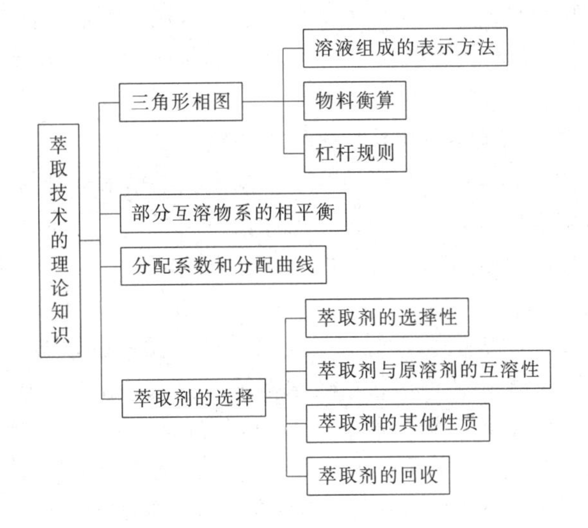

思考题

1. 如何确定三角形相图上各点的组成？为什么在三角形相图中可以利用杠杆定律？是否在图中每一条直线上的任意三点间的相对量与组成关系都可用杠杆定律来表示？

2. 一般情况下，应如何选择操作温度以利于萃取操作？

3. 临界混溶点的意义是什么？

4. 分配系数的意义是什么？其影响因素是什么？

5. 应如何选择适当的萃取剂用于萃取操作？

6. 试讨论温度、压强、两液相密度差、界面张力和黏度对液-液相平衡关系、萃取速率和分离速率的影响。

自测题

一、填空题

1. 对于同一物系，k_A 值随温度而变，在恒定温度下的 k_A 值随溶质 A 的组成而变，只有在（　　）条件下的 k_A 值才可近似视为常数。

2. 选择合适的萃取剂主要从以下方面考虑（　　）、（　　）、（　　）和（　　）。

3. 目前选取萃取剂主要有三大类方法，即（　　）、（　　）和（　　）。

二、选择题

1. 液-液萃取平衡关系常用的是相图，其中以（　　）最为简便。

A. 等边三角形　　B. 直角三角形　　C. 正方形　　D. 以上三种均可以

2. 进行萃取操作时，应使选择性系数（　　）1。

A. 等于　　B. 大于　　C. 小于　　D. 不一定

3. 进行萃取操作时，应使溶质的分配系数（　　）1。

A. 等于　　B. 大于　　C. 小于　　D. 不一定

4. 萃取剂的加入量应使原料与萃取剂的和点 M 位于（　　）。

A. 溶解度曲线上方区　　B. 溶解度曲线下方区　　C. 任何位置均可

5. 萃取操作的溶解度曲线将三角形内部分为两个区域，萃取操作在（　　）进行。

A. 单相区　　B. 气相区　　C. 液相区　　D. 两相区

三、判断题

1. 萃取各液相的质量间关系可用杠杆规则来描述。（　　）

2. 萃取三元物系的溶解度曲线和联结线是根据实验数据来标绘的。（　　）

3. 萃取操作在溶解度曲线以外的单相区进行。（　　）

4. 对萃取剂选择性的要求可以用选择性系数 β 表示。（　　）

四、计算题

1. 以异丙醚为萃取剂，从组成为 50%（质量分数）的醋酸水溶液中萃取醋酸。在单级萃取器中，用 600kg 异丙醚萃取 500kg 醋酸水溶液。试求：①在三角形相图上绘出溶解度曲线与辅助线；②确定原料液与萃取剂混合后，其混合液组成点的位置；③由三角形相图求出此混合液分为两个平衡液层——萃取相 E 和萃余相 R 的组成与量。

醋酸(A)-水(B)-异丙醚(S)的平衡数据（均为质量分数）

在萃余相(水层)R 中			在萃取相(异丙醚层)E 中		
A/%	B/%	S/%	A/%	B/%	S/%
0.69	98.1	1.2	0.18	0.5	99.3
1.40	97.1	1.5	0.37	0.7	98.9
2.69	95.7	1.6	0.79	0.8	98.4
6.42	91.7	1.9	1.93	1.0	97.1
13.30	84.4	2.3	4.82	1.9	93.3
25.50	71.1	3.4	11.40	3.9	84.7
37.00	58.6	4.4	21.60	6.9	71.5
44.30	45.1	10.6	31.10	10.8	58.1
46.40	37.1	16.5	36.20	15.1	48.7

2. 同上题物系，试求：①两平衡液层E与R中溶质的分配系数k_A及萃取剂的选择性系数β；②用600kg异丙醚对上题中所得到的萃余相R再进行一次萃取，在最终萃余相中醋酸的组成可为多少？

知识窗：细颗粒物PM2.5——大气污染的罪魁祸首

细颗粒物又称细粒、细颗粒、PM2.5。2013年2月，全国科学技术名词审定委员会将PM2.5的中文名称命名为细颗粒物。细颗粒物的化学成分主要包括有机碳（OC）、元素碳（EC）、硝酸盐、硫酸盐、铵盐、钠盐（Na^+）等。细颗粒物指环境空气中空气动力学当量直径小于或等于2.5μm的颗粒物。它能较长时间悬浮于空气中，其在空气中的含量浓度越高，就代表空气污染越严重。

虽然细颗粒物只是地球大气成分中含量很少的组分，但它对空气质量和能见度等有重要的影响。与较粗的大气颗粒物相比，细颗粒物粒径小，富含大量的有毒、有害物质且在大气中的停留时间长、输送距离远，因而对人体健康和大气环境质量的影响更大。研究表明，颗粒越小对人体健康的危害越大。细颗粒物能飘到较远的地方，因此影响范围较大。

细颗粒物对人体健康的危害要更大是因为直径越小，进入呼吸道的部位越深。10μm直径的颗粒物通常沉积在上呼吸道，2μm以下的可深入到细支气管和肺泡。细颗粒物进入人体到肺泡后，直接影响肺的通气功能，使机体容易处在缺氧状态。

2013年10月17日，世界卫生组织下属国际癌症研究机构发布报告，首次指认大气污染对人类致癌，并视其为普遍和主要的环境致癌物。然而，虽然空气污染作为一个整体致癌因素被提出，但它对人体的伤害可能是由其所含的几大污染物同时作用的结果。

任务3 液-液萃取过程的计算

任务目标

- 掌握单级萃取过程的计算；
- 掌握多级逆流萃取过程的计算；
- 掌握完全不互溶物系萃取过程的计算。

技能要求

- 能通过计算确定所需理论级数；
- 能通过计算确定萃取相或萃余相的量和组成。

萃取过程计算原则上包括物料衡算、热量衡算、相平衡计算和传质过程速率计算。但物质在两液相间传递时的热效应通常较小，过程基本是等温的，故一般可不做热量衡算。

一、单级萃取过程

单级萃取流程如图 3-17 所示。一般多用于间歇操作，也可用于连续萃取。

单级萃取过程设计的计算一般为：已知原料液量 F 及其组成 w_{FA}，规定萃余相 R 中的组成 w_{RA}（或萃余液 R′中的 w'_{RA}）。求萃取剂用量 S、萃取相量 E 及其组成 w_{EA}（或萃取液量 E'及其组成 w'_{EA}）。通常各股物流单位为 kg 或 kg/s（kg/h），组成用质量分数表示。

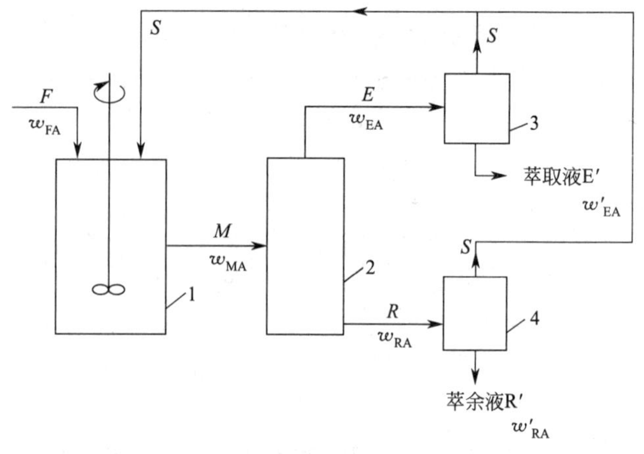

图 3-17 单级萃取流程

1—混合器；2—澄清器（分层器）；3，4—萃取剂分离设备

对物理过程，独立的物料衡算式的数目应等于系统的组分数。对于三元物系，可写出三个独立衡算方程：

总物料衡算（不包括分离设备）：

$$F+S=R+E=M \tag{3-10}$$

A 组分物料衡算（设进入混合器的为纯萃取剂 S，故 $w_{SA}=0$）：

$$Fw_{FA}+S\times0=Rw_{RA}+Ew_{EA}=Mw_{MA} \tag{3-11}$$

S 组分物料衡算：

$$F\times0+S\times1.0=Rw_{RS}+Ew_{ES}$$

即

$$S=Rw_{RS}+Ew_{ES} \tag{3-12}$$

式中 F——原料液量，kg/s(kg/h) 或 kg；

w_{FA}——原料液中溶质 A 的组成，质量分数；

S——加入的纯萃取剂量，kg/s(kg/h) 或 kg；

M——混合液量，kg/s(kg/h) 或 kg；

w_{MA}——混合液中溶质 A 的总组成，质量分数；

E——萃取相量，kg/s(kg/h) 或 kg；

w_{EA}——萃取相中 A 的组成，质量分数；

R——萃余相量，kg/s(kg/h) 或 kg；

w_{RA}——萃余相中 A 的组成，质量分数；

另外 E'——脱除 S 后的萃取液量，kg/s(kg/h) 或 kg；

w'_{EA}——E′中 A 的组成，质量分数；

R'——脱除 S 后的萃余液量，kg/s(kg/h) 或 kg；

w'_{RA}——R′中 A 的组成，质量分数；

w_{RS}，w_{ES}——R 与 E 中纯萃取剂的组成，质量分数。

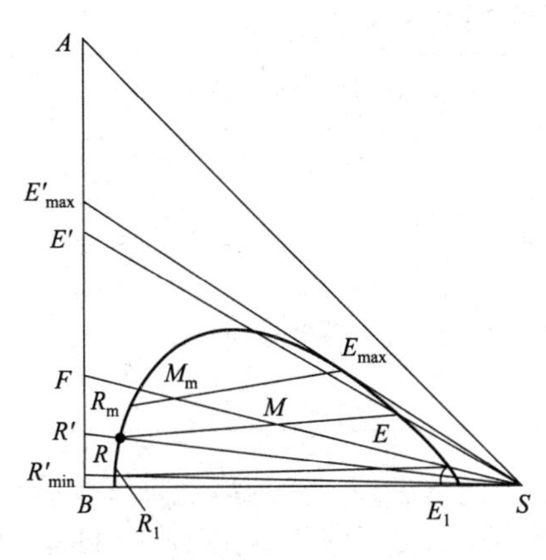

图 3-18 单级萃取在三角形相图上的表示

对一个理论级，E与R达到平衡，组成$w_{EA}(y)$与$w_{RA}(x)$必在过M点的平衡联结线上。三元物系的液-液相平衡关系与物料衡算关系用数学式表述和计算比较繁杂，故常在三角形相图上用图解法求取未知值。

在三角形相图上，单级萃取过程的各物流相对量及其组成间的关系如图3-18所示。图上应先根据已知平衡关系画出溶解度曲线、平衡联结线及辅助曲线。

(A+B)原料液的组成点F在$\overline{AB}$边上，加入纯萃取剂S进行萃取，混合液的总组成点M（即F与S的和点）必在$\overline{FS}$线上，即有：

$$F+S=M \qquad \frac{S}{F}=\frac{\overline{FM}}{\overline{MS}}$$

F和S充分接触、静止分层获得E和R，且E和R达到平衡。故E和R的组成点必在过M点的平衡联结线上，即：

$$M=E+R \qquad \frac{E}{R}=\frac{\overline{RM}}{\overline{ME}}$$

分出的E和R相中的萃取剂应回收循环使用。若将E中溶剂S全部脱除得到萃取液E′，连接$\overline{SE}$并延长交$\overline{AB}$边即可得到交点E'，显然，萃取液E′为(A+B)的二元溶液，其中A的质量分数比原料液F大为增加；同理，若将R中的溶剂S全部脱除可得萃余液R′，R'为$\overline{SR}$的延长线与$\overline{AB}$边的交点，由图可见，其中A的质量分数比F低得多。

经过一个萃取理论级，原料液分为由E′和R′表示的新的(A+B)系统，使F得到一次部分分离。根据物料衡算与杠杆定律，可得：

$$F=E'+R' \qquad \frac{E'}{R'}=\frac{\overline{FR'}}{\overline{E'F}}$$

那么，对原料液F，经过一次理论级萃取后可能得到溶质A的最大萃取液组成和最小萃余液组成是多少呢？由图3-18可见，随加入S量的减少，M点将沿$\overline{SF}$线向左上方移动，对应的平衡联结线也将向上移动，SEE'线的斜率绝对值也将增加，于是E'将向上移动，直至由S点作溶解度曲线的切线（切点为E_{max}）$SE_{max}E'_{max}$线为止，这时得到的E'等于E'_{max}，其中A的组成达到最大，和点为M_m，平衡联结线为$\overline{R_mM_mE'_{max}}$。

类似地，若加大S量，则M点将沿$\overline{SF}$线向下移动，当萃取剂S加入量最大时，F与S的和点的极限点应为E_1（M点与E_1重合），由过E_1的联结线可得到R_1，将R_1中的S脱除即得到萃余液R'_{min}，其中A的组成达到最小。

【案例3-4】 25℃时丙酮-水-三氯乙烷系统的溶解度数据列于表3-3中，组成均为质量分数。原料液（丙酮-水溶液）中含丙酮50%，总质量为100kg，用三氯乙烷作萃取剂。试求：①加入多少千克三氯乙烷后混合液M中三氯乙烷总组成为32%？混合液M中丙酮与水的总组成为多少？②M分层后，得到萃余相R（水相）的组成为水71.5%、丙酮27.5%、三氯乙烷1%，与R平衡的萃取相E的组成是多少？③在原料液F中加入多少千克三氯乙烷才能使混合物开始分层？

表 3-3 丙酮（A）-水（B）-三氯乙烷（S）在 25℃下的平衡组成

序号	水相			三氯乙烷相		
	A(x)/%	B/%	S/%	A(y)/%	B/%	S/%
1	5.96	93.52	0.52	8.75	0.32	90.93
2	10.00	89.40	0.60	15.00	0.60	84.40
3	13.97	85.35	0.68	20.78	0.90	78.32
4	19.05	80.16	0.79	27.66	1.33	71.01
5	27.63	71.33	1.04	39.39	2.40	58.21
6	35.73	62.67	1.60	48.21	4.25	47.53
7	46.05	50.20	3.75	57.40	8.90	33.70

解：① 按表 3-3 数据在三角形相图（本题附图）中绘出溶解度曲线。含丙酮 0.50（质量分数）的水溶液，其组成点 F 为 $\overline{AB}$ 边的中点。联结 FS 线，过底边上三氯乙烷组成为 0.32 的 D 点作垂线交 $\overline{FS}$ 于 M 点，M 点即为 F 和 S 混合的和点。按杠杆定律可得：

$$\frac{S}{F}=\frac{\overline{FM}}{\overline{MS}}$$

$$\frac{\overline{FM}}{\overline{MS}}=\frac{0.32}{1-0.32}=0.47$$

即应加入的三氯乙烷量为：

$$S=F\times\frac{\overline{FM}}{\overline{MS}}=100\times0.47\text{kg}=47\text{kg}$$

总组成：已知三氯乙烷组成 $w_{MS}=32\%$，M 中 A 和 B 的组成比应与原溶液相同，即有

$$\frac{w_{MA}}{w_{MB}}=\frac{w_{FA}}{w_{FB}}=\frac{0.5}{0.5}=1$$

又按组成归一性方程：

$$w_{MA}+w_{MB}+w_{MS}=1$$

$$w_{MA}+w_{MB}=1-w_{MS}=1-0.32$$

所以 $$w_{MA}=w_{MB}=\frac{1-0.32}{2}=0.34$$

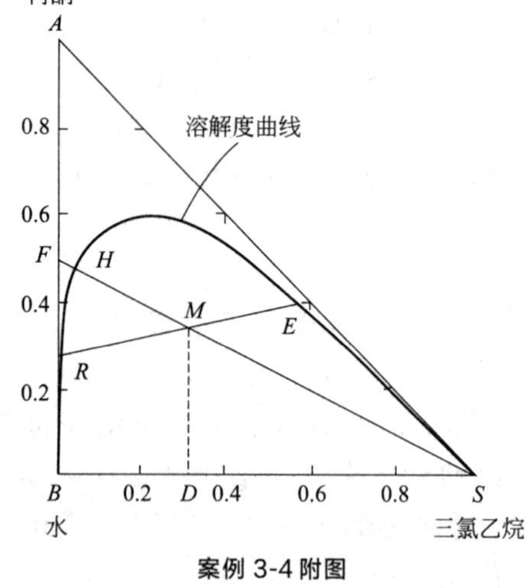

案例 3-4 附图

② 当 F 与 S 充分接触分层后，已知 R 相组成，在溶解度曲线上找出 R 点，连 RM 并延长交溶解度曲线于 E 点，即得 E 相组成点。从图上即可查出其组成为：

$w_{EA}=0.39$　　$w_{EB}=0.586$　　$w_{ES}=0.024$

③ 从 $S=0$ 开始逐渐增加 S 量（$S=0$ 时和点与 F 重合），和点将从 F 点开始沿 $\overline{FS}$ 线向右下方移动，当 S 加入量增至其和点刚跨过溶解度曲线上的 H 点时，混合液即开始分层，H 点所对应的组成 $w_{HS}=0.043$，故三氯乙烷加入量必须超过

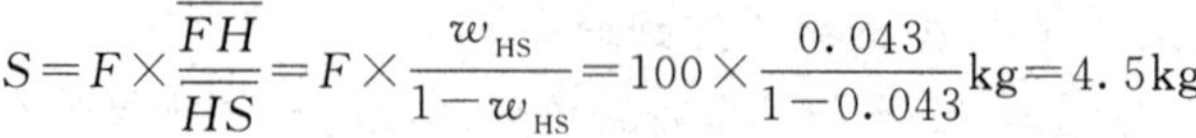

$$S=F\times\frac{\overline{FH}}{\overline{HS}}=F\times\frac{w_{HS}}{1-w_{HS}}=100\times\frac{0.043}{1-0.043}\text{kg}=4.5\text{kg}$$

二、多级错流萃取过程

当单级萃取得到的萃余相中的溶质 A 的组成高于要求值时，为了充分回收溶质，可再次在萃余相中加入新鲜萃取剂进行萃取，即将若干个单级萃取器按萃余相流向串联起来，得到如图 3-19（a）所示的多级错流萃取流程（图中为 3 级）。原料液 F 从第 1 级中加入，各级

中均加入新鲜萃取剂 S，由第 1 级中分出的萃余相 R_1 引入第 2 级，由第 2 级中分出的萃余相 R_2 再引入第 3 级，分出萃余相 R_3 进入溶剂回收装置，得到萃余液 R′，各级分出的萃取相 E_1、E_2、E_3 汇集后送到相应的溶剂回收设备，得到萃取液 E′，回收的萃取剂循环使用。

图 3-19（b）表示了多级错流萃取的图解计算过程，它是单级萃取过程图解法的多次重复。在第 1 级中，S 和 F 混合后的总组成点为 M_1，落在 $\overline{FS}$ 联线上，通过 M_1 点的平衡联结线的两端点分别为离开第 1 级的萃取相 E_1 和萃余相 R_1，R_1 在第 2 级中与新鲜 S 接触混合，其总组成点 M_2 在 $\overline{R_1S}$ 联线上，分出 R_2 与 E_2；R_2 在第 3 级中再与 S 混合，总组成点 M_3 在 $\overline{R_2S}$ 联线上，分出 R_3 与 E_2。若 R_3 中的组成仍不满足工艺要求，可再增加萃取级数。因此，图解计算时画出的平衡联结线数目即为所求的理论级数。

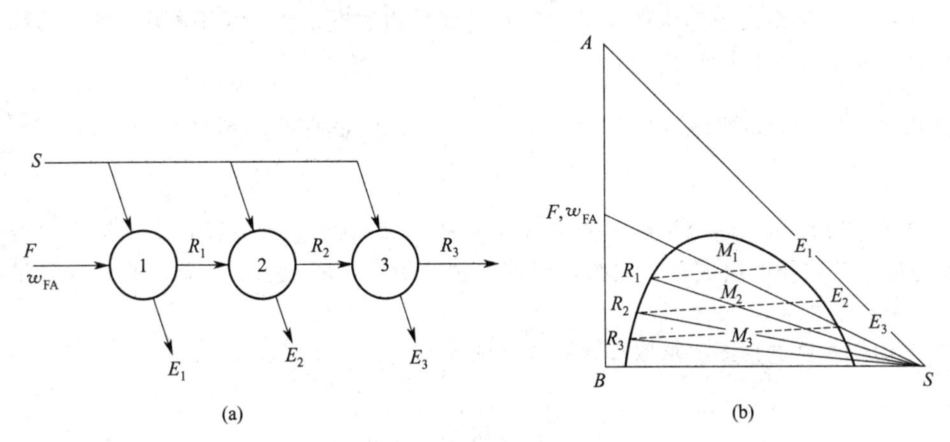

图 3-19 多级错流萃取

多级错流萃取时，由于每一级都加入新鲜萃取剂，使过程推动力增加，有利于萃取传质，并可降低最后萃余相中的溶质浓度；但萃取剂用量大，使其回收和输送的能耗增加。因此，这一流程的应用受到一定限制。但在物系的分配系数 k_A 很大，或萃取剂为水不需回收等情况下可以适用。

多级错流萃取 动画扫一扫

三、多级逆流萃取过程

1. 多级逆流萃取流程

当原料液中的两个组分均为过程的目的产物，并希望较充分地加以分离时，一般均采用多级逆流萃取操作。

如图 3-20 所示，原料液 F 由第 1 级中加入，顺次通过各级，最终萃余相 R_N 由最后一级，即第 N 级排出；新鲜萃取剂 S 则从第 N 级加入，沿相反方向通过各级，最终萃取相 E_1 由第一级排出。R_N 与 E_1 可分别送入溶剂回收设备回收萃取剂循环使用。

多级逆流萃取 动画扫一扫

2. 多级逆流萃取理论级数的求取——三角形坐标图解法

在多级逆流萃取计算中，一般已知物系的平衡关系、原料液量 F 及其组成和最终萃余相的组成（或最终萃取相组成），选定溶剂用量 S 及其组成，然后运用各级的物料衡算与相平衡关系求算所需的理论级数 N 和离开各级的萃取相与萃余相的量和组成。通常采用三角形坐标图解法，具体步骤如下。

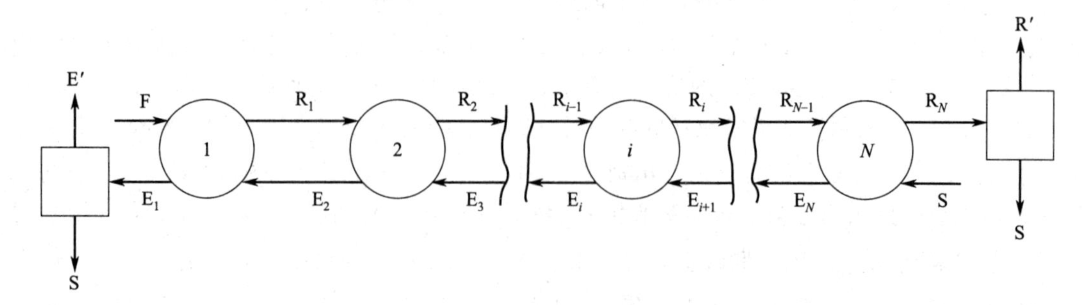

图 3-20 多级逆流萃取流程

① 根据三元物系及操作压强、温度条件得到平衡数据，在三角形相图上画出溶解度曲线、平衡联结线，并作出辅助曲线。

② 根据已知原料液组成确定 F 点，联结 $\overline{FS}$，选定适宜的溶剂比 S/F，按 $\frac{S}{F}=\frac{\overline{FM}}{\overline{MS}}$ 确定 M 点。

③ 在溶解度曲线上确定最终萃余相组成点 R_N，联结 $\overline{R_NM}$ 并延长交溶解度曲线于 E_1 点，此为最终萃取相的组成点，因为，根据总物料衡算，E_1 是 M 与 R_N 的差点，并且 E_1 一定在平衡联结线上。

④ 按物料衡算进行图解求取理论级数（图 3-21）。

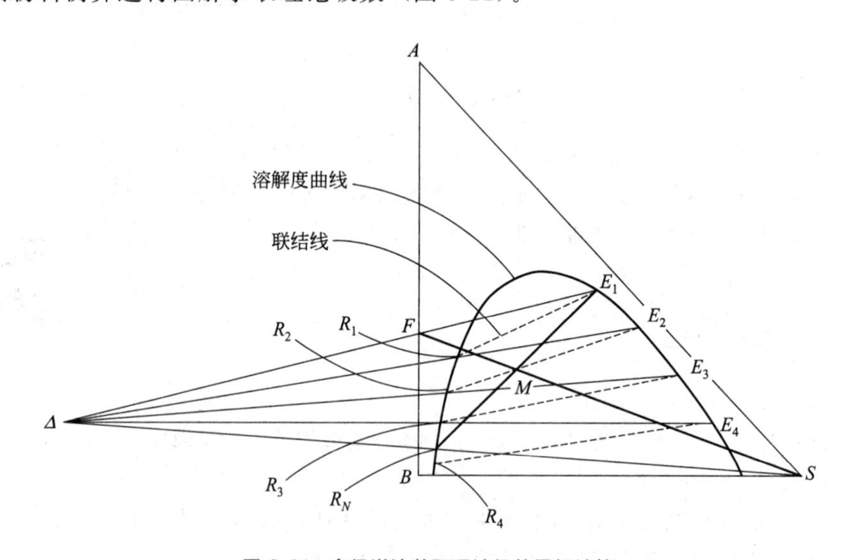

图 3-21 多级逆流萃取理论级的图解计算

总物料衡算：即对 N 个理论级作总衡算，可得

$$F+S=E_1+R_N=M \tag{3-13}$$

式中，M 既是输入系统的原料液 F 和萃取剂 S 之和（F 与 S 的和点），又是输出系统的 E_1 和 R_N 之和（E_1 与 R_N 的和点）。

第 1 级物料衡算：

$$F+E_2=R_1+E_1 \quad 或 \quad F-E_1=R_1-E_2$$

第 2 级物料衡算：

$$R_1+E_3=R_2+E_2 \qquad 或 \qquad R_1-E_2=R_2-E_3$$

……

第 N 级物料衡算：

$$R_{N-1}+S=R_N+E_N \qquad 或 \qquad R_{N-1}-E_N=R_N-S$$

由以上各级衡算式可得

$$F-E_1=R_1-E_2=R_2-E_3=\cdots=R_{N-1}-E_N=R_N-S=\Delta \tag{3-14}$$

式（3-14）为多级逆流萃取操作的操作线方程。式中，Δ 为该系统的常数，它表示进入该级的萃余相的流量与离开该级的萃取相的流量之差为一常量，即 Δ 是 F 与 E_1、R_1 与 E_2、…、R_N 与 S 的差点，也可看作是通过每一级的“净流量”。由上可知 Δ 是个虚拟量，其位置在三角形坐标图之外。当萃取剂用量较小即当 $S<R_N$ 时，Δ 的位置，落在三角形坐标图的左侧，如图 3-21 所示；反之，若萃取剂用量较大即 $S>R_N$ 时，Δ 的位置将落在三角形坐标图的右侧。对任意 i 级，$\overline{E_iR_{i-1}\Delta}$（或 $\overline{R_{i-1}E_i\Delta}$）表明第 i 级与第 $i-1$ 级间的相对物流量与组成关系，故称该直线为 i 级与 $i-1$ 级间的操作线，各级间的操作线都交于 Δ 点，故 Δ 点又称为操作线的共点。而离开各级的物流 E_i、R_i，则都是平衡联结线的端点。因此，只要根据物料衡算关系定出 Δ 之后，根据平衡溶解度曲线和操作线方程，在三角形相图上交替画出相应的联结线和操作线即可求出所需的理论级数。具体作法如下：

① 联结 $\overline{E_1F}$ 和 $\overline{SR_N}$，并延长交于 Δ 点；

② 利用辅助曲线，作过 E_1 点的联结线，得到与 E_1 相平衡的 R_1 点；

③ 联结 $\overline{\Delta R_1}$ 并延长交溶解度曲线于 E_2 点，过 E_2 作联结线得到与之平衡的 R_2 点；

④ 重复上述步骤，直至 R_i 相对于 $\overline{AB}$ 边的位置等于或低于 R_N 的位置为止，即 R_i 中溶质 A 的组成 $w_{R_iA} \le w_{R_NA}$。画出的平衡联结线数即需要的理论级数。在图 3-21 中共画出 4 条联结线，说明有 4 个理论级即可完成给定的分离要求。

需要说明的是，Δ 的具体位置可能在三角形坐标图的左侧或右侧，由物系的联结线的倾斜方向、原料液组成和数量、萃取剂用量大小等因素确定，但其图解步骤相同。

【案例 3-5】 用纯萃取剂 S 萃取原料液（A+B）中的溶质组分 A 。原料液量为 1000kg/h，其中 A 的组成为 30%，已知纯萃取剂用量为 350kg/h，要求最终萃余相 R_N 中的 A 组分不大于 6.5%（以上均为质量分数）。试求逆流萃取时：①所需理论级数；②最终萃取相的量及组成。

操作温度下该三元物系的相平衡曲线如本题附图所示。

解： ① 由原料液组成 $w_{FA}=0.3$，在三角形相图的 $\overline{AB}$ 边上定出 F 点，联 $\overline{FS}$ 线。

由题给萃取剂用量，得到溶剂比为：

$$\frac{S}{F}=\frac{350}{1000}=0.35$$

根据杠杆定律

$$\frac{\overline{FM}}{\overline{MS}}=\frac{S}{F}=0.35$$

可在 $\overline{FS}$ 线上定出 F 与 S 混合液的总组成点 M（和点），$w_{MA}=0.23$。

按最终萃余相组成 $w_{R_N}=x_N=0.065$，在溶解度曲线上定出 R_N 点，联结 $\overline{R_NM}$ 线并延长交溶解度曲线于 E_1 点（差点），E_1 即为离开第 1 级的萃取相组成点。联 $\overline{E_1F}$ 和 $\overline{SR_N}$，并将二线延长相交于 Δ 点，此即该逆流萃取过程操作线的共点。

从 E_1 点开始，利用辅助曲线作过 E_1 的平衡联结线（辅助曲线已在图上标出）定出 R_1 点；

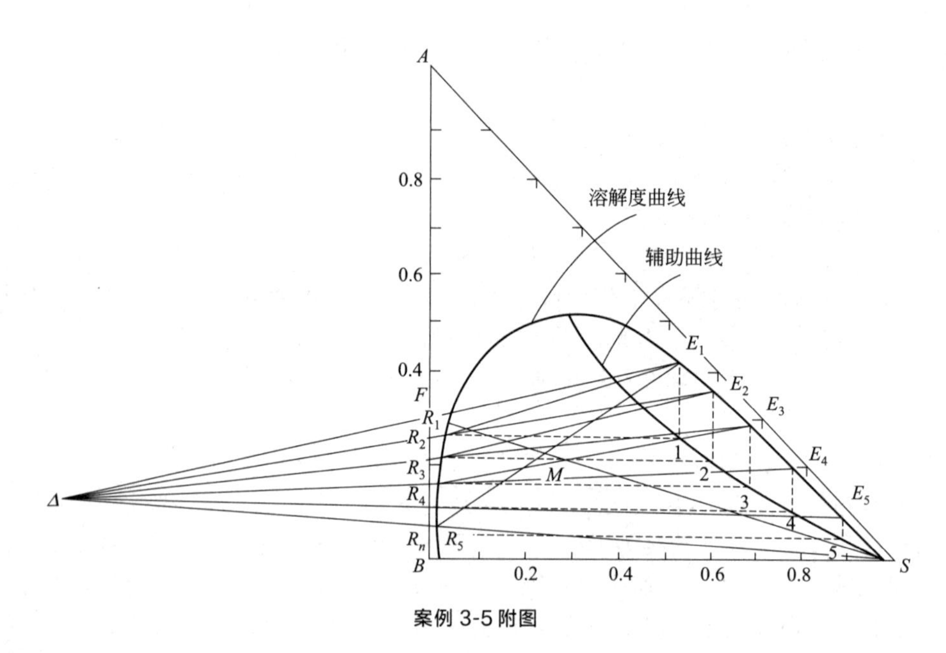

案例 3-5 附图

联 $\overline{\Delta R_1}$ 并延长交溶解度曲线于 E_2 点，再作过 E_2 的联结线得 R_2 点；……重复上述作图步骤，直至 $x_5 \leqslant x_N$ (0.065)为止，共画出 5 条联结线，即所求理论级数为 5 级。

② 由图可读出最终萃取相 E_1 的组成为

$$w_{E_1A}=y_1=42\%, w_{E_1B}=6\%, w_{E_1S}=52\%$$

由总物料衡算可得

$$M=F+S=R_N+E_1=1350\text{kg/h}$$

且有

$$\frac{E_1}{M}=\frac{\overline{R_NM}}{\overline{R_NE_1}}$$

故

$$E_1=M\times\frac{\overline{R_NM}}{\overline{R_NE_1}}=1350\times\frac{0.23-0.065}{0.42-0.065}\text{kg/h}=627\text{kg/h}$$

3. 用分配曲线求理论级数

当采用逆流操作所需理论级数较多时，在三角形相图上进行图解画出的联结线多而密集，作图困难、误差也较大。此时可在 $x-y$ 直角坐标图上画出相应的平衡线——分配曲线及操作线，然后用与精馏过程相似的图解法求取理论级数。

前已述及，分配曲线上任意点的组成 x 和 y 表示三角形相图上对应的联结线上 R 和 E 中溶质 A 的平衡组成，故可将溶解度曲线投射到直角坐标图上去，得到分配曲线。

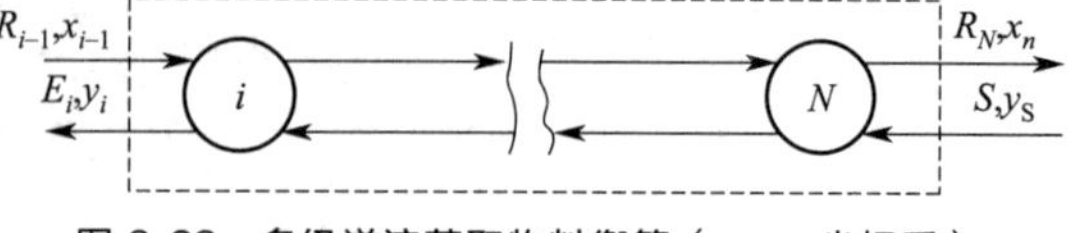

图 3-22 多级逆流萃取物料衡算（$x-y$ 坐标系）

在 $x-y$ 图上的操作线方程推导如下：在任意第 i 级与最后一级（N 级）间做物料衡算（如图 3-22 中虚线所示范围）：

总物料衡算：

$$S+R_{i-1}=E_i+R_N \tag{3-15}$$

A 组分衡算：

$$Sy_S+R_{i-1}x_{i-1}=E_iy_i+R_Nx_N \tag{3-16}$$

式中 x_{i-1}——离开 $i-1$ 级萃余相中进入 i 级 A 的质量分数；

y_i——离开 i 级的萃取相中 A 的质量分数；

y_S——萃取剂中 A 的质量分数。

故
$$y_i=\frac{R_{i-1}}{E_i}x_{i-1}+\frac{S}{E_i}y_S-\frac{R_N}{E_i}x_N \tag{3-17}$$

一般，S、y_S、R_N、x_N 是已知值，但由于在各萃取级中，萃取相与萃余相的流量都在变化，故式（3-17）在 x-y 图中为一曲线，称为操作线，通常也用图解法画出，即将三角形相图上的操作线关系转绘到 x-y 图上。其步骤为（图 3-23）：

从三角形相图上 $\overline{R_NS}$ 及 $\overline{FE_1}$ 作延长线得到 Δ 点，过 Δ 在 E_1 与 R_N 范围内作若干条任意直线与溶解度曲线相交，得到若干组交点（R_{i-1}，E_i），将这些交点的对应组成 (x_{i-1},y_i) 标绘到 x-y 图上得若干对应点，将它们联结起来即得到在 x-y 图上逆流萃取的操作线。由图 3-23（b）可见，操作线为曲线，其起点的坐标为 (x_F,y_1) 即 H 点，而终点的坐标为 (x_N,y_S) 即 K 点。

由 H 点起，在平衡线（分配曲线）与操作线间作水平线与垂直线段构成梯级，直至 $x_i\leqslant x_N$ 为止，画出的梯级数即为所需的理论级数。图 3-23（b）中得到 4 个梯级，说明此逆流萃取过程需要 4 个萃取理论级。

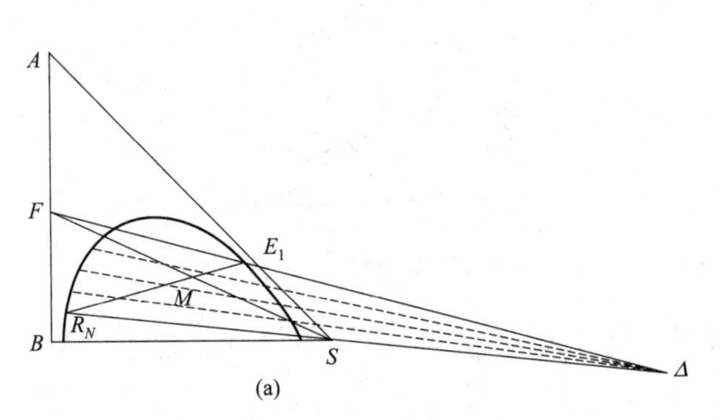

图 3-23 用分配曲线求理论级数

四、完全不互溶物系的萃取过程

当 B 和 S 完全不互溶或互溶度极小时，在整个萃取过程中，S 和 B 可看作不变量，只有 A 在两相间进行转移，这种情况与单组分吸收过程类似，计算比较简单。

1. 组成与相平衡表示方法

由于 B 与 S 互不相溶，各相中 A 的组成可用质量比表示，即

萃取相中溶质 A 的组成： $$Y=\frac{\text{溶质 A 的质量(kg)}}{\text{萃取剂 S 的质量(kg)}}$$

萃余相中溶质 A 的组成： $$X=\frac{\text{溶质 A 的质量(kg)}}{\text{原溶剂 B 的质量(kg)}}$$

溶质在平衡两相中的组成可用 X-Y 坐标系中的分配曲线表示。

2. 单级萃取过程的计算

当原料液（A+B）与 S 在萃取器中相接触时，A 从 B 向 S 中转移，B 和 S 在两液相中的量不变，最后两相间达到平衡。图 3-24（a）为单级萃取过程示意图。

对萃取器作 A 组分的物料衡算：

$$BX_F + SY_S = BX_R + SY_E \tag{3-18}$$

即

$$B(X_F - X_R) = S(Y_E - Y_S)$$

或

$$\frac{B}{S} = \frac{Y_E - Y_S}{X_F - X_R}, \frac{Y_E - Y_S}{X_R - X_F} = -\frac{B}{S} \tag{3-18a}$$

式中 B——原料液或萃余相中原溶剂 B 的量，kg 或 kg/h；

S——萃取剂或萃取相中纯萃取剂 S 的量，kg 或 kg/h；

X_F——原料液中溶质 A 的质量比；

X_R——萃余相中溶质 A 的质量比；

Y_S——萃取剂中溶质 A 的质量比；

Y_E——萃余相中溶质 A 的质量比。

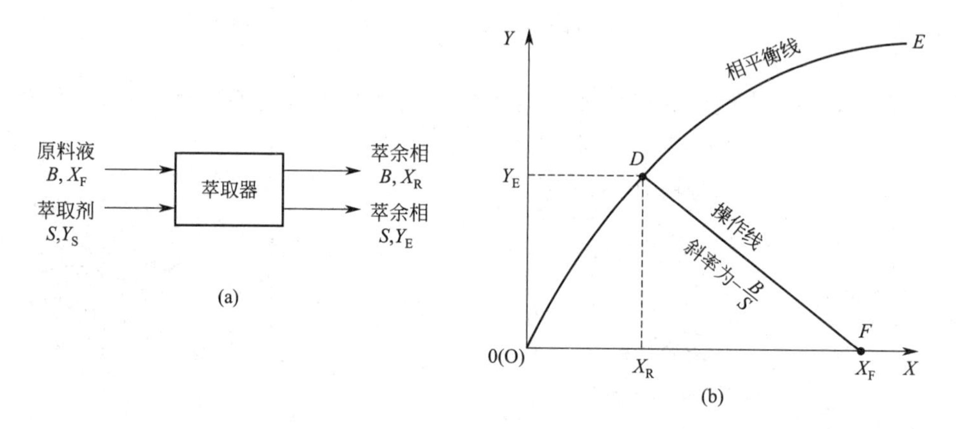

图 3-24 完全不互溶物系（B 和 S）的单级萃取

式（3-18）与式（3-18a）称为单级萃取过程的操作线方程，在 X-Y 坐标图中为一直线，该直线过(X_F, Y_S)点，其斜率为$-B/S$。

当已知 B、X_F、Y_S 及选定萃取剂 S 用量以后，由于 Y_E 与 X_R 达到平衡，故可直接求出；也可规定 X_R，求取相应的 Y_E 与 S。用图解法求解更为方便，如图 3-24（b）所示，在 X-Y 图上画出平衡线 OE，已知 Y_S（当为纯萃取剂时，$Y_S=0$）、X_F，在图上得到 F 点，根据式（3-18a），过 F 点作斜率为$-B/S$ 的直线交平衡线 OE 于 D 点，$\overline{FD}$ 即为单级萃取过程的操作线，D 点的坐标为 X_R 与 Y_E；如果已知 X_R，可在平衡线 OE 上找到 D 点，联 $\overline{FD}$ 得到操作线，由该线斜率值求出 S 用量。

3. 多级错流萃取过程的计算

多级错流萃取是上述单级萃取的多次重复。图 3-25 所示为 B、S 完全不互溶物系多级（四级）错流萃取流程。对每一级的萃取相与萃余相，其中 S 与 B 的量应分别为常量。计算可按下列方法进行。

（1）解析计算法 若在操作范围内，分配系数为常数，且 $Y_S=0$，而在 X-Y 坐标系内的分配曲线又可近似为通过原点的直线，则可用类似吸收中的表示式：

$$Y = mX \tag{3-19}$$

对第 1 级做 A 组分衡算可得

$$-\frac{B}{S}=\frac{Y_S-Y_1}{X_F-X_1}$$

将 $Y_S=0$，$Y_1=mX_1$ 代入上式得

$$X_1=\frac{X_F}{\frac{mS}{B}+1} \tag{3-20}$$

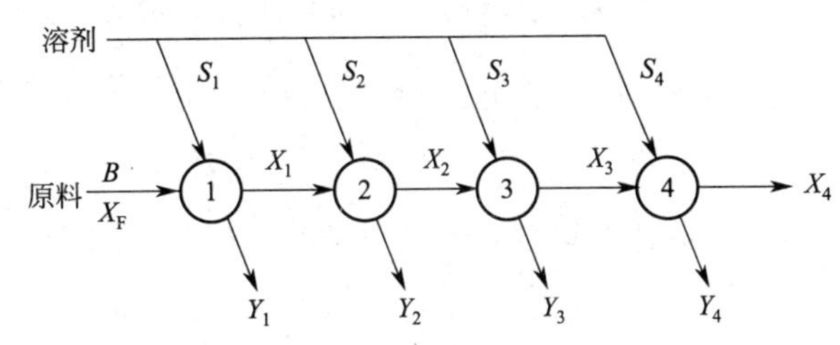

图 3-25　互不相溶物系多级错流萃取

令 $b=\frac{mS}{B}$，称为萃取因数，则

$$Y_1=\frac{mX_F}{b+1} \tag{3-21}$$

同理，对于第 2 级可得

$$X_2=\frac{X_1}{b+1}=\frac{X_F}{(b+1)^2}$$

$$Y_2=\frac{mX_F}{(b+1)^2}$$

依次一直推算至第 N 级，得

$$X_N=\frac{X_F}{(b+1)^N} \tag{3-22}$$

$$Y_N=\frac{mX_F}{(b+1)^N} \tag{3-23}$$

于是可求出经过 N 个理论级错流萃取后的萃余相组成 X_N 和相应的萃取相组成 Y_N。或应用式（3-22）求出使溶液由 X_F 降至指定的 X_N 值所需的理论级数 N。

（2）图解计算法　若平衡线（分配曲线）为曲线，可采用图 3-26 所示的图解法。

若 $Y_S\approx 0$，由式（3-18）可得第 1 级的操作线方程

$$Y_1=-\frac{B}{S}(X_1-X_F) \tag{3-24}$$

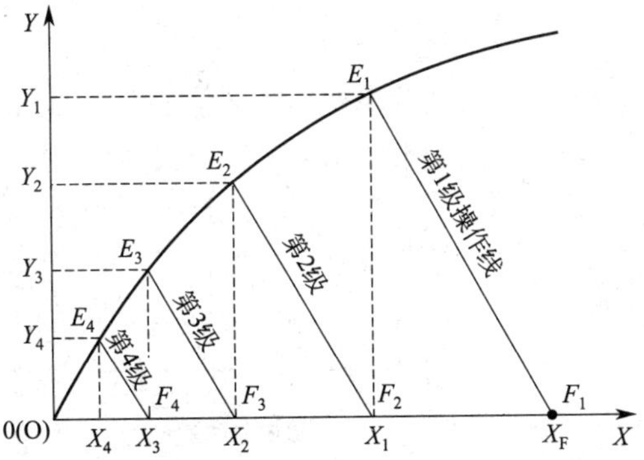

依次可得第 2、第 3、…、第 N 级的操作线方程

$$Y_2=-\frac{B}{S}(X_2-X_1)$$

$$\vdots$$

$$Y_N=-\frac{B}{S}(X_N-X_{N-1})$$

图 3-26　互不相溶物系多级错流萃取的图解法

各操作线的斜率均为 $-\frac{B}{S}$，分别通过 X 轴上的点 $(X_F,0)$、$(X_1,0)$、…、$(X_{N-1},0)$。其图解步骤如下：

① 在 X-Y 坐标图上，根据物系平衡数据，作出平衡线 OE；

② 过 X 轴上已知点 $F_1(X_F,0)$ 作斜率为 $-\frac{B}{S}$ 的直线，得第 1 级操作线，交平衡线于 E_1

(X_1, Y_1)，得出第1级的萃取相与萃余相组成 Y_1 与 X_1；

③ 由 E_1 作垂线交 X 轴于 $F_2(X_1, 0)$，过 F_2 作斜率为 $-\frac{B}{S}$ 的第2级操作线，交平衡线于 $E_2(X_2, Y_2)$；

④ 依次作操作线，直至萃余相组成等于或小于规定值 X_N 为止，这一级为 N 级，如图3-26中所示共为4级。

若入口萃取剂中 $Y_S \neq 0$，也可按操作线方程 $Y_i = -\frac{B}{S}(X_i - X_{i-1}) + Y_S$ 及平衡线自行确定图解步骤。

【案例 3-6】 含丙酮20%的水溶液，流量为800kg/h。按错流萃取流程，用1,1,2-三氯乙烷作萃取剂，每一级的三氯乙烷用量均为320kg/h。要求萃余相中的丙酮含量降到5%（以上均为质量分数）。求所需理论级数和萃取相、萃余相的流量。

物系的相平衡数据见表3-3。

解： 由平衡数据可知，当水相中丙酮含量小于20%时，水与三氯乙烷的互溶度很小，可近似按互不相溶情况处理并使用 X-Y 图解法。忽略萃余相（水相）中的三氯乙烷量和萃取相（三氯乙烷相）中的水量，将表3-3中序号1～4的质量分数换算成质量比，即

$X = \frac{x}{1-x}$，$Y = \frac{y}{1-y}$，可得表3-4。

表 3-4 以质量比 X-Y 表示的平衡关系

序 号	X	Y	序 号	X	Y
1	0.0633	0.0959	3	0.1624	0.2623
2	0.1111	0.1765	4	0.2353	0.3824

将 X、Y 平衡数据标绘在 X-Y 坐标上，得到本题附图中的 OE 线，由图可见，OE 为一近似通过原点的直线，其斜率为1.62。

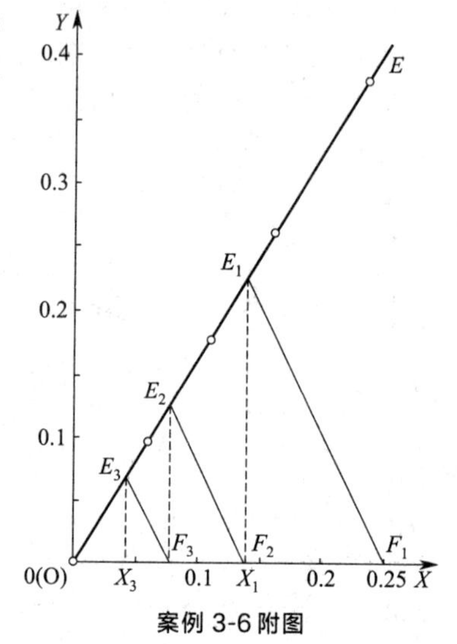

案例 3-6 附图

① 解析法求解。原料液量为800kg/h，则其中水量为

$$B = 800 \times (1 - 0.20)\,\text{kg/h} = 640\,\text{kg/h}$$

操作线斜率为

$$-\frac{B}{S} = -\frac{640}{320} = -2$$

原料液组成为

$$X_F = \frac{x_F}{1 - x_F} = \frac{0.20}{1 - 0.20} = 0.25$$

萃余相组成为

$$X_N = \frac{x_N}{1 - x_N} = \frac{0.05}{1 - 0.05} = 0.0526$$

萃取因数

$$b = \frac{mS}{B} = \frac{1.62}{2} = 0.81$$

按式（3-22），有

$$\frac{X_F}{X_N}=(b+1)^N$$

故有
$$N=\frac{\ln\left(\frac{X_F}{X_N}\right)}{\ln(b+1)}$$

将已知值代入，得

$$N=\frac{\ln\left(\frac{0.25}{0.0526}\right)}{\ln(0.81+1)}=2.63$$

当采用 $N=3$ 时，可得最终萃余相组成为

$$X_N=\frac{X_F}{(b+1)^3}=\frac{0.25}{1.81^3}=0.0422$$

② 图解法求 N。在本题附图中，找出点 $F_1(0.25,0)$，过 F_1 点作斜率为 -2 的直线，交 OE 线于 E_1 点；自 E_1 作垂线，交 X 轴于 F_2 点，过 F_2 再作斜率为 -2 的直线交 OE 于 E_2 点；继续作图得到 F_3 和 F_4 点，得萃余相组成 $X_3=0.042<X_N$，故需用 3 个理论级。

4. 多级逆流萃取过程的计算

如图 3-27 所示，各级萃余相中 B 量不变，萃取相中 S 量不变。用虚线框出范围，作第 i 级至第 N 级的溶质组分衡算：

$$BX_{i-1}+SY_S=BX_N+SY_i$$

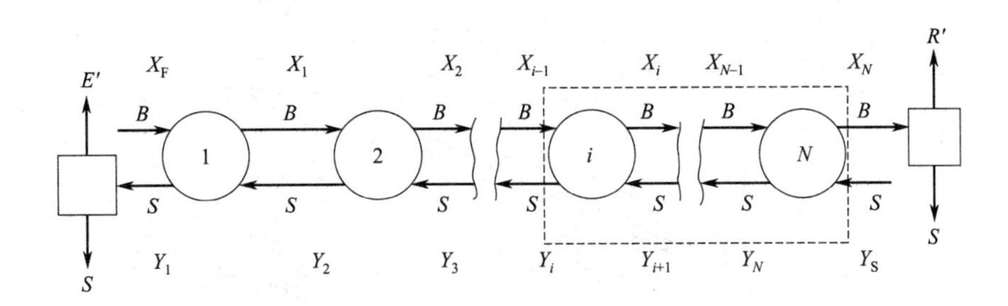

图 3-27　B、S 互不相溶时多级逆流萃取流程

若 $Y_S\approx 0$，则

$$Y_i=\frac{B}{S}(X_{i-1}-X_N) \tag{3-25}$$

式中　X_{i-1}, X_N——离开第 $i-1$ 级、N 级的萃余相组成，质量比；

Y_i——离开第 i 级萃取相组成，质量比。

式 (3-25) 为多级逆流萃取在 $X-Y$ 系中的操作线方程。

对全系统作溶质 A 的物料衡算可得

$$Y_1=\frac{B}{S}(X_F-X_N)$$

故操作线必过点 (X_F, Y_1) 和 $(X_N, 0)$，即图 3-28 中的 P_1 和 S 点，且斜率为 B/S。

在 X-Y 坐标系中画出平衡线 OE 和操作线 SP_1 后，按梯级法作图，自 P_1 起作水平线交 OE 线于 E_1，得到与 E_1 相平衡的 X_1，从 E_1 作垂线交操作线于 P_2 点，得出离开第 1 级萃取相的组成 Y_1，依次在 OE 与 SP_1 线间作梯级，直至 X_N 等于或低于规定的最终萃余相

组成为止。所得的梯级数即为S、B不互溶的三元系统逆流萃取的理论级数。

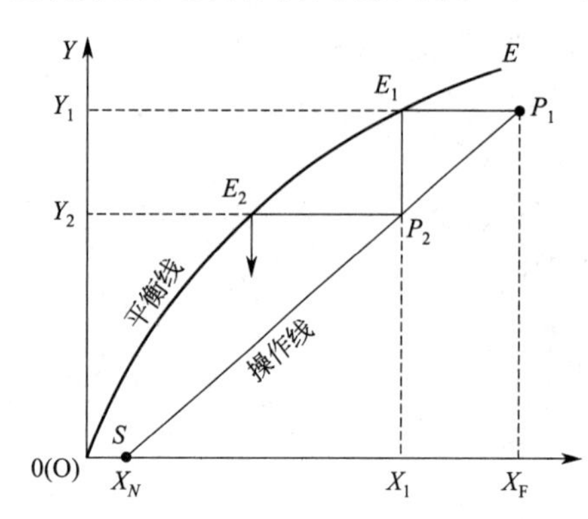

图 3-28 B、S互不相溶时多级逆流萃取的图解

当要求X_N一定，减少萃取剂用量S时，操作线斜率B/S将增大，向平衡线靠拢，理论级数将增多；当S减小至操作线与平衡线相交，所需理论级数将趋于无穷多，类似吸收中的最小液气比，这时的S/B称为最小溶剂比，用$(S/B)_{\min}$表示。显然，操作的溶剂比必须大于最小溶剂比，才能达到规定的分离要求。适宜溶剂比的选择仍应由设备投资费与操作费总和来权衡。

【案例 3-7】 用水萃取丙酮-苯溶液中的丙酮。已知溶液中丙酮含量为40%，要求萃余相中的丙酮含量不高于5%（均为质量分数）。若原料液处理量为1500kg/h，水用量为2000kg/h。在逆流萃取时，试求：①所需理论级数；②上述条件下，水的最小用量（kg/h）。

若操作条件下可认为苯与水不互溶，物系的分配曲线如本题附图所示。

解： B（苯）和S（水）互不相溶时，物流的组成均用质量比表示。

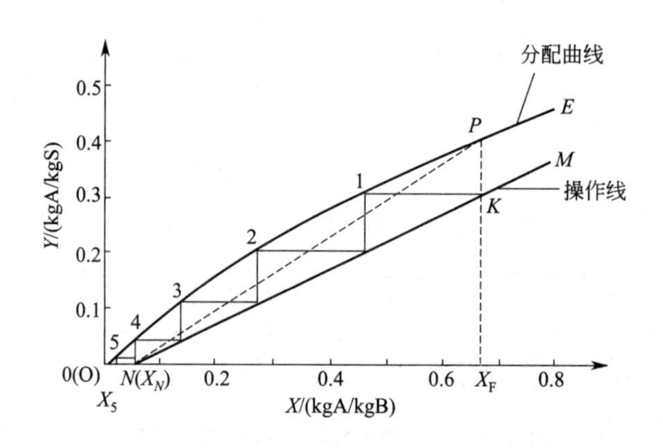

案例 3-7 附图

原料液组成：

$$X_F=\frac{x_F}{1-x_F}=\frac{0.4}{1-0.4}=0.667$$

最终萃余相组成：

$$X_N=\frac{x_N}{1-x_N}=\frac{0.05}{1-0.05}=0.0526$$

原料液中苯的流量：

$$B=1500\times(1-0.4)\text{kg/h}=900\text{kg/h}$$

① 逆流萃取所需理论级数。因$S=2000$kg/h，故操作线斜率为：

$$\frac{B}{S}=\frac{900}{2000}=0.45$$

萃取剂中丙酮含量为零，故操作线的一个端点在横轴上，即N点（0.526,0），过N点作斜率为0.45的直线$\overline{NM}$，此直线与$X_F=0.667$的垂线相交于K点，则$\overline{NK}$为操作线。

从 K 点开始在分配曲线 OE 和操作线 $\overline{NK}$ 间作梯级，至第 5 个梯级时，所得萃余相组成 $X_5 < X_N = 0.526$，故此萃取操作需用 5 个理论级。

② 根据最小溶剂用量定义可知，当 $X = X_F$ 的直线与分配曲线交于 P 点时，联 $\overline{PN}$ 线（图中的虚线），其斜率所对应的萃取剂用量即为最小用量，由图中查出 $\overline{PN}$ 线的斜率为

$$\frac{B}{S_{\min}} = 0.617$$

故最小萃取剂用量为：

$$S_{\min} = \frac{B}{0.617} = \frac{900}{0.617} \approx 1460$$

小结

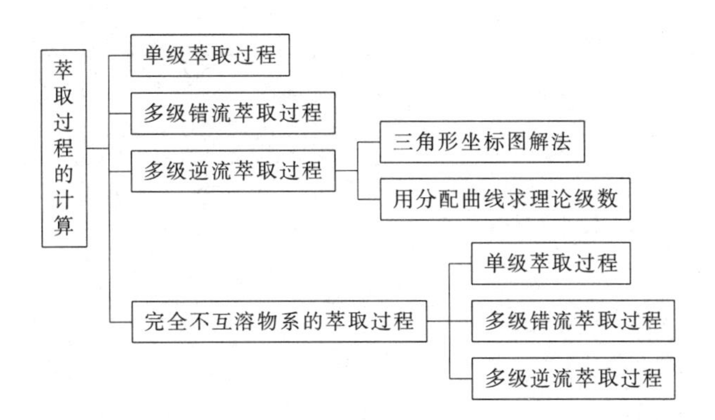

思考题

1. 在 x-y 或 X-Y 图上的分配曲线与操作线的相对位置应该是怎样的?对一定的分离要求，应如何设法减少理论级数?

2. 试比较蒸馏、吸收和液-液萃取三种单元操作各自的依据以及下列概念的异同。

{平衡线，分配曲线}　{挥发度，分配系数}　{相对挥发度，选择性系数}　{最小液气比，最小溶剂比}

{理论板，萃取理论级}　{解吸因数，萃取因数}　{级效率，板效率}

3. 说明下列各组名词的概念和意义，并比较它们的异同。

{萃取相，萃余相，萃取液，萃余液}　{溶解度曲线，辅助曲线，平衡联结线，分配曲线，操作线}　{共轭相，临界混溶点，互溶度}　{分配系数，选择性系数}

{杠杆定律，相律}　{和点，差点}　{多级错流萃取，多级逆流萃取}

一、选择题

1. 单级萃取流程是原料液与溶剂进行（　　）接触的萃取流程。

A. 两次　　B. 一次　　C. 三次　　D. 一次或两次

2. 萃取操作通常在（　　）下进行。

A. 常压　　B. 加压　　C. 减压　　D. 不一定

二、计算题

1. 在单级接触式萃取器内，用800kg水为萃取剂，从醋酸与氯仿的混合液中萃取醋酸，已知原料液量也为800kg，其中醋酸的组成为35%。试求：① 萃取相E与萃余相R中醋酸的组成及两相的量；②将E和R相中的萃取剂脱除后，萃取液E′与萃余液R′的组成及量；③醋酸萃出的百分率。

操作条件下的平衡数据如下：

氯仿层		水层	
醋酸/%	水/%	醋酸/%	水/%
0.00	0.99	0.00	99.16
6.77	1.38	25.10	73.69
17.72	2.28	44.12	48.56
25.72	4.15	50.18	34.71
27.65	5.20	50.56	31.11
32.08	7.93	49.41	25.39
34.16	10.03	47.87	23.28
42.50	16.50	52.50	16.50

2. 含丙酮30%（质量分数）的丙酮-醋酸乙酯混合液，用水进行两级错流萃取，各级加入的水与原料液之比（即S/F）为0.75，求最终萃余相的组成。物系的平衡数据见表3-1。

3. 以异丙醚在逆流萃取器中使醋酸水溶液的醋酸含量由30%降到5%（质量分数）。萃取剂可看作纯态，其用量为原料液的两倍。试应用三角形图解法求出所需萃取理论级数。操作条件下的物系平衡数据见任务二自测题。

4. 案例3-6中，当其他条件不变，要求萃余相中丙酮含量降至2.5%时，试求：①采用多级错流萃取所需理论级；②若萃取剂用量同多级错流萃取，求逆流萃取所需的理论级数。

名人窗：大国工匠——张恒珍

张恒珍，女，山东淄博人，1994年毕业于兰州化工学校有机化工专业，现任中国石化股份茂名分公司首席技师（高级操作师），党的十八大、十九大代表。二十多年来张恒珍严细实恒、勤奋刻苦，时刻以党员的标准严格要求自己，由一位只有中专学历的普通女技工成长为关键时候能“一锤定音”解决生产技术难题的操作大师，为茂名石化乙烯创造多项国内纪录、达到国际先进水平立下了汗马功劳，成为茂名石化乙烯首期工程顺利投产并创造运行周期达79个月的得力女干将、二期工程建成设备国产化率达87.8%的全国首座百万吨级乙烯生产基地的巾帼功臣，是茂名百万吨乙烯各项指标不断提升、大检修开停车“零排放”顺利实施的操作“优化王”。

1994年，张恒珍毕业后被分配到裂解车间工作。从参加工作第一天起，她就立志发挥所长，为石化事业多作贡献。为实现目标，她埋头钻研乙烯技术，《乙烯装置技术与管理》《乙烯生产技术》等十几本技术资料被她一一啃下。很快，她成长为主操，并在车间的公开竞聘班长中，成为女班长。在2004年全国石油石化行业职业技能竞赛中，她和另外5名同事一起，取得了团体第二名的好成绩。而她个人也夺得了全国第四、中国石化集团公司第二名的好成绩。

张恒珍善于总结并在实践中不断探索，把自己多年的操作心得和经验，融入分离系统操作法中，有效优化工艺操作参数，并创出了一套独具茂名特色的《1# 裂解装置分离系统张恒珍操作法》。分离系统碳二加氢反应器是裂解装置最“敏感”的设备，稍有不慎，反应器就会“飞温”，导致装置停车。在实际操作中，她运用“张恒珍操作法”优化系统操作，不仅乙烯日产量增加120t，而且还减少了系统波动，避免了反应器“飞温”。她持续不断地优化操作，在乙烯装置降至两台炉、只有设计负荷20%的条件下，实现了正常运转、乙烯产品保持合格的国内创举；她着力提高装置外送氢气量，每年创效超过1000万元。2013年5月，张恒珍作为中国石化选派的开工专家，参加了武汉80万吨乙烯/年的开工建设，提出整改建议32条，确保了中石化首座大型设备100%国产化乙烯装置高标准开车。

任务4　学习新型萃取技术

任务目标

- 追踪新型萃取技术的发展趋势；
- 了解新型萃取技术的类型及工艺；
- 了解新型萃取技术的用途。

技能要求

- 能掌握不同类型萃取技术的优缺点和主要流程；
- 能根据实际条件选择不同的萃取方法。

萃取技术已在工业生产中得到普遍应用，特别是近20年来某些新兴学科与技术的飞速发展，又派生出超临界萃取、双水相萃取、膜基萃取等新型萃取分离技术。本节主要介绍这些新兴分离技术的概况。

一、超临界流体萃取

超临界流体萃取（supercritical fluid extraction，SFE）是以超临界条件下的流体作为萃取剂，从液体或固体中萃取或提纯目标组分的过程。由于超临界流体在萃取和分离过程中具有诸多优异的性能，使 SFE 具有一些其他传统分离技术难以比拟的优势。

1. 超临界流体的性质

当流体的温度和压力处于它的临界温度和临界压力以上时，称之为超临界流体。流体在临界温度以上时，无论压力多高，流体都不能液化，但压力稍有变化，就会引起超临界流体密度的显著变化。适当增加压力，可使流体密度很快接近液体的密度，由此而知，超临界流体对液体或固体溶质的溶解能力也将与液体溶剂相仿，这一特性不但可以通过调节流体密度来对溶质进行选择性萃取，而且也便于降压后分离溶质，使溶剂气体的再生循环简单而且耗能少。

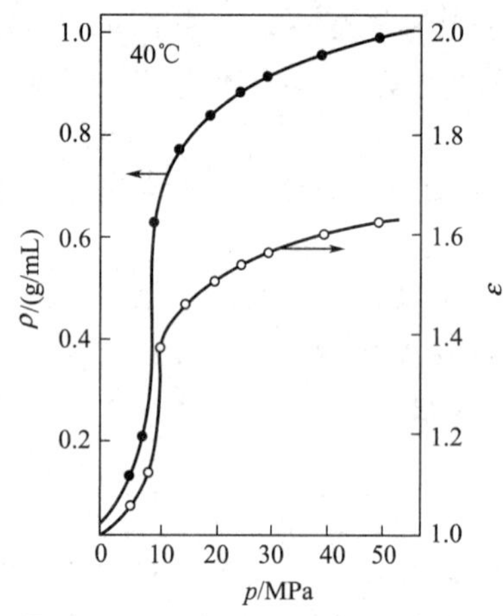

图 3-29 CO_2 的 ρ 和 ε 随压力 p 的变化

作为超临界流体溶剂，使用最多的体系是 CO_2，它有较强的溶解能力，而对水的溶解度却很小，有利于在近临界或超临界下萃取分离液。CO_2 对非极性溶质溶解性能好，对极性化合物萃取效果不好，但可通过改变压力来适当改变它的极性。如图 3-29 所示，在 7.0～15.0MPa 之间，CO_2 的密度 ρ 和介电常数 ε 随压力增大而增大，从而它对极性物质也有一定的溶解能力。

2. 超临界流体的萃取过程

超临界流体萃取过程由萃取和分离两部分组成，原则上可分为等温法和等压法两种流程。前者为高压萃取后，在等温减压条件下使溶剂密度减小，溶解能力下降，从而分离溶质；后者则在高压萃取后，在等压升温条件下使溶剂密度减小，溶解能力下降，从而分离出其中的溶质，溶剂循环使用。

等温变压萃取流程应用最多，如图 3-30 所示，萃取剂经压缩达到超临界状态，进入萃取器中与被萃取物充分接触，含有萃取组分的超临界流体从萃取器抽出，经膨胀阀后流入分离釜内；由于压力降低，被萃取组分在超临界流体中的溶解度变小，使其在分离器中析出。被萃取组分经分离后，从分离器下部放出；降压后的萃取气体则经压缩机或高压泵提升压力后返回萃取器循环使用。该法的特点是在等温条件下，利用不同压力时待萃取组分在萃取剂中的溶解度差异来实现组分的萃取及与萃取剂的分离。该过程可循环进行，只需补充在循环中损失的少量溶剂，易于操作，应用较为广泛。

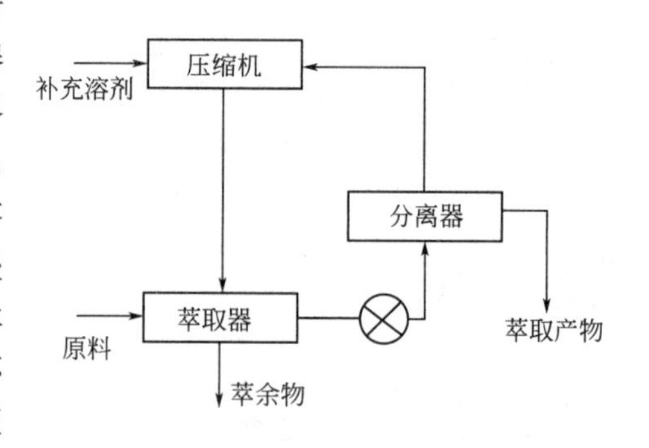

图 3-30 等温变压超临界流体萃取过程

3. 超临界流体的应用

在天然产物和食品工业中，超临界萃取被用于从植物、果蔬中提取药物成分、天然精油、色素和对珍贵动植物油脂的提取等。应用超临界 CO_2 从天然产物中分离提取有效成分的案例很多，其中以从咖啡豆中脱除咖啡因最为典型。咖啡因存在于咖啡、茶等天然产物中，医药上用作利尿剂和强心剂。传统的脱除工艺是用二氯乙烷萃取咖啡因，但选择性较差且残存的溶剂不易除尽。用 CO_2 从咖啡豆中萃取咖啡因，提取物经减压，水洗塔回收咖啡因后，CO_2 循环使用。咖啡豆中的咖啡因从0.3%～0.7%降至0.02%而无香味损失。在石化和化工中，超临界萃取已部分实现工业化。例如，从微生物发酵干物质中萃取亚麻酸，从单细胞蛋白游离物中提取脂类，在纯化抗生素中脱除丙酮、甲醇等溶剂以提高产品品质等。直馏渣油或裂化渣油采用高压液态溶剂萃取后，萃取相和萃余相分别加热达到溶剂临界点，再蒸发回收溶剂并分离溶质，可用来脱沥青。

对于机械、电子、光学、医疗以及宇宙航天的精密仪器的清洗，也可以使用超临界流体技术。以前的清洗工作一般采用氯氟烃（CFC）系列清洗剂，但是它们在使用中存在着危险和对环境的不利影响。水系清洗剂虽然可以代替氯氟焊，却可能会腐蚀金属塔部件，废液后处理也比较麻烦。超临界流体萃取中最常用的二氧化碳具有不活泼、廉价且可再利用的优点，而且在清洗过程中，杂质（油垢）容易清除，没有任何溶剂残留和腐蚀问题，利用二氧化碳清洗彻底地改变了传统清洗方法。超临界流体清洗方法与水系清洗剂清洗方法比较，具有明显的优点。因此，超临界流体作为替代传统清洗剂的选择之一，潜力巨大。

4. 超临界流体萃取过程的能耗

在超临界流体萃取操作中，萃取器内的溶质溶解于超临界流体属自发过程，不需能量；节流膨胀属等焓过程，若用膨胀机代替节流阀可回收部分能量；分离器为机械分离操作，不耗能量；只有压缩机是主要耗能设备，其功率取决于压缩比和流体的循环量。在超临界流体萃取中的压缩比一般不会大；流体的循环量则取决于超临界流体对溶质的溶解能力，溶解度愈大，所需循环量就少，能耗就低。若利用临界点附近流体汽化潜热小，蒸发所需热量少，而溶剂和溶质间的挥发度差异很大的特性，采用在临界点附近液化溶剂气体，在近临界点萃取原料，将萃取相中的溶剂蒸出供循环使用，并提取萃取质的工艺操作条件，则分离方便，操作所需的能耗也不大。

二、双水相萃取

双水相系统由两种聚合物或一种聚合物与无机盐水溶液组成，由于聚合物之间或聚合物与盐之间的不相容性，当聚合物或无机盐浓度达到一定值时，就会分成不互溶的两个水相，两相中水分所占比例在85%～95%左右，被萃取物在两个水相之间分配。双水相系统中两相密度和折射率差别较小，相界面张力小，两相易分散，活性生物物质或细胞不易失活，可在常温、常压下进行，易于连续操作，具有处理量大等优点。

1. 双水相分配原理

两种聚合物溶液或一种聚合物与一种小分子物质互相混合时，是否会形成双水相，取决于混合熵增和分子间作用力两个因素。混合是自发的熵增过程，而分子间相互作用力则随相对分子质量的变大而增强。

两种物质混合时熵的增加与所涉及的分子数目有关，小分子间与大分子间的混合，熵增相同，而分子间作用力可看作分子中各基团间相互作用力之和。对两种高分子聚合物的混合，分子间的作用力与分子间的混合熵相比占主要地位，分子越大，作用力也越大。当两种聚合物所带电荷相反时，聚电解质之间混合均匀不分相；若两种聚合物分子间有相互排斥作用，一种聚合物分子的周围将聚集同种分子而排斥异种分子，达到平衡时，会形成分别富含不同聚合物的两水相。这种含有聚合物分子的溶液发生分相的现象称为聚合物的不相容性。除双聚合物系统外，基于盐析作用原理，聚合物与无机盐的混合溶液也能形成双水相。一些典型的双水相系统见表 3-5。

表 3-5 典型的双水相系统

类型	相(Ⅰ)	相(Ⅱ)
A	聚丙烯醇 聚乙二醇	聚乙二醇，聚乙烯醇，葡聚糖 聚乙烯醇，葡聚糖，聚乙烯吡咯烷酮
B	葡聚糖	NaCl，Li_2SO_4
C	羧甲基葡聚糖钠盐	羧甲基纤维素钠盐
D	聚乙二醇 聚丙烯醇	磷酸钾，硫酸铵，硫酸钠 葡萄糖，甘油

2. 双水相萃取过程

双水相萃取一般是多级分离过程。原则上溶剂萃取工艺中的多级逆（错）流接触萃取、微分萃取也可用于双水相萃取工艺。第一步萃取首先将待提取物质和原料液应分配在不同的相中，待提取物分配在上相，如目标产物尚未萃取完成时，可在上相中加入适量的盐使其重新形成双水相；第二步萃取去除大部分杂质，若待提取物的分配系数足够大，经过一次萃取，就能得到高的收率；在第三步萃取中，使目标产物分配于盐相。如第一步的选择性足够大，目标产物的纯度已达到要求，则可直接进入第三步，将目标产物分配于盐相，再用超滤法去除残余的杂质，以提高产品纯度。

3. 双水相萃取技术的应用

目前双水相萃取技术主要应用于医药方面，比如大分子生物质的分离，尤其是从发酵液中提取酶。对小分子生物质，如抗生素、氨基酸的双水相萃取分离的研究是近几年才开始的，并发现该技术对小分子生物质也可以得到较理想的分配效果。双水相萃取的工业规模应用也是近十几年才开始的，目前除酶的提取外，核酸的分离、人生长激素、干扰素的提取都已有工业规模应用。双水相萃取技术的应用实例见表 3-6。

表 3-6 双水相萃取技术的应用实例

应用体系	提取物质	双水相系统	分配系数	收率/%
湿菌体胞内酶提取	胞内酶	PEG/盐	1～8	90～100
重组活性核酸 DNA 分离	核酸	PEG/Dextran	—	—
人生长激素的纯化	生长激素	PEC-4000/磷酸盐	6.4～8.5	81
β 干扰素提取	β 干扰素	PEG-磷酸酯/盐	350	97
脊髓病毒和线病毒	病毒	PEG-6000/NaDS	—	90
含胆碱受体细胞分离	组织细胞	PEG-三甲胺/Dextran	3.64	57

三、凝胶萃取

凝胶具有敏感反应与自我调节的特性，如外界环境的 pH 值、温度、电场的变化，或离子强度、官能团等的变化都会引起凝胶的溶胀或收缩，实现其选择性萃取的功能。

1. 凝胶的种类

凝胶是胶体微粒凝聚或交联键合形成网络并与网络的间隙中液体在一起形成不流动的溶胀体。凝胶微粒直径的大小不同，形成的分散介质也不同，分散介质为气体的是气溶胶（如烟、雾），为液体的称溶胶，为固态的叫固溶胶（如水晶、有色玻璃）。凝胶既不是液体也有别于固体，根据含水量的多少，凝胶可分为干凝胶和软胶。干凝胶中含水量小于固体量；而软胶中含水量超过固体量，最高甚至可达95%以上；根据机械性质，凝胶又可分为弹性凝胶、脆性凝胶和敏感凝胶三种。脆性凝胶（如硅胶）也称不可逆凝胶；弹性凝胶（如明胶）和敏感凝胶又称可逆凝胶。按化学组成凝胶又可分成疏水性有机凝胶、亲水性有机凝胶、非溶胀性的无机凝胶三类。在这些凝胶中，水凝胶是最常见也是最为重要的一种。绝大多数的生物、植物内存在的天然凝胶以及许多合成高分子凝胶均属于水凝胶。

2. 凝胶的特性

高分子凝胶是分子链经交联聚合而成的三维网络或互穿网络与溶剂组成的体系。交联结构使之不溶解而保持一定的形状，渗透压的存在使之溶胀而达到平衡体积，溶胀推动力同凝胶分子链与溶剂分子之间的相互作用、网络内分子链之间的相互作用以及凝胶内外离子浓度差所产生的渗透压有关。凝胶的溶胀和收缩是其三维高分子网络中交联点之间链段的伸展和蜷缩的宏观表现。利用高分子凝胶的变形、膨胀、收缩等特性，可进行蛋白质和多糖等大分子稀溶液的浓缩和分离。在低于相变温度时，大分子溶液中的凝胶大量吸收水分使溶液浓缩，通过将溶胀的凝胶与浓缩液分开，并升温至相变温度，使凝胶释放出水而收缩，收缩的凝胶可重复使用。

3. 凝胶的筛分作用

凝胶除了相变特性外，另一个重要特征是具有筛分作用。对于一个含有不同大小分子的溶液流经凝胶时或将凝胶放入此类溶液中，小分子物质和无机盐则能进入凝胶颗粒的微孔中，而较大分子不易进入凝胶颗粒的微孔，则被排斥而分布在颗粒之间。在达到平衡时，凝胶中会有三种情况，很小的分子进入分子筛全部的内孔隙，大小适中的分子则在凝胶的内孔隙中孔径大小相应的部分，大分子则仍然留在溶液内。因此，凝胶可作为固相萃取剂，用于对溶液中大分子物质的浓缩和净化，或不同分子的分级等。

4. 凝胶萃取的应用

对凝胶萃取的研究主要集中在小规模应用阶段，工业应用尚不成熟。凝胶对于大分子量物质反而离效率较高，并且对所吸收的液体介质具有选择性，利用凝胶这一特性可以浓缩稀蛋白质溶液；制备牛血清红蛋白，碱性蛋白酶，胰蛋白酶，人催乳激素等，都有较好的效果。凝胶萃取具有快速、简便和无污染的特点，将很快得到工业应用。

四、新型萃取技术的发展

除了前面述及的萃取技术外，新型技术主要有超声波萃取、微波萃取、膜基萃取、撞击流和旋转流技术等。

1. 超声波萃取

超声波萃取是通过在原有设备上加装超声波发生器，使液滴在超声波的作用下短时内完成振荡、收缩、崩溃等一系列的动力学过程。此过程可引湍动效应、微扰效应、界面效应和聚能效应。其中湍动效应可以使边界层减薄，传质速率增大；微扰效应可以强化微孔扩散；

界面效应可以增大传质表面积；聚能效应可以活化分散物质分子，通过这些效应的共同作用，能从整体上强化萃取分离过程的传质速率和效果。

2. 微波萃取

微波萃取是利用微波能来提高萃取效率的一种新技术。微波萃取是在传统的萃取过程中，能量首先无规则地传递给萃取剂，然后萃取剂扩散进入基体物质，再从基体溶解或夹带多种成分扩散出来，不同物质的介电常数不同，吸收微波能的程度不同，在微波场中，吸收微波能力的差异使得基体物质的某些区域或萃取体系中的些组分被选择性加热，从而使得被萃取物质从基体或体系中分离出来，进入介电常数较小、微波吸收能力相对较差的萃取剂中。由于微波萃取的这种特性，使其成为至今唯一能使目标组分直接从基体分离的萃取过程，具有较好的选择性。除了超声波和微波，电场和磁场等物理场也可以强化萃取过程。

3. 膜基萃取

膜基萃取是利用微孔膜的亲水性或疏水性，并与萃取过程相结合的新型分离技术。膜主要分为乳状液膜、流动液膜和支撑液膜。原液相中待分离的液液混合物中的溶质首先溶解于液膜相（主要组成为萃取剂），经过液膜相又传递去回收相，并溶解于其中。液膜萃取是萃取与反萃同时进行的过程，溶质从原液相向液膜相传递的过程即为萃取过程，溶质从液膜相向回收相传递的过程即为反萃过程。膜基萃取是集萃取和反萃于一体的过程。由于膜的微尺度可以提供极大的传质接触表面，所以传质速率很高。支撑液膜和流动液膜基本上不存在传统的相分离过程。乳状液膜萃取的相分离主要通过破乳的方法进行，通常有化学法、静电法、离心法和加热法等。

4. 撞击流萃取

撞击流萃取技术是通过液流的高速撞击形成的强烈对流和对液滴的破碎来进行传质分离的，强对流极大增加了传质界面的湍动和传质接触面积，强对流一般通过液流速度来实现，但过快的液流速度会减少相接触时间。相分离通过旋转填料床或其他设备来完成，其中撞击流的喷头内置于旋转填料床内，所以此设备的传质分离和相分离是一体的。

5. 旋转流萃取

旋转流萃取技术是利用旋流场的强剪切和高湍流及其对液滴的破碎来进行传质分离的，强剪切和高湍流可以极大地增加界面骚动和主体液相及液滴的内循环，并且液滴不断地聚结破碎也增加了液滴的表面更新率，从而达到增加传质系数的目的。

知识窗：技术新动向——离子液体萃取技术

离子液体是指在室温或温室附近温度下仅由离子组成的液体。组成离子液体的阳离子一般为有机离子（如烷基咪唑离子、烷基季铵离子等），阴离子可以是无机阴离子，也可以是有机阴离子。离子液体无蒸气压，热稳定性好，萃取完后可以通过蒸馏提取萃取相，易于循环使用，可以用于萃取水溶液中的挥发性有机物，例如用憎水的离子液体从水中萃取苯的衍生物（如甲苯、苯胺、苯甲酸、氯苯等）。其缺点在于离子液体的流失。即便离子液体在水中的溶解度很小，萃取过程也会造成一部分离子液体进入到水相中。离子液体价格通常都较为昂贵，使得萃取成本过高。

小结

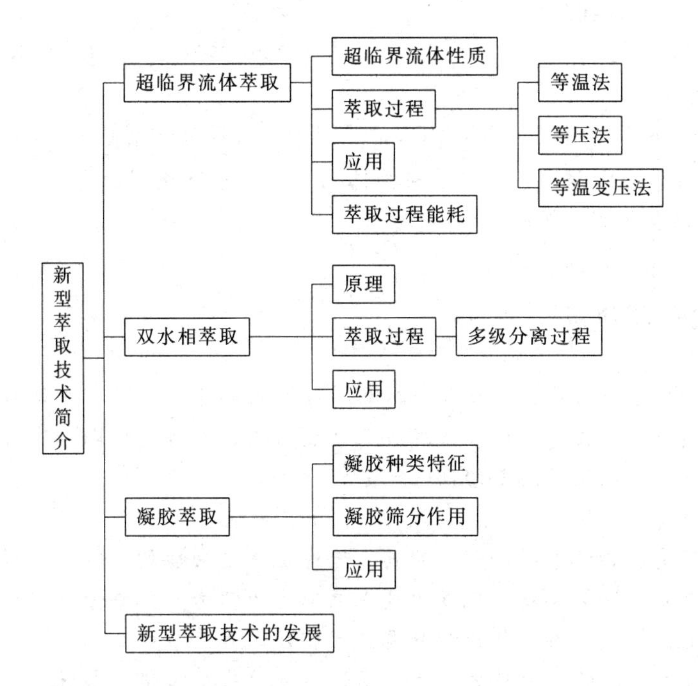

思考题

1. 什么是超临界流体，它与气体和液体的性质有哪些主要区别？
2. 临界萃取的特点有哪些？
3. 如何选择萃取操作的温度？
4. 压力对萃取分离效果有何影响？
5. 根据哪些因素来决定是采用错流还是逆流操作流程？

自测题

一、填空题

1. 常见的新型萃取分离技术有（　　）、（　　）和（　　）。
2. 当流体的温度和压力处于它的临界（　　）和（　　）以上时，称为超临界流体。
3. 超临界流体萃取过程由（　　）和（　　）两部分组成，原则上可分为（　　）和（　　）两种流程。
4. 凝胶按化学组成可分成（　　）、（　　）和（　　）三类。

二、选择题

1. 在选择超临界流体溶剂时，使用最多的体系是（　　）。

A. 氧气　　B. 空气　　C. 一氧化碳　　D. 二氧化碳

2. 从咖啡豆中脱除咖啡因是最为典型的（　　）技术。

A. 超临界流体萃取　　B. 萃取　　C. 双水相萃取　　D. 凝胶萃取

3. 双水相萃取一般是（　　）分离过程。

A. 单级　　B. 多级　　C. 不一定

4. 脊髓病毒和线病毒的提取多采用（　　）技术。

A. 超临界流体萃取　　B. 萃取　　C. 双水相萃取　　D. 凝胶萃取

三、判断题

1. 超临界流体溶剂应用较多的是CO_2，是因为它有较强的溶解能力。（　　）

2. 双水相萃取系统由两种液体或一种液体与无机盐水溶液组成。（　　）

3. 凝胶具有相变和筛分作用。（　　）

知识窗：高分子新材料

高分子材料包括塑料、橡胶、纤维、薄膜、胶黏剂和涂料等。其中，被称为现代高分子三大合成材料的塑料、合成纤维和合成橡胶已经成为国民经济建设与人民日常生活所必不可少的重要材料。下面介绍几类主要的高分子新材料。

一、高分子分离膜

高分子分离膜是用高分子材料制成的具有选择性透过功能的半透性薄膜。采用这样的半透性薄膜，以压力差、温度梯度、浓度梯度或电位差为动力，能够分离气体混合物、液体混合物或有机物、无机物的溶液，与传统分离技术相比，具有节能、高效和洁净等特点，因而被认为是支撑新技术革命的重大技术。膜分离过程主要有反渗透、超滤、微滤、电渗析、压渗析、气体分离、渗透汽化和液膜分离等。

二、高分子磁性材料

高分子磁性材料，是人类在不断开拓磁与高分子聚合物（合成树脂、橡胶）的新应用领域的同时，而赋予磁与高分子的传统应用以新的涵义和内容的材料之一。高分子磁性材料，具有密度小、容易加工成尺寸精度高和复杂形状的制品，还能与其他元件一体成型等特点，而越来越受到人们的关注。

三、光功能高分子材料

所谓光功能高分子材料，是指能够对光进行透射、吸收、储存、转换的一类高分子材料。目前，这一类材料已有很多，主要包括光导材料、光记录材料、光加工材料、光学用塑料（如塑料透镜、接触眼镜等）、光转换系统材料、光显示用材料、光导电用材料、光合作用材料等。光功能高分子材料可以制成品种繁多的线性光学材料；利用高分子材料曲线传播特性，又可以开发出非线性光学元件；先进的信息储存元件芯片的基本材料就是高纯度的单晶硅和聚碳酸酯。

四、高分子复合材料

高分子复合材料是高分子材料和另外不同组成、不同形状、不同性质的物质复合黏结而成的多相材料。高分子复合材料的最大优点是博各种材料之长，如高强度、质轻、耐温、耐腐蚀、绝热、绝缘等性质，根据应用目的，选取高分子材料和其他具有特殊性质的材料，制成满足需要的复合材料。高分子复合材料分为两大类：高分子结构复合材料和高分子功能复合材料。

本项目主要符号说明

A——溶质的质量或质量流量，kg或kg/h；

B——原溶剂的质量或质量流量，kg或kg/h；

E、E'——萃取相与萃取液的质量或质量流量，kg或kg/h；

R、R'——萃余相与萃余液的质量或质量流量，kg或kg/h；

F——原料液的质量或质量流量，kg或kg/h；

S——萃取剂的质量或质量流量，kg或kg/h；

k_A、k_B——分配系数；

β——选择性系数；

w_{ij}——组分i在混合物流j中的质量分数；

X、x——溶质A在萃余相中的质量比和质量分数；

Y、y——溶质A在萃取相中的质量比和质量分数；

X_i、x_i——溶质A在离开i理论级的萃余相中的质量比和质量分数。

附　录

一、某些二元物系的气、液相平衡关系（101.3kPa）

1. 甲醇-水

甲醇摩尔分数		温度/℃	甲醇摩尔分数		温度/℃
液相	气相		液相	气相	
0.0531	0.2834	92.9	0.2818	0.6775	78.0
0.0767	0.4001	90.3	0.2909	0.6801	77.8
0.0926	0.4353	88.9	0.3513	0.7347	76.2
0.1257	0.4831	86.6	0.4620	0.7756	73.8
0.1315	0.5455	85.0	0.5292	0.7971	72.7
0.1674	0.5585	83.2	0.5937	0.8183	71.3
0.1818	0.5775	82.3	0.6849	0.8492	70.0
0.2083	0.6273	81.6	0.7701	0.8962	68.0
0.2319	0.6485	80.2	0.8741	0.9194	66.9

2. 乙醇-水

乙醇摩尔分数		温度/℃	乙醇摩尔分数		温度/℃
液相	气相		液相	气相	
0.00	0.00	100	0.3273	0.5826	81.5
0.0190	0.1700	95.5	0.3965	0.6122	80.7
0.0721	0.3891	89.0	0.5079	0.6564	79.8
0.0966	0.4375	86.7	0.5198	0.6599	79.7
0.1238	0.4704	85.3	0.5732	0.6841	79.3
0.1661	0.5089	84.1	0.6763	0.7385	78.74
0.2337	0.5445	82.7	0.7472	0.7815	78.41
0.2608	0.5580	82.3	0.8943	0.8943	78.15

3. 水-醋酸

水摩尔分数		温度/℃	水摩尔分数		温度/℃
液相	气相		液相	气相	
0.0	0.0	118.2	0.833	0.886	101.3
0.270	0.394	108.2	0.886	0.919	100.9
0.455	0.565	105.3	0.930	0.950	100.5
0.588	0.707	103.8	0.968	0.977	100.2
0.690	0.790	102.8	1.00	1.00	100.0
0.769	0.845	101.9			

4. 苯-甲苯

苯摩尔分数		温度/℃	苯摩尔分数		温度/℃
液相	气相		液相	气相	
0.00	0.00	110.6	0.592	0.789	89.4
0.088	0.212	106.1	0.700	0.853	86.8
0.200	0.370	102.2	0.803	0.914	84.4
0.300	0.500	98.6	0.903	0.957	82.3
0.397	0.618	95.2	0.950	0.979	81.2
0.489	0.710	92.1	1.00	1.00	80.2

5. 氯仿-苯

氯仿质量分数		温度/℃	氯仿质量分数		温度/℃
液相	气相		液相	气相	
0.10	0.136	79.9	0.60	0.750	74.6
0.20	0.272	79.0	0.70	0.830	72.8
0.30	0.406	78.1	0.80	0.900	70.5
0.40	0.530	77.2	0.90	0.961	67.0
0.50	0.650	76.0			

6. 丙酮-水

丙酮摩尔分数/%		温度/℃	丙酮摩尔分数/%		温度/℃	丙酮摩尔分数/%		温度/℃
液相	气相		液相	气相		液相	气相	
0	0	100.0	0.20	0.815	62.1	0.80	0.898	58.2
0.01	0.253	92.7	0.30	0.830	61.0	0.90	0.935	57.5
0.02	0.425	86.5	0.40	0.839	60.4	0.95	0.963	57.0
0.05	0.624	75.8	0.50	0.849	60.0	1.0	1.0	56.13
0.10	0.755	66.5	0.60	0.859	59.7			
0.15	0.798	63.4	0.70	0.874	59.0			

二、液体的饱和蒸气压

1. 醇、醛、酮、醚类蒸气压图

注：$1kgf/cm^2=98.0665kPa$

$1mmHg=133.322Pa$

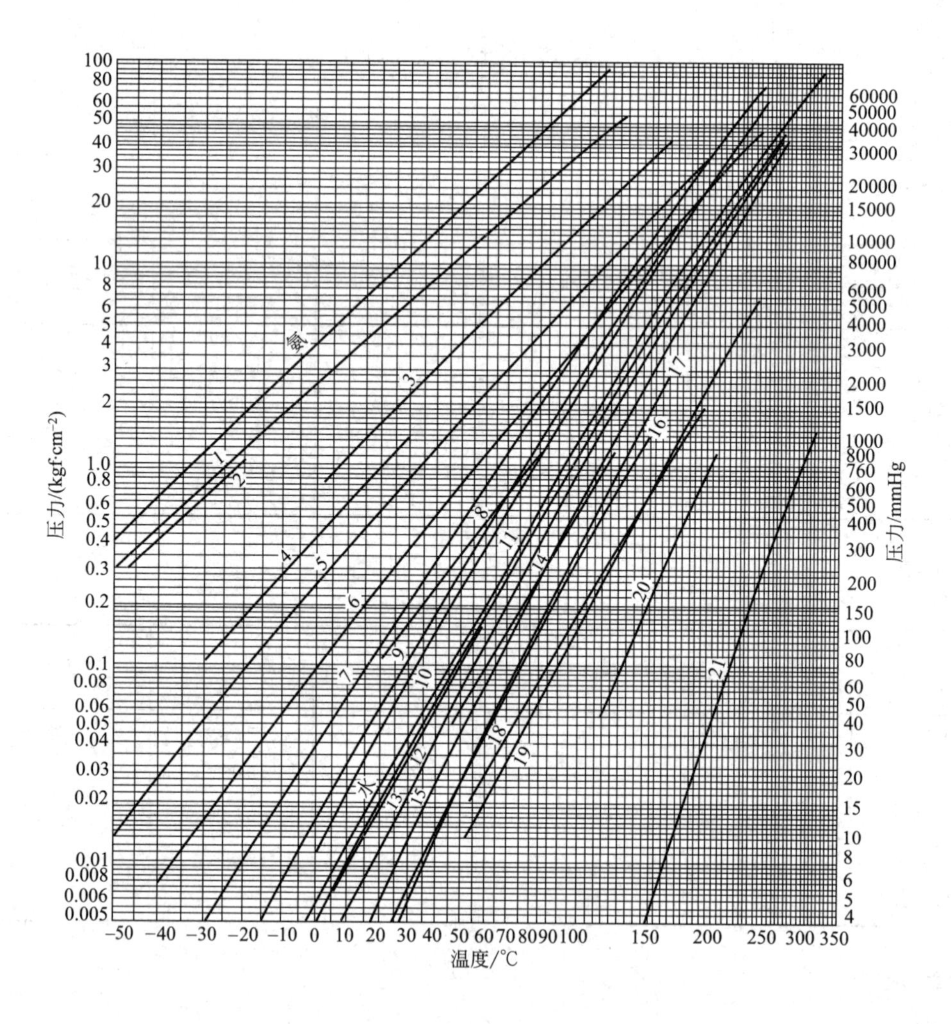

醇 7—甲醇 CH_3OH

9—乙醇 C_2H_5OH

11—1-丙醇 C_3H_7OH

10—2-丙醇 C_3H_7OH(异丙醇)

15—1-丁醇 C_4H_9OH

14—2-戊醇 $C_5H_{11}OH$(仲戊醇)

20—1,2-乙二醇$(CH_2OH)_2$

21—1,2,3-丙三醇 $C_3H_8O_3$(甘油)

13—2-甲基-1-丙醇-2-C_4H_9OH(异丁醇)

10—2-甲基-2-丙醇 C_4H_9OH(叔丁醇)

12—2-丁醇 C_4H_9OH(仲丁醇)

16—1-戊醇 $C_5H_{11}OH$(正戊醇)

17—3-甲基-1-丁醇 $C_5H_{11}OH$(异戊醇)

11—3-丙烯醇 C_2H_5OH(烯丙醇)

18—环己醇 $C_6H_{11}OH$

醛 2—甲醛 HCHO

4—乙醛 CH_3CHO

19—糠醛 $C_5H_4O_2$

酮 6—丙酮 $(CH_3)_2CO$

8—丁酮 $(CH_3)_2CH_2CO$(甲乙酮)

醚 1—二甲醚 $(CH_3)_2O$

3—甲乙醚 $CH_3OC_2H_5$

5—二乙醚 $(C_2H_5)_2O$

2. 芳香烃、酚类蒸气压图

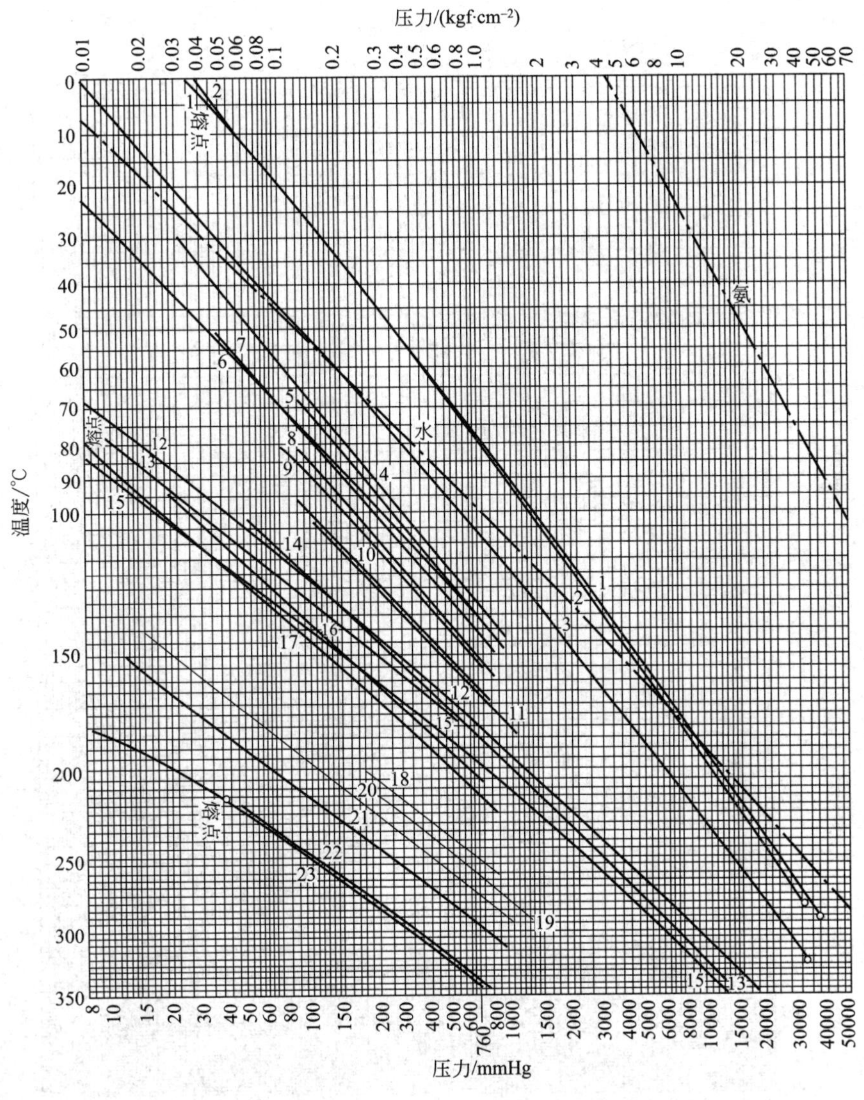

芳香烃

1—苯 C_6H_6

3—甲苯 C_7H_8

7—邻二甲苯 $C_6H_4(CH_3)_2$

6—间二甲苯 $C_6H_4(CH_3)_2$

5—对二甲苯 $C_6H_4(CH_3)_2$

4—乙苯 $C_6H_5CH_2CH_3$

9—丙苯 $C_6H_5(CH_2)_2CH_2$

8—异丙苯 $C_6H_5(CH_2)_2CH_3$

11—三甲苯 $C_6H_2(CH_2)_2$

10—异丁苯 $C_6H_5(CH_2)_3CH_3$

18—$(C_6H_5)_2$

19—二苯甲烷 $CH_2(C_6H_5)_2$

稠环芳香烃

17—萘 $C_{10}H_8$

16—四氢化萘 $C_{10}H_{12}$

14—顺式＋氢化萘 $C_{10}H_{18}$

20—苊 $C_{10}H_6(CH_2)_2$

21—芴 $C_6H_4CH_2C_6H_4$

23—蒽$(C_6H_4CH)_2$

22—菲 $C_{14}H_{10}$

酚、环烷烃

12—酚 C_6H_5OH

13—邻甲酚 $C_6H_4OHCH_3$

15—间甲酚、对甲酚 $C_6H_4OHCH_3$

2—环己烷 C_6H_{12}

3. 卤代烃蒸气压图

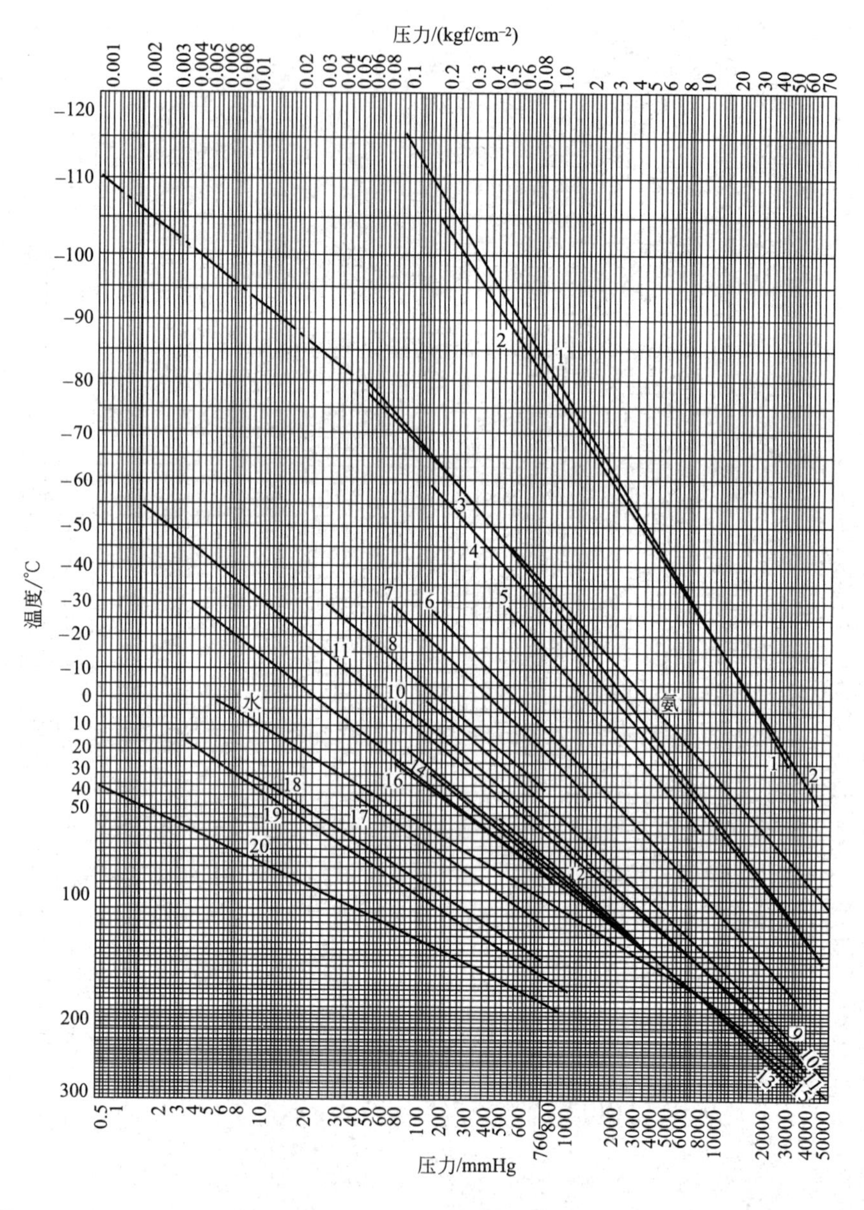

4—氯甲烷 CH_3Cl

8—二氯甲烷 CH_2Cl_2

11—三氯甲烷 $CHCl_3$（氯仿）

13—四氯化碳 CCl_4

6—氯乙烷 C_2H_5Cl

10—1,1-二氯乙烷 $C_2H_4Cl_2$

15—1,2-二氯乙烷 $C_2H_4Cl_2$

12—三氯乙烷 CH_3CCl_2

16—三氯乙烯 CCl_2CHCl

18—四氯乙烯，对称 $(CHCl_2)_2$

17—四氯乙烯 C_2Cl_4

19—五氯乙烷 CCl_3CHCl_2

20—六氯乙烷 C_2Cl_6

9—氯丙烷 C_3H_7Cl

14—一氯丁烷 C_4H_9Cl

5—氯乙烯 CH_2CHCl

2—一氟甲烷 CH_3F（氟代甲烷）

7—一氟三氯甲烷 $CFCl_2$（氟利昂-11）

3—二氟二氯甲烷 CF_2Cl_2（氟利昂-12）

1—三氟一氯甲烷 CF_3Cl（氟利昂-13）

三、有机液体的表面张力图

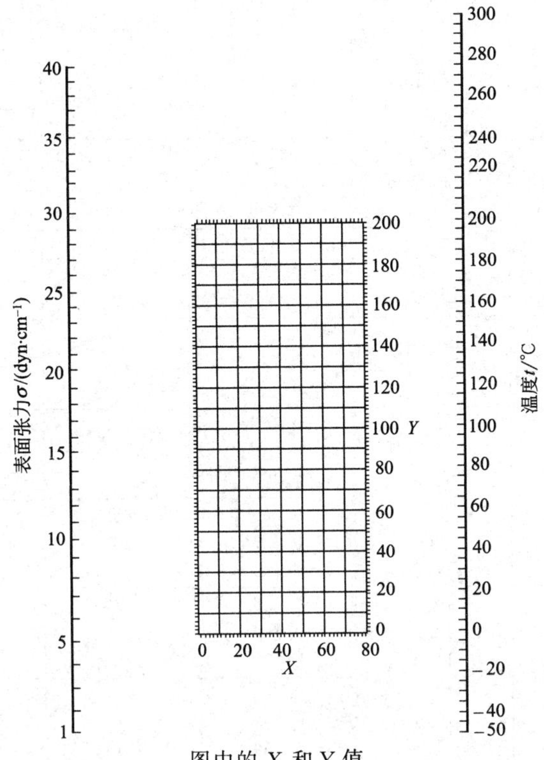

图中的 X 和 Y 值

名称	X	Y	名称	X	Y
甲醇	17	93	二氯乙烷	32	120
乙醇	10	97	二硫化碳	35.8	117.2
苯	30	110	四氯化碳	26	104.5
甲苯	24	113	丙酮	28	91
氯苯	23.5	132.5			

四、塔板结构参数系列标准（单溢流型）

塔径 D/mm	塔截面积 A_T/m^2	$(A_d/A_T)/\%$	l_w/D	弓形降液管		降液管面积 A_d/m^2
				堰长 l_W/mm	堰宽 b_D/mm	
600	0.2610	7.2	0.677	406	77	0.0188
		9.1	0.714	428	90	0.0238
		11.02	0.734	440	103	0.0289
700	0.3590	6.9	0.666	466	87	0.0248
		9.06	0.614	500	105	0.0325
		11.0	0.750	525	120	0.0395
800	0.0527	7.227	0.661	529	100	0.0363
		10.0	0.726	581	125	0.0502
		14.2	0.800	640	160	0.0717

续表

塔径 D/mm	塔截面积 A_T/m^2	(A_d/A_T)/%	l_w/D	弓形降液管		降液管面积 A_d/m^2
				堰长 l_W/mm	堰宽 b_D/mm	
1000	0.7854	6.8 9.8 14.2	0.650 0.714 0.800	650 714 800	120 150 200	0.0534 0.0770 0.1120
1200	1.1310	7.22 10.2 14.2	0.661 0.730 0.800	794 876 960	150 290 240	0.0816 0.1150 0.1610
1400	1.5390	6.63 10.45 13.4	0.645 0.735 0.790	903 1029 1104	165 225 170	0.1020 0.1610 0.2065
1600	2.0110	7.21 10.3 14.5	0.660 0.732 0.805	1056 1171 1286	199 255 325	0.1450 0.2070 0.2913
1800	2.5450	6.74 10.1 13.9	0.647 0.730 0.797	1165 1312 1434	214 284 354	0.1710 0.2570 0.3540
2000	3.1420	7.0 10.0 14.2	0.654 0.727 0.799	1308 1456 1599	244 314 399	0.2190 0.3155 0.4457
2200	3.8010	10.0 12.1 14.0	0.726 0.766 0.795	1598 1686 1750	344 394 434	0.380 0.4600 0.5320
2400	4.5240	10.0 12.0 14.2	0.726 0.763 0.798	1742 1830 1916	374 424 479	0.4524 0.5430 0.6430

五、某些三元物系的液-液平衡数据

1. 丙酮（A）-苯（B）-水（S）（30℃，质量分数）

苯相			水相		
A	B	S	A	B	S
0.058	0.940	0.002	0.050	0.001	0.949
0.131	0.867	0.002	0.100	0.002	0.898
0.304	0.687	0.009	0.200	0.004	0.796
0.472	0.498	0.030	0.300	0.009	0.691
0.589	0.345	0.066	0.400	0.018	0.582
0.641	0.239	0.120	0.500	0.041	0.459

2. 丙酮（A）-氯仿（B）-水（S）（25℃，质量分数）

氯仿相			水相		
A	B	S	A	B	S
0.090	0.900	0.010	0.030	0.010	0.960
0.237	0.750	0.013	0.083	0.012	0.905
0.320	0.664	0.016	0.135	0.015	0.850
0.380	0.600	0.020	0.174	0.016	0.810
0.425	0.550	0.025	0.221	0.018	0.761
0.505	0.450	0.045	0.319	0.021	0.660
0.570	0.350	0.080	0.445	0.045	0.510

六、填料的特性

1. 散装填料

填料的种类及尺寸/mm	比表面积 a /(m^2/m^3)	空隙率 ε /(m^3/m^3)	个数 n /m^{-3}	堆积密度 ρ_P /(kg/m^3)	干填料因子 Φ /m^{-1}
拉西环(金属)					
25×25×0.8	220	0.950	55000	640	257
38×38×0.8	150	0.930	19000	570	186
50×50×1.0	110	0.920	7000	430	141
鲍尔环(金属)					
25×25×0.5	219	0.950	51940	393	255
38×38×0.6	146	0.959	15180	318	165
50×50×0.8	109	0.960	6500	314	124
76×76×1.2	71	0.961	1830	308	80
鲍尔环(塑料)					
25×25×1.2	213	0.907	48300	85	285
38×38×1.44	151	0.910	15800	82	200
50×50×1.5	100	0.917	6300	76	130
76×76×2.6	72	0.920	1830	73	92
阶梯环(金属)					
25×12.5×0.5	221	0.951	98120	383	257
38×19×0.6	153	0.959	30040	325	173
50×25×0.8	109	0.961	12340	308	123
76×38×1.2	72	0.961	3540	306	81
阶梯环(塑料)					
25×12.5×1.4	228	0.900	81500	97.8	312
38×19×1.0	132.5	0.910	27200	57.5	175
50×25×1.5	114.2	0.927	10740	54.8	143
76×38×3.0	90	0.929	3420	68.4	112
矩鞍(金属)					
25×20×0.6	185	0.960	101160	119	209
38×30×0.8	112	0.960	24680	365	126
50×40×1.0	74.9	0.960	10400	291	84
76×60×1.2	57.6	0.970	3320	244.7	63

2. 规整填料

型号	比表面积 a /(m^2/m^3)	空隙率 ε /(m^3/m^3)	液体负荷 U /[$m^3/(m^2\cdot h)$]	最大 F 因子 F_{max} /{$m/[s\cdot(kg/m^3)^{0.5}]$}	压降 Δp /(MPa/m)
金属孔板波纹					
125Y	125	0.985	0.2～100	3	2.0×10^{-4}
250Y	250	0.970	0.2～100	2.6	3.0×10^{-4}
350Y	350	0.950	0.2～100	2.0	3.5×10^{-4}
500Y	500	0.930	0.2～100	1.8	4.0×10^{-4}
700Y	700	0.850	0.2～100	1.6	$(4.6\sim6.6)\times10^{-4}$
125X	125	0.985	0.2～100	3.5	1.3×10^{-4}
250X	250	0.970	0.2～100	2.8	1.4×10^{-4}
350X	350	0.950	0.2～100	2.2	1.8×10^{-4}
金属丝网波纹					
BX	500	0.900	0.2～20	2.4	1.97×10^{-4}
BY	500	0.900	0.2～20	2.4	1.99×10^{-4}
CY	700	0.870	0.2～20	2.0	$(4.6\sim6.6)\times10^{-4}$

参 考 文 献

[1] 柴诚敬．化工原理：下册．北京：高等教育出版社，2010.
[2] 陈敏恒，等．化工原理．第5版．北京：化学工业出版社，2020.
[3] 姚玉英，等．化工原理：下册．天津：天津大学出版社，2010.
[4] 祁存谦，等．化工原理．北京：化学工业出版社，2011.
[5] 王志魁，等．化工原理．北京：化学工业出版社，2010.
[6] 何潮洪，等．化工原理习题精解：下册．北京：科学出版社，2011.
[7] 柴诚敬，等．化工原理学习指南．北京：高等教育出版社，2012.
[8] 马江权，等．化工原理学习指导．上海：华东理工大学出版社，2012.
[9] 陈常贵，等．化工原理：下册．第3版．天津：天津大学出版社，2010.
[10] 张木全，等．化工原理．广州：华南理工大学出版社，2013.
[11] 郭俊旺，等．化工原理．武汉：华中科技大学出版社，2010.
[12] 李殿宝，等．化工原理．大连：大连理工大学出版社，2009.
[13] 张浩勤．化工原理学习指导．北京：化学工业出版社，2016.
[14] 谭天恩，等．化工原理：下册．北京：化学工业出版社，2006.
[15] 张浩勤，等．化工原理：下册．第3版．北京：化学工业出版社，2020.
[16] 刘爱民，等．化工单元操作技术．北京：高等教育出版社，2006.
[17] 匡国柱，等．化工单元过程及设备课程设计．北京：化学工业出版社，2008.
[18] 贾绍义，等．化工传质与分离过程．北京：化学工业出版社，2007.
[19] 王国胜．化工原理课程设计．大连：大连理工大学出版社，2006.
[20] 管国锋，等．化工原理．北京：化学工业出版社，2008.
[21] 陈双林，等．新型分离技术．北京：高等教育出版社，2005.
[22] 史贤林，田恒水，张平．化工原理实验．上海：华东理工大学出版社，2005.
[23] 潘文群．传质与分离操作实训．北京：化学工业出版社，2006.
[24] 刘佩田，闫晔．化工单元操作过程．北京：化学工业出版社，2004.
[25] 陈群．化工仿真操作实训．北京：化学工业出版社，2006.
[26] 王雅琼，许文林．化工原理实验．北京：化学工业出版社，2005.
[27] 潘文群，等．传质分离技术．第2版．北京：化学工业出版社，2015.
[28] 杨祖荣．化工原理．北京：高等教育出版社，2005.
[29] 高军刚，等．高分子材料．北京：化工出版社，2002.
[30] 张留成，等．高分子材料基础．北京：化学工业出版社，2002.
[31] 曹民干，等．高分子磁性材料的研究近况．工程塑料应用，2005.